大时空河流数值模拟理论

胡德超　著

科学出版社

北京

内 容 简 介

河流数学模型是研究河道、湖泊等地表水流系统中水流、物质输运、水质变化、河床演变等的常用手段。作者针对工程应用最广的雷诺时均控制方程河流数学模型及其技术瓶颈，开展系统性研究并在理论与方法上取得突破。全书先后介绍所取得的一维、二维、三维、多维耦合河流数学模型理论与方法，全面覆盖了水动力计算、物质输运模拟等内容。本书集全面性、创新性和实践性于一体，形成了一个跨越多个空间维度的大时空河流数值模拟理论与方法体系，在内容上由浅入深，先通过低维模型引出概念、方法与计算流程，再借用中高维度模型深入介绍计算理论，对模型研发初学者和资深研究者均具有参考价值。

本书是计算水力学与水环境模拟范畴的一部专业著作，适用于水力学、水环境、智慧水利、河流动力学、城市水系统规划等专业的学者和本科生、研究生，也是水利水电、航道水运、环境生态等相关行业工程技术人员的基础性参考书籍。

图书在版编目（CIP）数据

大时空河流数值模拟理论 / 胡德超著. —北京：科学出版社，2023.9
ISBN 978-7-03-075026-6

Ⅰ. ①大… Ⅱ. ①胡… Ⅲ. ①河流－水动力学－数值模拟
Ⅳ. ①TV131.2

中国国家版本馆 CIP 数据核字(2023)第 039006 号

责任编辑：范运年 / 责任校对：王萌萌
责任印制：吴兆东 / 封面设计：赫　健

科 学 出 版 社 出版
北京东黄城根北街 16 号
邮政编码：100717
http://www.sciencep.com
北京厚诚则铭印刷科技有限公司印刷
科学出版社发行　各地新华书店经销
*
2023 年 9 月第　一　版　开本：720×1 000　1/16
2025 年 1 月第二次印刷　印张：21
字数：423 360
定价：158.00 元
（如有印装质量问题，我社负责调换）

序　一

相比于水利其他学科方向，河流数学模型研发门槛较高，要求研究者同时具备扎实的数理基础和编程能力。这使得许多学子望而却步，同时也导致国内河流数学模型发展一直落后于国外，国内单位购买或使用国外水动力水环境模拟软件至今仍十分普遍。胡博士将他在该领域10多年的研究成果凝练出来并请我写序，我很高兴帮他介绍这本著作，该书也代表着目前国内河流计算研究领域的顶尖水平。

该书具有系统性、创新性、实践性三大特色。系统性体现在：全面覆盖地表水流及其物质输运的计算理论与方法；完整包含了一、二、三维及多维耦合数学模型的研究。全书按照模型维度排列章节，每部分又各有侧重。一维模型章节重点介绍概念、方法与计算流程，力求易懂；二维模型章节深入到计算理论层面，翔实且具有深度；三维及多维耦合模型章节主要是新理论与方法的延展，同时，还探究了将三维非静压水动力模型应用于大时空河流模拟的策略。

第二个特色是创新性，主要理论与方法均为原创性成果。河流海洋数值模拟方法的研究高峰在1990~2010年时段，此后逐渐转入“后模型”时代：应用越来越多，研发却显著减少。但模型问题依然存在，例如水动力计算“显式模型时间步长小、隐式水动力模型并行难”，物质输运计算“守恒性、大时间步长、可并行化等优势特性无法统一”。这些历史遗留难题，使高维精细大模型难以实用，一维模型统治大时空河流模拟领域已长达40多年。该书两项理论创新“发现考虑洪水传播物理特性可显著改善隐式水动力模型迭代求解收敛性的作用与机制”和“提出对流物质输运求解中非物理振荡的控制机制”解决了上述瓶颈问题，成功将大时空河流数值模拟由1D时代推进到了2D/3D时代。

第三个特色是实践性。作者研究初衷是解决工程中的基础技术问题，所发展的理论与方法也已应用于实际科研与工程计算60余项。该书虽不介绍具体工程案例，但穿插了大量的关于建模与模型测试的技巧与实践经验，十分接地气。

王光谦

中国科学院院士、清华大学副校长

2022年11月　北京

序　二

该书作者历经十余年的潜心研究与应用实践，建立了一套完整的河流数学模型体系，包括一维、平面二维、三维和多维耦合数学模型，并成功将它们应用于大时空尺度江湖河网系统，为水利水电工程规划、设计与有效运行、河湖整治工程及生态环境等领域涉及的河流过程之数值解析，提供了系统的技术与方法。以此为基础的河流数值模拟软件值得期待！

基于对江湖洪水传播物理特性以及水流中物质输运过程的深刻理解，突破长期以来水动力学数值模拟“显式模型时间步长小、隐式水动力模型并行难”以及物质输运计算“守恒性、大时间步长、可并行化等优势特性无法统一”等技术瓶颈，作者提出了一系列精确、高效的数值计算方法，尤其是将欧拉-拉格朗日方法(ELM)的研究与应用做到了新高度，在美国土木工程师学会《水利工程杂志》(*ASCE Journal of Hydraulic Engineering*)等国际主流学术期刊发表，产生了相当的国际影响，显著提升了河流数学模型的计算效率与适用性。

该书是计算河流动力学范畴的一部专业著作，既是水力学、河流动力学、水文水资源、河流地貌学、环境与生态等专业领域学者和研究生书架上的必备，也是水利水电、水运航道、环境生态等相关行业工程技术人员的基础性参考书籍。

曹志先

武汉大学教授、英国 Heriot-Watt 大学教授

2022 年 11 月　武汉

前　言

广义河流包括江河湖库及河口等地表水流系统，它们的分布及动态变化直接决定或影响人们的生活、生产及人类社会的发展，研究河流的特性及其在人类活动影响下的变化规律具有重要的实际意义。地表水流具有与空气相接触的自由水面、流动边界复杂、紊动等特征，其中的水动力、物质输运及其伴随过程(例如水质变迁、温盐水分层、河床演变等)均十分复杂。因此，研究河流过程十分具有挑战性。现场原型观测、室内试验与数值模拟，是研究河流科学与工程的三大手段。河流数值模拟始于20世纪60年代，相对其他研究方法，具有费用低、周期短、不受场地限制和实验环境影响等诸多优点。近年来，随着计算机技术、数值计算方法等的快速发展，河流数学模型在河流科学与工程研究中的应用越来越广泛。

实践表明，基于雷诺时均控制方程的河流数学模型一般已能满足工程应用的精度要求，在现阶段河流数值模拟研究方法中占主导地位。相比之下，直接模拟、大涡模拟等方法由于计算量大还难以实用。经过数十年发展，河流数学模型方法研究成果显著：在求解流速–压力耦合方面，先后产生了Preissmann四点偏心隐式方法、Simple系列方法、基于压力分裂的半隐方法等；在自由水面追踪方面，有标高函数法、MAC方法、VOF方法等；在求解对流问题方面，有能捕捉物理间断的Riemann解方法、无条件稳定的ELM等；在紊流闭合模式方面，有MY25模型、k-ε模型、k-ω 模型等；在计算网格方面，有平面上的曲线贴体网格、无结构网格等，有垂向上的z、σ网格等；在模型架构方面，有算子分裂、ADI坐标方向分裂、内外模式分裂等建模技术。随着模型架构和数值算法的日益成熟，21世纪之后河流数学模型的发展逐步进入“后模型时代”：应用越来越多，研发却大幅越少。但瓶颈性问题依然存在，例如水动力计算“显式模型时间步长过小、隐式水动力模型难以并行”，物质输运计算“守恒性、大时间步长、可并行化等优势特性无法统一”。

本书研究工作始于2010年，初衷是为了解决大型浅水流动系统(例如长江中游江湖河网系统等)高维精细河流数学模型的实用化问题。回忆过往，河流数学模型上述历史遗留难题所形成的技术瓶颈，使高维精细大模型难以实用，一维模型统治大时空河流数值模拟领域已长达40多年。然而，一维模型由于控制方程过于简化、不能反映平面水域形态、不能模拟物理因子空间分布、沿断面分配冲淤量存在困难等原因，难以模拟出大型地表水流系统滩槽水沙通量等介观物质输运过程，也不能算出河床冲淤情景，已无法满足逐步深入的河流研究的需求。

作者选择中间维度模型作为起点，开展大时空河流数值模拟研究，主要理论成果列于介绍二维数学模型的第 4、5 章。首先是水动力模型研究成果：理论上，发现了考虑洪水传播物理特性可显著改善隐式水动力模型迭代求解收敛性的作用与机制；方法上，提出了隐式水动力模型代数方程组的预测-校正分块解法；技术上，攻克了隐式水动力模型收敛慢、难以高效并行的技术瓶颈。然后是物质输运模型研究成果：理论上，提出了对流物质输运求解中非物理振荡的控制机制；方法上，提出了无振荡的通量式 ELM；技术上，解决了物质输运模型守恒性、大时间步长、无振荡性、可并行化等无法统一的难题。最后，这些源于二维模型的理论与方法被推广到其他空间维度的模型。当它们被移植到一维情况时，便有了第 2、3 章的河网与管网模型。当它们被扩展到三维情况时，新方法与作者前期研发的三维非静压水动力模型相融合，又为实现大型地表水流系统的三维精细模拟奠定了基础。

基于这些理论与方法所研发的一、二维河流数学模型，在同等计算机硬件条件下，计算速度可较某些主流商业软件提高约 2 个数量级。在用于模拟大型地表水流时，新的一、二、三维模型的计算效率分别达到了实时化、实用化、可使用化的水平。上述研究成果，形成了一个跨越多个空间维度的大时空河流数值模拟理论与方法体系，成功将大型地表水流系统数值模拟由一维时代推进到二维/三维时代。

所研发的河流数学模型已被应用于 60 余项科研和工程任务，并且解决了多个工程技术难题。这些工程实践研究将在本书姊妹篇《计算河流工程学》中讲述。

作者邀请了清华大学王光谦院士、武汉大学曹志先教授为本书做序，荣幸之至！同时，感谢黄煜龄、张红武、钟德钰老中青三代教授的帮助。本书研究获得国家自然科学基金项目(52179058)的资助，同时作者在进行数学模型研发时参考了开源模型 ELcirc 的变量命名与部分代码，特此致谢！

河流数学模型是涉及计算数学、水力学及河流动力学、水环境、计算机技术等多个学科的交叉研究方向，鉴于作者水平有限，难免出现疏漏之处。敬请各位读者在百忙中不吝赐教，作者将不胜感激。

作　者

2022 年 11 月　武汉

目　　录

第 1 章　河流数值模拟基础

本章介绍本书的研究对象，梳理与剖析河流数值模拟所涉及的概念与公共知识，为后续章节论述各种维度的河流数学模型理论与方法做铺垫。首先，从河流数值模拟的视角，分析流体力学理论与河流数学模型的内在联系；接着，简述水流与物质输运的控制方程；然后，介绍时空离散的基本概念和本书将采用的计算网格、符号系统等；最后，点出河流数学模型数值求解中的几个关键问题。

1.1　地表水流运动及流动系统

1.1.1　地表水流系统概念

具有与空气相接触的可自由变动表面的地表水流，一般被称为自由表面水流或明渠水流，它们具有受重力驱动、固体边界复杂、流态紊动等特征。按照水流发生的水深环境，自由表面水流可分为深水和浅水流动，它们的主要区别在于水流的垂向运动尺度与水平运动尺度的比例。深海、水库等水域可构成深水流动系统，其中涌浪的垂向运动通常十分显著；河流、湖泊、河口等水域可构成浅水流动系统，其中水流的垂向运动相对于水平运动几乎可被忽略。浅水流动系统中的自由表面水流及其物质输运(例如水质指标迁移转化、泥沙输移等)十分复杂，与人类生活生产的关系最为密切，也是河流模拟领域的重点关注对象。此外，在城市地下排水管网、Karst 岩溶伏流河道等封闭过流通道中，存在着一种明渠水流与承压水流的混合流动，这类混合流及其物质输运，也属于河流模拟探究的范畴。本书将上述深水、浅水流动系统及混合流系统，统称为广义河流系统。

大型浅水流动系统，较著名的有荆江–洞庭湖、珠江河口系统等，通常同时包含江河干流、网状过流通道(河网)和大面积水体容器(湖泊、海湾等)，具有水域庞大、连通关系复杂、耦合性强等特点。以荆江–洞庭湖系统为例，它的具体特征如下：①空间尺度大、支流入汇多，由荆江、洞庭湖和荆南河网三个部分组成(见附录 3)，总水域面积 3900km^2，同时接纳长江来流及湘、资、沅、澧四水入汇在时空上的异步加载；②连通复杂，长江通过荆江三口(松滋口、太平口、藕池口)向洞庭湖分泄水流、泥沙等，连通长江和洞庭湖的荆南河网为连接复杂的环状河网，湖区流路也是错综分布；③耦合性较强，长江的分流在穿过荆南河网后与来自四水的入汇，在一同经过洞庭湖调蓄之后，于城陵矶重新汇入长江，江湖河网联动并耦合成一个有机整体；④江湖河网由于复式过流断面广泛分布，具有季节性滩槽过流与物质输移特征，流动形态随来流流量发生变化(小水归槽、大水漫滩)，洞庭湖则呈现出“洪水一个面、枯水一条线”的河湖转换特征；⑤河网内多个支汊仅发生季节性过流，断流、干湿转换、流向反转等频繁出现；⑥江湖河网水域边界不规则、河型多样，各分区滩槽尺度差异大；⑦床沙组成、植被覆盖等河床条件空间变化复杂。

一方面，国家战略提出江湖河口等的治理与保护，需要精细模拟和深入认识大型浅水流动系统的水动力、物质输运及其伴随过程；另一方面，由于耦合性较强的特点，一般需要将大型浅水流动系统作为一个整体开展模拟和研究。由此所引出的大时空河流数值模拟的理论探索和工程实践，具有极大的挑战性。

1.1.2 地表水流系统的研究方法

现场原型观测、室内试验和数值模拟，是研究地表水流系统中水动力、物质输运及其伴随过程的常规手段，它们的特点及发展情况简述如下。

现场原型观测主要包括日常水文观测与现场试验。日常水文观测，是指在真实河流现场对水力要素、物质浓度及河床地形等进行直接观测。例如：在河道固定水文断面不间断地观测流量、水位、水质指标、含沙量等的逐日变化过程，在水域关键位置测定水力要素、物质浓度等的空间分布；使用测船测量河道散点地形或断面轮廓，使用无人机拍照获得表面高程数据，使用遥感影像或航拍记录河湖岸线演变动态等。现场试验，是指在原型场景下开展具有针对性的短期试验，例如水库溃坝[1]、闸下河道冲刷[2]、水质指标迁移等现场试验[3]。以文献[2]入海河口挡潮闸下游潮沟冲刷现场试验为例，试验的基本内容为：选定一个时段开闸形成场次洪水冲刷下游的潮沟，测量冲刷过程中潮沟沿程水面线及关键位置处流速随时间的变化过程；记录试验前后的河床地形；基于实测资料，综合分析人造洪水作用下潮沟的冲刷规律。开展现场原型观测的缺点是一般需要消耗大量的人力和物力。

室内试验主要包括水槽试验和实体模型试验。水槽试验一般使用概化的物理图形，通常仅用于开展水流、物质输运等的机理性研究。实体模型试验，是指按一定比例缩小真实河流，从而建立模型小河开展试验研究。真实河道水流一般多为紊流，紊流基本理论目前并不成熟，紊流物质输运则更为复杂。在紊流复杂现象面前，经典流体力学理论有时会产生显著误差，紊流运动的规律时常只有它自己知道。因此，在机理探究方面，试验手段相比于数值模拟与其他研究手段具有更高的可靠性。不可否认，试验仍是目前河流科学研究中最基本、最有效、最重要的研究手段之一。当今世界上最大的实体河工模型——长江防洪模型，位于长江科学院武汉沌口科研基地，在 2004～2005 年期间建成，水平、垂向比尺分别为 1∶100、1∶400。

河流数值模拟始于 20 世纪 60 年代[4]，是一种以计算数学、河流基本理论、计算机技术等为基础的交叉学科研究手段。相对于现场原型观测和室内试验，河流数值模拟具有费用低、周期短、不受场地限制和试验环境影响等诸多优点。随着紊流、泥沙、水环境基本理论和数值计算方法等的发展，河流数学模型也日趋成熟，并在科学与工程研究中获得广泛应用。实践表明，以雷诺时均 Navier-Stokes（简写为 NS）方程为核心控制方程的河流数学模型一般已能满足实际应用的精度要求，在现阶段工程计算中占主导地位。这类河流数学模型包括一、二、三维模型和多维耦合模型，它们均是本书理论和方法将要探究的对象。

1.2 流体力学概念的辨析

本节从河流数值模拟的视角，抽取与分析相关流体力学概念，重点辨析水流运动的三种描述方法，对同类书籍介绍较少的欧拉-拉格朗日方法进行详细介绍。

1.2.1 水流的基本概念与假定

1. 不可压缩性与密度

对于不产生水击现象的常规地表水流系统，水的可压缩性是极小的，可将水流作为不可压缩流体进行研究。不可压缩纯水的密度是一个常量，在描述这类水流时物理方程中的密度变量可被约分消除，即控制方程不再含有密度变量。需指出，当不可压缩水流伴随有溶解质、悬浮颗粒等的输移或受到温度变化影响时，这些附加的物质输运过程会引起水体密度发生变化。此时，水流控制方程需要包含密度变量，以反映密度的空间分布及变化对水流运动的影响。例如，不包含密度影响的三维水动力模型不能模拟盐水密度流或泥沙异重流现象。

2. 流体质点

流体分子的微观热力学运动是随机的，若以分子为对象研究流动，则流动问题会十分复杂。而人们所关心的通常是水流的宏观特征，此时可选取在微观角度足够大且宏观角度足够小的流体微团来研究流动。一方面，流体微团（例如 $1\mu m^3$）包含大量分子，将这些分子的运动进行平均，可取得能代表流体微团运动状态的平均值。在统计意义上，流体微团已经具备了宏观流体的确定性。另一方面，对于实际水流对象，$1\mu m^3$ 流体微团已非常小，以至于可忽略它的几何尺寸，而将其看作一个没有体积的点。用它作为研究流体的基本单元，既克服了分析流体分子随机运动的困难，也不会丢失水流宏观运动的细节。这样的流体微团被称为流体质点。

3. 连续介质假定

从微观角度看，由大量做随机运动的水分子的物理状态所代表的流体物理量的分布，在时间和空间上都是不连续的。但在研究流体宏观机械运动时，通常认为流体质点充满了整个流动空间、流体物理量的时空分布是连续的，这个假设就是连续介质假定。在应用连续介质假定后，每个空间点每个时刻的物理量 a(密度、流速、压力等)是时间坐标 t 和空间坐标 (x, y, z) 的连续可微函数，可写为 $a(x, y, z, t)$。由此可利用连续函数的分析方法，推导流体运动的偏微分方程。

4. 水流黏性、水流流态

根据是否考虑黏性影响，流体分为理想流体和黏性流体。理想流体是指黏性影响可忽略的流体，流体内部流体微团之间不存在摩擦力作用，也不发生旋转，因而常被称为无旋流动(或势流)。当黏性影响相对很弱时(例如深海波浪、溃坝水流等)，为了便于理论分析和数学推导，常常将水流假定为理想流体。

自然界中不存在绝对的理想流体，实际流体都具有黏性。黏性流体中，流体微团之间会产生摩擦力(称为流体内摩擦力)，以反抗它们之间的相对运动，同时引起自身的变形和旋转，并导致流体微团运动轨迹呈现出不规则脉动。根据脉动是否显著，黏性水流被分为层流和紊流。当流速较小、壁面较光滑时，水流脉动微弱，流线是顺直的、近似平行的线条，呈现出分层流动形态，称之为层流。当壁面较粗糙、流速增加到一定程度之后，逐渐增强的脉动将破坏分层流动形态，流线不再是顺直、近似平行的线条，而是演化成涡团形态，此时水流进入紊动状态，称之为紊流。1883年英国人雷诺通过著名的圆管试验展示了黏性流动的层流、紊流形态以及它们之间转化。黏性水流发生由层流向紊流转化时的雷诺数(惯性力与黏性力之比)称为临界雷诺数。常规地表水流一般均应当作紊流对待。

1.2.2 描述流体运动的方法

连续介质运动的描述方法是研究流体运动的基础，以往流体力学书籍[5]一般仅介绍两种描述方法，即拉格朗日法和欧拉法。这两种方法联系十分紧密，事实上，以它们为基础并介于二者之间，还存在第三种描述方法，即欧拉-拉格朗日方法(Eulerian-Lagrangian method，ELM)，也有文献称之为 semi-Lagrange 方法。ELM 联合使用欧拉场和拉格朗日追踪，充分利用二者的优势，在现代计算流体力学领域受到越来越多的关注，也是本书大时空河流数值模拟理论的基石之一。

1. 拉格朗日方法

拉格朗日法使用流体质点作为研究对象，跟踪流体空间中每一个质点，记录和分析它们的运动历程，并把足够多的质点的运动信息综合起来得到流体运动的规律。

在使用该方法时，首先，通过对每个流体质点进行标记来加以区分，一般使用

初始时刻 ($t = t_0$) 质点的空间位置 (a, b, c) 作为标识。图 1.1 坐标系中，在初始 t_0 时刻，某质点的空间坐标为 (a, b, c)。因为在同一时刻一个质点占据唯一一个空间位置，即不同质点具有不同的空间坐标，所以可使用质点的初始坐标作为标记，来区别流体空间中的各个质点。初始位置变量 (a, b, c)、时间变量 t 是互相独立的，它们的组合被称为拉格朗日变量。应用连续介质假定，质点 (a, b, c) 在某一时刻 t 的空间位置或位移 (x, y, z) 可以表示为拉格朗日变量 (a, b, c, t) 的连续函数，即

$$\begin{cases} x = x(a,b,c,t) \\ y = y(a,b,c,t) \\ z = z(a,b,c,t) \end{cases} \tag{1.1}$$

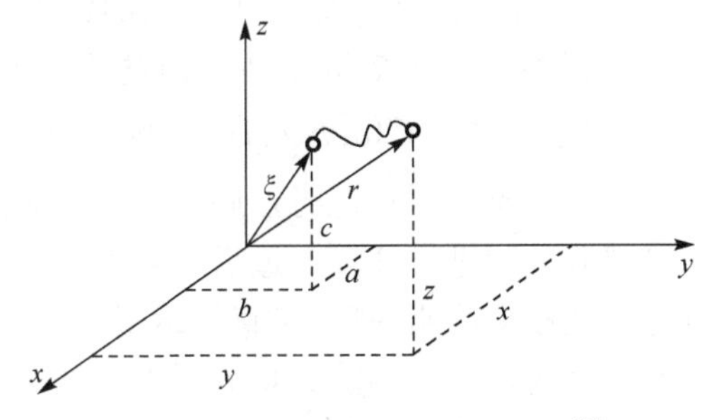

图 1.1　拉格朗日描述法示意图[5]

对于一个给定的质点，(a, b, c) 是确定的，(x, y, z) 仅为 t 的函数。此时，式 (1.1) 描述了质点 (a, b, c) 随时间的运动轨迹。对于一个给定的时刻，t 是确定的，各质点均具有自己的坐标，(x, y, z) 仅为起始坐标 (a, b, c) 的函数。此时，式 (1.1) 表达的是 t 时刻各质点的空间分布，即 t 时刻由各质点组成的整个流体空间的瞬态影像。当研究多个质点运动时，质点的 (a, b, c) 及 t 均为变量，(x, y, z) 将是 (a, b, c) 和 t 共同的函数。此时，式 (1.1) 所表达的是质点群的运动轨迹。

拉格朗日法的优点是，可直接使用经典物理学方法对流体质点进行力学和运动学分析。根据经典物理学中质点系的研究方法，在每个方向上，流速等于位移对时间的偏导。将式 (1.1) 关于 t 求一阶偏导，即可得到质点流速的表达式：

$$\begin{cases} u = \partial x / \partial t = \partial x(a,b,c,t) / \partial t \\ v = \partial y / \partial t = \partial y(a,b,c,t) / \partial t \\ w = \partial z / \partial t = \partial z(a,b,c,t) / \partial t \end{cases} \tag{1.2}$$

将式 (1.2) 关于 t 再求一阶偏导，可得到流体质点的加速度：

$$\begin{cases} a_x = \partial u / \partial t = \partial x^2(a,b,c,t) / \partial t^2 \\ a_y = \partial v / \partial t = \partial y^2(a,b,c,t) / \partial t^2 \\ a_z = \partial w / \partial t = \partial z^2(a,b,c,t) / \partial t^2 \end{cases} \tag{1.3}$$

在不受外力作用时，流体质点加速度等于 0。根据牛顿第一定律即惯性定律，此时流体质点将继续保持静止或匀速直线运动状态。然而，在实际流体内，一个质点可能受到周围质点的摩擦、碰撞或其他外力作用，这使得质点的运动状态变化非常复杂。惯性运动不改变质点运动状态，而外力作用改变质点运动状态。据此，可近似地采用质点运动分割法分析空间点运动状态的变化。在微小时段中，某空间点在末时刻的运动状态由两个部分构成：其一，时段末位于空间点处的质点在时段初的运动状态(由惯性运动引起，可通过轨迹追踪和惯性定律获取)，这是基础状态；其二，由黏性剪切、重力等外力所引起的该质点运动状态的变化量。

拉格朗日法除了可描述流体运动，也可用于描述流体质点所具有的其他物理属性(物质浓度、密度、温度等)随质点运动而发生的同步输移。与运动属性(例如流速)类似，物质浓度 C 也可看成是拉格朗日变量 (a, b, c, t) 的连续函数：

$$C = C(a, b, c, t) \tag{1.4}$$

在使用拉格朗日法分析空间点物质输运时，同样可将物质浓度的变化近似分割为惯性输移、扩散输移等部分分别进行计算，最后将各部分计算结果叠加起来。

拉格朗日法的优点是物理概念简明易懂，可直接运用经典物理学方法进行分析。然而，对于一个不大的流体空间，需要跟踪大量的质点才能保证模型具有足够的分辨率来描述水流运动情景，且流体质点运动轨迹通常非常复杂、数学解析十分困难。基于拉格朗日法建立水动力或物质输运模型，需进行大量质点复杂运动轨迹的追踪，计算量巨大。因此，拉格朗日方法较少用于实际工程计算。

2. 欧拉方法

通过记录和分析不同时刻各空间点的运动属性，把各空间点的运动属性及其随时间的变化综合起来，得到整个流体空间的流动状态，这种基于空间点的描述流体运动的方法称为欧拉法。欧拉法不需标记流体质点，也不再跟踪其运动轨迹。

根据连续介质假定，对于某一给定时刻，流体内每个空间点位置 (x, y, z) 均具有自己的运动属性，运动属性是 (x, y, z) 的连续函数；对于某一给定的空间点，运动属性随着时间 t 变化而连续变化，因而运动属性也是 t 的连续函数。(x, y, z) 和 t 互相独立，它们的组合称为欧拉变量。流速是一个向量即 $\vec{u} = (u, v, w)$。对于一个给定的时刻 t 和空间点 (x, y, z)，在直角坐标系下流速向量及其分量可表示为

$$\vec{u} = \vec{u}(x,y,z,t) \quad 或 \quad \begin{cases} u = u(x,y,z,t) \\ v = v(x,y,z,t) \\ w = w(x,y,z,t) \end{cases} \tag{1.5}$$

空间点的其他物理属性(压强、密度、温度、物质浓度等)，同样也可以看成欧拉变量 (x, y, z, t) 的连续函数，例如物质浓度 C 可表示为

$$C = C(x, y, z, t) \tag{1.6}$$

当保持(x, y, z)固定并让t发生变化时，式(1.5)、(1.6)描述了空间点(x, y, z)流体物理属性随时间的变化；当保持t固定并让(x, y, z)发生变化时，它们描述了t时刻流体物理属性在空间中的分布(通常称之为欧拉物理场)。

在拉格朗日法中，质点的空间位置或位移(x, y, z)是质点标识(a, b, c)和时间t的函数，它对t求一次、二次偏导分别可以得到所追踪的质点的速度和加速度。在欧拉法中，(x, y, z)的含义是一个不随时间变化的空间点位置。由于欧拉法没有使用质点及质点位移的概念，无法直接使用质点位移对时间求偏导得到空间点的流速，而是将流速直接表达为空间点(本质就是空间点质点所拥有的)的物理属性。

在欧拉法中，加速度与流速类似，也是附着在空间点上的物理属性之一，物理含义是:空间点处的流体质点沿其运动轨迹在单位时间内流速的增量，即$\vec{a} = \mathrm{d}\vec{u}/\mathrm{d}t$。可借助拉格朗日法追踪流体质点运动轨迹[5]，来解析欧拉法框架下空间点的加速度。在直角坐标系下，可使用全微分展开公式将$\vec{a}$的表达式展开为

$$\vec{a} = \frac{\mathrm{d}\vec{u}}{\mathrm{d}t} = \frac{\partial \vec{u}}{\partial t}\frac{\mathrm{d}t}{\mathrm{d}t} + \frac{\partial \vec{u}}{\partial x}\frac{\mathrm{d}x}{\mathrm{d}t} + \frac{\partial \vec{u}}{\partial y}\frac{\mathrm{d}y}{\mathrm{d}t} + \frac{\partial \vec{u}}{\partial z}\frac{\mathrm{d}z}{\mathrm{d}t} \tag{1.7}$$

在欧拉法中，因为空间点位置(x, y, z)不随时间变化，所以式(1.7)中$\mathrm{d}x/\mathrm{d}t$、$\mathrm{d}y/\mathrm{d}t$、$\mathrm{d}z/\mathrm{d}t$的物理内涵是位于(x, y, z)处的质点在各方向上的位移对t的偏导数。可借助拉格朗日法视角来分析这些偏导数(图 1.2)，质点在t时刻位于坐标为(x, y, z)的空间点P_1，在$t+\mathrm{d}t$时刻运动到坐标为$(x+\mathrm{d}x, y+\mathrm{d}y, z+\mathrm{d}z)$的空间点$P_2$，两点间位移为$\mathrm{d}\vec{r}$，它在三个坐标轴上的投影分别为$\mathrm{d}x$、$\mathrm{d}y$、$\mathrm{d}z$。质点在单位时间内沿其运动轨迹运动的位移就是速度，即$u = \mathrm{d}x/\mathrm{d}t$、$v = \mathrm{d}y/\mathrm{d}t$、$w = \mathrm{d}z/\mathrm{d}t$。当使用$u$、$v$、$w$分别替换$\mathrm{d}x/\mathrm{d}t$、$\mathrm{d}y/\mathrm{d}t$、$\mathrm{d}z/\mathrm{d}t$之后，式(1.7)所描述的加速度的欧拉表达式转变为

$$\vec{a} = \frac{\partial \vec{u}}{\partial t} + u\frac{\partial \vec{u}}{\partial x} + v\frac{\partial \vec{u}}{\partial y} + w\frac{\partial \vec{u}}{\partial z} \tag{1.8}$$

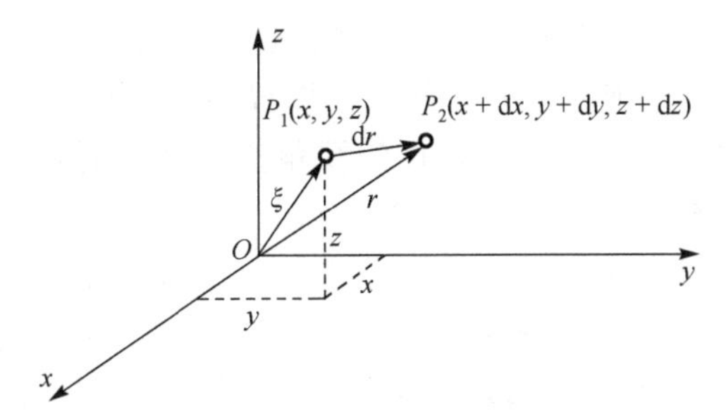

图 1.2 在欧拉空间中进行水体质点运动的分析[5]

加速度的欧拉表达式，也被称为物质导数或随体导数，它由两部分组成。第一部分$\partial \vec{u}/\partial t$，反映在同一空间点上流速随时间的变化率，也被称为当地加速度(或时

变加速度），由流动的非恒定性引起。第二部分 $u\partial\bar{u}/\partial x+v\partial\bar{u}/\partial y+w\partial\bar{u}/\partial z$ 是在同一时刻由于流体质点周围区域的流速差异（即运动状态不均匀）使流体质点获得的加速度，一般称为迁移加速度（或对流加速度）。当流体质点不受外力作用时，其加速度等于 0，此时式(1.8)转化为描述流体惯性运动的数学物理方程：

$$\frac{\partial\bar{u}}{\partial t}+u\frac{\partial\bar{u}}{\partial x}+v\frac{\partial\bar{u}}{\partial y}+w\frac{\partial\bar{u}}{\partial z}=0 \tag{1.9}$$

在水动力模型中，常常将物质导数的两个部分分别称为非恒定项和对流项，并将式(1.9)称为对流方程。对于附着在流体质点上的其他物理属性（物质浓度、盐度、温度等），它们的纯对流输运过程也可使用类似式(1.9)的对流方程描述，如

$$\frac{\partial C}{\partial t}+u\frac{\partial C}{\partial x}+v\frac{\partial C}{\partial y}+w\frac{\partial C}{\partial z}=0 \tag{1.10}$$

在对流方程的基础上，引入外力项（流体压力、重力等）、扩散项（分子扩散、紊动扩散等），即可构建描述流体运动的动量方程、描述物质输运的对流-扩散方程。求解时，可近似将控制方程中的各项分开计算，然后将各项的影响叠加起来。

3. 欧拉-拉格朗日方法

拉格朗日法与欧拉法存在内在联系。在拉格朗日法中，虽然质点位置 (x, y, z) 是标识和时间的函数，但 (x, y, z) 的描述仍需借助固定的空间坐标系统；而欧拉法需借助拉格朗日法追踪流体质点运动轨迹，来导出加速度的欧拉表达式。欧拉法所使用的空间点物理属性，本质上就是位于该空间点流体质点的物理属性。在某一时刻，不同空间点被具有不同物理属性的质点所占据，把各空间点的质点的物理属性综合起来，就得到了流体物理属性的空间分布即物理场（流场、压力场、浓度场等）。在下一时刻，各空间点被新的质点占据，将形成新的物理场。欧拉法在本质上描述了空间物理场及其随时间的变化。

基于两种描述方法的内在联系，ELM 的主要思想是将欧拉法的“场”和拉格朗日法的“质点运动轨迹追踪”联合起来，以描述流体运动。ELM 的原理为：其一，该方法落脚在欧拉场，基于欧拉场的视角描述某一时刻流体物理属性的空间分布，例如使用式(1.5)的 $u(x, y, z, t)$ 描述 t 时刻的流速场；其二，不再直接使用欧拉方法中物理属性对时空坐标的偏微分方程[例如式(1.9)]来推演物理场随时间的变化，而是选取分布在流体空间中的流体质点，通过拉格朗日法在时间上向前或向后追踪它们的运动轨迹，实现对物理场随时间变化（时变）的描述，即物理场从本时刻向下一时刻演化；其三，与欧拉法、拉格朗日法类似，ELM 不仅适用于描述流体运动属性的时空变化，还适用于描述随流体一起输移的其他物理属性的时空变化。

欧拉法直接使用对流方程(1.9)推演流体纯对流运动。使用 ELM 推演流体纯对流运动的流程如下。在某一微小时段中，首先，在流体空间中选取特定数量的空间点(一般均匀分布)，让位于这些空间点的流体质点作为拉格朗日运动轨迹追踪的对象；然后，在当前的微小时段内(假定流场不发生变化且等于当前时刻的已知流场)，基于已知流场进行各空间点流体质点的拉格朗日运动轨迹追踪；最后，使用拉格朗日运动轨迹上的流体的物理属性信息，进行物理场的时变更新。在完成物理场的时变更新之后，释放所有的流体质点。在下一微小时段，再选取位于相同空间点的流体质点(此时质点已发生更替)重复上述过程。

欧拉类数值算法使用固定的计算网格作为骨架。当采用 ELM 模拟水流或物质输运时，可选取位于特定网格点(节点、边中心、单元中心等)的流体质点开展拉格朗日运动轨迹线追踪。在不同时刻，位于同一网格点的流体质点通常是不同的。因此，在时步推进的过程中，ELM 需反复地选取和释放用于追踪的流体质点。目前，河流数学模型大多在欧拉法描述体系下求解对流过程。本书将介绍的河流数学模型在整体上采用欧拉法描述体系，同时将探索对流过程的 ELM 计算方法。

1.2.3　迹线与流线辨析

迹线是指，流体质点在所运动的流体空间中所走过的轨迹线。通过拉格朗日法进行质点的运动历程追踪，可直接得到其运动轨迹及迹线方程。

流线是指，基于流场绘制的反映某一时刻流动空间中流速方向的曲线。在某一时刻流场中，从空间某点 P_1 开始，绘出 P_1 点处的流速向量，在该向量方向上取与 P_1 点相邻的 P_2 点，再绘出 P_2 点处的流速向量……依次绘制下去。当相邻两点的距离趋近于零时，得到的曲线即为流动空间中的一条流线。在同一时刻，流线彼此不能相交，流线不是折线而是一条光滑的连续曲线；在恒定流动条件下，流线的形状和位置不随时间变化，穿过同一空间点的迹线与流线相互重合。

在理论上，ELM 的运动轨迹追踪应计算和借助迹线，但实际中使用的却往往是流线。这是因为 ELM 追踪质点运动轨迹一般为显式计算，它先假定在执行追踪的微小时段内流场不随时间变化(即恒定流动)并等于初始时刻的已知流场，并基于这个已知流场来执行流体质点运动轨迹的追踪。因此，ELM 的质点运动轨迹追踪，在本质上等同于在已知的恒定流场中绘制了一条流线。因为在恒定流动条件下迹线与流线是重合的，所以 ELM 所使用的流线也等同于迹线。

在水动力模型计算时间步长内，江河湖海水流一般变化很小，可近似认为流场是恒定的。因此，ELM 在进行流体质点运动轨迹追踪时，假定在微小时段内流场恒定并使用流线代替迹线，这在实际应用中不会引起明显的轨迹线计算误差。

1.3 河流数学模型的控制方程

以时均 NS 方程为核心控制方程的河流数学模型，一般已能满足实际应用的精度要求且计算效率较高，在现阶段工程计算中占主导地位。除 NS 方程外，河流数学模型还涉及水流连续性方程、物质输运方程等数学物理方程和各种源项。

1.3.1 流体受力与黏性流动的基本方程

在不受外力作用下（$\bar{a}=0$），流体的惯性运动可使用式(1.9)来描述。然而，地表水流一般会受到多种外力作用(水流运动仍遵循动量守恒或牛顿第二定律)，各种外力所产生的加速度将使描述水流运动的物理方程变得复杂。

1. 水流的常规受力

根据外力的物理性质，地表水流所受的主要作用力分为重力、黏滞力(又称为内摩擦力)、边壁摩擦阻力等。按作用方式，这些力也可分为质量力和面力。

质量力作用于流体每个质点，与受力流体的质量成比例。对于均质流体，质量力还与体积成正比，因而也被称为体积力。单位质量流体所受的质量力称为单位质量力，单位为 m/s^2，与加速度的单位相同。对于质量为 m 的流体，设它所受的质量力为 F，则单位质量力 $f=F/m$，它在三个坐标轴方向上的分力 f_x、f_y、f_z 分别等于 F_x/m、F_y/m、F_z/m。当水流所受的质量力只有重力时，质量力可表达为

$$(f_x, f_y, f_z) = (0, 0, -g) \tag{1.11}$$

面力作用于流体内某一平面或流体与其他物体的接触面。按作用方向，面力可分为垂直于作用面的压力和平行于作用面的剪切力。面力与作用面的面积成比例，单位面积上的面力被称为应力。下面分析流体内和外表面的主要面力。

(1) 内部面力，是流体内一部分质点作用于与之相邻的另一部分质点的作用力。以一个立方体流体微团所受到的 x 方向的法向和切向面力为例，分析如下。

法向面力的作用。在流体微团的垂直于 x 轴的两个侧面上，除了水压力，还有作用于这两个侧面上与流体微团发生 x 方向伸缩应变相对应的附加面力(它们的单位面积面力称为法向应变附加应力，可使用流体微团侧面的法向变形速率 $\partial u/\partial x$ 计算[5])的差值，是改变微团在 x 轴方向上运动状态的驱动力之一。应用连续介质假定，压强 p 与流速梯度 $\partial u/\partial x$ 均是空间位置 (x, y, z) 的连续函数。借助泰勒展开，流体微团在垂直于 x 轴的两个侧面上的法向面力的梯度为

$$-\frac{1}{\rho}\frac{\partial p}{\partial x}+\frac{1}{\rho}\frac{\partial}{\partial x}\left(2\mu\frac{\partial u}{\partial x}\right) \tag{1.12}$$

式中，流速梯度 $\partial u/\partial x$ 为流体微团的变形速率；μ 为黏度，是黏滞性的度量。

切向面力的作用。应用流体微团变形速率与牛顿内摩擦定律，在流体微团的垂直于 y 轴的两个侧面上(平行于 x 轴)，x 方向切向面力的梯度为

$$\frac{1}{\rho}\frac{\partial}{\partial y}\left(\mu\frac{\partial v}{\partial x}+\mu\frac{\partial u}{\partial y}\right) \tag{1.13a}$$

在垂直于 z 轴的两个侧面上(平行于 x 轴)，x 方向切向面力的梯度为

$$\frac{1}{\rho}\frac{\partial}{\partial z}\left(\mu\frac{\partial w}{\partial x}+\mu\frac{\partial u}{\partial z}\right) \tag{1.13b}$$

(2) 自由表面水流具有与河床、空气相接触的表面，受到这两类表面的面力作用。对于沿水深积分的水流运动方程，水面与河床的面力一般表达为一个附加的摩擦作用项；否则，它们体现在水面与河床的边界条件之中。在水面边界，风的作用产生平行于水面的剪切力，水平 x、y 方向上的风应力 τ_{sx}、τ_{sy} 一般表示为[6-10]

$$(\tau_{sx},\tau_{sy})=\rho_a C_D|W|(W_x-u_s,W_y-v_s) \tag{1.14a}$$

式中，ρ_a 为空气密度，一般取 1.293kg/m^3；W、W_x、W_y 为水面以上垂直高度 10m 处的合风速及其在 x、y 方向的分量；u_s、v_s 分别为表层水流在 x、y 方向的流速分量；C_D 为风拖拽力系数，可采用下式计算(在 $W_{low}\leqslant|W|\leqslant W_{high}$ 的条件下)：

$$C_D=10^{-3}(A_{W1}+A_{W2}|W|) \tag{1.14b}$$

式中，W_{low}、W_{high} 为公式适用的风速下、上限；A_{W1}，A_{W2} 为常数。W_{low}、W_{high} 一般分别取 6m/s、50m/s，此时 A_{W1}、A_{W2} 取值分别为 0.61、0.063。

在河床边界，水流通过粗糙的河床时会受到床面的摩擦阻力，水平 x、y 方向上的床面摩擦剪切应力 τ_{bx}、τ_{by} 一般表示为[6-10]

$$(\tau_{bx},\tau_{by})=\rho_0 C_d\sqrt{u_b^2+v_b^2}(u_b,v_b) \tag{1.15a}$$

式中，ρ_0 为水体参考密度；u_b、v_b 为参考高度处的流速；C_d 为河床阻力系数：

$$C_d=\max\left\{\left[\frac{1}{\kappa}\ln\left(\frac{\delta_b}{k_s}\right)\right]^{-2},C_{d\min}\right\} \tag{1.15b}$$

式中，δ_b 为距离河床的参考高度；k_s 为河床的粗糙高度；$C_{d\min}$ 为 C_d 的下限，一般在深水条件下取 0.0025，在浅水条件下取 0.0075。

2. 描述水流的基本方程

选取流体中一个立方体微团，根据连续介质假定和质量守恒定律，分析立方体各个界面的水通量及立方体的水量平衡，可导出不可压缩水流的连续性方程：

$$\frac{\partial u}{\partial x}+\frac{\partial v}{\partial y}+\frac{\partial w}{\partial z}=0 \tag{1.16}$$

联合运动方程与连续性方程形成方程组才足以充分地描述水流运动，前者描述水流运动，后者对水流运动形成约束。将水流受到的各种作用力(包括各种质量力和面力)以加速度的形式添加到式(1.8)之中，即可推导出受外力作用的水流运动方程(动量方程)。式(1.11)所描述的质量力和式(1.12)中的压力部分，是地表水流最基本的受力，使用这两项之和代替 $\vec{a}$ ，式(1.8)可写为

$$\frac{\mathrm{d}u}{\mathrm{d}t}=f_x-\frac{1}{\rho}\frac{\partial p}{\partial x},\quad \frac{\mathrm{d}v}{\mathrm{d}t}=f_y-\frac{1}{\rho}\frac{\partial p}{\partial x},\quad \frac{\mathrm{d}w}{\mathrm{d}t}=f_z-\frac{1}{\rho}\frac{\partial p}{\partial x} \tag{1.17}$$

式(1.17)为描述非黏性流体运动的微分方程，它是瑞士数学家欧拉于 1755 年导出的，也称为欧拉方程，是理想流体力学的基础。1821 年，法国力学家 Navier 将分子间作用力添加到欧拉方程，促进了理论流体力学的进一步发展。具体而言，就是在式(1.17)的基础上，进一步添加式(1.12)中的法向应变附加应力和由式(1.13)所描述的切向应变应力。这些附加应力在同一方向上累加后，可应用连续性方程消掉其中三个二次偏导项。进而，得到不可压缩牛顿流体(属于黏性流体)的运动方程：

$$\frac{\mathrm{d}\vec{u}}{\mathrm{d}t}=\vec{f}-\frac{1}{\rho}\frac{\partial p}{\partial x}+\frac{\mu}{\rho}\left(\frac{\partial^2\vec{u}}{\partial x^2}+\frac{\partial^2\vec{u}}{\partial y^2}+\frac{\partial^2\vec{u}}{\partial z^2}\right) \tag{1.18}$$

1845 年英国力学家 Stokes 将分子间作用力使用黏度系数 μ 表示，并完成式(1.18)的最终形式，因而该方程也称被为 Navier-Stokes 方程，简称 NS 方程。然而，将这些在数学上近乎完美的流体力学方程用于分析和模拟实际流动时，计算结果常与流体的实际运动规律相距甚远。究其原因，主要是由于 NS 方程未包含水流紊动所产生的流体内部面力，下面将接着讨论紊流相关的问题。

1.3.2 描述紊流的雷诺时均 NS 方程

水利工程所涉及的水流一般均被认为是紊流。水流内部的紊动将对流体微团产生额外的面力(和额外的加速度)，通常称之为紊动剪切应力。这里简述水流紊动剪切应力的产生原因，并介绍能够反映紊动的水流控制方程。

1. 紊流脉动及其时间平均

当强烈的脉动破坏分层流动形态之后，黏性流体呈现为紊流流态。紊流的脉动主要表现为，流速、压力等宏观流动物理量的数值随时间的小幅随机振动，频率一般在 10^2～10^5Hz，振幅一般小于物理量宏观值的 10%。脉动幅度虽小，但对水流宏观运动的作用非常重要，是紊流中涡团形成的根源。流体微团通过脉动交换质量、动量和能量，从而引起物理量的转移，在表观上引起流速、压力等的重新分布，这种现象称为紊动扩散，它的作用远大于由分子运动所引起的扩散。

紊流脉动具有随机性，与之对应，描述流体运动的流速、压力等物理量随时间

的变化也具有随机性。对于紊流中一个空间位置，某物理量的单次量测结果是不确定的，处于不断的随机变化之中；同时，该物理量的多次测量结果的平均值又是确定的，表现出宏观平均值确定性。在实际中，人们主要关注紊流的宏观特性，常采用统计平均方法对紊流物理量进行平均。研究紊流最常用的三种统计平均方法为时间平均法(时均法)、空间平均法和系综平均法，其中时均法最常用。目前，大多数水动力模型的控制方程所使用的流动物理量，其真正含义都是时均物理量。

对于紊流中一点，当量测该点物理量 a 在微小时段 δt 内随时间的变化时，由于脉动，可以发现 a 是关于 t 的随机函数。当选取的 δt 足够大时(相对于紊流脉动起落周期足够长)，又可发现 a 在 δt 内的平均值是一个稳定的数值，而不受脉动随机性的影响，这个平均值 $\overline{a}$ 称为时间平均值(简称时均值)，定义为

$$\overline{a}(x,y,z,t)=\frac{1}{\delta t}\int_{t_0}^{t_0+\delta t}a(x,y,z,t)\mathrm{d}t \tag{1.19}$$

式中，t_0 为微小观测时段 δt 的起始时刻。

通常所说的恒定流，是指紊流物理量的时均值是恒定的。紊流的真实情况是：即便在恒定流条件下(物理量时均值保持恒定)，由于脉动，紊流内某点的物理量也处于永无休止的微幅随机变化之中，是“非恒定的”。非恒定紊流中的物理量具有时均值、脉动值两个方面的变化特征，严格来说，时均法不再适用。但是，在真实地表水流系统的非恒定水流中，水流非恒定变化的周期一般比紊流脉动周期大几个数量级。可以认为，在紊流脉动周期内水力因子的时均值几乎没有发生变化，因而时均法对于地表水流系统的非恒定流依然是适用的。

时间平均法基本原理是将物理量的瞬态值 a 写成时均值 $\overline{a}$ 和脉动值 a' 之和：

$$a=\overline{a}+a' \tag{1.20}$$

基于式(1.19)、式(1.20)，可导出紊流物理量的时均运算规则[11]。

2. 时均 NS 方程的导出

使用爱因斯坦求和约定，重写不可压缩黏性流体运动的连续性方程和动量方程(仅改变了方程表达形式)，可得到基于瞬态物理变量的控制方程：

$$\frac{\partial u_i}{\partial x_i}=0 \tag{1.21}$$

$$\frac{\partial u_i}{\partial t}+u_j\frac{\partial u_i}{\partial x_j}=f_i-\frac{1}{\rho}\frac{\partial p}{\partial x_i}+\frac{\mu}{\rho}\frac{\partial^2 u_i}{\partial x_j\partial x_j} \tag{1.22}$$

式中，i 和 j 取值 1、2、3，分别代表 x、y、z 方向；u_1、u_2、u_3 分别代表 x、y、z 方向的流速；具有两个相同下标的项为多项式求和项(爱因斯坦求和约定)。

根据时均法原理，将物理量的瞬态值写成时均值与脉动值之和：

$$u_1=\overline{u}_1+u_1',\quad u_2=\overline{u}_2+u_2',\quad u_3=\overline{u}_3+u_3',\quad p=\overline{p}+p' \tag{1.23}$$

连续性方程和动量方程，本质上是水流的质量和动量守恒定理。这些守恒定理是自然界的基本法则，它不仅适用于描述流体的时均运动，也适用于描述流体的瞬态运动。如果直接赋予式(1.21)、(1.22)中物理量时均值的含义，所得到的方程只能称为基于时均物理量的方程，并不是这里要介绍的时均 NS 方程。如果赋予式(1.21)、(1.22)中物理量瞬态值的含义并应用$u_i=\overline{u}_i+u_i'$和$p=\overline{p}+p'$，则可导出同时含有变量的时均值和脉动值并能反映水流脉动的紊流瞬态方程：

$$\frac{\partial(\overline{u}_i+u_i')}{\partial x_i}=0 \tag{1.24}$$

$$\frac{\partial(\overline{u}_i+u_i')}{\partial t}+(\overline{u}_j+u_j')\frac{\partial(\overline{u}_i+u_i')}{\partial x_j}=f_i-\frac{1}{\rho}\frac{\partial(\overline{p}+p')}{\partial x_i}+\frac{\mu}{\rho}\frac{\partial^2(\overline{u}_i+u_i')}{\partial x_j\partial x_j} \tag{1.25}$$

对以上方程的两边分别进行整体时间平均，再应用紊流物理量时均运算规则[11]，可得到紊流的时均连续性方程和时均动量方程(即时均 NS 方程)：

$$\frac{\partial\overline{u}_i}{\partial x_i}=0 \tag{1.26}$$

$$\frac{\partial\overline{u}_i}{\partial t}+\overline{u}_j\frac{\partial\overline{u}_i}{\partial x_j}=\overline{f}_i-\frac{1}{\rho}\frac{\partial\overline{p}}{\partial x_i}+\frac{1}{\rho}\frac{\partial}{\partial x_j}\left(\mu\frac{\partial\overline{u}_i}{\partial x_j}-\overline{u_i'u_j'}\right) \tag{1.27}$$

时均 NS 方程最先由雷诺导出，因而也被称为雷诺方程。相对于原始的 NS 方程，时均 NS 方程在其每个方向上增加了 3 个流速脉动项$\overline{u_i'u_j'}$。这些脉动项以应力的形式存在于时均 NS 方程中，通常被称为紊流剪切应力或雷诺应力τ_{ij}'，它反映了脉动对水流平均运动的贡献。也正是由于在欧拉方程中引入了紊动剪切应力项，理论和计算流体力学的分析结果和试验流体力学的实验结果才逐渐走向统一。

从方程的推导过程看，雷诺应力产生于 NS 方程中的非线性迁移项(对流项)的时均过程，起源于流场在空间上的不均匀性。NS 方程的时间平均，把紊流中的拟序结构连同其他完全不规则的脉动成分一起滤掉。虽然基于时均 NS 方程的数值模拟会损失了一些紊流细节，但其精度通常已经可以满足实际应用的要求。

1.3.3 紊流方程闭合的涡黏模式

当联立时均动量方程和连续性方程求解紊流问题时，4 个方程除了包含时均压力和三个方向时均流速共计 4 个未知量，还包含 9 个未知的雷诺应力τ_{ij}'。因此，联立之后的方程组不是封闭的。找到描述和确定雷诺应力的方法，是求解时均紊流方程首先需解决的问题。解决这个问题的方法一般被称为紊流闭合模式。

Boussinesq 率先提出半经验理论来解决紊流闭合问题。1872 年，他仿照层流中分子黏性剪切应力与速度变化率(流速梯度)的关系，假定紊动剪切应力 τ'_{ij} 与时均流速的梯度成正比，并引入紊动涡黏度 μ_τ 概念（$\upsilon_\tau = \mu_\tau/\rho$ 称为紊动涡黏性系数），建立 τ'_{ij} 与时均流速梯度之间的关系，从而将求雷诺应力转化为求涡黏性系数 υ_t。将表达式 $\tau'_{ij} = -\overline{u'_i u'_j} = \mu_t \partial \overline{u}_i / \partial x_j$ 代入式(1.27)，时均 NS 方程转化为

$$\frac{\partial \overline{u}_i}{\partial t} + \overline{u}_j \frac{\partial \overline{u}_i}{\partial x_j} = \overline{f}_i - \frac{1}{\rho}\frac{\partial \overline{p}}{\partial x_i} + \frac{\partial}{\partial x_j}\left[(\upsilon + \upsilon_\tau)\frac{\partial \overline{u}_i}{\partial x_j}\right] \tag{1.28}$$

式中，υ_τ 为时空坐标的函数；$\upsilon = \mu/\rho$。实践表明，紊流的紊动涡黏性系数 υ_τ 比分子运动黏度 υ 在数值上一般要大若干个数量级，常常忽略 υ 并将其作为 υ_τ 的下限。

在形式和作用上，时均 NS 方程中的紊动涡黏性项与分子扩散项极为相似，因而 υ_τ 也常被称为紊动扩散系数。在确定 υ_τ 之后，紊流控制方程就闭合了。Boussinesq 提供了一种半经验的本构关系来描述和计算雷诺应力，在人类尚未完全掌握紊流机理的情况下搭建了紊流方程与工程应用之间的桥梁。通过计算时均流速梯度和紊动扩散系数来确定雷诺应力以封闭紊流方程的方法，通常被称为紊流闭合的“涡黏模式”。在高维水流模拟中，紊动扩散系数时常能够决定模型算出的流速和压力的空间分布，十分关键。根据在计算涡黏系数时所引入的附加方程的数量，涡黏模式包括零方程、单方程、双方程模型等，这将在第 6 章中简要介绍。

式(1.28)是基于涡黏模式的时均 NS 方程，它是绝大多数常规水动力模型的基础。直接使用时均 NS 方程作为动量方程的模型，被称为非静压或全三维水动力模型。使用静压假定可得到简化的时均 NS 方程，基于它的三维模型不再求解垂向动量方程，被称为静压或准三维水动力模型。此外，将时均 NS 方程沿断面或水深进行积分，可分别得到一维、二维水动力模型的动量方程。由于一维、二维、准三维水动力模型的控制方程均使用了静压假定，主要适用于模拟浅水流动，故这些模型的控制方程也常常被称为浅水方程，相关模型被称为浅水流动模型。

1.3.4 物质输运方程

人们除了关心地表水流外，还关心其中各种物质(如水质指标、营养盐、泥沙等)的输运过程。水动力计算是基础，求解水流中的物质输运及其伴随过程，进而解决与之相关的水环境、泥沙、水生态问题，往往才是工程计算的目的。

除了对流与扩散之外，物质输运是一个还可能包含沉降、再悬浮、生化反应等多种附加动作的综合过程。一般将这些复杂的附加动作看成物质输运方程的一个源项，它可为正亦可为负。在对流物质输运方程式(1.10)基础上，添加扩散项和源项可得到一个带源项的对流–扩散方程，即物质输运方程。物质输运方程具有守恒、非守恒两种形式。在笛卡尔坐标系下，守恒形式的三维物质输运方程为

$$\frac{\partial C}{\partial t}+\frac{\partial(uC)}{\partial x}+\frac{\partial(vC)}{\partial y}+\frac{\partial[(w-w_s)C]}{\partial z}=\frac{\partial}{\partial z}\left(K_{sv}\frac{\partial C}{\partial z}\right)+K_{sh}\left(\frac{\partial^2 C}{\partial x^2}+\frac{\partial^2 C}{\partial y^2}\right) \tag{1.29}$$

式中，C 为物质浓度；w_s 为沉速，对于溶解质 $w_s=0$，对于固体悬浮物则等于固体颗粒沉速；K_{sv}、K_{sh} 分别表示垂向、水平的物质浓度扩散系数，m^2/s。

式(1.29)左边可展开为 $\frac{\partial C}{\partial t}+u\frac{\partial C}{\partial x}+v\frac{\partial C}{\partial y}+(w-w_s)\frac{\partial C}{\partial z}+C\left[\frac{\partial u}{\partial x}+\frac{\partial v}{\partial y}+\frac{\partial(w-w_s)}{\partial z}\right]$。应用 $\frac{\partial u}{\partial x}+\frac{\partial v}{\partial y}+\frac{\partial(w-w_s)}{\partial z}=\frac{\partial u}{\partial x}+\frac{\partial v}{\partial y}+\frac{\partial w}{\partial z}=0$，则式(1.29)可转化为

$$\frac{\partial C}{\partial t}+u\frac{\partial C}{\partial x}+v\frac{\partial C}{\partial y}+(w-w_s)\frac{\partial C}{\partial z}=\frac{\partial}{\partial z}\left(K_{sv}\frac{\partial C}{\partial z}\right)+K_{sh}\left(\frac{\partial^2 C}{\partial x^2}+\frac{\partial^2 C}{\partial y^2}\right) \tag{1.30}$$

式(1.30)称为非守恒形式的三维物质输运方程。与之类似，水流动量方程也具有守恒、非守恒两种形式。使用相同的方法，可进行守恒、非守恒形式动量方程之间的转换。基于式(1.30)建立的物质输运模型，不易获得满足质量守恒的数值解。而质量守恒是自然界最基本的法则，在物质输运计算时保证物质守恒应具有最高的优先级。因而，大多数物质输运模型均采用守恒形式的控制方程。

将式(1.29)沿断面或水深进行积分，可分别得到一维、二维物质输运方程：

$$\frac{\partial(AC)}{\partial t}+\frac{\partial(uAC)}{\partial x}=\frac{\partial}{\partial x}\left(\upsilon_c A\frac{\partial C}{\partial x}\right)+S_0 \tag{1.31}$$

$$\frac{\partial(hC)}{\partial t}+\frac{\partial(uhC)}{\partial x}+\frac{\partial(vhC)}{\partial y}=\frac{\upsilon_\tau}{\sigma_c}\left(\frac{\partial^2(hC)}{\partial x^2}+\frac{\partial^2(hC)}{\partial y^2}\right)+S_0 \tag{1.32}$$

式中，A 为断面过流面积；h 为水深；υ_τ、υ_c 分别为涡黏性系数、物质浓度扩散系数；σ_c 为用于换算 υ_τ 和 υ_c 的 Schmidt 数；S_0 为源项。在一、二维物质输运方程中，源项以 S_0 的形式显式表达。与之不同，在三维泥沙输运模型中，水流与河床之间泥沙交换所形成的源项无法在方程中显式表达，而是体现在河床边界条件之中。

1.3.5 河流数值模拟概述

对于一些简单情况，可通过数学推理获得水流或物质输运偏微分方程的精确解(又称为解析解)，例如一维溃坝水流、微幅波运动、物质浓度刚体云旋转等问题。解析解主要包括水流速度、压力及物质浓度的时空分布等。然而，在不规则固体边界、复杂开边界情况下，例如真实的地表水流系统，通过数学推理很难得到偏微分方程的解析解。此时，一般只能通过数值离散控制方程和计算机求解的方式来寻求偏微分方程的数值解，河流数学模型是实现这一目的的途径。简言之，河流数学模型就是将江河湖海中水流、物质输运及其伴随过程的基本规律使用数学物理方程(控

制方程)来描述，在一定的初始和边界条件下，采用计算数学方法和计算机技术等求解这些控制方程，以模拟水流、物质输移及其伴随过程，从而解决科学或工程问题的方法。其中，水动力模拟是物质输运及其伴随过程模拟的基础。

数值求解河流数学模型控制方程存在“偏微分方程时空连续描述”和“计算机离散计算”的矛盾：偏微分方程描述的是水力因子、物质浓度等物理属性在时间和空间中的连续变化，而计算机只能存储和处理时空离散的数据。为了解决这一矛盾，一般先使用数值算法，将偏微分方程转化成为时空离散的代数方程，再利用计算机进行计算。控制方程的离散转化与求解是河流数学模型的核心内容，它具有三个关键点。其一，使用计算网格剖分和覆盖研究区域，选取特定网格点作为空间离散点，并在其上布置能代表物理场的变量。这样一来，原本在空间中连续的物理场(流速、压力、浓度场等)就被一系列空间离散点上的变量的集合所代表，这一过程称为空间离散化。其二，将时间轴划分为时层，以便于描述流体空间中各种物理场随时间的逐步变化，这一过程称为时间离散化。其三，以控制方程为基础，建立描述时空离散点物理变量之间联系的代数方程(也称为离散方程)，连续的偏微分方程就被转化成为基于时空离散点的代数方程，这个过程被称为控制方程的离散化。

河流数学模型的基本方法包括研究区域的计算网格剖分方法、控制方程时空离散方法、建模技术等。其一，可使用多种计算网格剖分计算区域，例如在水平方向上可采用直角、曲线、非结构或切割型网格，在垂向可采用 z、σ 坐标等网格。其二，前人已发展多种将偏微分方程转化为代数方程的方法，例如有限差分法(finite difference method，FDM)、有限体积法(finite volume method，FVM)、有限元法(finite element method，FEM)等。这些方法都各具特点，例如 FDM 最为直接和简洁，FVM 物理意义明确。其三，建模技术主要包括算子、方向等分裂技术，使用它们可大幅简化数学模型的结构和求解流程，并显著提升计算效率。关于这些基础方法，以往的著作[12-14]已有详细论述，本书仅在第 1.5 节做简要介绍。

1.4　控制方程的时空离散基础

河流数学模型时空离散基础工作包括计算网格剖分和控制变量布置。各种维度模型的时空离散具有相通之处，中间维度的平面二维模型的计算网格剖分和控制变量布置最具代表性。三维模型一般使用水平与垂向分开的计算网格剖分方式，其水平网格通常与平面二维模型相同；河网/管网一维模型的计算网格与控制变量布置亦可借鉴平面非结构网格的样式。相对于空间离散，时间离散则较为简单。

1.4.1　计算网格要素与模型控制变量

欧拉法视角下的时空离散思路：在计算网格上选取特定的网格点作为离散点来

代表连续的流体空间，使用离散点上的物理量描述物理场，进而采用时层推进法描述物理场随时间的演化。下面以平面二维模型为例，介绍空间离散的概念和方法。

1. 计算网格及其要素

不同类别的计算网格贴合不规则水域边界的能力不同。其中直角(笛卡儿)网格贴合不规则水域边界的能力很差，曲线网格以复杂化控制方程为代价换取较好的边界适应性，但在贴合极端复杂的水域边界时(例如存在多个障碍物、岛屿等)仍存在困难[9]。非结构网格可使用任意多边形剖分计算区域，对不规则边界的适应能力较强，且控制方程由于在水平面上的旋转不变性[14]形式并未变复杂。切割型网格[15]通过对边界计算单元进行数值切割来贴合不规则水域边界，优点是可直接使用直角网格，无需进行控制方程的坐标变换。在河流模拟领域，许多经典的计算程序都使用了曲线网格，而新研发的模型大多选择更具优势的非结构网格。

计算网格的基本几何元素包括节点、网格线、单元等。有些数值方法，例如 FVM、FEM 等，需要使用在空间上与单元并不一定重合的子区域，这些子区域通常被称为控制体。单元与控制体是两个不同的概念，前者是使用计算网格剖分计算区域后得到的基本几何元素，后者是为了执行控制方程的积分等运算所重新定义的子区域。一般可使用顶点中心法、单元中心法在计算网格上构建控制体[13](图 1.3)。

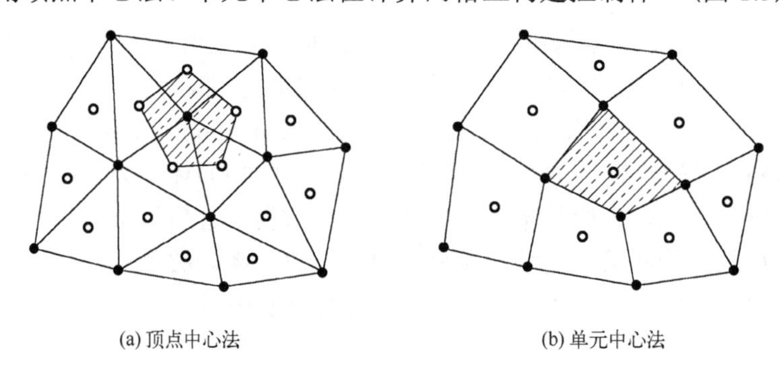

(a) 顶点中心法　　(b) 单元中心法

图 1.3　控制体构建方法(实心点为节点，空心圆为单元中心，阴影表示控制体)

顶点中心法以节点为中心点构建控制体，控制体中心和网格节点在空间上是重合的。例如，可以通过连接以某节点为中心点的各个单元的形心，将这一系列线段所围成的多边形区域定义为控制体(图 1.3(a))。单元中心法以单元中心为中心点构建控制体(图 1.3(b))，此时控制体与单元在空间上是重合的。单元与控制体均要求是“凸多边形”，以满足几何运算适应性的需求。基于非结构网格的水动力模型多采用单元中心法，这样有利于处理陆地边界和设定开边界流量条件。

2. 空间离散化与控制变量内涵

求解控制方程将获得由计算网格离散点上的变量所代表的物理场及其随时间的

变化。该项工作首先面临两个问题：一是如何在计算网格上选取空间离散点，二是如何使用这些离散点上的变量代表各种物理场。相关概念辨析如下。

一般使用流速 u、v 及其空间分布代表流速场，使用自由水面高度 η 及其空间分布代表压力场，这些变量称为物理场代表变量，它们的选用标准取决于控制方程的形式。当使用守恒形式的运动方程时，一般用 u、v、h 作为物理场代表变量；当使用非守恒形式运动方程时，一般用 u、v、η。在后一种情况中，水深($h=\eta-z_b$)是由物理场代表变量经过转化而间接得到的变量，这类变量称为衍生变量。

位于离散点的物理场代表变量称为物理场控制变量，它们是物理场在时间轴上向前演化的基础。同时，将不在离散点上的物理场代表变量称为辅助变量，它们是为了便于计算某些方程项而在计算网格非离散点上布置的临时变量。辅助变量一般由控制变量通过空间距离权重插值得到，这种插值不具备任何物理意义，计算精度通常也不高。辅助变量在用完之后随即被释放，不作为推进物理场的基础。

控制变量在 FDM 中位于特定的网格点，在 FVM 中通常位于控制体中心。在各种方法中，代表不同物理场的控制变量(流速、压力、物质浓度等)的离散点在空间上可以不重合。对于 FDM，这意味着不同的控制变量可位于不同的网格点。对于 FVM，这意味着需要以各种控制变量的空间位置为中心分别构建控制体。若控制变量不同位，以各种控制变量为中心的控制体将在空间上交错排列，而保证各种变量的控制体均具有凸性对计算网格的质量要求极高(常不易满足)。当模型混合使用 FDM、FVM 时，在满足控制体具有凸性的前提下，控制变量的位置可比较灵活。

3. 控制变量的空间布置

在各种物理场控制变量采用不同的空间位置组合时，控制方程数值离散的复杂性、数学模型的性能等可能差异巨大。对于河流数学模型，控制变量布置的关键在于水动力模型中流速与压力的布置方式，目前常用的组合包括：同位网格控制变量布置方式(流速和压力控制变量布置在同一网格点上)、交错网格控制变量布置方式(流速和压力控制变量在空间上呈交错排列)。

在同位网格布置方式下(图 1.4(a))，控制变量 u、v、η(或 h)均位于单元中心，经典的 SIMPLE 隐式模型[13]、Mike21 显式模型[16]等均采用这种方法。基于同位网格的 FVM 开展数值离散，可同时保证质量、动量等计算的守恒性，但存在棋盘效应[13]等缺点。图 1.4(b)、(c)是两种常用的交错网格布置方式，分别简称为 C-D[17]和 C 交错网格[18]，布置在边中心的控制变量 u、v 与布置在单元中心的控制变量 η 在空间上交错排列。交错网格具有插值少、离散方便、数值稳定性好、避免棋盘效应等优点。为了避免出现各种控制变量交错排列的控制体，交错网格模型一般仅针对部分控制变量构建控制体，并采用 FVM 计算关于它的物理项，同时采用其他方法处理其他变量。这个策略仅能保证一部分物理量的计算守恒性。例如图 1.4(c)，对位于单元中心的 η(以单元作为其控制体)，采用 FVM 计算关于它的物理项，可以保证水量计算的守恒性；对位于边中心的 u、v，如果没有针对它们构建控制体而是采用 FDM 来计算关于它们的物理项，就不能严格保证动量计算的守恒性。

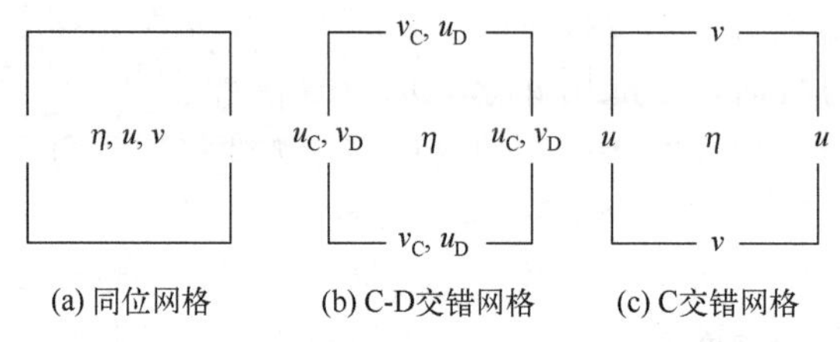

(a) 同位网格　(b) C-D交错网格　(c) C交错网格

图 1.4　控制变量在计算网格上的布置方式

当使用 C-D 交错网格时(图 1.4(b))，求解边的切向动量方程需要使用边的两个端点的 η 值来计算切向压力梯度。在图 1.4(b)变量布置方式下，η 布置在单元中心，节点处的 η 是未知的。此时，需要在边的两个端点处设置辅助变量，它们的值由节点周围单元中心的控制变量 η 插值得到，在用完辅助变量后随即将其释放。

1.4.2　平面非结构网格及其符号系统

真实河流通常具有河型多样(弯曲、分汊等)、洲滩分布、滩槽复式过流断面等特征，进而形成复杂的水域边界。一般推荐采用非结构网格剖分计算区域，以贴合不规则水域边界，并描述由心滩、滩槽复式断面等所引起的复杂河势。

1. 平面非结构网格及其拓扑关系

在采用非结构网格时，水平区域被一系列不重叠的凸多边形(三角形、四边形)覆盖。相应地，水域空间被剖分为若干全水深棱柱体。当采用单元中心法定义控制体时，控制体与单元在平面上是重合的。如图 1.5 所示，大、小实心点分别为单元中心、网格节点，空心点为单元边的中点。平面上非结构网格的单元、节点、边的数量分别使用变量 ne、np、ns 表示，每个网格元素都拥有一个全局编号。

可参考文献[10]创建拓扑关系变量，描述非结构网格单元、节点、边之间的连接关系。①$i34(i)$ 为单元 i 的节点/边的数目；$nm(i,l)$ 为单元 i 第 l 个节点的全局编号，$l=1, 2,\cdots, i34(i)$；$j(i,l)$ 为单元 i 第 l 条边的全局编号，$l=1, 2,\cdots, i34(i)$；$ic(i,l)$ 为单元 i 第 l 个邻单元的全局编号，$l=1, 2,\cdots, i34(i)$，当局部索引 l 对应的单元不存在时使用−1 表示；②$i(j,l)$ 为共用边 j 的两个单元的全局编号，$l=1, 2$，规定 $i(j,1)$ 储存全局编号较小的单元，当边的某一侧为计算区域外时使用−1 表示；$ip(j,l)$ 为边 j 两个端点的节点全局编号，$l=1, 2$；③$ine(k,l)$ 为节点 k 周围单元的全局编号，$l=1, 2,\cdots, nne(k)$，$nne(k)$ 为节点 k 周围的单元数量；$inp(k,l)$ 为节点 k 周围节点的全局编

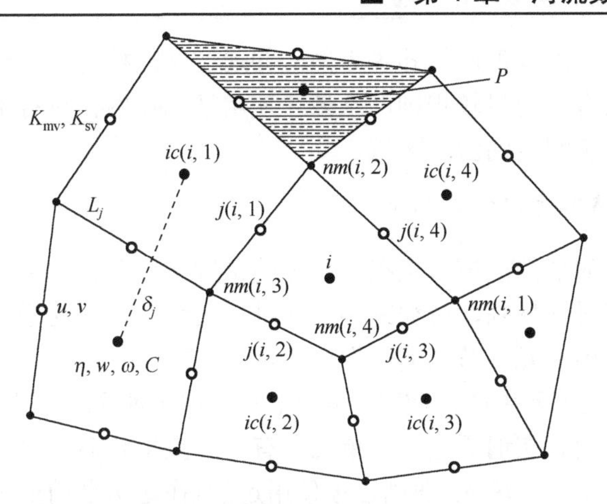

图 1.5　非结构网格的交错网格变量布置与拓扑关系

号，$l=1, 2,\cdots, nnp(k)$，$nnp(k)$为节点 k 周围节点的数量。相关几何特征变量定义为：P_i为单元 i 的面积；δ_j为共用边 j 的两个单元中心之间的距离；L_j为边 j 的长度。

非结构网格的基础信息包括节点和单元数据。如图 1.6(a)，每行储存一个节点的信息，包括节点的全局编号(可无)、x 坐标、y 坐标、高程或测深；如图 1.6(b)所示，每行储存一个单元的信息，包括单元的全局编号(可无)、单元所拥有的节点数量($i34$)、单元所包含的节点的全局编号列表(nm)。基于这些基础数据，可计算得到前述所有的拓扑关系变量和几何特征变量，并建立非结构网格的图形化描述。图 1.5 展示了非结构网格上一种典型的 C-D 交错网格控制变量布置方式：水位 η、物质浓度 C 定义在单元中心，水平流速 u、v 定义在边中点。

节点	坐标 X	坐标 Y	测深
0	529057.14	3277972.04	−79.31
1	529059.29	3277974.18	−79.40
2	529069.26	3277967.15	−80.56
3	529066.15	3277965.29	−81.64
4	529060.14	3277969.79	−82.85
5	529063.15	3277967.54	−84.26
6	…		

(a) 节点信息

单元	$i34$	节点 1	节点 2	节点 3	节点 4
0	4	7	10	8	2
1	4	10	5	3	8
2	4	6	11	10	7
3	4	11	4	5	10
4	4	1	9	11	6
5	4	9	0	4	11
6	…				

(b) 单元信息

图 1.6　非结构网格的输入文件格式示例

非结构网格与结构化网格的比较。其一，结构化网格的节点、单元、边排列有序，给出一个元素(节点/单元/边)的编号，可直接知道与之相邻的其他元素的编号；非结构网格节点、单元、边的排列均无规则，需要建立拓扑关系变量将各个元素周围的元素信息储存下来以形成拓扑关系网，并通过它间接地找出元素周围的其他元素。其二，一般只有对边界较规则的水域才使用结构化网格进行剖分，而非结构网格则适用于任意复杂程度的流动区域。

2. 非结构网格单元边的局部坐标系

一般规定单元的节点，按节点在平面上的位置呈逆时针排列。如果有些单元的节点排列不符合逆时针规则，可编写小程序进行批量转换。对于某一给定单元，从网格节点列表中取出单元各节点的平面坐标，进行边的构造并得到边的位置、长度、方向等。一般可围绕单元中心按逆时针顺序，每次取出两个节点形成一个节点组合，并使用它构造一条边。在遍历完一个单元所有的节点组合后，可按单元全局编号由小到大的顺序转到下一个单元，遇到已被使用过的(在遍历之前的小编号单元时已使用)节点组合时则跳过。完成所有单元的遍历，就形成边的序列。

如图 1.7 所示，按逆时针顺序取出单元 i 的两个相邻节点(n_1、n_2)并构造一条边(边 j)，那么节点 n_1、n_2 就是边 j 的两个端点 $ip(j,1)$、$ip(j,2)$。将 $ip(j,1)$、$ip(j,2)$ 的平面坐标分别表示为(x_{1j}, y_{1j})、(x_{2j}, y_{2j})，则边 j 即线段 $ip(j,1) \to ip(j,2)$ 的斜率为

$$k = (y_{2j} - y_{1j}) / (x_{2j} - x_{1j}) \tag{1.33}$$

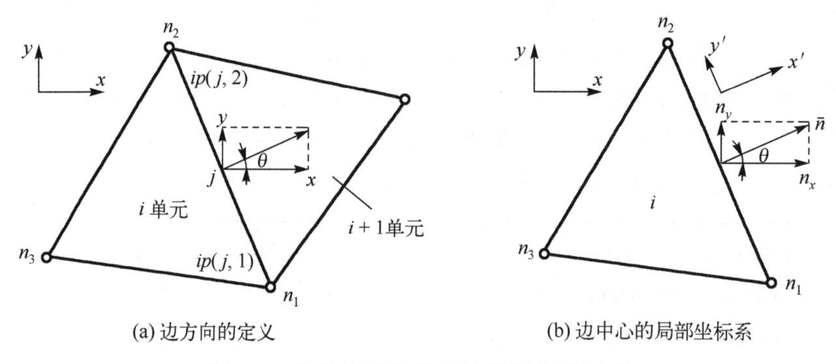

图 1.7　非结构网格单元边的局部坐标系

设穿过边 j 中心存在一个矢量，它的初始方向为 $ip(j,1) \to ip(j,2)$，将该矢量以边中点为基点顺时针旋转 90°，可得到起点位于边 j 中心并指向单元 i 外侧的法向向量 $\bar{n}_j$。$\bar{n}_j$ 与全局坐标系中 x 轴的夹角 θ_j 可表示为

$$\theta_j = \arctan[-(y_{2j} - y_{1j}) / (x_{2j} - x_{1j})] \tag{1.34}$$

边 j 的法向向量 $\bar{n}_j$ 在平面上包括两个分量(n_{jx}、n_{jy})：

$$n_{jx} = \cos(\theta_j)\,, \quad n_{jy} = \sin(\theta_j) \tag{1.35}$$

将按上述方法定义的边的法向方向称为“边的原始法向”，它具有不变性和唯一方向性特征。边的原始法向是由节点、单元等基础数据所决定的边的固有属性，

在固定网格条件下不发生变化。由边的构造过程可知，其一，已规定单元各节点按逆时针排列，在构造新边时每次取出的单元的相邻节点 n_1、n_2 在平面上必然围绕着单元中心呈逆时针旋转排列；其二，在构造边序列时，按照单元全局编号由小到大的顺序进行遍历。这决定了边的原始法向必然由小编号单元指向大编号单元（或指向计算区域外，此时使用–1 表示区域外），即具有唯一方向性。边中点的法向流速方向可能与边的原始法向相同或相反，规定相同时为正、相反时为负。

使用边的原始法向向量，可以定义全局坐标系、边局部坐标系之间的矢量转换计算式，如下式(1.36)、式(1.37)，它们是联系非结构网格全局与局部坐标系的基础。由全局坐标系流速 (u_x, u_y) 转换为边局部坐标系流速 (v_n, v_t) 的计算式为

$$v_n = u_x n_x + u_y n_y \,, \quad v_t = -u_x n_y + u_y n_x \tag{1.36}$$

由边局部坐标系流速 (v_n, v_t) 转换为全局坐标系流速 (u_x, u_y) 的计算式为

$$u_x = v_n n_x - v_t n_y \,, \quad u_y = v_n n_y + v_t n_x \tag{1.37}$$

容易证明，当使用边的局部坐标系流速替换全局坐标系流速之后，第 1.3 节中的控制方程的形式保持不变，这个特性称为控制方程在水平面上的旋转不变性[14]，它使得基于非结构网格相对于基于直角网格建立数学模型的复杂度并未增加。

3. 非结构网格单元出流方向定义

对于某一单元，单元边的法向流速指向单元外意味着出流，反之意味着入流。因此，边的原始法向与单元出流方向是分别对不同对象定义的不同概念，只有理清二者的关系，才能准确描述各单元边通量是入流还是出流。

对于一条具有两个邻单元的边，当边的原始法向与其中一个单元的出流方向相同时，必然与另一单元的出流方向相反。因此，“边的原始法向具有唯一方向性”与“两侧单元在该边处具有相反的出流方向”存在矛盾。可定义单元边的方向函数并将它与边的原始法向联合起来，描述各单元边的入流与出流，来解决上述矛盾。单元 i 第 l 条边的方向函数 $s_{i,l}$ 定义为：当单元 i 第 l 边的正向（原始法向方向）流速对应于单元 i 的出流/入流时，$s_{i,l} = +1/-1$。满足这个要求的 $s_{i,l}$ 的计算公式为[10]

$$s_{i,l} = \frac{i[j(i,l),2] - 2i + i[j(i,l),1]}{i[j(i,l),2] - i[j(i,l),1]} \tag{1.38}$$

从单元来看，当单元 i 第 l 条边的原始法向与单元出流方向一致时 $s_{i,l} = +1$，反之 $s_{i,l} = -1$。在边界处，边的原始法向指向计算区域外，与单元的出流方向始终一致，恒有 $s_{i,l} = +1$。从边来看（分别使用 $i_{小}$、$i_{大}$表示边 j 两侧全局编号较小、较大的单元），对于 $i_{小}$，边 j 的原始法向与 $i_{小}$出流方向一致，即 $s_{i,l} = +1$；对于 $i_{大}$，边 j 的原始法向与单元出流的方向相反，即 $s_{i,l} = -1$。式(1.38)定义的 $s_{i,l}$ 可描述所有这些情况。

1.4.3 河网/管网计算网格及其符号系统

不同于单一河段/管道，河网/管网的计算网格一般具有非结构特征。可借鉴较成熟的二维非结构网格原理，建立河网/管网内各分段之间网格的连接关系；在进行分段内部计算时，仍可使用单一河段/管道的一维网格编码。使用这样的双重网格编码，易于实现复杂河网/管网的统一描述，所建立的数学模型适应能力极强。河道与管道一维网格具有相通性，下面以河道为例介绍相关的时空离散方法。

1. 单一河道的时空离散

如图 1.8，根据实测地形断面位置(N 个)布置实心网格点，其纵向空间位置记作…、$i-1$、i、$i+1$、…；使用空心网格点表示相邻两实心网格点之间的中点，记作…、$i-1/2$、$i+1/2$、…；从而完成单一河道的一维网格剖分。若将两相邻空心网格点之间的区域称为单元，则实心、空心网格点分别为单元中心、单元界面(单元边)。对于一维问题，单元边与网格节点重合。对于河道两端的边界节点(索引为 1/2 和 $N+1/2$)，它们的位置可分别由内部节点(3/2 和 $N-1/2$)关于单元中心对称得到。构建一维控制体存在两种方法，可将单元直接定义为控制体(单元中心法)，亦可使用空心网格点作为中心重新构建(顶点中心法)。直接使用已有单元作为控制体的优势为：由于实测地形断面位于单元中心，则可使用真实的断面地形而不是插值得到的地形计算一维控制体的中心断面过流面积、水体体积等，较为准确。单一河道计算网格的控制变量布置较为简单，以 C 网格为例，控制变量布置方式如图 1.8：水位 η、物质浓度 C 定义在单元中心，流速 u 或流量 Q 定义在边(节点)的位置。

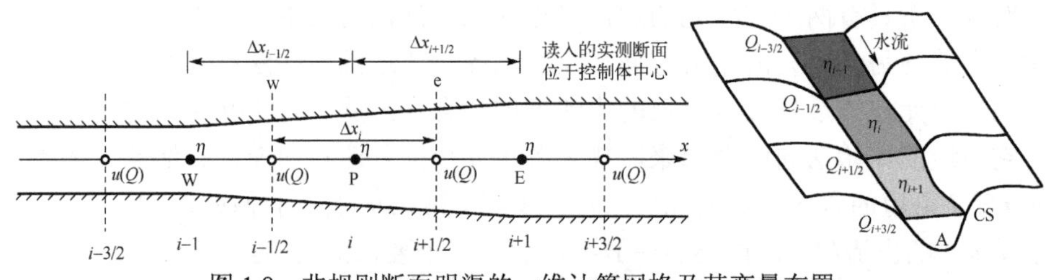

图 1.8 非规则断面明渠的一维计算网格及其变量布置

如图 1.8，单一河道的一维网格属于结构化网格，网格元素如单元、边、节点等排列有序，当已知一个元素的全局编号时，可直接知道与之相邻的元素的全局编号。有些书籍使用 E、W 分别表示控制体 P 的东侧、西侧的相邻控制体，使用 e、w 分别表示控制体 P 东侧、西侧的控制体界面。此外，计算网格的几何特征变量定义如下：使用…、$\Delta x_{i-1/2}$、$\Delta x_{i+1/2}$、…表示两相邻单元中心之间的距离；使用…、Δx_{i-1}、Δx_i、Δx_{i+1}、…表示单元的水平纵向长度。对于均匀的一维网格，$\Delta x_{i-1/2}$、$\Delta x_{i+1/2}$ 与 Δx_i 是相等的。

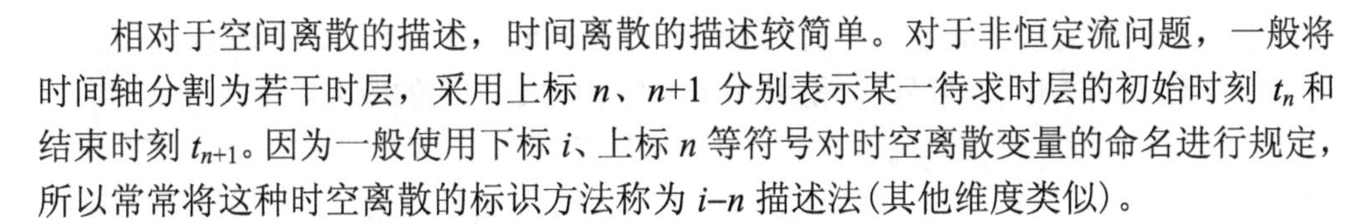

相对于空间离散的描述，时间离散的描述较简单。对于非恒定流问题，一般将时间轴分割为若干时层，采用上标 n、$n+1$ 分别表示某一待求时层的初始时刻 t_n 和结束时刻 t_{n+1}。因为一般使用下标 i、上标 n 等符号对时空离散变量的命名进行规定，所以常常将这种时空离散的标识方法称为 i–n 描述法(其他维度类似)。

2. 河网拓扑结构的描述

河网由多个单一河道(河段)通过汊点连接而成，其空间离散方法如下。根据实测断面分布，将每个河段均剖分为互不重叠的一维单元，称为普通单元；为每个汊点定义一个多维(维度≥2)单元，称为汊点单元。每个单元在它的中心均具有一个实测地形断面。普通单元只具有两个单元边，而汊点单元的边的数量等于所连接河段的数量，这个数量(≥2)可以是任意的。将汊点单元的边定义为“汊点边”。规定汊点单元不能孤立存在，而是将汊点单元作为它周围具有最大连接河宽的河段的一部分，并将该河段定义为该汊点的“汊点河段”。一个河段两端的“端点单元”，可以是普通单元，也可以是汊点单元。使用 nr、ne、ns 分别表示河网拥有的河段、单元、边的数量，依次使用 N_1、N_2、…、N_{nr} 表示各河段内单元的数量。每个单元/边都被赋予唯一的单元/边全局编号，以实现河网的统一描述。

单一河道的局部索引方法，无法描述位于不同河段上的计算网格元素(主要为单元和边)之间的连接关系。因此，需要额外定义基于单元/边全局编号的拓扑关系变量进行补充描述。需定义的基于全局编号的拓扑关系变量有：$I34(I)$ 为单元 I 的边的数量，对于普通单元其值等于 2，对于汊点单元其值≥2；$J(I,l)$ 为单元 I 的边的全局编号，$l=1,2,\cdots,I34(I)$；$IC(I,l)$ 为与单元 I 有公共边的单元的全局编号，$l=1,2,\cdots,I34(I)$；$I(J,l)$ 为共用边 J 的两个单元，$l=1,2$。与二维非结构网格类似，使用式(1.38)定义单元边的方向函数 $S_{i,j}$，来描述单元边的入流/出流。

在河网结构文件中(图 1.9)，每行储存一个断面(单元)的信息。第一列为断面的全局编号，从 0 开始；第二、三列分别为断面的原名、别名；第四、五列分别为当前断面的上一个、下一个断面的全局编号，若上一个或下一个断面不存在，则使用−1 标识，以此描述河网内断面的连接关系；第六、七列分别为断面代表点的平面坐标(X, Y)；第八列为断面所在河段的编号；第九列为断面的特征宽度；第十列用于描述断面是否封闭，封闭为 1 否则为 0。该河网结构也兼容于单一河道情况。

在上述河网结构文件中，使用单元上、下游单元的全局编号，已可初步定义各河段之间的单元连接，进而展开搜索可得到基于单元全局编号的拓扑关系变量 $I34(I)$ 和 $IC(I,l)$。然后，与前述二维非结构网格创建单元边的方法类似，遍历所有单元以创建边(已退化成点)的序列，边的坐标可由单元中心坐标插值获得。进而算出基于全局编号的拓扑关系变量 $J(I,l)$、$I(J,l)$ 和方向函数 $S_{i,j}$。同时，计算与网格有关的几何变量。对于单元 I(全局编号)，使用 Δx_I 表示单元的水平长度。对于汊点单元，可近似使用“汊点河段”的连接断面宽度作为单元长度。对于具有公共边 J(全局编号)的两个单元 I_1 和 I_2(全局编号)，使用 δ_J 表示它们中心之间的距离。

39	1203	河段总数,断面总数							
编号	原名	别名	LastCS	NextCS	断面 X	断面 Y	河段	特征宽度	封闭
0	CS0	CS+0	−1	1	240820.06	387002.02	0	1291.207	0
1	CS1	CS+1	0	2	241757.85	388760.7	0	1681.954	0
⋮									
121	CS121	CS+121	120	122	394222.71	290761.68	0	2527.341	0
122	CS122	CS+122	121	123	396094.99	290063.54	0	2132.367	0
123	CS123	CS+123	122	124	398038.64	290245.71	1	2366.776	0
124	CS124	CS+124	123	125	399745.56	291348.53	1	2769.002	0
125	CS125	CS+125	124	126	401678.35	291861.08	1	2008.451	0
⋮									
218	CS218	CS+218	217	1171	521728.32	380315.57	1	2422.831	0
219	CS219	CS+219	423	220	407804.12	244057.32	2	9624.334	0
220	CS220	CS+220	219	221	408330.53	244890.61	2	9612.32	0
⋮									

图 1.9　河网结构的示例

基于全局编号的拓扑关系变量和计算网格几何变量，可以形成河网的全局描述体系，它的应用优势如下。一方面，由于断面代表点的坐标已知，河网结构的图形化展示变得十分简单。图 1.10 以交错网格为例展示了河网计算网格及控制变量布置(流量 Q(或流速 u)定义在边中心，水位 η 定义在单元中心)。另一方面，控制方程的大部分数值离散和求解，均可在全局编号描述体系下完成。

为了优化河网数学模型的结构和提高其计算效率，可构造基于河网中单个河段进行计算的局部算法。这需要建立网格元素的河网全局编号与河段局部索引之间的对应关系。下面以单元为例，说明河网整体、河段局部两套描述体系之间对应关系的建立过程。边的实例将在第 3.2 节(点式 ELM 在河网中的执行)介绍。

单元的河网全局编号和河段局部索引之间的对应关系，包括全局→局部的正向映射和局部→全局的反向映射。规定输入文件中的任一河段 k 都满足：其一，按文件从上到下的顺序，河段内单元的河段局部索引默认为 1, 2,⋯, N_k 排列；其二，河段内所形成的单元序列占据河网单元序列中一段连续的全局编号。除了这两个要求之外，河段 k 的起始单元的全局编号可以是任意的。图 1.9 的河网结构文件给出了单元的全局编号及其所属河段的编号。根据上述约定和输入信息，易于建立正向映射：根据单元的河网全局编号，找出单元的所属河段编号与河段局部索引。同时，亦可十分容易地建立反向映射：根据单元的所属河段和它在河段内的局部索引，找

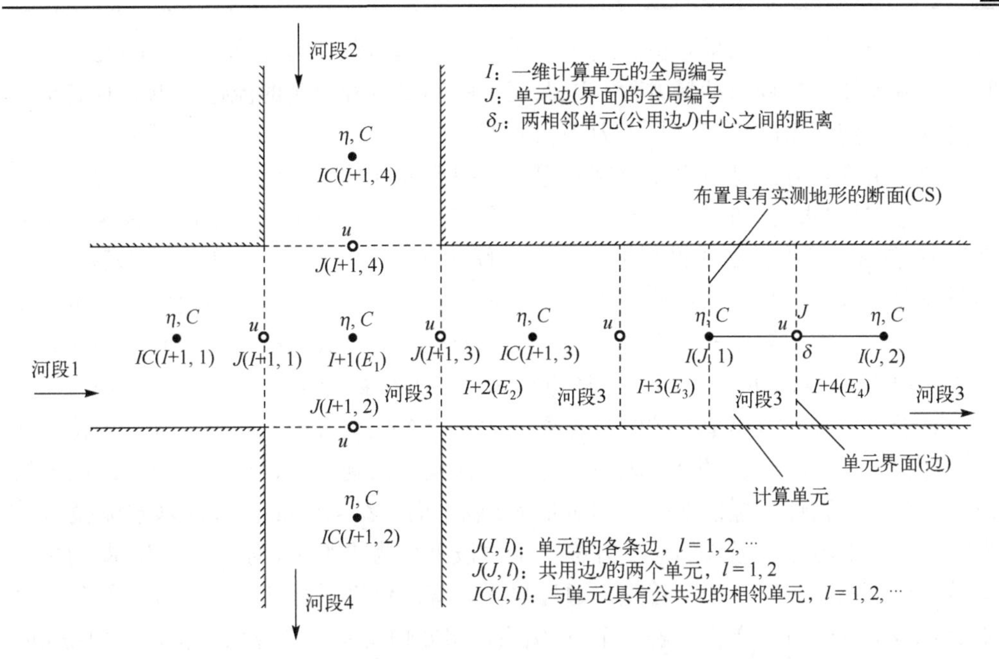

图 1.10　河网的一维计算网格、变量布置与拓扑关系描述

出单元的河网全局编号。这些映射关系可通过变量加以储存：正向映射需两个变量，反向映射只需一个二维变量。使用上述方法，所建立的单元的河网全局编号和河段局部索引之间的对应关系十分简单。以图 1.10 河段 3 为例，河段 k 内河段局部索引为 1, 2,…, N_k 的单元序列，所具有的单元全局编号为 $I+1, I+2,\cdots, I+N_k$。

1.5　河流数学模型的关键问题

水流与物质输运控制方程所包含的最高阶导数项为二阶偏导。虽然二阶扩散项形式较复杂，但它们所代表的物理作用相对较为缓和且与来流方向关系不大，因而它们的求解难度一般并不大。河流数学模型求解的困难主要由压力梯度项、对流项等一阶导数项引起。压力梯度项的离散求解引出了流速-压力耦合、自由水面追踪等问题；对流项的离散求解引出了迎风构造、物理间断捕捉等问题。这些关键问题处理的好坏，直接关系到河流数学模型的性能。

1.5.1　流速-压力耦合的求解

1. 流速-压力 (u-p) 耦合的内涵

如前所述，连续性方程和动量方程是相互关联的，在水动力学模型中，前者的求解对后者的计算形成约束。否则，任由单独求解动量方程得到的流场无约束发展，最终将可能产生违反水量守恒、连续介质假定等基本条件的计算结果。因此，需要联立求解连续性方程和动量方程，以保证求解动量方程得到的流速场也同时满足连续性方程，使解出的流速场与压力场相协调。

当采用隐式方法离散水流控制方程时，得到的代数方程同时包含待求的流速 u 和压力 p(时层末)，即一个代数方程同时含有两种未知变量。由于这两种未知量分别为 u 和 p，因而在隐式模型中连续性方程和动量方程的联立求解也常被称为 u-p 耦合问题，其构造与计算过程一般均比较复杂。此外，隐式水动力模型一般希望压力项在动量方程中被显式地表达出来。压力梯度项被隐式离散后所得到的关联 u 和 p 的表达式，通常就成为了将连续性方程和动量方程耦合在一起计算的纽带。

对于显式水动力模型，控制方程离散后，一个代数方程一般仅包含一个待求物理量(由非恒定项离散产生)，因而不存在 u-p 耦合问题。流速场与压力场之间的协调性一般是在设计模型框架时自动满足的。以平面二维 Godunov 类溃坝水流模型[14]为例，它们采用守恒形式的动量方程，压力被拆分为“水深+河床高程”，即动量方程不再显式地含有压力项。首先，通过显式计算连续性方程和动量方程，得到守恒变量 h、hu、hv(每个方程求解一个)；然后，将守恒变量 h 换算为水位，并使用 hu、hv 除以 h 得到流速。第一步算得的 h 是满足连续方程的，第二步中基于 h 计算流速，即流速是在满足连续性方程的前提下计算得到的，流速场也必定满足连续性方程。因此，在这类显式模型中流速场与压力场是协调的。

对于一维、平面二维隐式水动力模型，u-p 耦合一般体现在断面或水深平均水平流速与水位之间的耦合；对于使用了静压假定的准三维模型，u-p 耦合体现在各水层水平流速与水位之间的耦合；对于全三维模型，需求解所有单元三个方向流速与压力(动水压力)在三维空间中的耦合。其中，u-p 耦合的构造和求解方式直接决定了隐式水动力模型的复杂度和性能。

2. 不同维度 u-p 耦合的求解方法

求解一维 u-p 耦合常常使用 Preissmann 四点偏心隐式方法[19]。该方法使用时空加权因子，将连续函数 f 表示为四个时空离散点上变量的加权平均形式，它在理论上无条件稳定，并可借助方向分裂技术扩展用于二维情况。由于具有良好的稳定性和精度，该方法及其线性化之后的版本在传统一维水动力模型中占据统治地位。

SIMPLE 系列方法。SIMPLE 由 Patankar 等在 1972 年提出并用于求解封闭区域内的流动，它使用显式迭代以避免构造和求解大型代数方程组，计算量较大。SIMPLE 与在其基础上发展起来的 SIMPLEC、SIMPLER 等形成一个算法系列，并被引入到水动力计算之中[20]。该类算法求解流速与总压力的耦合，在求得总压力之后再根据自由表面边界条件更新水面高度。由于起步较早，SIMPLE 类模型有许多成熟的源码可供继承，它们在传统的二、三维水动力模型中占据着重要地位并获得了广泛的应用[21,22]。《数值传热学》[13]对 SIMPLE 类方法进行了系统的介绍。但正如 2001 年 Namin 等[23]指出：SIMPLE 类方法水动力学模型近年来几乎没有任何发展。由于计算量巨大，该类方法正逐步淡出自由表面水流数值模拟的历史舞台。

基于压力分裂的隐式方法。对于自由表面水流，压力在三维空间中的分布和变化是较复杂的。为了能简单、快速地求解三维 u-p 耦合问题，在 2000 年左右研究者[24, 25]根据压力的物理含义，将自由水面水流的总压力进行分解进而分开计算，称之为压力分裂模式。压力分裂隐式方法与 SIMPLE 系列的区别在于：前者将水流总压力分解为正压力(对应水位)、斜压力和动水压力，后者并未将正压力从总压力中独立出来，而是将总压力作为一个整体进行计算；前者通过静压步计算首先确定水面高度和流场中间解，然后构建和求解关于动水压力的代数方程组，后者是在求解流速与总压力耦合之后再更新水面。压力分裂法优势为：在预先求得的水面和中间解的基础上，构造关于动水压力的代数方程组并引入专门算法进行求解，计算效率大幅提升。Casulli 等[26]介绍了一种较经典的压力分裂模型，受到了广泛借鉴。

1.5.2 水流的自由表面追踪

模拟自由表面水流，需要准确、稳定、快速地追踪在时空中不断变动的自由表面。对于已隐含使用静压假定的水深积分方程水动力模型，求解 u-p 耦合或通过换算已求出的水深即可确定自由水面。因而，自由水面追踪问题主要存在于三维模型中，常用方法有 Marker and Cell(MAC)[27]、Volume of Fluid(VOF)[28]、Level-Set(LS)[29]、标高函数法[6-10]等。

MAC 将固定的欧拉计算网格与随着流体运动的拉格朗日标记点结合起来，追踪自由水面的变化。该方法需满足严格的稳定限制条件(一个将计算时间步长与空间离散、自由表面波速度等关联起来的表达式)[30]，且计算量随标记点数量增加而急剧增大。VOF 和 LS 方法均通过求解一个关于自由水面标识函数的附加对流输运方程，来捕捉自由水面。例如，VOF 先求解一个关于流体体积函数的输运方程再进行关于水面的界面重构，该方法能捕捉具有多值特征的自由水面。除了涌浪、波浪破碎等少数特例外，地表水流系统水流的自由水面一般都具有单值性。因此，VOF 的多值水面捕捉优势对于以单值水面为主的地表水流而言用处不大。VOF 和 LS 的不足是：求解关于自由水面标识函数的附加方程，给模型时间步长增加了额外的限制，且存在一些不必要的虚拟流体区域的计算，因而时间步长小、计算量大。

标高函数法充分利用地表水流自由水面单值性这一特点，将三维空间内各层水流的水平流速与自由水面方程(或自由水面运动边界条件)联立，构造一个关于水位的代数方程组，来求解自由表面高度。该方法计算简便、快捷，能满足水利工程中大多数应用的精度和效率要求，是单值性自由水面追踪的专用方法，也是目前在河流海洋三维数值模拟中使用最多的方法，例如文献[6]～[10]。

1.5.3 对流问题的求解

对流问题同时存在于水流与物质输运之中，求解它的难点在于：需要充分考虑来流方向的信息；克服计算的守恒性、稳定性、准确性、可并行化等之间的矛盾。对流项的处理好坏是决定数学模型性能的关键之一。

水量及保守物质数量在水流运动过程中不会增多或变少，保证水动力和物质输运计算的守恒性是河流数学模型最基本的要求。在水动力计算中，沿程水域形态变化、流固接触面摩擦阻力等均会引起一定的动量损失，因而由数值计算引起的少量动量不守恒是被允许的。对于水动力模型，水量守恒可由连续性方程形成的约束来控制；对于物质输运模型，不存在额外的方程来保证模型计算的物质守恒。因此，求解动量方程对流项的原则是优先保证稳定(争取更大的时间步长)再力求满足动量守恒，求解对流物质输运的原则是优先保证物质守恒再满足其他。

1. 水流运动的对流问题

在水流对流算法中，Lagrangian 类方法由于计算量巨大而难以实用，Eulerian 类方法目前占主导地位。当采用 Eulerian 类方法时，对流项由于具有非线性特征其隐式离散求解比较困难，因而常常采用显式方法求解它，这样也便于判断来流方向和使用来流方向的信息。显式 Eulerian 类对流算法具有简单、容易构造高阶格式等优点，但它们的计算时间步长严格受与网格尺度有关的 Courant-Friedrichs-Lewy (CFL)稳定条件限制，计算十分耗时。在此背景下诞生的 ELM[31, 32]，继承了 Eulerian 类方法固定网格计算的便利性和 Lagrangian 类方法的自然迎风特性，消除了与网格尺度有关的 CFL 稳定条件限制，是一种无条件稳定的显式对流算法。ELM 可使用 CFL 达几十的大时间步长，计算效率极高。然而，传统的点式 ELM 具有不守恒性(固有特性)，守恒误差可能引起显著的数值弥散和物理失真[31-34]。如果能够解决不守恒的缺点，ELM 类方法将是一种极具有发展潜力的对流算法。

2. 物质输运的对流问题

对于固体边界复杂、流态多变的自由表面水流，建立稳定、准确和高效的水动力学模型已属不易，在此基础上建立高性能的物质输运模型更具有挑战性。

许多对流算法例如 FDM、点式 ELM 等，由于自身缺乏保证物质守恒的机制，在进行大时空模拟时容易产生显著的守恒误差。FVM 借助通量式的单元浓度更新，能够保证局部和全局的物质守恒，在目前物质输运算法中占统治地位。然而，显式的欧拉类 FVM 的计算稳定性严格受到 CFL 稳定条件限制。此外，在水环境领域，常需同时模拟几十种物质在水流中的输运过程；在泥沙领域，常常需要同时模拟多组不同粒径的泥沙的输运过程。在这些“多种物质输运”模拟问题面前，常规的显

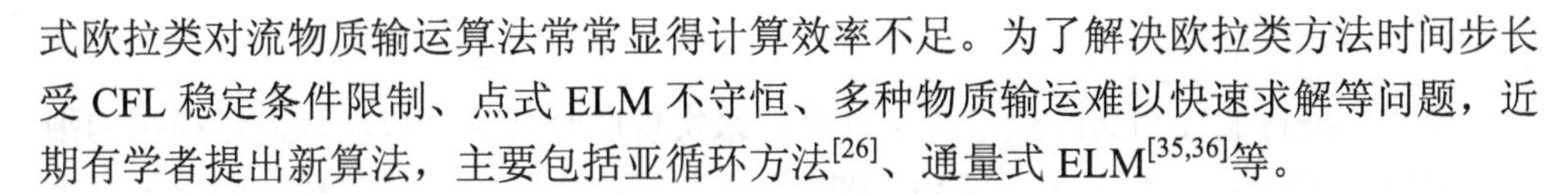

式欧拉类对流物质输运算法常常显得计算效率不足。为了解决欧拉类方法时间步长受 CFL 稳定条件限制、点式 ELM 不守恒、多种物质输运难以快速求解等问题，近期有学者提出新算法，主要包括亚循环方法[26]、通量式 ELM[35,36]等。

3. *物理间断的捕捉*

有一类较特殊的流动，具有物理间断的特征，即水面、流速、物质浓度等的不连续分布。最典型的间断水流就是溃坝水流，较常见的间断物质输运有盐水密度流、泥沙异重流等。前人引入源于空气动力学的基于求解 Riemann 问题的 Godunov 类有限体积法[37]，来模拟这些间断流动和物质输运。在将 Godunov 类方法从求解可压缩欧拉方程(空气动力学)移植到求解真实地表水流浅水方程时，需要解决控制体界面数值通量与河床底坡源项之间的平衡问题[38]，这一研究至今仍是热点。Godunov 类方法大多为显式计算，虽然不必求解复杂的 u-p 耦合，但其稳定性严格受 CFL 稳定条件限制。不少学者正在探索该类方法的大时间步长方法[39,40]。

1.5.4 多维多物理过程分解

从控制方程角度来看，河流数学模型求解了一个对流、扩散、外力作用、物质输运及其伴随过程等相互耦合的多物理过程；同时，多维模型还求解了不同坐标方向上物理过程的耦合。这个双重耦合特征使得河流数学模型的架构常常比较复杂，且计算量很大。在河流数值模拟发展早期，由于计算机运算能力不足，研究者提出了多种对方程进行分裂求解计算方法来优化模型结构、提升计算效率，使模型能满足实际应用的性能要求。这些分解方法主要包括方向分裂、模式分裂和算子分裂，许多方法沿用至今，在河流数学模型发展历程中起到了重要的推动作用。

1. *方向分裂*

方向分裂多用于隐式模型，即 Alternative Direction Implicit (ADI)[41]方法，其含义为：将控制方程沿各坐标轴方向进行劈裂，因而不再需要构造关于多维 u-p 耦合的大型代数方程组，取而代之，只需分别针对各方向构造一维 u-p 耦合小型代数方程组(每方向一个)即可；同时，将时层推进分为若干分步(分步数量与维度一致)，在每个分步求解一个方向的小型代数方程组(在其他方向采用显式计算)，在各方向上轮流进行分步推进。显式模型不需要构造代数方程组，也无需使用方向分裂。方向分裂方法可将复杂的多维问题转化为若干个简单的一维问题进行求解，回避了直接求解多维耦合问题和构造大型代数方程，具有简单、高效等特点，在许多二维、三维模型(例如 ECOM[6]、Delft3D[8]等)中均获得了应用。但是，方向分裂方法在进行各方向交替求解时，一般对各个坐标方向上物理过程之间的相互影响缺乏考虑，这使得水动力数值解存在流速向量可能向某一坐标轴方向偏斜的一维化趋势[42]。

2. 模式分裂

模式分裂将低维和高维数学模型耦合起来实现联合计算，以获取高维模拟的细节。例如，ECOM[6]、Mike3[7]、FVCOM[9]等将其三维水动力模块分成一个求解平面二维流动的外模式和一个求解三维流动的内模式。模式分裂把限制计算时间步长的快速表面重力波传播变形过程的求解，从三维水动力计算中分离出来，并使用外模式进行计算。在使用外模式确定自由水面后，内模式计算不再受快速表面波的干扰，因而可使用大时间步长。模式分裂在三维水动力模型领域的应用已十分广泛，但内、外模式的水平流速、床面阻力等的不一致可能影响计算精度。后续发展的内、外模式一致性校正方法，虽可改善计算精度但并未从根本上解决问题。

3. 算子分裂

算子分裂又称为分步求解，早在 20 世纪 70 年代算子分裂方法就开始应用于求解 NS 方程[43]。由于具有不同的物理或数学特性，控制方程中各物理项在达到计算稳定、准确和高效的预期下对数值离散方法提出了不同要求。一种求解思路是按照物理含义将控制方程分割成若干个亚方程，根据各亚方程的物理或数学特性选择最合适的算法，并按照一定的顺序依次求解，以最大限度地实现稳定、精确和高效，这种分步求解的思想即为算子分裂。例如，Lin 等[44]将三维时均 NS 方程分解为对流、扩散、速度-压力耦合三类亚方程等进行逐个求解，大幅简化了模型结构。算子分裂为在河流数学模型中引入各种优秀的算法提供了一个基础框架。

用于构建全三维水动力模型的压力分裂模式在本质上也是一种算子分裂。在该模式中，压力被分为正压力、斜压力和动水压力，分别对应水位梯度、流体内密度差形成的压力梯度和动水压力梯度。压力分裂物理含义明确，使各种压力的物理本质在控制方程中均有清晰的体现。分步求解使得模型结构变得简单，而且对不同的压力项使用针对性的算法可大幅提升模型的稳定性、计算精度和收敛速度。

基于拆分后多个亚方程分步计算所取得的结果，与基于原方程多物理过程耦合计算所取得的结果，在多大程度上是一致的？这与所求解的问题有关，关键在于各物理过程的耦合程度。对于常规地表水流及其物质输运，各算子所代表的物理过程的耦合程度一般并不强，算子分裂方法是适用的。

参考文献

[1] 张建云, 李云, 宣国祥, 等. 不同粘性均质土坝漫顶溃决实体试验研究[J]. 中国科学E辑: 技术科学, 2009, 39(11): 1181-1186.

[2] 俞月阳, 唐子文, 卢祥兴, 等. 曹娥江船闸引航道冲淤研究[J]. 泥沙研究, 2007, 3: 17-23.

[3] 周刚. 赣江下游二维水环境模型及污染物总量分配研究[D]. 北京: 中国环境科学研究院博

士后研究报告, 2011.

[4] 王光谦. 河流泥沙研究进展[J]. 泥沙研究, 2007, 2: 64-81.

[5] 李炜. 水力学[M]. 武汉: 武汉水利电力大学出版社, 2000.

[6] HydroQual. A primer for ECOMSED, version 1.3, Users Manual[M]. New Jersey: HydroQual, Inc. , 2002.

[7] Pietrzak J, Jakobson J B, Burchard H, et al. A three-dimensional hydrostatic model for coastal and ocean modelling using a generalised topography following co-ordinate system[J]. Ocean Modeling, 2002, 4: 173-205.

[8] WL|Delft Hydraulics. Delft3D-FLOW User Manual, Version 3.13[M]. Delft, 2006.

[9] Chen C S, Liu H D, Robert C, et al. An unstructured grid, finite-volume, three-dimensional, primitive equations ocean model: application to coastal ocean and estuaries[J]. Journal of Atmospheric and Oceanic Technology, 2003, 20: 159-186.

[10] Zhang Y L, Baptista A M, Myers E P. A cross-scale model for 3D baroclinic circulation in estuary-plume-shelf systems: I. Formulation and skill assessment[J]. Continental Shelf Research, 2004, 24(18): 2187-2214.

[11] 章梓雄, 董曾南. 粘性流体力学[M]. 北京: 清华大学出版社, 1998.

[12] 周雪漪. 计算水力学[M]. 北京: 清华大学出版社, 1995.

[13] 陶文铨. 数值传热学[M]. 2 版. 西安: 西安交通大学出版社, 2001.

[14] 谭维炎. 计算浅水动力学[M]. 北京: 清华大学出版社, 1998.

[15] Causon D M, Mingram D, Mingham C G, et al. Calculation of shallow water flows using a Cartesian cut cell approach[J]. Advances in Water Resources, 2000, 23: 545-562.

[16] DHI. MIKE 21: A 2D Modelling System for Estuaries, Coastal Water and Seas, DHI Software 2014[M]. Denmark: DHI Water & Environment, 2014.

[17] Arakawa A, Lamb V. Computational design of the basic dynamical processes of the UCLA general circulation model[J]. Methods in Computational Physics, 1977, 17: 174-267.

[18] Adcroft A, Hill C, Marshall J. A new treatment of the Coriolis terms in C-grid models at both high and low resolution[J]. Monthly Weather Review, 1999, 127: 1928-1936.

[19] Liggett J A, Cunge J A. Numerical Methods of Solution of The Unsteady Flow Equations[M]. Ft. Collins, CO: Water Resources Publication, 1975.

[20] Wu W M, Rodi W, Wenka T. 3D numerical model for suspended sediment transport in channels[J]. Journal of Hydraulic Engineering, 2000, 126(1): 4-15.

[21] 陆永军, 窦国仁, 韩龙喜, 等. 三维紊流悬沙数学模型及应用[J]. 中国科学: 技术科学, 2003, 34(3): 311-328.

[22] 黄国鲜. 弯曲和分汊河道水沙输运及其演变的三维数值模拟研究[D]. 北京: 清华大学, 2006.

[23] Namin M M, Lin B, Falconer R A. An implicit numerical algorithm for solving non-hydrostatic

free-surface flow problems[J]. International Journal for Numerical Methods in Fluids, 2001, 35: 341-356.

[24] Mahadevan A, Oliger J, Street R. A nonhydrostatic mesoscale ocean model. Part II: Numerical implementation[J]. Journal of Physical Oceanography, 1996, 26(9): 1881-1900.

[25] Marshall J, Hill C, Perelman L, et al. Hydrostatic, quasi-hydrostatic, and nonhydrostatic ocean modeling[J]. Journal of Geophysical Research, 1997, 102: 5733-5752.

[26] Casulli V, Zanolli P. Semi-implicit numerical modeling of nonhydrostatic free-surface flows for environmental problems[J]. Mathematical and Computer Modeling, 2002, 36(9-10): 1131-1149.

[27] Harlow F H, Welch J E. Numerical calculation of time-dependent viscous incompressible fluid with free surface[J]. Physics of Fluids, 1965, 8: 2182 - 2189.

[28] Hirt C W, Nichols B D. Volume of fluid (VOF) method for the dynamics of free boundaries[J]. Journal of Computational Physics, 1981, 39: 201-225.

[29] Quecedo M, Pastor M, Herreros M I, et al. Comparison of two mathematical models for solving the dam break problem using the FEM method[J]. Computer Methods in Applied Mechanics and Engineering, 2005, 194(36-38): 3984-4005.

[30] Zima P. Two-dimensional vertical analysis of dam-break flow[J]. Task Quarter, 2007, 11(4): 315-328.

[31] Baptista A M. Solution of advection-dominated transport by Eulerian-Lagrangian methods using the backwards method of characteristics[D]. Cambridge: Massachusetts Institute of Technology, 1987.

[32] Dimou K. 3-D hybrid Eulerian-Lagrangian / particle tracking model for simulating mass transport in coastal water bodies[D]. Cambridge: Massachusetts Institute of Technology, 1992.

[33] Hu D C, Zhang H W, Zhong D Y. Properties of the Eulerian-Lagrangian method using linear interpolators in a three-dimensional shallow water model using z-level coordinates[J]. International Journal of Computational Fluid Dynamics, 2009, 23(3): 271-284.

[34] Oliveira A, Baptista A M. On the role of tracking on Eulerian-Lagrangian solutions of the transport equation[J]. Advances in Water Resources, 1998, 21: 539-554.

[35] Hu D C, Zhu Y H, Zhong D Y, et al. Two-dimensional finite-volume Eulerian-Lagrangian method on unstructured grid for solving advective transport of passive scalars in free-surface flows[J]. Journal of Hydraulic Engineering, 2017, 143(12): 4017051.

[36] Hu D C, Yao S M, Qu G, et al. Flux-form Eulerian-Lagrangian method for solving advective transport of scalars in free-surface flows[J]. Journal of Hydraulic Engineering, 2019, 145(3): 04019004.

[37] Zhao D H, Shen H W, Tabios G Q, et al. Finite-volume two-dimensional unsteady-flow model for river basins[J]. Journal of Hydraulic Engineering, 1994, 120(7): 863-883.

[38] Zhou J G, Causon D M, Mingham C G, et al. The surface gradient method for the treatment of source terms in the shallow water equations[J]. Journal of Computational Physics, 2001, 168: 1-25.

[39] Morales-Hernandez M, García-Navarro P, Murillo J. A large time step 1D upwind explicit scheme (CFL>1): Application to shallow water equations[J]. Journal of Computational Physics, 2012, 231(19): 6532-6557.

[40] 许仁义. 浅水流动的大时间步长格式及应用[D]. 北京: 清华大学, 2013.

[41] Leendertse J J, Alexander R C, Liu S K. A Three-Dimensional Model for Estuaries and Coastal Seas, Volume 1, Principle of computation[M]. Santa Monica: The Rand Corporation, 1970.

[42] Weare T J. Errors arising from irregular boundaries in ADI solutions of the shallow water equations[J]. International Journal for Numerical Methods in Engineering, 1979, 14: 921-931.

[43] Chorin A J. Numerical solution of the Navier-Stokes equations[J]. Mathematics of Computation, 1968, 22: 745-762.

[44] Lin P, Li C W. A σ-coordinate three-dimensional numerical model for surface wave propagation[J]. International Journal for Numerical Methods in Fluids, 2002, 38(11): 1045-1068.

第 2 章　河道/管道一维水动力模型

河道与管道中的自由表面水流、承压水流及它们的混合流均是常见的水流形态。本章利用测压管水头的双重物理含义实现自由表面、承压两种流态水流的统一描述，进而创建一种非恒定混合流的一维隐式线性求解器。在其中，半隐算法和点式 ELM 的联合使用，使模型计算可使用大时间步长；流速-压力耦合最终形成一个三对角线性方程组，使模型求解无需迭代；对称影子亚网格封闭断面描述方法，使模型具备描述不规则封闭过流断面及模拟其动态变化的能力。所建立的一维非恒定混合流模型的结构和求解均十分简单，为大时空混合流模拟提供了新思路。

2.1　明渠与承压水流控制方程的统一

与明渠相比，具有封闭断面过流通道的 Karst 岩溶伏流、城市地下排水管网等常常具有较复杂的流态，具体包括三种情况：①当封闭断面通道未充满时，水流具有自由表面，为明渠水流；②当封闭断面通道充满时，为承压水流；③当封闭断面通道部分充满时，自由表面水流与承压水流同时存在并频繁发生相互转换，表现为自由表面流与承压流共存的混合流。明渠和承压水流的驱动力均是重力，具体表现形式分别为自由水面梯度、测压管水头梯度。分析发现，对于一维情况，可使用形式相同的控制方程，来统一描述明渠水流和封闭断面通道内的承压水流。

2.1.1　明渠与承压水流连续性方程的统一

对于不可压缩水流(暂不考虑密度变化影响)，基于连续介质假定和质量守恒定律开展一维流段的水量平衡分析，容易推得水流的一维连续性方程：

$$\frac{\partial A}{\partial t}+\frac{\partial Q}{\partial x}=q \tag{2.1}$$

式中，A 为断面过流面积，m^2；Q 为断面流量，m^3/s，且有 $Q=Au$，其中 u 为断面平均流速，m/s；t 为时间，s；x 为纵向距离，m；q 为侧向入汇，m^2/s。

当 $q=0$ 时，连续性方程的含义为：在单位长度流段和单位时段内，代表性横断面的过流面积随时间的变化率与流量沿流程的变化率之和等于 0。事实上，在针对一维流段开展水量平衡分析时，并不需要考虑过流断面是否封闭或具体形状。因此，式(2.1)适用于任意形状的过流断面，并且同时适用于自由表面水流和承压水流。这为实现明渠水流和承压水流的统一描述和模拟提供了一个方面的基础。

对于任一横断面，将过流宽度 B 沿着水深从底面向水面进行积分，可得到 A。在流动方向上坐标 x 处，设断面最低点高程为 $-d(x)$，若为封闭断面则设其顶部高程为 $c(x)$；对于明渠断面或未充满的封闭断面，将水面高度表示为 $\eta(x)$。

对于具有自由水面的断面(图 2.1)，过流面积的积分表达式为

$$A=\int_{-d(x)}^{\eta(x)} B(x,z)\mathrm{d}z \tag{2.2a}$$

式中，$B(x,z)$ 为 z 高度处的过流宽度，在不规则断面条件下随垂向位置而变化。

对于充满的封闭断面[假设图 2.1(b)中 $\eta(x)$ 已到达顶部]，过流面积应等于断面面积，使用 $B(x,z)$ 表示 z 高度处的过流宽度，断面过流面积的积分表达式为

$$A=\int_{-d(x)}^{c(x)} B(x,z)\mathrm{d}z \tag{2.2b}$$

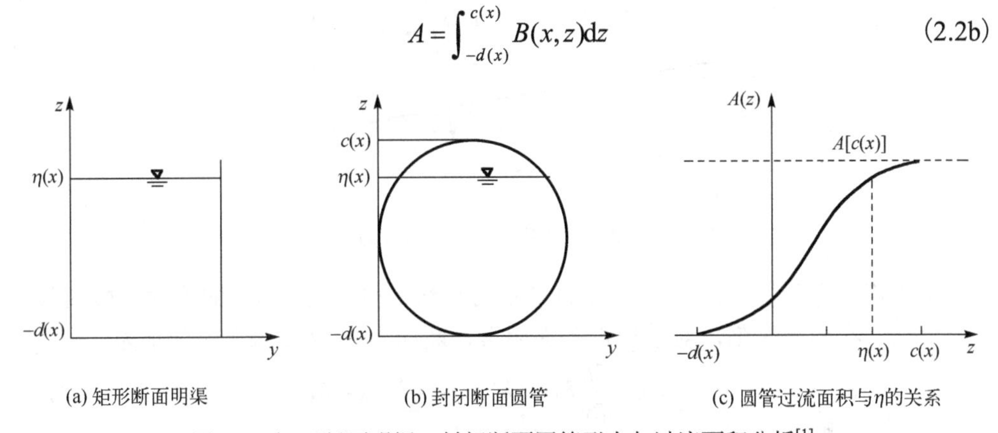

图 2.1　矩形断面明渠、封闭断面圆管形态与过流面积分析[1]

封闭断面管道内水流可能处于多种状态：当 $\eta(x)<c(x)$ 时，为自由表面水流；当水位升高至 $\eta(x)=c(x)$ 时，自由水面消失，随着外部条件继续变化，管道内水流可能转化为承压状态。相对于自由表面水流，承压水流具有完全不同的特性。其一，充满的管道内水流的波速通常比自由表面水流波速大 2～3 个数量级。其二，在不考虑水流可压缩性的条件下，充满的管道内水流的断面过流面积不再随时间发生变化，即 $\partial A/\partial t=0$。此时，连续性方程退化为 $\partial Q/\partial x=0$，这意味着充满状态下管道沿程任意两个断面的流量相等。同时，由于在流动方向上过流断面面积可能发生变化，所以管道沿程的流速将随之改变，即 $\partial u/\partial x\neq 0$。

2.1.2　明渠与承压水流运动方程的统一

基于连续介质假定和牛顿第二定律(或动量守恒定律)，也可导出一维水流动量方程。分别选取较简单的矩形断面明渠水流、满载圆形管道水流，开展受力分析和推导，以阐明明渠水流和承压水流的一维动量方程在形式上是可以统一的。

1．矩形断面明渠水流

矩形断面明渠的河宽沿水深保持不变。如图 2.2，矩形断面明渠中有一流体微段沿斜面向下运动，在纵向上河床与水平夹角为 α。微段水平长 $\mathrm{d}x$，所接触的斜面长 $\mathrm{d}s$，重力为 $\mathrm{d}G$，河床表面平均摩擦应力为 τ。微段重心所在断面处，水深为 h、河宽为 B、面积 $A=Bh$。其他符号定义：断面湿周为 χ，断面平均水平流速为 u。选取流体微段左、右两侧的竖向截面即断面 1-1、2-2，进行一维流段的受力分析。

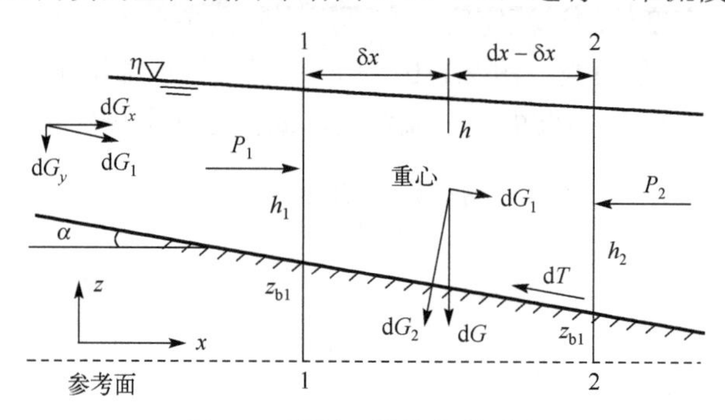

图 2.2　明渠一维流段的受力

运用连续介质假定，水深 $h(x,\ t)$ 是空间坐标 x 和时间坐标 t 的连续可微函数。由此可知，在同一时刻，对于矩形断面明渠，断面 1-1、2-2 的水深分别为

$$h_1=h-\frac{\partial h}{\partial x}\delta x\,,\quad h_2=h+\frac{\partial h}{\partial x}(\mathrm{d}x-\delta x) \tag{2.3}$$

式中，δx 为重心所在断面与断面 1-1 的纵向水平距离。

断面总压力计算式为 $P=B\rho gh^2/2$，用它可得断面 1-1、2-2 的压力差：

$$P_1-P_2=\frac{\rho gB}{2}\left[-2h\frac{\partial h}{\partial x}\mathrm{d}x+\left(\frac{\partial h}{\partial x}\right)^2 2\mathrm{d}x\delta x-\left(\frac{\partial h}{\partial x}\right)^2\mathrm{d}x^2\right] \tag{2.4}$$

式(2.4)右侧第二、第三项均为水深关于空间变化的高阶项，它们方向相反，可近似抵消。此时，式(2.4)所描述的两断面的压力差转化为

$$P_1-P_2=-\rho gBh\mathrm{d}x\partial h/\partial x \tag{2.5}$$

当 α 很小时(≤6°)，$\sin\alpha\approx\tan\alpha=-\partial z_\mathrm{b}/\partial x$，其中 z_b 为河床高程。在沿斜面方向，微段其他受力为：重力沿斜面的分量 $\mathrm{d}G_1=\rho gBh\mathrm{d}x\sin\alpha=-\rho gBh\mathrm{d}x\partial z_\mathrm{b}/\partial x$；根据 $\tau=\rho gRS_\mathrm{f}$、$R=A/\chi$，河床阻力为 $\mathrm{d}T=\tau\chi\mathrm{d}s=\rho gAS_\mathrm{f}\mathrm{d}s$，其中 S_f 是河床阻力对应的摩阻坡降。将流体微段所受到的沿斜面的重力分量和摩擦阻力，在水平 x 方向进行投影($\cos\alpha\approx1$)。最后，在水平 x 方向对流体微段应用牛顿第二定律 $P_1-P_2+\mathrm{d}G_x-\rho gBhS_\mathrm{f}\mathrm{d}x=a_x\mathrm{d}m$，可推得矩形明渠水流的一维动量方程：

$$\frac{\partial u}{\partial t}+u\frac{\partial u}{\partial x}=-g\frac{\partial h}{\partial x}-g\frac{\partial z_\mathrm{b}}{\partial x}-gS_\mathrm{f} \tag{2.6}$$

2. 圆形断面管道水流

考虑一个纵向均匀的圆形截面管道。如图 2.3，充满的管道中有一流体微段沿斜面向下运动，管道的中轴线与水平夹角为 α。微段水平长 $\mathrm{d}x$，接触斜面长 $\mathrm{d}s$，重力为 $\mathrm{d}G$，侧壁表面平均摩擦应力为 τ。微段中点处竖向断面水力参数为：面积为 A、湿周为 χ，水深为 $h(h=z_s-z_b)$，断面平均水平流速为 u，断面平均压强为 $\overline{p}$。受力分析选用流体微段左、右两侧的竖向截面，即断面 1-1、2-2。

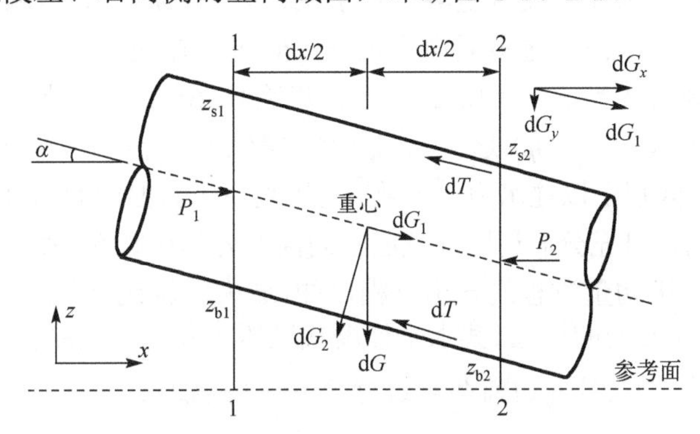

图 2.3　充满的管道中流体微段的受力

应用连续介质假定，两侧断面 1-1、2-2 的平均压强分别为

$$\overline{p}_1=\overline{p}-\frac{\partial \overline{p}}{\partial x}\frac{\mathrm{d}x}{2},\quad \overline{p}_2=\overline{p}+\frac{\partial \overline{p}}{\partial x}\frac{\mathrm{d}x}{2} \tag{2.7}$$

式中，$\overline{p}$ 为断面平均压强，即断面形心(距离河床高度设为 $\overline{z}$)的压强值。

图 2.3 中一维管流仅存在沿管轴线方向的速度和加速度。从改变流体微段运动状态的角度看，除了管壁摩擦阻力，只有微段的重力和两侧断面压力沿管轴线方向的分量是产生加速度的有效作用力。流体微段的重力与两侧断面压力，在垂直管轴线方向的分量与管壁作用力相互抵消。基于这一认识，两侧断面 1-1、2-2 压力差在沿管轴线方向的分量为

$$(P_1-P_2)\cos\alpha=-A\frac{\partial \overline{p}}{\partial x}\mathrm{d}x\cos\alpha \tag{2.8}$$

当 α 很小时(≤6°)，$\sin\alpha\approx\tan\alpha=-\partial\overline{z}/\partial x$，其中 $\overline{z}$ 为管轴线高程。在管轴线方向，微段其他受力为：重力沿管轴线方向的分量 $\mathrm{d}G_1=\rho gA\mathrm{d}x\sin\alpha=-\rho gA\mathrm{d}x\partial\overline{z}/\partial x$；根据 $\tau=\rho gRS_f$、$R=A/\chi$，管道侧壁摩擦阻力为 $\mathrm{d}T=\tau\chi\mathrm{d}s=\rho gAS_f\mathrm{d}s$，其中 S_f 是河床阻力对应的摩阻坡降。将流体微段所受到的沿管轴线方向的压力差分量、重力分量、摩擦阻力，在水平 x 方向进行投影($\cos\alpha\approx1$)，并在水平 x 方向对流体微段应用牛顿第二定律，可推得均匀圆形封闭断面过流通道内承压水流的一维动量方程：

$$\frac{\partial u}{\partial t}+u\frac{\partial u}{\partial x}=-\frac{1}{\rho}\frac{\partial \overline{p}}{\partial x}-g\frac{\partial \overline{z}}{\partial x}-gS_f \tag{2.9}$$

3．明渠与承压水流动量方程的统一

由明渠水流一维动量方程的导出过程可知，$-\partial h/\partial x$ 和$-\partial z_b/\partial x$ 分别源于压力和重力作用。应用 $z_b+h=\eta$(水面高度)合并$-\partial h/\partial x$ 和$-\partial z_b/\partial x$ 两项，则式(2.6)转化为

$$\frac{\partial u}{\partial t}+u\frac{\partial u}{\partial x}=-g\frac{\partial \eta}{\partial x}-gS_f \tag{2.10}$$

明渠水流的自由水面高度就是测压管水头，因而$-\partial\eta/\partial x$ 表示测压管水头的水平梯度。明渠非恒定渐变流的过流断面满足静压假定，在流体的竖向断面内，z 高度处的压强可简单地表达为 $p=\rho g(\eta-z)$，当高度变化 Δz 时，压强水头与位置水头之和变为$(\eta-z_b-\Delta z)+(z_b+\Delta z)=\eta$。这说明同一竖向断面内各点的测压管水头相等，且都等于水面高度 η。区别于以往水力学书籍[2]选用垂直于斜面的断面进行分析和推导，这里选用竖向截面，可充分利用竖向截面不同高度处测压管水头相等的特性。

由承压水流一维动量方程的导出过程可知，$\bar{z}$ 为管轴线高程(其水平梯度代表重力作用)，$\bar{p}$ 为 $\bar{z}$ 高度处的压强(其水平梯度代表压力作用)，$\bar{p}/\rho g+\bar{z}$ 的物理含义即为测压管水头。将式(2.9)右边前两项进行合并，可以得到

$$\frac{\partial u}{\partial t}+u\frac{\partial u}{\partial x}=-g\frac{\partial}{\partial x}\left(\frac{\bar{p}}{\rho g}+\bar{z}\right)-gS_f \tag{2.11}$$

若将测压管水头 $\bar{p}/\rho g+\bar{z}$ 使用符号 η 表示，则式(2.11)将转化为与式(2.10)相同的形式，而且在两个动量方程中变量 η 的含义均为测压管水头。一般习惯上将$-\partial\eta/\partial x$ 称为“压力梯度项”，在物理本质上，该项的真实含义为测压管水头的水平梯度。对于明渠和管道承压水流，式(2.10)实现了一维动量方程的统一，它为实现自由表面水流和承压水流的统一描述和模拟提供了另一基础。

2.1.3 其他形式的一维动量方程

1. 守恒与非守恒形式的一维动量方程

根据对流项表达式的特征，通常将式(2.10)称为非守恒形式的一维动量方程。对式(2.10)进行积分往往并不容易，因而一般多采用差分类方法对其进行离散和求解。采用与第 1.3.4 节相似的方法，将式(2.10)两边同乘以 A 并在其左边加上连续性方程，可将式(2.10)转换为守恒形式的动量方程：

$$A\left(\frac{\partial u}{\partial t}+u\frac{\partial u}{\partial x}\right)+u\left(\frac{\partial A}{\partial t}+\frac{\partial Au}{\partial x}\right)=-gA\frac{\partial \eta}{\partial x}-gAS_f \tag{2.12a}$$

$$\frac{\partial Q}{\partial t}+\frac{\partial}{\partial x}\left(\frac{Q^2}{A}\right)=-gA\frac{\partial \eta}{\partial x}-gAS_f \tag{2.12b}$$

对于矩形断面明渠，将 A 写成 Bh，并将$-\partial\eta/\partial x$ 拆分为$-\partial z_b/\partial x-\partial h/\partial x$。使用 S_0 代替表示河床坡度$-\partial z_b/\partial x$，并将水深梯度项移到方程式左边，可得

$$\frac{\partial hu}{\partial t}+\frac{\partial}{\partial x}\left(hu^2+\frac{1}{2}gh^2\right)=ghS_0-ghS_f \tag{2.13}$$

使用式(2.13)开展时空积分或特征分析均较为方便，常常使用基于求解黎曼间断问题的 Godunov 类有限体积法离散和求解该式，进行溃坝水流的模拟。

2. 不规则断面的一维动量方程

本节在推导明渠和承压水流一维动量方程时，均选用了规则过流断面，以便于简化和阐明推导过程。当考虑不规则断面及其纵向变化的影响之后，水流受力及其沿程变化是十分复杂的，例如图 2.4 给出了不规则竖向断面的压力计算。在规则过流断面条件下推得的动量方程，在真实河流中的适用性还有待进一步分析。有学者考虑不规则断面及其纵向变化的影响推导出的一维水流动量方程[3,4]如下：

$$\frac{\partial Q}{\partial t}+\frac{\partial}{\partial x}\left(\frac{Q^2}{A}+gI_1\right)=gAS_0-gAS_f+gI_2 \tag{2.14}$$

式中，$I_1=\int_0^h(h-z)b(z)\mathrm{d}z$，$b(z)=\dfrac{\partial A(z)}{\partial z}$，$I_2=\int_0^h(h-z)\dfrac{\partial b(z)}{\partial x}\mathrm{d}z$。$I_1$ 代表静水压力项，I_2 代表由不规则断面及其沿纵向变化引起的附加项。

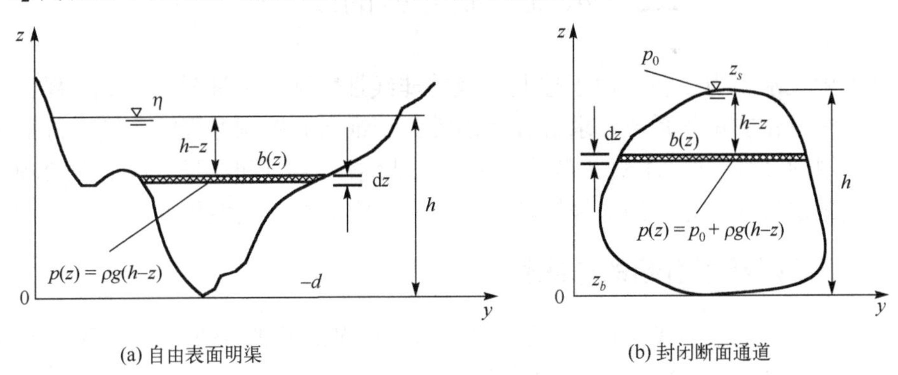

(a) 自由表面明渠 (b) 封闭断面通道

图 2.4 不规则竖向断面内压强的积分

比较式(2.12b)、式(2.14)可知，当考虑不规则断面及其纵向变化的影响之后，一维水流动量方程变得复杂。对于不规则断面，准确计算 I_1、I_2 并不容易，在实际求解时常引入假定或简化，例如忽略 I_2 项的影响并考虑如下近似：

$$\frac{\partial}{\partial x}(I_1)=\frac{\partial}{\partial x}\left[\int_0^h(h-z)b(z)\mathrm{d}z\right]\approx A\frac{\partial h}{\partial x} \tag{2.15}$$

与此同时，时常引入一个动量修正系数 α 表示不规则断面及其纵向变化的影响，

以缓解简化和近似带来的不利影响。此时式(2.14)的一维动量方程转化为

$$\frac{\partial Q}{\partial t}+\frac{\partial}{\partial x}\left(\alpha\frac{Q^2}{A}\right)=-gA\frac{\partial h}{\partial x}+gAS_0-gAS_{\mathrm{f}} \tag{2.16}$$

式中，α 为动量修正系数，其取值具有经验性，一般为 0.95～1.05。该式与式(2.12b)十分接近且形式简单，许多水动力模型都选用该式作为控制方程。

将断面流量 Q 使用 Au 表示，将方程右边的水深梯度项与河床纵向底坡项合并为自由表面梯度项，然后对各偏导数进行展开，式(2.16)可重新写为

$$A\frac{\partial u}{\partial t}+u\frac{\partial A}{\partial t}+\alpha u\frac{\partial(Au)}{\partial x}+\alpha Au\frac{\partial u}{\partial x}=-gA\frac{\partial\eta}{\partial x}-gAS_{\mathrm{f}} \tag{2.17}$$

使用 $\alpha=1$ 和$\partial A/\partial t+\partial(Au)/\partial x=0$ 对式(2.17)进行整理，可发现式(2.10)相当于隐含了 $\alpha=1$ 的式(2.16)。真实河道和管道一维水动力计算对水量守恒具有严格要求；河道沿程断面变化、河床阻力等均会引起一定的动量损失，因而在数值计算中产生少量的动量不守恒是被允许的。因此，式(2.16)与式(2.10)均可用于实际水动力计算。通过包含变量 A，连续性方程已可在一定程度上反映不规则断面形态及其纵向变化的影响。而且，采用守恒性算法离散求解连续性方程，亦会对动量方程计算形成一个强制性的约束，有效地控制了后者的计算误差。

2.2 水流控制方程的线性化

对于隐式水动力模型，由于控制方程的非线性特征，流速-压力(u-p)耦合代数方程组具有变化的矩阵系数，求解较为困难。一维水流控制方程的非线性特征主要源于，不规则过流断面(面积 A 是关于水位的非线性函数)和动量方程的对流项。本节分析一维水流控制方程的非线性特征，并介绍它的局部线性化方法。

2.2.1 不规则断面引起的非线性

为了尽量少包含非线性项，可采用较简单的非守恒形式的动量方程(不含有断面过流面积 A)建立水动力模型。一维水流控制方程重写如下：

$$\frac{\partial A}{\partial t}+\frac{\partial(Au)}{\partial x}=0 \tag{2.18a}$$

$$\frac{\partial u}{\partial t}+u\frac{\partial u}{\partial x}=-g\frac{\partial\eta}{\partial x}-gS_{\mathrm{f}} \tag{2.18b}$$

式中，η 为测压管水头，m；$S_{\mathrm{f}}=n_{\mathrm{m}}^2u|u|/R^{4/3}$，$R$ 为水力半径，m，n_{m} 为糙率。

1. 不规则过流断面的描述

对于矩形断面明渠，断面过流面积 $A=B(\eta+d)=Bh$，由于河宽 B 沿竖向不变，

A 是关于水位 η(或水深 h)的线性函数。定床条件下，$\partial d/\partial t=0$，有$\partial A/\partial t=B\partial h/\partial t=B\partial\eta/\partial t$，且$\partial(Au)/\partial x=B\partial(hu)/\partial x$。因此，矩形断面明渠的连续性方程可简化为

$$\frac{\partial h}{\partial t}+\frac{\partial(hu)}{\partial x}=q \quad 或 \quad \frac{\partial \eta}{\partial t}+\frac{\partial(hu)}{\partial x}=q \tag{2.19}$$

真实河流/伏流均具有不规则几何形态的过流断面，水深 h 沿横向变化，而水位 η 保持断面唯一。对于不规则断面过流通道，相对于使用 h，使用 η 构建连续性方程将更容易获得简单的离散方程。此时，A 是关于 η 的非线性函数 $f(\eta)$。明渠断面与封闭断面的离散化描述具有相通性，下面以明渠为例简述不规则断面的子断面描述法。子断面法采用一个离散点序列描述不规则断面。如图 2.5 左所示，每行的一个“数据对”(包含起点距和高程)代表位于断面河床的一个离散点。由这些离散点引出竖直向上的分界线(图 2.5 右)，两相邻分界线与河底所包围的区域称为一个子断面。

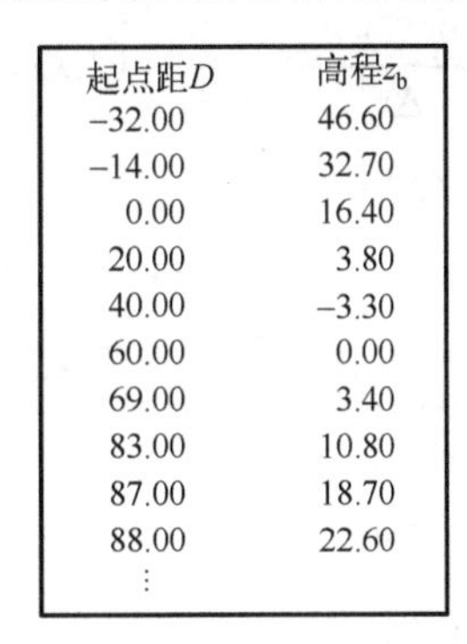

起点距D	高程z_b
−32.00	46.60
−14.00	32.70
0.00	16.40
20.00	3.80
40.00	−3.30
60.00	0.00
69.00	3.40
83.00	10.80
87.00	18.70
88.00	22.60
⋮	

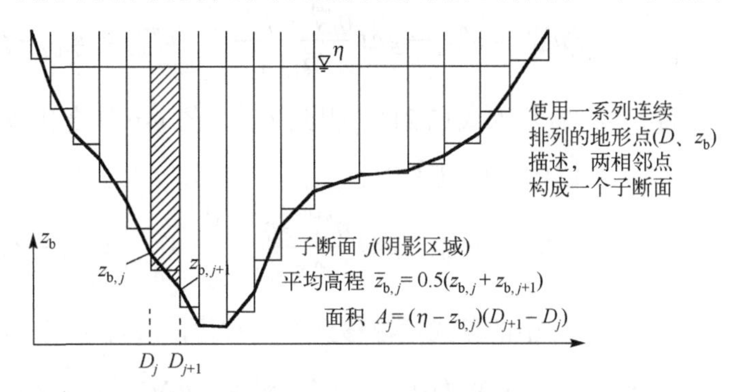

图 2.5　不规则明渠断面的几何形态、描述及其存储数据结构

梯级近似是用于描述子断面几何形态的常规方法，它假定子断面河床水平并且在断面内是一级一级的(使用左右两个离散点高程的平均值作为子断面的河床高程)。在计算断面水力参数时，只有水面高于河床的子断面(称为湿子断面)才能参与计算。对于包含 NP 个离散点的不规则断面，断面过流面积的计算式为

$$A=\sum_{j=1}^{NP-1}[(D_{j+1}-D_j)h_j] \tag{2.20}$$

式中，h_j 为子断面水深；D_j 为离散点 j 的起点距。累加所有湿子断面的倾斜、水平长度分别得到湿周 W 和水面宽度 B；使用过流面积 A 和湿周 W 算出水力半径 R。

2. 非线性函数 $A=f(\eta)$ 的影响

考虑不规则断面明渠一维不可压缩水流，暂且忽略式(2.18b)中对流与河床阻力等，以聚焦 u-p 耦合问题。采用图 2.6 中一维计算网格和控制变量布置开展时空离散。假定 η 在控制体 i 内均匀分布(使用 η_i 表示)，A 是关于 η_i 的非线性函数

$A_i^{n+1}=f(\eta_i^{n+1})$。在 $t_n \to t_{n+1}$ 时段，连续性方程隐式 FVM 离散的代数方程为

$$\Delta x_i[f(\eta_i^{n+1})-A_i^n]=-\Delta t(A_{i+1/2}^n u_{i+1/2}^{n+1}-A_{i-1/2}^n u_{i-1/2}^{n+1}) \tag{2.21}$$

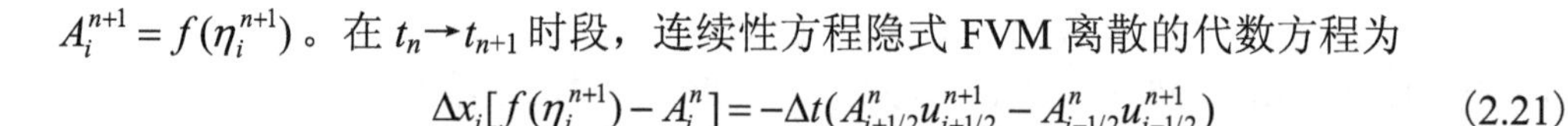

图 2.6　一维明渠计算网格和交错网格控制变量布置

与连续性方程的离散相对应，采用全隐 FDM 离散简化的动量方程得到

$$u_{i+1/2}^{n+1}=u_{i+1/2}^n-g\Delta t\frac{\eta_{i+1}^{n+1}-\eta_i^{n+1}}{\Delta x_{i+1/2}}, \quad u_{i-1/2}^{n+1}=u_{i-1/2}^n-g\Delta t\frac{\eta_i^{n+1}-\eta_{i-1}^{n+1}}{\Delta x_{i-1/2}} \tag{2.22}$$

将式(2.22)代入式(2.21)，得到单元 i 的 u-p 耦合代数方程：

$$\begin{aligned}&\Delta x_i[f(\eta_i^{n+1})-A_i^n]\\&+\Delta t\left[A_{i+1/2}^n\left(u_{i+1/2}^n-g\Delta t\frac{\eta_{i+1}^{n+1}-\eta_i^{n+1}}{\Delta x_{i+1/2}}\right)-A_{i-1/2}^n\left(u_{i-1/2}^n-g\Delta t\frac{\eta_i^{n+1}-\eta_{i-1}^{n+1}}{\Delta x_{i-1/2}}\right)\right]=0\end{aligned} \tag{2.23}$$

将式(2.23)中的显式项都移到方程右边，进行整理可得

$$-\frac{g\Delta t^2 A_{i-1/2}^n}{\Delta x_{i-1/2}}\eta_{i-1}^{n+1}+\left[\frac{\Delta x_i f(\eta_i^{n+1})}{\eta_i^{n+1}}+\frac{g\Delta t^2 A_{i-1/2}^n}{\Delta x_{i-1/2}}+\frac{g\Delta t^2 A_{i+1/2}^n}{\Delta x_{i+1/2}}\right]\eta_i^{n+1}-\frac{g\Delta t^2 A_{i+1/2}^n}{\Delta x_{i+1/2}}\eta_{i+1}^{n+1}=r_i^n \tag{2.24}$$

式中，$r_i^n=\Delta x_i A_i^n-\Delta t[A_{i+1/2}^n u_{i+1/2}^n-A_{i-1/2}^n u_{i-1/2}^n]$，为基于已知变量的右端项。

式(2.24)的 u-p 耦合代数方程，描述了单元 i 与邻单元之间压力变量的耦合关系。依据该式，对计算网格内控制体 $i=1$、2、…、N 分别写出 u-p 耦合代数方程，联立它们可得到一个包含 N 个方程的非线性代数方程组 $M\eta=r$，其中 M 为系数矩阵。非线性项 $\partial A/\partial t$ 的离散，使连续性方程在离散后包含一个关于 η 的非线性函数 $f(\eta)$。这个非线性函数，一直被保留到每个控制体的 u-p 耦合代数方程中，最终形成一个非线性方程组问题。非线性特征体现在：系数矩阵 M 的主对角元素是未知变量 η^{n+1} 的函数，随后者变化。求解这样的非线性方程组是比较困难的，一般只能借助较复杂且计算量较大的显式迭代方法，例如牛顿迭代法等。

2.2.2　全局与局部线性化方法

对于不规则断面一维明渠水流问题，当采用显式方法离散控制方程时，模型虽可免受控制方程非线性特征的不利影响，但稳定性受 CFL 稳定条件限制。当使用隐

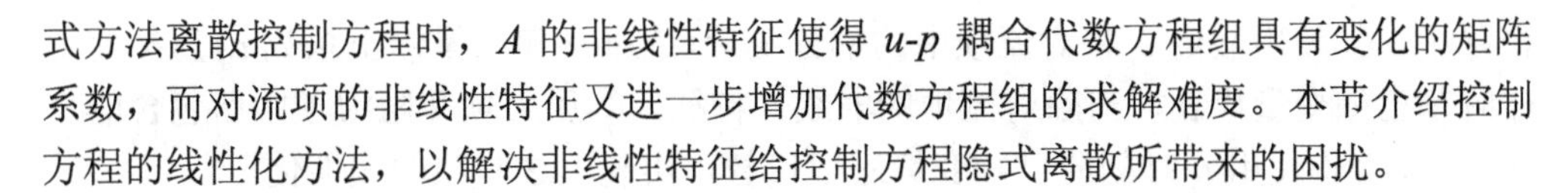

式方法离散控制方程时，A 的非线性特征使得 u-p 耦合代数方程组具有变化的矩阵系数，而对流项的非线性特征又进一步增加代数方程组的求解难度。本节介绍控制方程的线性化方法，以解决非线性特征给控制方程隐式离散所带来的困扰。

1. 代数方程的非线性特征分析

连续性方程的离散分析。隐式离散连续性方程后，代数方程的非线性特征来源于含有面积 A 的偏导数项。①$\partial A/\partial t$ 项描述了单元水量随时间的变化，它的离散式必然包含 t_{n+1} 时刻的未知变量 A^{n+1}，因而离散方程的非线性特征是不可避免的。② 对于$\partial(Au)/\partial x$ 项，实施 u-p 耦合只要求该项的离散式包含 t_{n+1} 时刻的未知量 u^{n+1}，因而可选用已知量 A^n 计算该项，避免在离散式中出现引起非线性困扰的未知量 A^{n+1}。因此，一维连续性方程离散式的非线性特征主要由非恒定项$\partial A/\partial t$ 引起。

动量方程的离散分析。①$u\partial u/\partial x$ 在偏导数之前含有变量，使得对流项具有非线性特征。隐式离散对流项，也会引起矩阵系数变化而使得代数方程具有非线性特征；显式离散对流项可消除非线性特征，但模型稳定性通常因此受限。②实际河床阻力对水流的作用是一个相对缓和的物理作用。因此，一般可采用 t_n 时刻的已知变量计算河床/侧壁摩擦阻力项 $S_f = n_m^2|u|u/R^{4/3}$，以消除该项的非线性特征。由此可见，一维动量方程离散式的非线性特征主要由对流项 $u\partial u/\partial x$ 引起。

对于真实河流一维隐式水动力模型，连续性方程和动量方程非线性特征的不利影响为：使 u-p 耦合代数方程组构造复杂、求解困难且效率不高，在复杂地形条件下(例如间断地形)，非线性代数方程组迭代求解还可能存在收敛困难等问题。

2. 全局线性化方法

为了避免直接求解非线性问题，Preissmann 借助三个假定提出了线性化控制方程的方法[5]。假定 1，对于函数 f，如果 $f{\cdot}f \gg \Delta f{\cdot}\Delta f$，则近似认为 $\Delta f{\cdot}\Delta f = 0$；假定 2，对于函数 $g = g(Q, \eta)$，可使用一阶泰勒展开进行转化和线性化，有 $\Delta g = (\partial g/\partial Q)\Delta Q + (\partial g/\partial \eta)\Delta \eta$；假定 3，当时间步长足够小时，控制方程中部分变量可直接使用 t_n 时刻的已知变量代替，例如 $A \approx A^n$。这种线性化技术在一维水动力模型中获得了广泛应用。这里以免费软件 Hec-ras[6]为例，简述一维水流控制方程的全局线性化方法。

Hec-ras 一维水动力模型采用式(2.1)作连续性方程，并采用如下动量方程：

$$\frac{\partial Q}{\partial t} + \frac{\partial(\alpha u Q)}{\partial x} + gA\frac{\partial \eta}{\partial x} + gAS_{\mathrm{f}} = 0 \tag{2.25}$$

Hec-ras 采用四点偏心隐式差分法离散一维水流控制方程，其全局线性化主要体现在三个方面。①使用假定 2 将连续性方程中非线性函数变化量(ΔA)转化为线性函数变化量$(B\Delta\eta)$，即 $\Delta A = (\mathrm{d}A/\mathrm{d}\eta)\Delta\eta = B\Delta\eta$，其中 B 为断面过流水面宽度。假定 B 在 $t_n \to t_{n+1}$ 时段中变化很小并使用 B^n 代替，于是，$\partial A/\partial t$ 的离散式的非线性特征就被消除了。②使用假定 3 将对流项中的部分变量(流速 u 和动量修正系数 α)直接使用 t_n 时刻已知变量代表，消除对流项的非线性特征。③压力项和阻力项中所包含的变量 A、u 等均使用 t_n 时刻的已知变量进行代替，实现了这些项的线性化。

为了便于阐述，这里部分参考 Hec-ras 数值离散思路，写出一组较简单的采用全隐式离散格式的代数方程(使用“< >”表示偏微分算子的离散式)：

$$B_i^n \frac{\eta_i^{n+1}-\eta_i^n}{\Delta t}+\left\langle \frac{\partial Q}{\partial x} \right\rangle^{n+1}=0 \tag{2.26}$$

$$\frac{Q_i^{n+1}-Q_i^n}{\Delta t}+\left\langle \frac{\partial(\alpha u Q)}{\partial x} \right\rangle^{n+1}+gA^n\left\langle \frac{\partial \eta}{\partial x} \right\rangle^{n+1}+\left\langle gAS_{\mathrm{f}} \right\rangle^n=0 \tag{2.27}$$

式中，对流项中 u 和 α 均采用 t_n 时刻已知变量来实现该项的线性化。

由 Hec-ras 全局线性化的三个方面的处理可知，合理使用 t_n 时刻的已知变量替换非线性项中的部分未知变量，是线性化过程中具有共性的关键环节。

3. 局部线性化方法

一方面，使用显式离散或使用 t_n 时刻的已知变量处理离散方程的部分系数，可消除其非线性特征。然而，显式算法的稳定性一般受 CFL 稳定条件限制，这也是传统模型尽量不用显式离散的原因。另一方面，如果可以找到高稳定性的显式算法来求解部分物理项以消除其非线性特征，则隐式水动力模型的求解难度可大幅降低。幸运的是，确实存在高稳定性的显式算法，例如 ELM。当使用 ELM 消除动量方程中对流项引起的非线性影响之后，不规则断面一维水流方程的非线性特征的主要来源就只剩下连续性方程中的$\partial A/\partial t$ 项。此时，只需线性化$\partial A/\partial t$ 即可完成所有控制方程的线性化。类似这样通过线性化个别方程中少数物理项而实现控制方程线性化的方法称为局部线性化。

下面介绍在显式离散对流项背景下一维水流控制方程的局部线性化方法。对于不规则断面一维水流，按求导法则可写出断面过流面积 A 对时间 t 的偏导数：

$$\frac{\partial A}{\partial t}=\frac{\partial A}{\partial \eta}\frac{\partial \eta}{\partial t}，\quad \frac{\partial A}{\partial \eta}=\lim_{\Delta\eta\to 0}\frac{\Delta A}{\Delta \eta}=B_{\mathrm{surf}} \tag{2.28}$$

式中，$\partial A/\partial \eta$ 表示在水面附近微小水位增量引起微小面积增量，从数学极限来看其物理含义是水面宽度 B_{surf}。它是关于水位 η 的非线性函数，后文将 B_{surf} 下标省略。

基于上述分析，连续性方程式(2.18a)的局部线性化分为两步。

第一步，将式(2.28)应用于式(2.18a)，得到不规则断面过流通道连续性方程的另一形式：

$$B\frac{\partial \eta}{\partial t}+\frac{\partial (Au)}{\partial x}=q \tag{2.29}$$

第二步，在 $t_n \to t_{n+1}$ 微小时段中，假定在式(2.29)中 B 保持不变，并使用 t_n 时刻

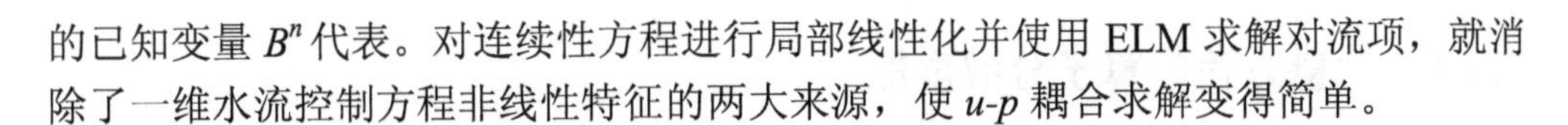

的已知变量 B^n 代表。对连续性方程进行局部线性化并使用 ELM 求解对流项，就消除了一维水流控制方程非线性特征的两大来源，使 u-p 耦合求解变得简单。

2.2.3　线性化技术的适用性

现存的一维明渠水流、承压水流及混合流模型广泛采用线性化技术，将源于 u-p 耦合的非线性代数方程组转化为线性问题，以简化求解。例如，Fuamba[7]和 SWMM[8]将连续方程中 $\partial A/\partial t$ 进行了线性化，文献[9]将控制方程中所有非线性项都基于 t_n 时刻已知变量进行了线性化，文献[10]使用 t_n 时刻已知变量将穿过单元界面的数值通量和源项进行了线性化，以构建线性的代数方程组。在大幅简化水动力模型架构和求解流程的同时，线性化技术也存在一些缺点，这里以连续性方程 $\partial A/\partial t$ 项为例，分析如下。

(1) 在线性化 $\partial A/\partial t$ 时，除了进行偏导数转化之外，还需假定断面水面宽度 B 在时间步长 Δt 内变化很小，并使用 t_n 时刻的已知变量来代表它。对于非恒定性较强的水流(比如波浪、潮流等)，当 Δt 取值较大时，假定 B 在 Δt 内保持不变将引起较大误差。对于内陆浅水流动系统、城市地下管网等，水流的非恒定性通常并不强，在常规的 Δt 微小时段内 B 的变化量甚微，$\partial A/\partial t$ 项的线性化是适用的。

(2) 在线性化 $\partial A/\partial t$ 过程中产生了水面宽度 B 这个新变量。在模拟具有宽顶特征封闭断面过流通道混合流时，两种流态水流在流态转换点处水面宽度是突变的，这导致代数方程组系数矩阵具有不连续的主对角系数分布特征，进而诱发求解失稳。宽顶封闭通道混合流模拟的相关问题，可使用虚拟 slot 技术处理(详见第 2.4 节)。

(3) 在线性化 $\partial A/\partial t$ 背景下，对于真实河流不规则断面，子断面的干湿转化将在局部范围内产生“虚假水量体积”(详见第 2.5 节)，进而产生水量守恒误差。但实际测试表明：对于真实大型浅水流动系统或城市地下管网中非恒定性不强的水流，由单元和子断面干湿状态转换所引起的水量守恒误差是极小的，可忽略。

不使用线性化技术的一维隐式水动力模型，其 u-p 耦合构造复杂，会产生非线性代数方程组，只能使用迭代法求解，例如 CE-QUAL-RIV1[11]、文献[1]等。迭代求解非线性问题的好处是模型能及时考虑各方面变化所带来的影响，通过重新计算矩阵系数而不断更新和求解代数方程组，这是线性化方法所无法做到的。

2.3　明渠水动力模型的基本架构

以明渠水流为例，介绍一种半隐式一维水动力模型，重点论述动量方程的算子分裂分步计算过程和 u-p 耦合的构造与求解过程。模型混合使用 FDM 和 FVM 离散控制方程。一方面，在算子分裂法框架下，开展动量方程中各物理项的分步计算；另一方面，采用 FVM 求解连续性方程，以严格保证模型计算的水量守恒性。该模型架构是本章后续一维混合流模型与第 3 章一维河网/管网模型的基础。

2.3.1 动量方程的算子分裂离散

使用算子分裂法分步求解动量方程，以满足各方程项因物理或数学特性不同所提出的不同数值离散要求，以最大限度地达到稳定、准确和高效。采用 θ 半隐差分方法[1]离散水位梯度项，消除与快速表面重力波传播有关的计算稳定性限制；采用点式 ELM 求解对流项，使计算时间步长不受与计算网格尺度有关的 CFL 数稳定条件的限制；采用部分隐式方法计算河床阻力项，以增强计算稳定性。

1. 算子分裂离散的基本结构

一维动量方程式(2.18b)包含非恒定项、对流项、河床阻力项和压力梯度项。应用算子分裂，按各项的物理含义可将动量方程分成若干个较小的方程(称为亚方程)，每个亚方程的离散式为一个算子。当水动力模型的控制变量 u 布置在控制体界面(即边…、i–1/2、i+1/2、…)时，动量方程的离散应围绕控制体界面开展。以控制体界面 i+1/2 为例，动量方程 4 个亚方程的数值离散可依次表达如下。

$$\frac{u_{i+1/2}^{*}-u_{i+1/2}^{n}}{\Delta t}=\left\langle -u\frac{\partial u}{\partial x}\right\rangle^{n} \tag{2.30}$$

$$\frac{u_{i+1/2}^{**}-u_{i+1/2}^{*}}{\Delta t}=\left\langle -g\frac{n^{2}u|u|}{R^{4/3}}\right\rangle^{n+1} \tag{2.31}$$

$$\frac{u_{i+1/2}^{***}-u_{i+1/2}^{**}}{\Delta t}=\left\langle -g(1-\theta)\frac{\partial \eta}{\partial x}\right\rangle^{n} \tag{2.32}$$

$$\frac{u_{i+1/2}^{n+1}-u_{i+1/2}^{***}}{\Delta t}=\left\langle -g\theta\frac{\partial \eta}{\partial x}\right\rangle^{n+1} \tag{2.33}$$

式中，u^{*}、u^{**}、u^{***}、u^{n+1} 分别为求解对流、河床阻力、压力梯度显式部分和隐式部分 4 个亚方程后得到的解；用“< >”代表括号内亚方程离散后得到的代数方程；θ 为隐式因子；Δt 为计算时间步长；上标 n、n+1 分别表示时刻 t_n、t_{n+1}。

当使用式(2.30)～式(2.33)开展 $t_n \to t_{n+1}$ 时步的计算时，水流状态变化在本质上是对流、河床阻力、压力显式和隐式部分这 4 个算子求解后的综合结果。将这 4 个算子合在一起，进行同步耦合求解也是可行的，例如四点偏心隐式方法。但是，这样就难以根据各项对数值算法的不同要求去选择最合适的方法。例如，求解对流项要求考虑来流方向信息，求解压力项要求采用隐式离散来保证计算稳定性等。如果使用算子分裂分开、分步求解各项，就能为每个物理项选择最合适的算法，以达到稳定、精确、高效等目的，同时大幅简化模型结构与求解流程。

将式(2.30)～式(2.33)相加可得一维动量方程的代数方程，如式(2.34)。式(2.34)

左边的各中间解在相加时可相互抵消并等于$(u_{i+1/2}^{n+1}-u_{i+1/2}^{n})/\Delta t$，该式右边的4个算子分别与对流、河床阻力、压力显式和隐式部分这4个亚方程相对应。

$$\frac{u_{i+1/2}^{*}-u_{i+1/2}^{n}}{\Delta t}+\frac{u_{i+1/2}^{**}-u_{i+1/2}^{*}}{\Delta t}+\frac{u_{i+1/2}^{***}-u_{i+1/2}^{**}}{\Delta t}+\frac{u_{i+1/2}^{n+1}-u_{i+1/2}^{***}}{\Delta t}$$

$$=\left\langle -u\frac{\partial u}{\partial x}\right\rangle^{n}+\left\langle -g\frac{n^{2}u|u|}{R^{4/3}}\right\rangle^{n+1}+\left\langle -g(1-\theta)\frac{\partial \eta}{\partial x}\right\rangle^{n}+\left\langle -g\theta\frac{\partial \eta}{\partial x}\right\rangle^{n+1} \tag{2.34}$$

2. 对流亚方程的离散

可基于式(2.30)使用欧拉类迎风方法或点式ELM，求解对流亚方程。欧拉类方法的计算时间步长(Δt)受CFL稳定条件限制，点式ELM可使用CFL≫1的Δt。点式ELM的逆向追踪及求解流程将在第3章中详细介绍。当使用点式ELM求解对流亚方程时，通常将求解所得到的中间解(u^{*})记作u_{bt}。

当采用欧拉类显式方法求解对流亚方程时，中间解(u^{*})可直接表示为

$$u_{i+1/2}^{*}=u_{i+1/2}^{n}+\Delta t\left\langle -u\frac{\partial u}{\partial x}\right\rangle_{i+1/2}^{n} \tag{2.35a}$$

当使用点式ELM求解对流亚方程时，式(2.35a)需重写为

$$u_{i+1/2}^{*}=u_{\mathrm{bt},i+1/2}^{n} \tag{2.35b}$$

3. 河床阻力亚方程的离散

使用断面水力因子和糙率，即可算出河床阻力。真实河流河床阻力对水流的作用是一个相对缓和的物理过程，计算河床阻力项在稳定性方面要求不高，可采用显式或部分隐式方法以获取简单的计算式。阻力亚方程的部分隐式离散为

$$\frac{u_{i+1/2}^{**}-u_{i+1/2}^{*}}{\Delta t}=-g\frac{n_{\mathrm{m}}^{2}\left|u_{i+1/2}^{n}\right|u_{i+1/2}^{n+1}}{{R_{i+1/2}^{n}}^{4/3}} \tag{2.36}$$

在完成河床阻力亚方程的求解之后，可得到中间解(u^{**})：

$$u_{i+1/2}^{**}=u_{i+1/2}^{*}-g\Delta t\frac{n_{\mathrm{m}}^{2}\left|u_{i+1/2}^{n}\right|u_{i+1/2}^{n+1}}{{R_{i+1/2}^{n}}^{4/3}} \tag{2.37}$$

在依次求解各亚方程时，通常需要使用t_n时刻的已知变量(例如u^{n})和上一个亚方程的解(例如 u^{*})。如果在求解上一个亚方程时采用了全局隐式方法(特指使用u^{n+1}、η^{n+1}等 t_{n+1} 时刻的未知变量进行离散)，那么代数方程所含有的未知变量的表达式就会被向后带到下一个亚方程的求解当中，使求解变得复杂。式(2.37)中虽然含有u^{n+1}，但形式相对简单，它在向后传递时所增加的复杂度不高。

4. 压力梯度显式部分的离散

采用 FDM 离散压力亚方程的显式部分（$0.5<\theta<1$），可得离散式：

$$\frac{u_{i+1/2}^{***}-u_{i+1/2}^{**}}{\Delta t}=-g(1-\theta)\frac{\eta_{i+1}^{n}-\eta_{i}^{n}}{\Delta x_{i+1/2}} \tag{2.38}$$

求解压力亚方程的显式部分之后，可得到中间解（u^{***}）：

$$u_{i+1/2}^{***}=u_{i+1/2}^{**}-g(1-\theta)\Delta t\frac{\eta_{i+1}^{n}-\eta_{i}^{n}}{\Delta x_{i+1/2}} \tag{2.39}$$

5. 压力梯度隐式部分的离散

压力梯度隐式部分是最后一个亚方程，因而无须再考虑隐式离散该亚方程会引起后续计算变复杂这一问题。压力梯度隐式部分的 FDM 离散为（$0.5<\theta<1$）

$$\frac{u_{i+1/2}^{n+1}-u_{i+1/2}^{***}}{\Delta t}=-g\theta\frac{\eta_{i+1}^{n+1}-\eta_{i}^{n+1}}{\Delta x_{i+1/2}} \tag{2.40}$$

求解压力梯度隐式部分后，可得到最终解（u^{n+1}）：

$$u_{i+1/2}^{n+1}=u_{i+1/2}^{***}-g\theta\Delta t\frac{\eta_{i+1}^{n+1}-\eta_{i}^{n+1}}{\Delta x_{i+1/2}} \tag{2.41}$$

6. 中间解的逐级带入

上述的算子分裂法，依次求解一维动量方程中对流、河床阻力、压力梯度显式部分和隐式部分等物理项，先后得到不同阶段的解 u^{*}、u^{**}、u^{***}、u^{n+1}。将求解对流亚方程得到的 u_{bt} 代入式（2.37）得到 u^{**}的表达式，将 u^{**}代入式（2.39）得到 u^{***}的表达式，再将后者代入式（2.41）就得到了动量方程的代数方程（边 $i+1/2$）：

$$u_{i+1/2}^{n+1}=u_{\mathrm{bt},i+1/2}^{n}-g\Delta t\frac{n_{\mathrm{m}}^{2}\left|u_{\mathrm{bt},i+1/2}^{n}\right|u_{i+1/2}^{n+1}}{{R_{i+1/2}^{n}}^{4/3}}-g(1-\theta)\Delta t\frac{\eta_{i+1}^{n}-\eta_{i}^{n}}{\Delta x_{i+1/2}}-g\theta\Delta t\frac{\eta_{i+1}^{n+1}-\eta_{i}^{n+1}}{\Delta x_{i+1/2}} \tag{2.42}$$

式（2.42）描述了流速和压力未知变量（u^{n+1}、η^{n+1}）之间的解析关系。①由于采用了显式算法求解对流项，所以可得到确切的结果 u_{bt} 并将其向后传递；②阻力项、压力梯度隐式部分亚方程是隐式离散的，它们的解是含有 u^{n+1}、η^{n+1} 的表达式，其中的未知量被向后传递并出现在最终的代数方程之中，使代数方程变得复杂。

将阻力项移到方程左边且进行合并，上述动量方程的代数方程可转化为

$$\Gamma_{i+1/2}^{n}u_{i+1/2}^{n+1}=u_{\mathrm{bt},i+1/2}^{n}-(1-\theta)g\Delta t\frac{\eta_{i+1}^{n}-\eta_{i}^{n}}{\Delta x_{i+1/2}}-\theta g\Delta t\frac{\eta_{i+1}^{n+1}-\eta_{i}^{n+1}}{\Delta x_{i+1/2}} \tag{2.43}$$

式中，$\Gamma_{i+1/2}^{n}=1+g\Delta t n_{\mathrm{m}}^{2}\left|u_{\mathrm{bt},i+1/2}^{n}\right|\big/(R_{i+1/2}^{n})^{4/3}$。

将式（2.43）右边所有的显式离散项进行合并，方程右边的隐式项仅剩下含有未

知变量 η^{n+1} 的压力梯度项。此时，式(2.43)可重写如下：

$$u_{i+1/2}^{n+1}=\frac{G_{i+1/2}^{n}}{\Gamma_{i+1/2}^{n}}-\theta\Delta tg\frac{\eta_{i+1}^{n+1}-\eta_{i}^{n+1}}{\Gamma_{i+1/2}^{n}\Delta x_{i+1/2}} \tag{2.44}$$

式中，$G_{i+1/2}^{n}=u_{\mathrm{bt},i+1/2}^{\ \ n}-(1-\theta)g\Delta t\frac{\eta_{i+1}^{n}-\eta_{i}^{n}}{\Delta x_{i+1/2}}$，是所有显式离散项之和；$G_{i+1/2}^{n}/\Gamma_{i+1/2}^{n}$ 的含义是完成动量方程中所有显式离散项计算之后所得到的中间解。

一维控制体 i(单元 i)具有两个控制体界面，i–1/2 和 i+1/2。参照式(2.44)，可直接写出在其他控制体界面处动量方程的离散形式，例如在 i–1/2 处：

$$u_{i-1/2}^{n+1}=\frac{G_{i-1/2}^{n}}{\Gamma_{i-1/2}^{n}}-\theta g\Delta t\frac{\eta_{i}^{n+1}-\eta_{i-1}^{n+1}}{\Gamma_{i-1/2}^{n}\Delta x_{i-1/2}} \tag{2.45}$$

动量方程使用 η^{n+1} 开展压力梯度项的半隐式离散，一方面是出于加强数值稳定性的考虑；另一方面，η^{n+1} 同时也是连续性方程的目标待求量，这个公共未知量为关联动量方程与连续性方程、进行 u-p 耦合构造等提供了连接的纽带。

7. *算子分裂法的要点*

在算子分裂模型框架下，可根据各亚方程的物理或数学特性选用最合适于求解它的算法。河床阻力及可能包含的水平扩散，对算法稳定性的要求不高，采用显式或隐式方法求解均可；对于压力梯度，采用隐式方法可有效地保证计算稳定性；对于对流项，一般可选用欧拉类迎风方法或 ELM，以便充分考虑来流方向信息。式(2.30)～式(2.45)描述了一个完整的一维动量方程算子分裂分步求解的实例，它例证了算子分裂法数学模型框架包容各种优秀数值算法的特性。

算子分裂法中隐式和显式数值方法的选用原则。①在求解各个亚方程时，尽量选用显式离散方法(或分步内隐式离散方法)，使用 t_n 时刻的已知变量和上一分步已求得的中间解开展计算得到本分步的数值解，这样可以避免形成含有 t_{n+1} 时刻未知变量的表达式，也不会将其带到下一个亚方程的求解之中。②在编排亚方程计算顺序时，将基于显式方法离散的亚方程放在基于隐式方法离散的亚方程之前。

2.3.2　连续性方程的时空离散

采用 FVM 离散连续性方程，以保证水动力模型计算在局部和全局的水量守恒。在控制体 i 的空间范围内，连续性方程式(2.29)的时空积分表达式为

$$\iint_{\Delta t\Delta x_i}\left(B\frac{\partial\eta}{\partial t}\right)\mathrm{d}x\mathrm{d}t+\iint_{\Delta t\Delta x_i}\frac{\partial(Au)}{\partial x}\mathrm{d}x\mathrm{d}t=0 \tag{2.46}$$

一阶时间偏导项 $B\partial\eta/\partial t$ 用于反映控制体水量随时间的变化，因而变量 η 的空间

分布仅处于次要地位，可引入如下假定来简化 $B\partial\eta/\partial t$ 的时空积分。①假定 η 在控制体 i 内服从均匀分布，并使用离散点处(变量 η 布置在控制体中心)的变量(η_i)代表 η 在控制体 i 内的平均状态。②假定内置于控制体 i 的断面的过流水面宽度在 Δt 内变化很小，并使用 t_n 时刻的已知变量(B_i^n)来代表水面宽度。

一阶空间偏导数项 $\partial(Au)/\partial x$ 用于反映复合变量 Au(流量)在空间上的变化，此时 Au 的时间分布处于次要地位，可假定 Au 在 Δt 内变化很小，并使用一个代表性时刻的 Au 值进行代表。对于变量 A，可使用 t_n 作为代表性时刻，优点是可消除与 A 有关的非线性特征。对于变量 u，u-p 耦合要求连续性方程的离散方程含有 u^{n+1}。一般而言，可使用与动量方程相对应的时间离散方法来离散连续性方程。对应于 θ 半隐方法，u 的代表性时刻选为 $t_n+\theta\Delta t$，所对应的变量为 $u^\theta=(1-\theta)u^n+\theta u^{n+1}$。

基于上述两方面的分析，式(2.46)的时空离散式可写为

$$\Delta x_i B_i^n \int_{t_n}^{t_{n+1}} \frac{\partial \eta_i}{\partial t}\mathrm{d}t+\Delta t\int_{x_{i-1/2}}^{x_{i+1/2}} \frac{\partial[A^n(1-\theta)u^n+A^n\theta u^{n+1}]}{\partial x}\mathrm{d}x=0 \tag{2.47}$$

展开式(2.47)的定积分，即可完成偏微分方程向代数方程的转化。于是，在 $t_n \to t_{n+1}$ 时步对于控制体 i，连续性方程的 FVM 离散可得到如下代数方程：

$$\begin{aligned}&\Delta x_i B_i^n(\eta_i^{n+1}-\eta_i^n)\\&=-\theta\Delta t(A_{i+1/2}^n u_{i+1/2}^{n+1}-A_{i-1/2}^n u_{i-1/2}^{n+1})-(1-\theta)\Delta t(A_{i+1/2}^n u_{i+1/2}^n-A_{i-1/2}^n u_{i-1/2}^n)\end{aligned} \tag{2.48}$$

式(2.29)将 A 转化为 B 与 η 的组合，式(2.48)使用已知的 B_i^n 代表水面宽度，从而消除了代数方程的非线性特征，这是构造 u-p 耦合线性代数方程的基础。式(2.48)左边反映了控制体 i 水体体积的变化，右边反映了控制体 i 两侧界面流入/流出的水量差。在方程右边，u 和 A 代表性时刻的不同选择可能影响界面水通量的计算精度。由于两相邻控制体在公共界面上水通量始终是一致的，界面水通量计算精度的不同只会对控制体水位更新的精度产生一定影响，并不会破坏计算的水量守恒性。

2.3.3 流速-压力耦合的构造与求解

明渠一维隐式水动力模型的 u-p 耦合，所涉及的水量交换物理图形如图 2.7。每个一维控制体 i 都具有上下游两个界面(分别为 i–1/2、i+1/2)。通过这两个界面，控制体与其上、下游的控制体进行水量交换，以更新自身的水位状态等。相邻的两个控制体通过它们之间界面的水量交换，使二者的方程求解耦合在一起。

从代数方程的角度看，连续性方程离散式(2.48)左边是控制体 i 自身物理状态的调整，该式右边的 Au 提供了控制体界面(左 i–1/2、右 i+1/2)的物质通量接口；动量方程的离散式(2.44)、(2.45)提供了计算控制体界面水通量所需的元素 u。将 u 的表达式带入离散的连续性方程，将使控制体界面水通量的计算得到闭合，同时实现连续性方程和动量方程的耦合，这一过程被称为代入式 u-p 耦合。

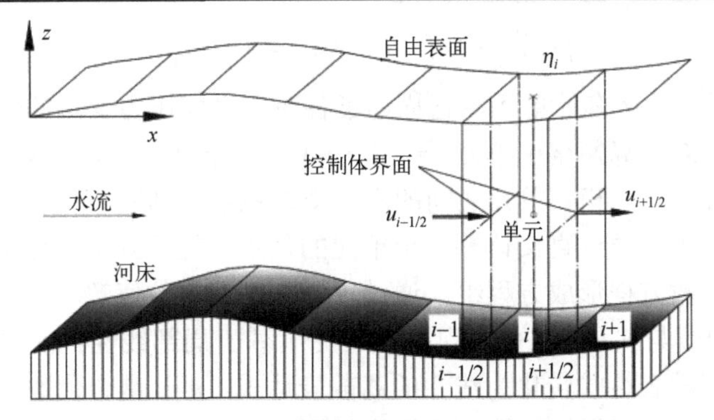

图 2.7　明渠控制体水量交换示意图(未展示出不规则过流断面)

从控制方程的形式来看，连续性方程通常可选用 η,h,A 之一作为描述单元水量变化的控制变量，动量方程通常可选用 η、h 之一作为描述压力的控制变量。本节连续性方程选用 η 而不是 h 或 A，是为了使连续性方程和动量方程使用统一的变量，进而使 u-p 耦合的构造较为简单。当选用 A 时，u-p 耦合就需要在不同变量(例如，A 与 η)之间进行转化，将变量转化环节引入到隐式模型计算将使 u-p 耦合构造与求解变得复杂。当选用 η 时，η 不仅是描述水量变化的控制变量，同时也是动量方程中描述压力的控制变量。由于两个方程所使用的控制变量具有一致性，在进行 u-p 耦合时就可避免不同变量之间的频繁转化，构造和求解代数方程将十分简单。

在 $t_n \to t_{n+1}$ 微小时段，代入式 u-p 耦合的关键环节为：将单元 i 的左右界面 $i-1/2$、$i+1/2$ 处的动量方程离散式带入单元 i 的连续性方程离散式，得到

$$\begin{aligned}&\Delta x_i B_i^n(\eta_i^{n+1}-\eta_i^n)+\theta\Delta t A_{i+1/2}^n\left(\frac{G_{i+1/2}^n}{\Gamma_{i+1/2}^n}-\theta\Delta t g\frac{\eta_{i+1}^{n+1}-\eta_i^{n+1}}{\Gamma_{i+1/2}^n\Delta x_{i+1/2}}\right)\\&-\theta\Delta t A_{i-1/2}^n\left(\frac{G_{i-1/2}^n}{\Gamma_{i-1/2}^n}-g\Delta t\frac{\eta_i^{n+1}-\eta_{i-1}^{n+1}}{\Gamma_{i-1/2}^n\Delta x_{i-1/2}}\right)=-(1-\theta)\Delta t(A_{i+1/2}^n u_{i+1/2}^n-A_{i-1/2}^n u_{i-1/2}^n)\end{aligned}\tag{2.49}$$

对上式进行整理，可得

$$\begin{aligned}&-\frac{g\theta^2\Delta t^2 A_{i-1/2}^n}{\Gamma_{i-1/2}^n\Delta x_{i-1/2}}\eta_{i-1}^{n+1}+\left(B_i^n\Delta x_i+\frac{g\theta^2\Delta t^2 A_{i-1/2}^n}{\Gamma_{i-1/2}^n\Delta x_{i-1/2}}+\frac{g\theta^2\Delta t^2 A_{i+1/2}^n}{\Gamma_{i+1/2}^n\Delta x_{i+1/2}}\right)\eta_i^{n+1}-\frac{g\theta^2\Delta t^2 A_{i+1/2}^n}{\Gamma_{i+1/2}^n\Delta x_{i+1/2}}\eta_{i+1}^{n+1}\\&=B_i^n\Delta x_i\eta_i^n-\theta\Delta t\left(\frac{A_{i+1/2}^n G_{i+1/2}^n}{\Gamma_{i+1/2}^n}-\frac{A_{i-1/2}^n G_{i-1/2}^n}{\Gamma_{i-1/2}^n}\right)-(1-\theta)\Delta t(A_{i+1/2}^n u_{i+1/2}^n-A_{i-1/2}^n u_{i-1/2}^n)\end{aligned}\tag{2.50}$$

令 $C_i^a=-\dfrac{g\theta^2\Delta t^2 A_{i-1/2}^n}{\Gamma_{i-1/2}^n\Delta x_{i-1/2}}$，$C_i^c=-\dfrac{g\theta^2\Delta t^2 A_{i+1/2}^n}{\Gamma_{i+1/2}^n\Delta x_{i+1/2}}$，$C_i^b=B_i^n\Delta x_i-C_i^a-C_i^c$，并且令 $r_i^n=-\theta\Delta t\left(A_{i+1/2}^n\dfrac{G_{i+1/2}^n}{\Gamma_{i+1/2}^n}-A_{i-1/2}^n\dfrac{G_{i-1/2}^n}{\Gamma_{i-1/2}^n}\right)-(1-\theta)\Delta t(A_{i+1/2}^n u_{i+1/2}^n-A_{i-1/2}^n u_{i-1/2}^n)$，上式可写为

$$C_i^a\eta_{i-1}^{n+1}+C_i^b\eta_i^{n+1}+C_i^c\eta_{i+1}^{n+1}=B_i^n\Delta x_i\eta_i^n+r_i^n \tag{2.51}$$

式(2.51)适用于所有的单元，它描述了各单元之间压力变量的耦合关系。依据该通用表达式，对计算网格中单元 $i=1,2,\cdots,N$，可分别写出 *u-p* 耦合代数方程。系数 C_i^a 和 C_i^c 是单元 i 与相邻单元之间的水量交换系数，反映了单元界面的换水能力。在隐式模型中，不能通过直接计算一个单元的代数方程得到未知变量，一般需要联立所有单元的代数方程形成方程组，通过求解它来获得数值解。

比较式(2.24)与式(2.51)可发现：在应用了基于局部线性化的水流控制方程之后，非线性的离散表达式转化为线性的离散表达式，*u-p* 耦合代数方程组也随之变成一个线性的代数方程组，构造和求解均得到简化。

需使用边界条件对 *u-p* 耦合代数方程组进行闭合。在入流开边界，一般对流量、水位分别应用 Dirichlet、Neumann 类型边界条件；在出流开边界，对流量、水位所使用的边界条件类型则正好相反。加载边界条件不会影响代数方程的结构。式(2.51)含有的未知变量仅为单元水位(无流量)。在入流开边界，使用已知的入流流量直接代替方程右端(位于开边界上的单元界面)的 A^nG^n、A^nu^n 项即可；出流开边界处流量由模型自动解出。水位开边界加载的关键在于处理边界处水位梯度项，方法如下。

为了分析方便，在入流、出流开边界外分别设置一个虚拟单元 $i=0$、$i=N+1$。在入流开边界，Neumann 类型的水位边界条件意味着 $\eta_1^{n+1}-\eta_0^{n+1}=0$，且式(2.51)可写为 $C_i^a(\eta_{i-1}^{n+1}-\eta_i^{n+1})+B_i^n\Delta x_i\eta_i^{n+1}+C_i^c(\eta_{i+1}^{n+1}-\eta_i^{n+1})=B_i^n\Delta x_i\eta_i^n+r_i^n$。因此，在加载开边界条件后，入流开边界单元($i=1$)的 *u-p* 耦合方程转化为

$$(B_1^n\Delta x_1-C_1^c)\eta_1^{n+1}+C_1^c\eta_2^{n+1}=B_1^n\Delta x_1\eta_1^n+r_1^n \tag{2.52}$$

在出流开边界，对水位应用 Dirichlet 类型边界条件要求在虚拟单元($i=N+1$)处设置水位值，即令 η_{N+1}^{n+1} 等于已知的边界水位 η_{B}^n。在加载开边界条件后(将水位值 η_{B}^n 应用于虚拟单元 $i=N+1$)，出流开边界单元($i=N$)的 *u-p* 耦合方程转化为

$$C_N^a\eta_{N-1}^{n+1}+(B_N^n\Delta x_N-C_N^a-C_N^c)\eta_N^{n+1}=B_N^n\Delta x_N\eta_N^n+r_N^n-C_N^c\eta_{\mathrm{B}}^n \tag{2.53}$$

对于不规则断面一维明渠水流隐式水动力模型而言，在应用了边界条件之后，联立所有单元 *u-p* 耦合方程所形成的代数方程组可表示如下：

$$C_1^b\eta_1^{n+1}+C_1^c\eta_2^{n+1}=B_1^n\Delta x_1\eta_1^n+r_1^n \tag{2.54a}$$

$$C_i^a\eta_{i-1}^{n+1}+C_i^b\eta_i^{n+1}+C_i^c\eta_{i+1}^{n+1}=B_i^n\Delta x_i\eta_i^n+r_i^n,\quad i=2,3,\cdots,N-1 \tag{2.54b}$$

$$C_N^a\eta_{N-1}^{n+1}+C_N^b\eta_N^{n+1}=B_i^n\Delta x_i\eta_i^n+r_N^n-C_N^c\eta_{\mathrm{B}}^n \tag{2.54c}$$

式中，$C_1^b=B_1^n\Delta x_1-C_1^c$，$C_i^b=B_i^n\Delta x_i-C_i^a-C_i^c$ $(i=2,3,\cdots,N)$。

由式(2.54)可知，计算网格中所有单元的 *u-p* 耦合，最终联立而成一个以单元中心水位为未知量、由 N 个方程构成的线性代数方程组。若在出流开边界不设虚拟单元而是将 η_{B}^n 设置在河道的最后一个单元上，此时由于单元 N 的水位已知，无需开

展它的 u-p 耦合，代数方程组的维度将减小至 $N-1$。对于任一单元 i，恒有 $C_i^a<0$、$C_i^c<0$ 和 $C_i^b>0$，因而代数方程组具有对称正定的三对角系数矩阵，可采用追赶法求解该方程组(无需迭代)，得到最终解 η^{n+1}。将 η^{n+1} 回代入式(2.44)、式(2.45)，即可算出位于单元界面的 u^{n+1}。然后，便可更新 A_i、R_i 等辅助变量。

本节一维隐式水动力模型分三步求解控制方程。第一步，计算动量方程中所有的显式离散项并得到临时流速；第二步，构造和求解 u-p 耦合问题，获得新的水位；第三步，将新的水位回带到动量方程离散式中，计算最终的流速或流量。

2.4　不规则断面的混合流模型

将前述的明渠一维水动力模型架构移植用于混合流模拟，面临的新问题主要包括混合流不同流态、不规则封闭断面及其动态变化等的描述。本节将探究这些问题的解决方法，建立混合流线性求解器，并分析其在模拟混合流时的适用性。

2.4.1　混合流模拟方法的研究进展

城市地下管网系统的封闭断面过流通道一般都具有规则断面。而在 Karst 岩溶伏流河段，受到地质条件、岩石不规则侵蚀等的影响，封闭断面过流通道多具有不规则断面。目前，不规则封闭断面通道的混合流数学模型还较罕见。

1. 规则封闭断面通道混合流的模拟

城市地下管流是规则封闭断面通道混合流的一个典型实例。在设计城市地下管网系统时，一般将其设计成明流通道，但在实际运用中这些管道时常处于混合流状态。例如，在强降雨期间，下水道被充满，雨水从下水道井口溢出并引起局部内涝。在内涝区下水道处于充满状态，同时，在那些地势较高的区域下水道仍为明流状态，于是在二者之间的下水道段便形成了混合流。混合流的流态是不稳定的，时常伴随有频繁的流态转换[12]。在实际工程中，常采用一维水动力学模型来模拟混合流，希望通过准确和快速的模拟，提供实时水情预测，为城市暴雨内涝防御提供技术支撑。然而，混合流包含自由表面和承压这两种截然不同的流态，对它们进行统一的数学描述和稳定、准确、快速的数值模拟，具有很大挑战性[13]。

一般基于一维圣维南方程组或其变化形式，建立一维数学模型开展混合流模拟和研究。现存的混合流模型主要分为两种：第一种是双控制方程模型，它使用两套控制方程分别描述自由表面水流和承压水流；第二种是单控制方程模型，它采用统一的控制方程描述混合流的两种流态。双控制方程模型包括 Rigid Column 模型[14-16]、Shock-fitting 模型[7, 17-21]等亚类。Bousso 等[22]曾对双控制方程模型的优缺点进行了系统评价：双控制方程混合流模型显式地追踪水流与空气的分界面，正是由于需要进行实时的界面追踪，模型结构一般比较复杂且不具有适用于各种情景的通用性。单控制方程模型根据其所采用的控制方程的形式可分为如下两个亚类。

第一个亚类的单控制方程混合流模型[9, 13, 23-27]采用守恒形式的动量方程，压力梯度被表达为水深梯度与河床底坡之和。基于守恒形式的控制方程，可直接求解Riemann间断问题并建立Godunov类有限体积法模型，其优点是能自动捕捉物理间断、追踪混合流的水-气分界面[10]，因而这类混合流模型也常被称为shock-capturing模型。因为压力没有在动量方程中被独立而显式地表达，所以控制方程不能直接描述承压流动，模型需要借助辅助手段才能处理有压通道段的测压管水头。常用的辅助手段有Preissmann小槽[28]和两部分压力技术[26, 29]。前者假定在管道顶部沿程开有一道纵向窄槽，以便统一按照处理自由表面水流的方式来计算承压水流；后者将总压力分割成静水压力与附加压力，然后分别进行计算。

第二个亚类的单控制方程混合流模型[1,4,30]采用非守恒形式的控制方程，压力以测压管水头的形式被显式地表达在动量方程之中。测压管水头，对于自由表面水流含义为水位，对于承压流动则使用其本意。借助测压管水头的双重物理含义，非守恒形式动量方程实现了混合流两种流态的统一描述。文献[1]基于这一点建立了一维混合流模型，并联合使用半隐算法和ELM进行求解。因为断面过流面积一般是关于水位的非线性函数，所以该模型 *u-p* 耦合产生了一个非线性的代数方程组，需迭代求解。尽管如此，该模型与传统混合流模型相比，效率仍可提升两个数量级[31]。

2. 不规则封闭断面通道混合流的模拟

Karst岩溶伏流是不规则封闭断面通道混合流的一个典型实例。在真实伏流通道内，封闭断面两侧常常具有两个或多个不在同一高度的转折点，且断面轮廓不是规则的曲线，这给封闭断面内混合流的描述及模拟都带来了困难。当断面河床发生冲淤时，描述和模拟不规则封闭断面形态变化将更加困难。Zhang等[32]使用双控制方程建立了明渠和伏流一维水沙数学模型。他们假定伏流段始终处于充满状态并采用恒定流模型进行计算，通过互提边界条件的方式实现明渠段与伏流段之间的同步计算。除此之外，不规则封闭断面通道一维混合流模型十分少见。

本节将介绍一种单控制方程混合流模型，其特点为：借助测压管水头的双重含义实现明渠和承压水流的统一描述；设计一种可描述不规则封闭断面及其动态变化的对称影子亚网格技术；通过局部线性化控制方程，建立一维非恒定混合流的线性求解器。以此为基础，实现不规则封闭断面通道混合流的模拟。

2.4.2 混合流的离散化描述方法

与明渠水动力模型相比，混合流模型增加的基础性工作为：在计算网格与空间离散的基础上对过流通道内的不同流态进行区分和动态标识。同时，混合流模型还需具备描述不规则封闭断面形态及其变化的能力。

1. 不同流态的描述

这里考虑一个同时具有明渠和封闭断面通道的综合体，采用一维计算网格剖分计算区域，并使用如下方法帮助模型自动区分自由表面流态和承压流态的单元。首先，使用标记变量 CLO 区分明渠和封闭断面通道的单元。对于封闭断面通道分段的单元，令 CLO = 1；对于明渠分段的单元，令 CLO = 0。然后，在封闭断面通道分段(图 2.8)，根据过流断面是否被充满，将单元进一步使用标记 pre 进行区分，充满时 pre = 1(承压流态)，否则 pre = 0(自由表面流态)。在混合流模拟过程中，CLO 固定不变，pre 则根据单元流态自动调整。对于单控制方程混合流模型，两种流态水流的控制方程和求解方法可以是完全相同的，而且它们的求解可以自动同步。双标识 CLO 和 pre 主要在计算断面过流面积的环节发挥判别的作用。

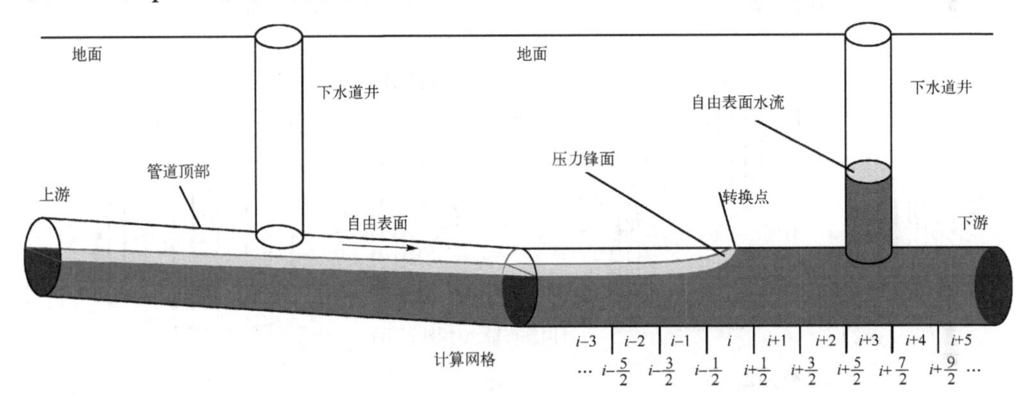

图 2.8　地下排水管道中的混合流及其流态描述方法

2. 不规则封闭断面的描述

亚网格技术不仅适用于描述明渠断面，也可用于描述封闭断面。与明渠断面不同，封闭断面在其左、右两侧一般分别存在至少一个转折点(转折点上、下离散点距起点的水平距离增量的正负号相反)。为了简化计算，一般假定封闭断面左、右两侧均只存在一个转折点，或将断面预处理成这种情况。使用 P_L 和 P_R 分别表示左、右转折点，并使用 Z_{fL}、Z_{fR} 表示其高程。由左、右两侧转折点引出的水平线将封闭断面分割为若干部分。这里使用一系列复杂性不断增加的封闭断面[图 2.9(a)～(c)]，阐明传统亚网格技术在描述不规则封闭断面及其动态变化时所遇到的困难。

对于规则封闭断面过流通道，例如图 2.9(a)的圆形管道，断面的亚网格剖分具有两个特点：其一，P_L 和 P_R 位于同一高度(P_L 为断面起点)；其二，位于断面下半部分的每个亚网格，都可以在断面的上半部分找到一个与之对应的、水平范围相同的亚网格。将位于断面上半部分的这些亚网格，定义为位于断面下半部分的亚网格的“影子亚网格”。通过这两个特点，基于亚网格描述圆管断面和开展断面水力计算是十分容易的。

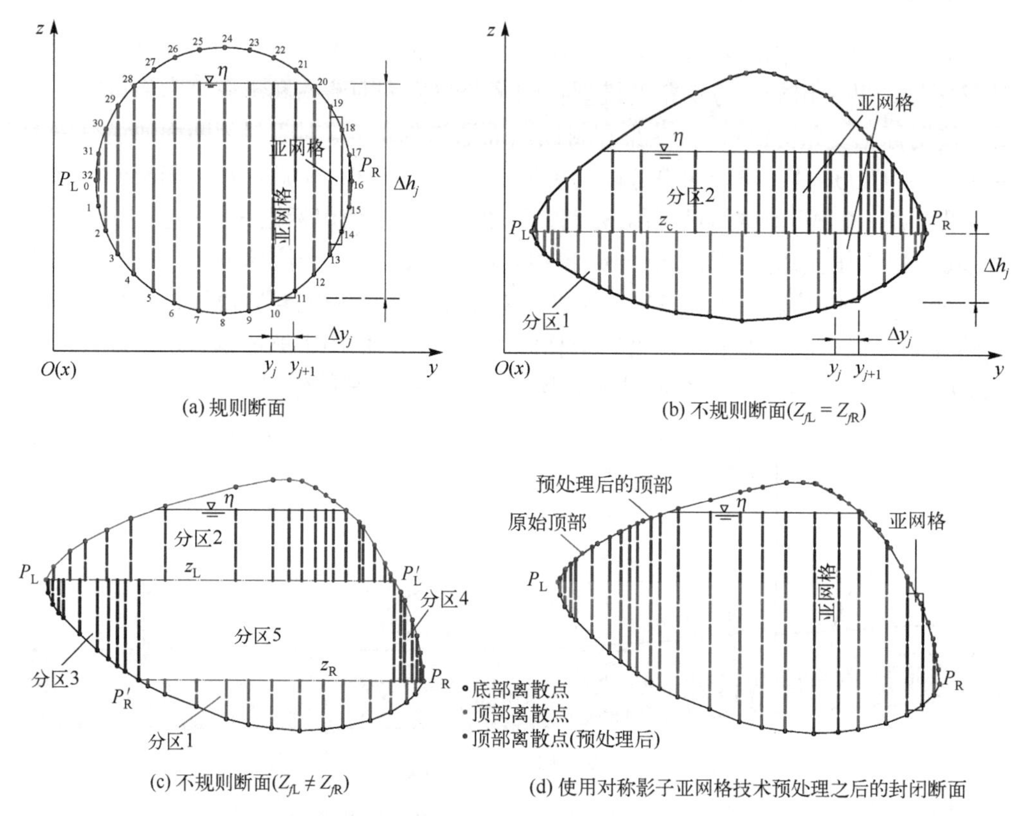

图 2.9　用于处理不规则封闭断面的对称影子亚网格技术

对于不规则封闭断面，P_L 和 P_R 通常并不在同一高度，前述规则封闭断面亚网格的两个优点将不复存在。同时，受真实封闭断面河道(例如伏流)勘测难度的影响，用于记录封闭断面地形的离散点在断面上通常是非均匀分布的。因此，分别位于断面上、下半部分的一一对应的亚网格和影子亚网格，也不复存在。在计算不规则封闭断面水力参数时，通常需要按左、右转折点的高度对断面进行分区，例如图 2.9(b)中分区 1～2 和图 2.9(c)中分区 1～5，然后逐个分区计算。因此，描述不规则封闭断面是较困难的，尤其是当断面正经历着由泥沙输运引起的河床冲淤变形时。

为了解决不规则封闭断面给混合流模拟带来的困难，这里介绍一种对称影子亚网格技术代替常规亚网格技术来描述不规则封闭断面，它适用于任意的只有一个左转折点和一个右转折点的不规则封闭断面，并且能够描述断面的动态变化。该技术包括封闭断面的对称预处理、上下亚网格融合两个部分。

对称预处理[图 2.9(d)]分为三个步骤。首先，只保留断面下半部分的离散点(包括两个转折点)，使用 NP_B 表示它们的数量。当断面下半部分的离散点较稀时，可插入新点改善亚网格的分辨率。然后，从断面下半部分的离散点引竖向直线与断面上半部分相交，得到位于断面上半部分的“影子”离散点。最后，使用这些影子离散点在断面上半部分构造亚网格。这样一来，断面上、下半部分上的离散点和亚网格都是对称的。因而断面下半部分的亚网格及与之对应的断面上半部分的影子亚网格，在混合流、泥沙输运及河床变形的模拟中，可看作一个“竖向连通的亚网格”进行处理。经过上述预处理之后，计算不规则封闭断面的水力参数变得十分容易，就如同处理规则封闭断面一样。例如，断面过流面积可按下式计算：

$$A = \sum_{j=1}^{\mathrm{NP\_B}-1} \{(y_{j+1} - y_j)[\mathrm{Min}(\eta, \overline{z}_{\mathrm{shadow},j}) - \overline{z}_{b,j})]\} \tag{2.55}$$

式中，$\overline{z}_{\mathrm{shadow},j}$ 为与断面下半部分的亚网格 j 相对应的影子亚网格的高程。

竖向连通的亚网格，也有利于描述不规则封闭断面的动态变化。由泥沙冲淤引起的河床变形，仅发生在封闭断面的下半部分。当河床冲刷降低时，封闭断面下半部分亚网格河床变形的计算方法与明渠断面相同。当河床淤积抬高时，封闭断面下半部分亚网格的影子亚网格的高程，被用作该位置处河床淤积抬高的上限。当断面下半部分亚网格的河床由于淤积抬高到上限时，意味着由这个亚网格和它的影子亚网格所构成的竖向连通的区域被淤死了。

在壁面摩擦阻力影响下，封闭断面内流速分布的一般规律为：近壁面区域的流速小、近断面中心区域的流速大，通常在断面中心形成一个流核。泥沙冲淤对流速大小十分敏感，因而在封闭断面两侧区域河床较易发生淤积且不易冲刷。同时，位于封闭断面下半部分的左、右两侧的亚网格，一般具有高程相对较低的影子亚网格，这使得竖向连通的亚网格被淤堵是从封闭断面两侧逐渐向中间发展的，如图 2.10 所示。而且，对于一个位于封闭断面两侧的、已被完全淤死的竖向连通的亚网格而言，它也是不易被冲开的。于是，在泥沙输运与断面变形模拟中，一般认为被淤死的竖向连通的亚网格将不会经历一个“被冲开”而恢复过流的转变。

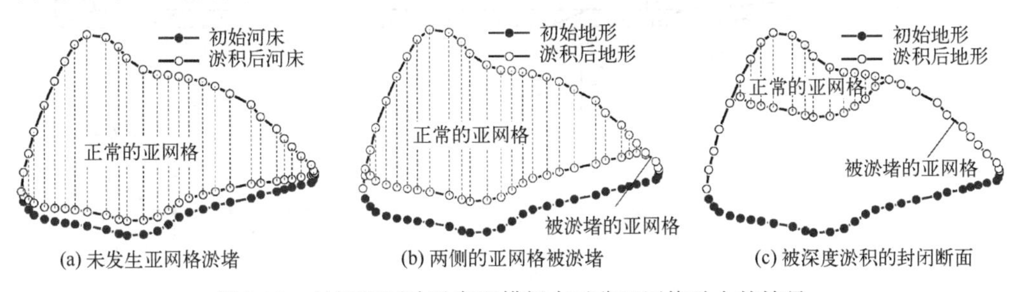

图 2.10　封闭断面冲淤变形模拟中对称亚网格融合的情景

2.4.3 混合流水动力模型的特殊性

通过利用测压管水头的双重物理含义，第 2.3 节的水流控制方程可进行明渠和承压这两种流态水流的统一描述，基于它们可建立单控制方程一维混合流模型。连续性方程的局部线性化并没有破坏这些控制方程描述各种流态的能力，即式(2.29)同时适用于描述明渠水流、承压水流及它们的混合流。同时，第 2.3 节中明渠一维水动力模型所使用的计算网格、控制变量布置、动量方程算子分裂离散、代入式 *u-p* 耦合等方法均属于通用性方法。在增加了第 2.4.2 节所述的混合流描述环节之后，第 2.3 节中所建立的明渠一维水动力模型架构即可直接用于模拟混合流。

这里将进一步探讨线性求解器在混合流模拟中的适应性及相关问题的解决方法。为了便于分析混合流模拟的特殊性，将第 2.3 节 *u-p* 耦合代数方程重写如下：

$$C_i^a \eta_{i-1}^{n+1} + (B_i^n \Delta x_i - C_i^a - C_i^c)\eta_i^{n+1} + C_i^c \eta_{i+1}^{n+1} = B_i^n \Delta x_i \eta_i^n + r_i^n \tag{2.56}$$

式中，当将 $B_i^n \Delta x_i - C_i^a - C_i^c$ 缩写为 C_i^b 时，即得到式(2.54b)。

对于明渠水流，断面的水面宽度(B_i)始终是一个正数；对于充满的封闭断面通道，由于不存在自由表面，可认为 $B_i = 0$。在明渠和承压这两种流态的衔接处，B_i 从一个正数变化到 0。B_i 的这种变化在具有宽顶封闭断面的通道中表现为突变。如图 2.11 的矩形封闭断面通道，在流态转换点处 B_i 的宽度从明渠分段的断面宽度(W_i)突变为承压水流分段的 0。当断面为圆形时，B_i 是水位的渐变函数，当水面上涨至断面顶部过程中 B_i 逐渐变化为 0，类似的封闭断面统称为“缩顶型”断面。此时，B_i 在明渠和承压这两种流态的过渡点附近，呈现出一种渐变的变化特征。

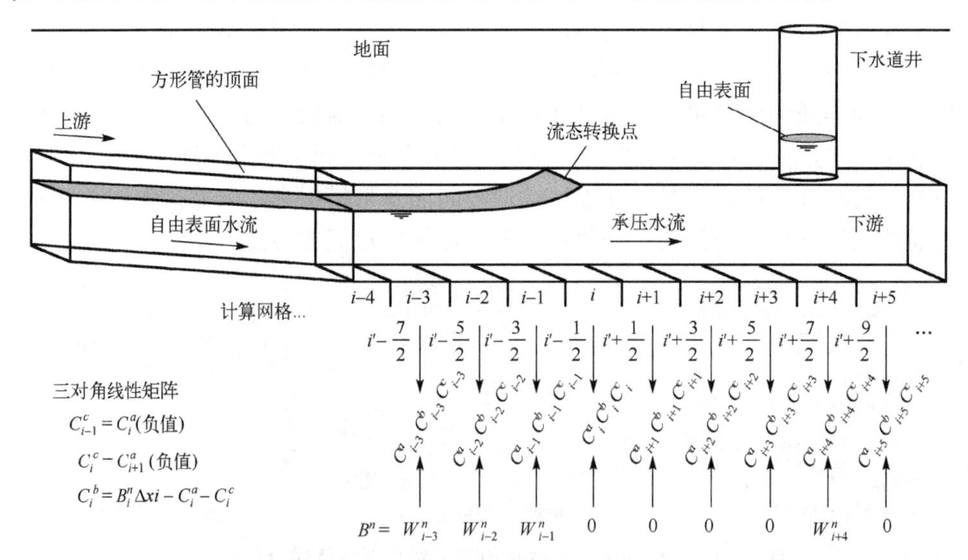

图 2.11 混合流模型三对角线性系统的系数矩阵中主对角的不连续分布

基于通用表达式(2.56)写出单元($i = 1, 2,\cdots, N$)的 u-p 耦合代数方程，联立它们形成一个线性代数方程组。对于单元 i，恒有 $C_i^a<0$、$C_i^c<0$。在明渠分段，B_i 始终为正值，线性方程组的系数矩阵是对称正定且对角占优的，而且 B_i 越大主对角系数越大(断面水位变化将越缓慢)。在承压水流分段，$B_i = 0$，系数矩阵主对角系数为次对角相反数之和，与后者处于同一数量级，不再具有对角占优特征。当模拟宽顶封闭断面通道中的混合流时，明渠和承压这两种流态衔接点处水面宽突变将导致代数方程组系数矩阵具有不连续的主对角系数分布特征，且系数矩阵不再具有对角占优特征，这可能诱发混合流模拟计算失稳或精度降低。

由于 B_i 是在局部线性化连续性方程时产生的，所以主对角系数不连续分布问题可视作线性化技术对隐式混合流模型的一种不利影响。可采取“虚拟水面宽度”技术缓解这一影响，提高混合流模拟的稳定性和精度。对于充满的封闭断面通道，假定它具有一个微小的水面宽度并使用 εW_i 表示，其中 W_i 为过流通道的最大宽度，ε 是一个可调参数。由于断面的水面宽度在式(2.56)中使用已知变量 B_i^n 显式代表，因而将虚拟水面宽度技术应用于式(2.56)是非常简单和直接的，即

$$C_i^a\eta_{i-1}^{n+1} + [\mathrm{Max}(B_i^n, \varepsilon W_i)\Delta x_i - C_i^a - C_i^c]\eta_i^{n+1} + C_i^c\eta_{i+1}^{n+1} = \mathrm{Max}(B_i^n, \varepsilon W_i)\Delta x_i\eta_i^n + r_i^n \tag{2.57}$$

主对角系数不连续分布问题仅存在于宽顶封闭断面通道的混合流模拟之中。真实封闭断面通道如圆管等大多具有缩顶型断面，此时无需采用虚拟水面宽度技术。因此，虚拟水面宽度处理并不是混合流模型的必要部分。

2.5 计算区域的干湿转换模拟

在模拟非恒定水流时，计算区域中部分单元在涨水时被淹没，在落水时干出。一般可定义一个临界水深 h_0 来界定单元的干湿状态，进而模拟计算网格的干湿转换，该方法被称为临界水深法，适用于一、二、三维模型。一维模型干湿转换模拟涉及单元干湿转换分析、单元所拥有的代表性地形断面的子断面的干湿判断等，十分典型，本节就来探讨这个问题。

在使用子断面及梯级近似方法描述断面的条件下，当断面水位比最低子断面的高程(用 $z_{\mathrm{b,lsg}}$ 表示)高出 h_0 时，定义单元为湿。对于断面内的各子断面(图 2.12)，再定义另一个临界水深 h_k，水深大于 h_k 的子断面为湿子断面。在进行真实明渠/封闭断面通道水流模拟时，通常设置 $h_0 = 0.01\mathrm{m}$、$h_\mathrm{k} = 0.001\mathrm{m}$。具体实施时，为每个单元定义一个用于记录干湿状态的标记，以确保只有湿单元参加下一个时间步长的模型计算，并将干单元排除在外。同时，将一个干单元和一个湿单元共用的边(单元界面)定义为湿边，称为干湿交界边。在水动力计算过程中，干单元将造成计算区域阻断，此时在干湿交界边处应用固壁边界条件，令边的法向流速为 0。

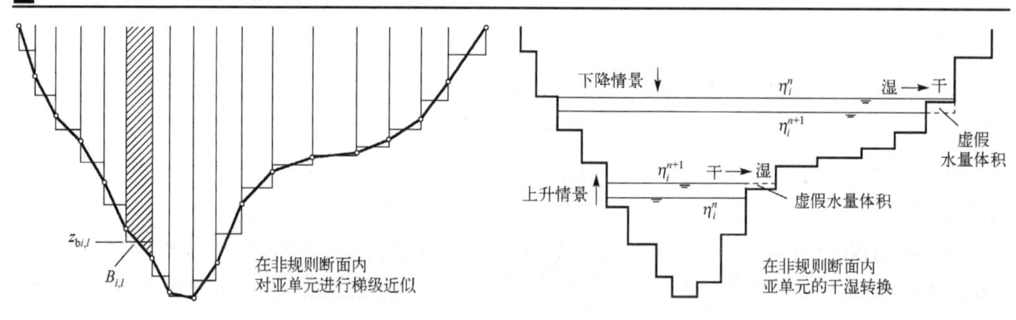

图 2.12　不规则明渠断面的梯级近似和子断面干湿变化分析

2.5.1　单元干湿转换的模拟

在水动力模型一个时步的计算流程中，求解控制方程和模拟单元干湿转换一般是两个独立的部分。首先，使用模型本时步求解所得的(最新的)单元水位(η^{n+1})检测所有在上一时步末状态为湿的单元,对于在本时步经历了“湿→干”状态转变(即新的水位 η^{n+1} 低于河床高程)的单元，将其干湿标志设为干。然后，检测所有干湿标志为干的单元,判断它们是否将会因为周围单元的水力条件而变湿。干单元实现“干→湿”状态转换需同时满足两个条件：使用附近湿单元水位进行插值，得到该单元处的水深，该水深应大于 h_0；该单元侧面具有流入的水通量。对经历“干→湿”状态转变的单元，初始水位设为 $z_{b,lsg}+h_0$，并让它参加下一时步的模型计算。所有剩下的干湿标志为干的单元在本时步末退出模型计算。

对于湿单元，使用最新的单元水位检测所有子断面的干湿状态并记录子断面的水深。在检测过程中，计算湿的子断面的过流面积并将它们累加起来，以获得断面的总过流面积。同时，更新水面宽度、水力半径等其他断面水力参数。

2.5.2　干湿转换的水量误差分析

虽然采用 FVM 离散连续性方程可保证模型计算的水量守恒性，但计算网格干湿状态转换与相关模拟仍可能引起水量守恒误差。第一个误差源于单元的干湿转换，当单元发生“干→湿”转换时，一般设其初始水位为 $z_{b,lsg}+h_0$，在此过程中人为增加的水量使得单元局部和全局的水量增加。第二个误差源于子断面的干湿转换，其中水量误差的产生过程较为复杂，具体分析如下(图 2.12)。

在将连续性方程$\partial A/\partial t$ 项线性化为 $B\partial\eta/\partial t$ 后，隐式水动力模型的 u-p 耦合求解便建立在 t_n 时刻已知变量 B^n 的基础之上。当一个子断面经历“干→湿”转变并且根据单元最新水位对其进行初始化时，一个虚假的水量体积就被添加到这个单元之中(图 2.12 中上升情景)。当一个子断面经历“湿→干”状态转变并且解出的水位低于河床高程时(一般 Δt 越大该现象越显著)，意味着在刚结束的 Δt 内该子断面的水量被“过度抽取”了，一个虚假的水量体积已被添加到该子断面所在单元的邻单元之中(图 2.12 中下降情景)。因此，在$\partial A/\partial t$项被线性化的条件下，子断面干湿转换将产生局部的虚假水量体积，进而增加全局水量、产生守恒误差。

真实大型浅水流动系统的一维水动力模型测试表明(见第 3.5 节)，对于非恒定性不强的水流，由单元、子断面干湿状态转换所引起的水量守恒误差是极小的，上述干湿转换模拟方法的水量守恒误差时空累计值一般在千分之一量级。因此，一般无需引入其他步骤，对水动力模型的水量守恒误差进行额外处理。

2.6　混合流模型的数值实验

选用文献中几个典型的混合流算例，对本章所介绍的一维非恒定混合流线性求解器进行测试，检验它模拟混合流及其中流态衔接转换的能力。真实伏流不规则封闭断面通道混合流水沙输移及断面变形模拟的应用案例，见文献[33]。

2.6.1　明渠-暗管交替混合流

图 2.13 中，有一水平、无摩擦、正方形截面管道连接两个水库，管道长 $L = 400$m，截面面积 $A = 1\text{m}^2$。初始时刻，位于管道正中的阀门处于关闭状态，两个水库水位分别为 η_1 和 η_2，水位差 $\eta_1-\eta_2 = 1$m。$t = 0$ 时，阀门瞬间完全打开，在水库、管道中分别形成自由表面和承压水流。管道始终完全被充满、无流态转换，因而解析解与管道形状、大小和高程均无关。忽略水的可压缩性和管壁的弹性，则在水平管道沿程流量(流速)相等。管道内的流速和压力随时间变化的解析解如下[1]：

$$u(x,t) = u_0 \tanh(t / t_0) \tag{2.58}$$

$$\eta(x,t) = \eta_2 + (\eta_1 - \eta_2)\frac{L - x}{L}\cosh^{-2}(t / t_0) \tag{2.59}$$

式中，$u_0 = \sqrt{2g(\eta_1 - \eta_2)}$；$t_0 = 2L / u_0$。当 $\eta_1-\eta_2 = 1$m 时，算出 $u_0 = 4.43$m/s。

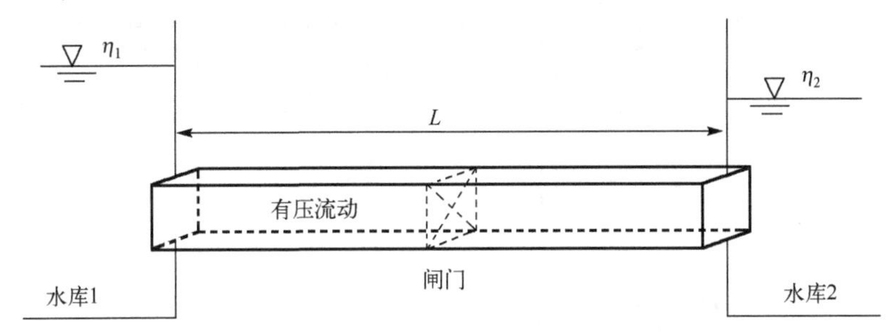

图 2.13　淹没的水平管段连接两个水库

使用尺度逐渐减小的均匀网格 1～5(Δx 依次为 40m、20m、16m、10m、5m)开

展数学模型的网格敏感性研究，以建立与网格尺度无关的数值解。数值试验中，$\Delta t = 1\text{s}$，$\theta = 1.0$，并选取在管道入流侧第一个网格单元中心处($x = \Delta x/2$ 处)的流速和压力随时间的变化过程进行分析。随着网格尺度减小，计算结果逐渐收敛于解析解，如图 2.14。当网格尺度≤16m 时，计算结果接近于解析解并趋近稳定。测试结果表明，所采用的一维非恒定混合流模型能很好地模拟无流态转换特征的混合流。

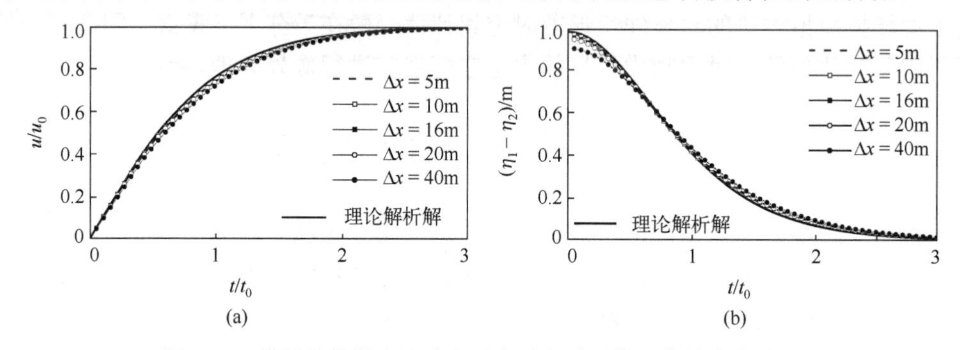

图 2.14　模拟的管道内流速和压力过程随网格尺度的变化过程

2.6.2　圆管中混合流水跃

在直径为 0.22m 的圆管中开展混合流试验[34]，圆管分为三段：上、下游段(L1 和 L3)均为 2m 长的水平段，它们由一根长 4m、倾角 $\alpha = -10°$的倾斜段(L2)连接，如图 2.15。试验时，在上游入口处加载 $0.03\text{m}^3/\text{s}$ 的恒定流量，并在下游保持测压管水头为 0.554m。采用水平尺度 $\Delta x = 0.01\text{m}$ 的一维网格剖分计算区域，$\theta = 1.0$，忽略

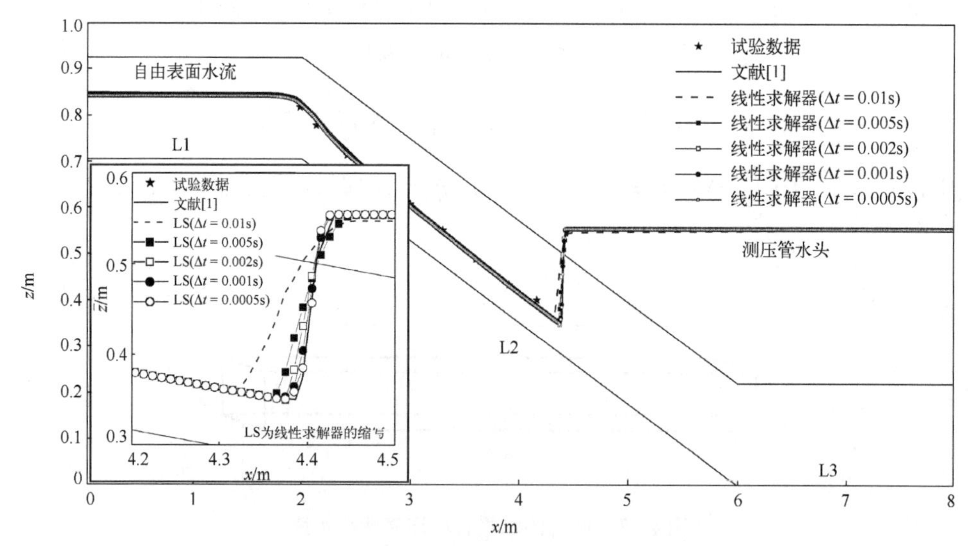

图 2.15　不同时间步长条件下模拟的测压管水头剖面和水跃情景

管壁摩擦力。在 L2 段的自由表面水流管段，将与空气泡有关的动量损失[35,36]视作附加阻力，并借助曼宁公式和实测数据率定附加阻力对应的糙率。

数值模拟时，在管道进口施加逐渐增大的流量，帮助模型在不一定适宜的初始条件下实现平稳启动，避免形成开边界激波。例如，在一个规定时段内(6s)让入流流量从 0 增加到 $0.03m^3/s$，然后保持流量稳定。使用逐渐减小的计算时间步长(依次为 0.01s、0.005s、0.002s、0.001s、0.0005s)开展 Δt 的敏感性分析，以建立与 Δt 无关的数值解；相应地，ELM 逆向追踪的分步数分别设为 20、10、4、2 和 1。

一方面，数值试验表明，当 Δt <0.01s 时混合流模拟可获得稳定的计算结果，而当 $\Delta t \geqslant 0.01$s 时(CFL≥3.38)计算结果开始出现非物理振荡。计算结果中最大流速发生在L2 管段，为 3.28m/s，由此推算 Δt = 0.01～0.0005s 对应的最大 CFL = 3.38～0.16，表明数学模型具有良好的数值稳定性。如图 2.15，在封闭管道内自由表面和承压水流以极端水力形式(水跃)相衔接，计算结果中水跃发生在距离最后一个观测点之后约 0.3m 处，这与实测数据和以往学者的模拟结果均符合较好。另一方面，当 $\Delta t \leqslant$ 0.005s 时数学模型可取得与 Δt 无关的数值解。数值试验表明，所采用的一维非恒定混合流模型能很好地模拟以极端水力形式(水跃)相衔接的混合流。

由图 2.15 局部放大图可知，在足够的计算网格分辨率条件下，在两种流态衔接处(水跃附近)，纵向水面虽然陡峭但仍是渐变的，另外，对于像圆形断面这种缩顶型封闭断面，水面宽度在流态衔接点附近的纵向上也是渐变的。因此，由局部线性化控制方程导出的 *u-p* 耦合代数方程组系数矩阵的主对角系数，在流态衔接点附近也是渐变的，不存在水面宽度沿纵向突变及与之相关的主对角系数不连续问题。

2.6.3　混合流周期波动

对无摩擦、正方形截面 U 型管内的周期性振荡水流(图 2.16)进行数值模拟。管道的横截面积为 $1m^2$，周期性振荡水流的初始条件定义如下[1]:

$$u(x,0)=0 \tag{2.60}$$

$$\eta(x,0)=z_0+0.01\cos(\pi x/L) \tag{2.61}$$

式中，z_0 为参考水位，管道水平段长度 L = 32m。采用 Δx = 1m 的一维网格剖分计算区域，Δt = 0.01s。分别考虑如下三种振荡水流工况，开展数值试验。

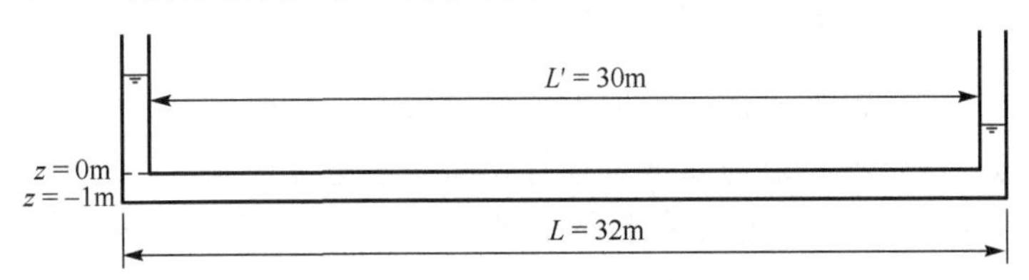

图 2.16　U 型管内周期性振荡水流的示意图

工况 1 令 $z_0 = 0.011\text{m}$，在水流的周期性振荡过程中，管道水平段始终处于承压状态，U 型管内的水流属于简单的明渠—暗管交替混合流，无流态转换，振荡频率为 $\sqrt{2g/L}$。

工况 2 令 $z_0 = -0.011\text{m}$，在水流的周期性振荡过程中，管道水平段始终处于自由表面状态，振荡频率为 $\pi\sqrt{gH}/L$，其中 H 为平均水深(0.989m)。由本章一维混合流模型算得的 $x = 0$ 处的水位过程如图 2.17(a)，与解析解基本重合。

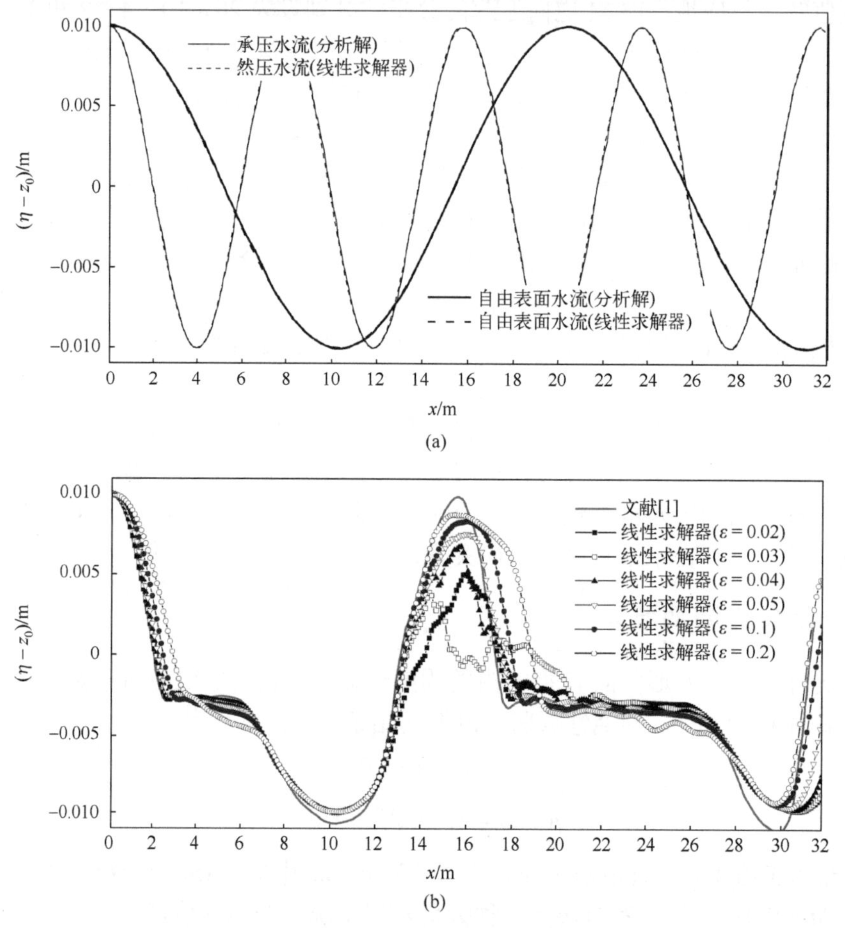

图 2.17 周期性振荡水流的模拟结果($x = 0$ 水位过程)：(a)工况 1、2；(b)工况 3

工况 3 令 $z_0 = 0$，在水流的周期性振荡过程中，管道水平段中存在自由表面与承压两种流态，混合流特点为属于宽顶封闭断面通道混合流，管道水平段中存在着频繁的流态转换。该工况的混合流不存在理论解，可供参考的数值解也只有文献[1]。受流态衔接点附近水面宽度沿纵向突变的影响，混合流线性求解器的代数方程组的系数矩阵的主对角系数是不连续分布的，这将对混合流模型的计算稳定性产生影响。

因此，这里采用虚拟水面宽度技术和六种宽度因子($\varepsilon = 0.02$，0.03，0.04，0.1，0.05，0.2)开展数值实验，阐明本章混合流模型处理这种特殊混合流的能力。

使用不同的 ε 计算得到的 $x = 0$ 处的水位过程线如图 2.17(b)。当 $\varepsilon<0.05$ 时，虚拟水面宽度技术不能完全消除线性求解器所产生的非物理振荡。当 $\varepsilon = 0.05 \sim 0.1$ 时，线性求解器的计算结果与文献[1]的计算结果接近。当 $\varepsilon>0.1$ 时，线性求解器的计算结果开始显现出较强的数值黏性。在模拟宽顶封闭断面通道的混合流时，为了保证计算的稳定性与准确性，虚拟水面宽度技术中 ε 的建议值为 0.05～0.1。

虚拟水面宽度技术与 Preissmann 小槽技术存在如下两点不同。①两种方法的物理含义不同。前者用于解决混合流模型(线性求解器)，由 u-p 耦合代数方程组系数矩阵主对角系数的不连续分布所引起的潜在的稳定性问题。后者用于将混合流问题转化为纯明渠水流问题(只有一种流态，即自由表面流态贯穿整个管道[7])。②前者仅在模拟具有宽顶特征的封闭断面通道混合流时才需要启用，不是模型的必要组成部分。相比之下，无论模拟哪种混合流，后者均是模型的必要组成部分。此外，通过工况 3 的数值试验还发现一个有趣的现象，两种方法中的 slot 宽度或虚拟水面宽度(ε)的最优取值非常接近。在 Preissmann 小槽技术中，ε 的取值一般应与承压水流的波速相匹配，但在大多数情况下它是根据数值计算要求来取值的[26]，ε 的取值一般为 0.02[23, 27]、0.05[13, 36]、0.1[24, 25]等。在本例工况 3 中，虚拟水面宽度较合适的 ε 取值为 0.05～0.1，与 Preissmann 小槽技术中常用的 ε 的取值非常接近。

参 考 文 献

[1] Casulli V, Stelling G S. A semi-implicit numerical model for urban drainage systems[J]. International Journal for Numerical Methods in Fluids, 2013, 73: 600-614.

[2] 李炜. 水力学[M]. 武汉: 武汉水利电力大学出版社, 2000.

[3] Garcia-Navarro P, Priestley A, Alcrudo S. Implicit method for water flow modeling in channels and pipes[J]. Journal of Hydraulic Research, 1994, 32(5): 721-742.

[4] Aldrighetti E. Computational hydraulic techniques for the Saint Venant Equations in arbitrarily shaped geometry[D]. Trento: University of Trento, 2007.

[5] Liggett J A, Cunge J A. Numerical Methods of Solution of the Unsteady Flow Equations[M]. Collins: Water Resources Publication, 1975.

[6] HEC (Hydrologic Engineering Center). River Analysis System, Hydraulics Reference Manual. (Version 4.1)[M]. Rep. No. CPD-69. Davis, CA: US Army Corps of Engineers, 2010.

[7] Fuamba M. Contribution on transient flow modelling in storm sewers[J]. Journal of Hydraulic Research, 2002, 40: 685-693.

[8] SWMM (Storm Water Management Model). Storm water management model reference manual

volume II-Hydraulics; EPA/600/R-17/111[R]. Cincinnati: National Risk Management Laboratory, 2017.

[9] Ji Z. General hydrodynamic model for sewer/channel network systems[J]. Journal of Hydraulic Engineering, ASCE, 1998, 124: 307-315.

[10] Bourdarias C, Gerbi S. A conservative model for unsteady flows in deformable closed pipes and its implicit second-order finite volume discretization[J]. Computers & Fluids, 2008, 37: 1225-1237.

[11] Environmental Laboratory. CE-QUAL-RIV1: A dynamic, one-dimensional (longitudinal) water quality model for streams: User's manual, instr. rep. EL-95-2, U. S[M]. Vicksburg, Miss: Army Corps of Eng. Waterw. Exp. Stn. , 1995.

[12] Yen B C. Hydraulics of sewer systems. In Stormwater Collection Systems Design Handbook[M]. New York: McGraw-Hill, 2001.

[13] Kerger F, Archambeau P, Erpicum S, et al. A fast universal solver for 1D continuous and discontinuous steady flows in rivers and pipes[J]. International Journal for Numerical Methods in Fluids, 2011, 66: 38-48.

[14] Hamam, M A, McCorquodale J A. Transient conditions in the transition from gravity to surcharged sewer flow[J]. Canadian Journal of Civil Engineering, 1982, 9: 189-196.

[15] Li J, McCorquodale A. Modeling mixed flow in storm sewers[J]. Journal of Hydraulic Engineering, 1999, 125: 1170-1180.

[16] Zhou F, Hicks F E, Steffler P M. Transient flow in a rapidly filling horizontal pipe containing trapped air[J]. Journal of Hydraulic Engineering, 2002, 28: 625-634.

[17] Song C S S, Cardle J A, Leung K S. Transient mixed flow models for storm sewers[J]. Journal of Hydraulic Engineering, 1983, 109: 1487-1504.

[18] Cardle J A, Song C S S. Mathematical modeling of unsteady flow in storm sewers[J]. International Journal of Engineering Fluid Mechanics, 1988, 1: 495-518.

[19] Guo Q, Song C S S. Surging in urban storm drainage systems[J]. Journal of Hydraulic Engineering, 1990, 116: 1523-1537.

[20] Wang K H, Shen Q, Zhang B. Modeling propagation of pressure surges with the formation of an air pocket in pipelines[J]. Computers& Fluids, 2003, 32: 1179-1194.

[21] Politano M, Odgaard A J, Klecan W. Case study: Numerical evaluation of hydraulic transients in a combined sewer overflow tunnel system[J]. Journal of Hydraulic Engineering, 2007, 133: 1103-1110.

[22] Bousso S, Daynou M, Fuamba M. Numerical modeling of mixed flows in storm water systems: Critical review of literature[J]. Journal of Hydraulic Engineering, 2013, 139: 385-396.

[23] Garcia-Navarro P, Priestley A, Alcrudo S. Implicit method for water flow modeling in channels

and pipes[J]. Journal of Hydraulic Research, 1994, 32: 721-742.

[24] Capart H, Sillen X, Zech Y. Numerical and experimental water transients in sewer pipes[J]. Journal of Hydraulic Research, 1997, 35: 659-672.

[25] Trajkovic B, Ivetic M, Calomino F, et al. Investigation of transition from free surface to pressurized flow in a circular pipe[J]. Water Science and Technology, 1999, 39: 105-112.

[26] Vasconcelos J G, Wright S J, Roe P L. Improved simulation of flow regime transition in sewers: Two-component pressure approach[J]. Journal of Hydraulic Engineering, 2006, 132: 553-562.

[27] León A S, Ghidaoui M S, Schmidt A R, et al. Application of Godunov-type schemes to transient mixed flows[J]. Journal of Hydraulic Research, 2009, 47: 147-156.

[28] Cunge J A, Wegner M. Numerical integration of Barre de Saint-Venant's flow equations by means of implicit scheme of finite differences[J]. Houille Blanche, 1964, 19: 33-39.

[29] Sanders B F, Bradford S F. Network implementation of the two-component pressure approach for transient flow in storm sewers[J]. Journal of Hydraulic Engineering, ASCE, 2011, 137: 158-172.

[30] Dumbser M, Iben U, Ioriattia M. An efficient semi-implicit finite volume method for axially symmetric compressible flows in compliant tubes[J]. Applied Numerical Mathematics, 2015, 89: 24-44.

[31] Leskens J G, Brugnach M, Hoekstra A Y, et al. Why are decisions in flood disaster management so poorly supported by information from flood models?[J]. Environmental Modelling & Software, 2014, 53: 53-61.

[32] Zhang X F, Hu Y, Wang S Q, et al. One-dimensional modelling of sediment deposition in reservoirs with sinking streams[J]. Environmental Fluid Mechanics, 2017, 17: 755-775.

[33] Hu D C, Li S P, Jin Z W, et al. Sediment transport and riverbed evolution of sinking streams in a dammed karst river[J]. Journal of Hydrology, 2021, 596: 125714.

[34] Pothof I. Co-Current Air-Water Flow in Downward Sloping Pipes[M]. Enschede: Gildeprint Drukkerijen BV, 2011.

[35] Lubbers C L. On gas pockets in wastewater pressure mains and their effect on hydraulic performance[D]. Delft: University of Technology, 2007.

[36] Ferreri G B, Freni G, Tomaselli P. Ability of Preissmann slot scheme to simulate smooth pressurisation transient in sewers[J]. Water Science and Technology, 2010, 62: 1848-1858.

第 3 章　河网一维水动力与物质输运模拟

在平面上呈枝状或环状连接的多个河段的耦合计算，使得河网数学模型较单一河道模型复杂许多。本章介绍河网隐式一维水动力模型的预测-校正分块解法，和用于求解一维对流物质输运的通量式 ELM。基于它们，建立的河网模型具有结构简单、质量守恒、大时间步长(CFL$\gg$1)、无需迭代、无虚假振荡、可高度并行、多种物质输运快速求解等优点，计算效率较主流商业软件高出 1～2 个数量级，可实现大型浅水流动系统水动力与物质输运的实时模拟。这些方法亦适用于管网模拟。

3.1　河网一维水动力模型

20 世纪 70 年代以来，人们对河网一维水动力模型开展了大量研究。隐式模型由于可使用大时间步长的优势，在现存的河网模型中占主导地位。本节介绍隐式一维河网水动力模型的预测-校正分块解法，该方法十分简单且求解无需任何迭代。

3.1.1　河网关键问题的研究现状

为了能够充分反映河网内河段的耦合特性，河网模型须对各河段水流进行同步计算，模型结构和求解流程一般均较复杂。当河网具有庞大的河段数量及河长时，开展河网模拟往往是一个非常耗时的过程，大型河网实时模拟极具有挑战性。合理处理汊点的连接并构造易于求解的代数方程系统，是建立简单、稳定、准确、高效的河网一维水动力模型的关键，也是实现大型河网实时模拟的基础。

1．河网汊点的处理方法

河网一维水动力模型的汊点连接在本质上是一个平面二维问题。然而，一维控制方程仅能描述单一河道水流。在进行河网汊点水力连接时，现存的河网一维模型大多采用“汊点水力连接条件”和“扩展的一维连续性方程”这两类方法。

第一类方法，使用连续性原理(进出汊点的水量相等)和能量假定(汊点处能量损失或流速水头差异可被忽略)得到汊点水力连接条件，借此关联汊点及与之相连的河段的水力变量。最简单的汊点水力连接条件包括流量平衡($\Sigma Q_{\mathrm{i}} = \Sigma Q_{\mathrm{o}}$)和能量守恒($\eta_{\mathrm{i}} = \eta_{\mathrm{o}}$)方程，式中下标 i、o 分别代表汊点处的入流和出流河段。汊点水力连接条件，对一维水流控制方程形成了补充，是构建河网模型的辅助方程(用于构建汊点 u-p 耦合代数方程)。现存的河网模型大多均使用水力连接条件处理汊点连接问题，例如 CE-QUAL-RIV1[1]、MASCARET[2]、Hec-ras[3]和文献[4]～[7]等。

汊点水力连接条件方法的缺点如下。①一般忽略了汊点水位涨落、汊点与连接河段之间的水位梯度等细节，难以充分反映汊点局部的真实水力特性；②当汊点同时拥有多个入流和多个出流河段时(Multi-IO 汊点)，水力连接条件由于使用了能量假定，难以给汊点分流计算提供一种分配机制。因此，基于水力连接条件的河网模型(例如 Hec-ras)一般会限定汊点连接的形式为“单向汊点”，即在汊点处必须是多个河段汇聚到一个河段，或由一个河段分流到多个河段。若不满足单向汊点约定，则需要添加内插断面来将 Multi-IO 汊点隔开成为两个单向汊点。

第二类方法，在汊点处应用扩展的一维连续性方程，并将它与汊点各连接河段的一维水流动量方程进行联立[8]，进而求解汊点水动力问题。

虽然第一类汊点处理方法的计算精度常常已能满足实用要求，但如果把水力连接条件看作是连续性方程和动量方程的一种极端简化形式，那么第二类方法相对第一类方法在理论上有着本质性改进。基于第二类方法，可直接构造汊点及其连接河段的 u-p 耦合问题，通过耦合求解自动算出汊点周围各连接河段出/入流量，从而摆脱第一类方法中连续性原理和能量假定带来的不利影响。

2．河网隐式一维水动力模型的代数方程组系统

对于隐式河网一维模型，不论采用哪种汊点处理方法，河网中所有汊点与河段计算节点(或单元)的 u-p 耦合将产生一个大型代数方程组，其构造与求解均十分复杂。目前隐式河网模型主要采用直接解法、分级解法、预测-校正分块解法等求解 u-p 耦合，它们分别构造全局代数方程组、规模缩减的代数方程组、河段局部子代数方程组等进行求解。根据控制方程是否被线性化，这三种代数方程组可以是线性的，也可以是非线性的。下面首先介绍基于全局代数方程组的河网模型。

全局非线性系统(global nonlinear system，GNS)河网模型。当直接隐式离散非线性的一维圣维南方程组时，u-p 耦合将产生一个非线性的代数方程组(矩阵系数随待求的未知量变化而改变)。有些研究致力于减轻 GNS 类河网模型的非线性特征并降低求解的难度。例如，文献[8]使用点式 ELM 显式计算动量方程中的对流项，使模型中的非线性项仅剩下连续性方程中的$\partial A/\partial t$。此时，u-p 耦合产生一个仅具有弱非线性特征的全局代数方程系统，求解难度显著降低且计算量适中。

全局线性系统(global linear system，GLS)河网模型。求解线性化的控制方程，可显著缓解求解非线性一维圣维南方程组时不易收敛、迭代次数过多等问题，同时可简化河网模型的求解流程并提升计算效率。在模拟单一河道时，GLS 类模型只需求解一个具有带状系数矩阵的线性系统，可使用带状矩阵方程系统专用算法[5]进行求解。当模拟河网时，所有汊点与河段计算节点的 u-p 耦合，将产生一个具有非带状稀疏矩阵的线性系统(附录 2)，构造与求解均较复杂。可采用直接法求解[9]这类

GLS，亦可借助特殊节点编号、特殊存储、分级求解等方法来简化求解流程。

采用特殊节点编号来定义河网内河段之间的连接关系，在某些情况下可有效降低系数矩阵的带宽[10,11]。但正如 Sen 和 Garg[4]指出，将特殊节点编号法推广应用到一般河网(特别是较复杂的环状河网)是较困难的。采用特殊方式存放稀疏矩阵亦可提高计算效率，例如 Hec-ras 采用的 Skyline 存储法(河段内计算节点所对应的矩阵元素呈现为带状分布，汊点及其附近计算节点所对应的矩阵元素呈现为稀疏分布)。特殊存储方法还包括计算数学中常用的矩阵压缩储存法，例如行压缩、列压缩等方法，只对矩阵中的非零元素进行储存和运算，可大幅提高计算效率。

河网分级求解[12,13]分为三步：将河网内各河段分别进行内部消元(河段内计算节点的代数方程被消去)，仅保留河段端点的未知量，建立关于它们的代数方程；联立各河段端点的代数方程，构造一个关于河段端点未知量的规模很小的“汊点代数方程组”，对其进行求解；将解得的河段端点未知量回代到各河段，求解河段内各节点的未知量。这种方法称为河网二级解法，其基本思想与多维水动力模型中常用的 Schur 补偿方法[14,15]相同。实践表明，在大幅压缩代数方程组未知量数量、提高计算效率的同时，河网分级求解并未引起模拟精度的明显降低。在二级解法基础上，进一步进行控制方程中流量(或流速)与水位的代换消元，由此所形成的解法称为河网三级解法[16]。河网分级解法是在 20 世纪 80 年代计算机能力不足的背景下产生并获得广泛应用的，随着计算机软硬件快速发展，它的提速意义已经不大。

为简化河网全局代数方程组的构造与求解，可以以汊点为界将河网分割成若干单一河段，通过求解各河段所对应的局部子代数方程系统代替求解河网所对应的全局系统。这种分割处理有两个特点：①可避免构造关于河网整体的全局代数方程系统，只需针对河网中各河段构造局部子系统，更易建立结构简单、可并行化的河网模型架构；②在这种河网局部解法中，河网 u-p 耦合的求解在汊点处是解耦的，因而需要借助额外的机制将河网中各河段的求解耦合起来，以保证计算结果的准确性。通常引入一个全局层面循环，在求解过程中不断交换和同步各河段端点的计算结果，来解决这一问题。基于局部子系统的河网解法，与多维水动力模型中基于区域分解的“全局-局部”双层循环解法[17,18]十分相似。根据控制方程是否被线性化，河网局部解法亦包含如下两个亚类。

局部非线性子系统(local nonlinear system，LNS)河网模型。基于非线性一维圣维南方程的 LNS 河网模型，在独立求解各河段所对应的局部子代数方程系统时常常使用牛顿法迭代[6]，因而形成了局部层面循环；在每次全局循环更新了各河段端点信息(内边界条件)之后，各局部子系统又重新处于待求解状态，准备进行新一轮的迭代求解。因此，这类 LNS 模型的全局层面循环一般包括一个预测步和若干个校正步[6]。随着两个层面循环的不断交替进行，在不断更新的汊点水位(内边界条件)条件下，该类模型反复求解河网内各河段所对应的局部子系统，直至达到全局收敛。然而，该类模型中所需的校正步数量目前只能凭经验确定，同时全局层面循环又是不能并行的，这些方面限制了模型在并行机上的计算效率。

局部线性子系统(local linear system，LLS)河网模型。在消除了代数方程所有的非线性特征之后，LNS 类模型即转化成 LLS 类模型。例如在第 2 章中线性化$\partial A/\partial t$项并同时使用 ELM 显式求解对流项，即可完全消除隐式一维水动力模型 *u-p* 耦合代数方程的非线性特征。此时，河网内每个河段所对应的局部子代数方程系统，均是一个具有三对角对称正定系数矩阵的线性方程组，可直接求解。在此基础上，作者进一步研究了全局层面循环次数与代数系统求解收敛性之间的定量关系，并提出了河网的预测-校正分块解法[19]。该方法中，河网内各河段局部子代数系统的求解通过预测和校正两步计算耦合在一起，求解无需任何迭代。基于预测-校正分块解法的河网模型的结构和求解流程均十分简单，下面就来介绍这种 LLS 河网模型。

3.1.2　河网的预测-校正分块解法

将要介绍的河网一维水动力模型，其时空离散同时使用基于全局编号与局部索引的符号系统(见第 1.4.3 节)，并使用扩展的连续性方程构造汊点 *u-p* 耦合代数方程。该河网模型采用的数值方法与第 2 章的单一河道水动力模型相同。

如图 3.1，将河网以汊点为界分为若干河段。以河段 k(同时拥有一个汊点和一个非汊点端点单元)为例，阐明求解河网水动力的预测-校正分块解法。河段 k 内单元的局部索引依次为 1、2、…、N_k，它们占据着河网单元序列中一段连续的全局编号 I+1、I+2、…、$I+N_k$。不失一般性，假定端点单元 I+1 ($i=1$) 为汊点单元，端点单元 $I+N_k$ ($i=N_k$) 为非汊点单元(连接到另一河段)。对于河段 k 的端点单元，在构造关于它的 *u-p* 耦合代数方程时，所有与这个端点单元相邻的且位于其他河段上的单元提供水位，作为闭合河段 k 的局部子代数方程系统的边界条件。

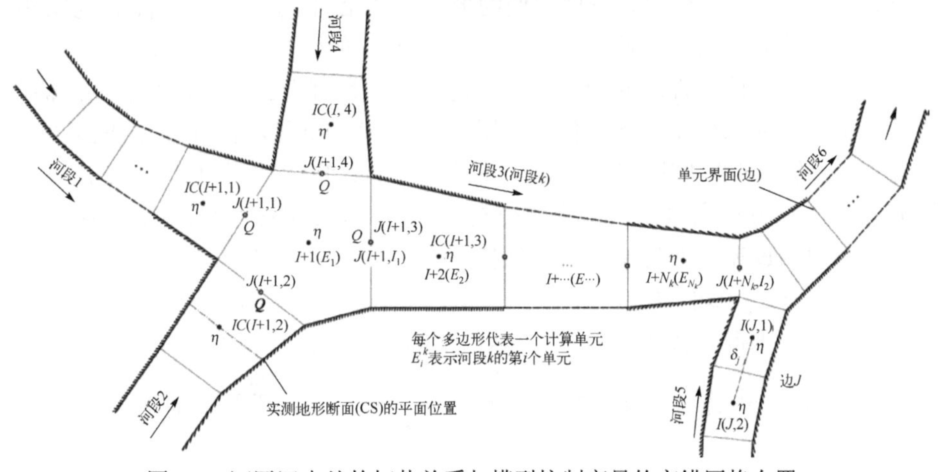

图 3.1　河网汊点处的拓扑关系与模型控制变量的交错网格布置

1．控制方程的离散

不论边 J(河网全局编号)所连接的两个单元是否位于同一河段之上，边 J 的动量方程式(2-18b)均可离散为(参考第 2.3.1 节的离散过程)

$$\left(1+g\Delta t\frac{n_{\mathrm{m}}^{2}\left|u_{\mathrm{bt},J}^{\ n}\right|}{R_J^{n4/3}}\right)u_J^{n+1}=u_{bt,J}^{n}-(1-\theta)g\Delta t\frac{\eta_{I(J,2)}^{n}-\eta_{I(J,1)}^{n}}{\delta_J}-\theta g\Delta t\frac{\eta_{I(J,2)}^{n+1}-\eta_{I(J,1)}^{n+1}}{\delta_J} \tag{3.1}$$

式中，θ 为隐式因子($0.5<\theta<1$)；Δt 为计算时间步长；上标 n、$n+1$ 分别为 t_n、t_{n+1} 时刻。为提高模型计算的稳定性，使用 u_{bt} 和 u^{n+1} 计算河床阻力项。

将动量方程离散方程中的显式计算项进行合并，未知量(t_{n+1} 时刻单元的水位 η^{n+1}、边的流速 u^{n+1})便浮现出来。之后，方程(3.1)可转换成如下形式：

$$u_J^{n+1}=\frac{G_J^n}{\Gamma_J^n}-\frac{g\theta\Delta t}{\Gamma_J^n}\frac{\eta_{I(J,2)}^{n+1}-\eta_{I(J,1)}^{n+1}}{\delta_J} \tag{3.2}$$

式中，$\Gamma_J^n=1+g\Delta t n_{\mathrm{m}}^2\left|u_{\mathrm{bt},J}^{\ n}\right|/(R_J^n)^{4/3}$；$G_J^n=u_{bt,J}^n-(1-\theta)g\Delta t\dfrac{\eta_{I(J,2)}^{n}-\eta_{I(J,1)}^{n}}{\delta_J}$ 表示合并后的显式计算项；G_J^n/Γ_J^n 是求解显式计算项之后得到的中间解(流速)。

不失一般性，设边 J 左右两侧单元的全局编号分别为 $I(J,1)$ 和 $I(J,2)$。当 $I(J,1)$ 和 $I(J,2)$ 在同一河段上时，可使用基于局部索引(在河段内，边 J 的局部索引为 $i+1/2$，其两侧单元局部索引分别为 i、$i+1$)的符号代替基于全局编号的符号重写代数方程。使用基于局部索引的变量，可将式(3.2)中的 u_J^{n+1} (即 $u_{i+1/2}^{n+1}$)重写为

$$u_{i+1/2}^{n+1}=\frac{G_{i+1/2}^n}{\Gamma_{i+1/2}^n}-\frac{g\theta\Delta t}{\Gamma_{i+1/2}^n}\frac{\eta_{i+1}^{n+1}-\eta_i^{n+1}}{\Delta x_{i+1/2}} \tag{3.3}$$

比较式(3.3)与式(2.44)，发现它们的形式完全相同。离散方程式(3.3)仅适用于边两侧单元位于同一河段的情况，它是式(3.2)的一种特例。

扩展一维连续性方程，并使用它来构造汊点处具有平面二维特性的 u-p 耦合代数方程，扩展的基本思路如下。仍然使用 $B\partial\eta/\partial t$ 描述单元水量(由断面地形与 η 共同计算得到)随时间的变化；在汊点处，将单元界面通量的计算由普通单元的两个面扩展到多个面。方程离散时，假定水位在单元内均匀分布；同时，假定在一个 Δt 内置于单元内的过流断面的水面宽度保持不变，并使用 t_n 时刻的已知变量(B^n)显式地代表。在 $t_n\rightarrow t_{n+1}$ 微小时段，对于任一非汊点或汊点单元 I，采用半隐式 FVM 离散连续性方程，可得到代数方程(使用基于全局编号的符号表示)：

$$B_I^n\Delta x_I(\eta_I^{n+1}-\eta_I^n)=-\theta\Delta t\sum_{l=1}^{I34(I)}s_{I,l}A_{J(I,l)}^nu_{J(I,l)}^{n+1}-(1-\theta)\Delta t\sum_{l=1}^{I34(I)}s_{I,l}A_{J(I,l)}^nu_{J(I,l)}^n \tag{3.4}$$

式中，l 为单元 I 的边的内部索引，$l=1,2,\cdots,I34(I)$。

2．*u-p* 耦合的预测步计算

河网模型求解分为预测和校正两步。在预测步，使用中间解 $\tilde{\eta}^{n+1}$ 和 $\tilde{u}^{n+1}$ 分别代替最终解 η^{n+1} 和 u^{n+1} 重写式(3.2)～式(3.4)，进而构建各河段的子代数系统。下面以河段 k 为例，阐明河网水动力预测-校正分块解法的预测步计算。

对于汊点端点单元(全局编号 I+1，局部索引 $i=1$)，将式(3.2)代入式(3.4)进行 *u-p* 耦合。除单元 I+2 外，单元 I+1 周围的其他单元均提供 t_n 时刻的水位作为边界条件，以帮助闭合河段 k 的子代数系统。使用基于局部索引的符号重写单元 I+1、I+2 及它们的公共边的变量，可得汊点端点单元 *u-p* 耦合的代数方程：

$$C_1^b\tilde{\eta}_1^{n+1}+C_1^c\tilde{\eta}_2^{n+1}=r_1^n+g\theta^2\Delta t^2\sum_{l=1}^{I34(I+1),l\neq l_1}\frac{A_{J(I+1,l)}^n\eta_{IC(I+1,l)}^n}{\Gamma_{J(I+1,l)}^n\delta_{J(I+1,l)}} \tag{3.5}$$

式中，$r_1^n=-\theta\Delta t\sum_{l=1}^{I34(I+1)}[s_{I+1,l}A_{J(I+1,l)}^nG_{J(I+1,l)}^n/\Gamma_{J(I+1,l)}^n]-(1-\theta)\Delta t\sum_{l=1}^{I34(I+1)}[s_{I+1,l}A_{J(I+1,l)}^n u_{J(I+1,l)}^n]+B_1^n\Delta x_1\eta_1^n$；$C_1^b=B_1^n\Delta x_1+g\theta^2\Delta t^2\sum_{l=1}^{I34(I+1)}\frac{A_{J(I+1,l)}^n}{\Gamma_{J(I+1,l)}^n\delta_{J(I+1,l)}}$；$C_1^c=-\frac{g\theta^2\Delta t^2A_{3/2}^n}{\Gamma_{3/2}^n\Delta x_{3/2}}$；$l_1$ 对应单元 I+2，即 $IC(I+1,l_1)$等于 I+2，边 $J(I+1,l_1)$为单元 I+1 和 I+2 之间的网格边(图 3.1)。

对于河段 k 内的非端点单元($i=2，3，…，N_k-1$)，将式(3.3)代入式(3.4)，可得河段 k 内各个非端点单元 *u-p* 耦合的代数方程：

$$C_i^a\tilde{\eta}_{i-1}^{n+1}+C_i^b\tilde{\eta}_i^{n+1}+C_i^c\tilde{\eta}_{i+1}^{n+1}=r_i^n \tag{3.6}$$

式中，$C_i^a=-\frac{g\theta^2\Delta t^2A_{i-1/2}^n}{\Gamma_{i-1/2}^n\Delta x_{i-1/2}}$；$C_i^c=-\frac{g\theta^2\Delta t^2A_{i+1/2}^n}{\Gamma_{i+1/2}^n\Delta x_{i+1/2}}$；$C_i^b=B_i^n\Delta x_i-C_i^a-C_i^c$；$r_i^n=-\theta\Delta t[A_{i+1/2}^nG_{i+1/2}^n/\Gamma_{i+1/2}^n-A_{i-1/2}^nG_{i-1/2}^n/\Gamma_{i-1/2}^n]-(1-\theta)\Delta t[A_{i+1/2}^nu_{i+1/2}^n-A_{i-1/2}^nu_{i-1/2}^n]+B_i^n\Delta x_i\eta_i^n$。

因为单元 $I+N_k$ 是一个非汊点端点单元，所以 $I34(I+N_k)=2$，且只存在一个位于其他河段的单元与单元 $I+N_k$ 相连。不失一般性，设 $IC(I+N_k,l_3)=I+N_k-1$，并设单元 $IC(I+N_k,l_2)$是与单元 $I+N_k$ 相邻的且位于其他河段的单元(图 3.1)。对于非汊点端点单元 $I+N_k$（局部索引 N_k)，将式(3.2)代入式(3.4)进行 *u-p* 耦合。此时，单元 $IC(I+N_k,l_2)$提供 t_n 时刻水位作为河段 k 的边界条件。使用基于局部索引的符号重写单元 $I+N_k-1$、$I+N_k$ 及其夹边的变量，可得非汊点端点单元 *u-p* 耦合的代数方程：

$$C_{N_k}^a\tilde{\eta}_{N_k-1}^{n+1}+C_{N_k}^b\tilde{\eta}_{N_k}^{n+1}=r_{N_k}^n+\frac{g\theta^2\Delta t^2A_{J(I+N_k,l_2)}^n}{\Gamma_{J(I+N_k,l_2)}^n\delta_{J(I+N_k,l_2)}}\eta_{IC(I+N_k,l_2)}^n \tag{3.7}$$

式中，$C_{N_k}^a=-\frac{g\theta^2\Delta t^2A_{N_k-1/2}^n}{\Gamma_{N_k-1/2}^n\Delta x_{N_k-1/2}}$；$C_{N_k}^b=B_{N_k}^n\Delta x_{N_k}+\frac{g\theta^2\Delta t^2A_{N_k-1/2}^n}{\Gamma_{N_k-1/2}^n\Delta x_{N_k-1/2}}+\frac{g\theta^2\Delta t^2A_{J(I+N_k,l_2)}^n}{\Gamma_{J(I+N_k,l_2)}^n\delta_{J(I+N_k,l_2)}}$；

$$r_{N_k}^n=-\theta\Delta t\left(\frac{A_{J(I+N_k,l_2)}^n G_{J(I+N_k,l_2)}^n}{\Gamma_{J(I+N_k,l_2)}^n}-\frac{A_{N_k-1/2}^n G_{N_k-1/2}^n}{\Gamma_{N_k-1/2}^n}\right)-(1-\theta)\Delta t(A_{J(I+N_k,l_2)}^n u_{J(I+N_k,l_2)}^n-A_{N_k-1/2}^n u_{N_k-1/2}^n)$$
$$+B_{N_k}^n\Delta x_{N_k}\eta_{N_k}^n 。$$

对于河段 k，式(3.5)～式(3.7)构成了以单元水位为未知数、具有 N_k 个方程($i=1, 2,\cdots, N_k$)的线性方程组(即子代数方程系统)。分析可知：①在该代数方程组中，基于全局编号的未知变量、不在河段 k 上的单元的未知量全部消失；②得益于局部线性化、半隐式方法和 ELM，为每个河段构造出来的代数方程组是一个具有对称正定三对角系数矩阵的线性系统，可使用追赶法直接求解。由子系统的构造和求解过程可知，在预测步，各个河段的子系统(系数矩阵和右端项)的构造和求解都是相互独立的。在求解完成各河段的子系统之后，即可得到一组中间解 $\tilde{\eta}^{n+1}$ 。

3．u-p 耦合的校正步计算

使用预测步计算结果更新单元水位，将引起各河段子系统边界条件的改变。各河段子系统的系数矩阵在校正与预测步是相同的，因而在校正步只需更新子系统的右端项。相对于预测步所使用的 η^n，预测步求得的结果($\tilde{\eta}^{n+1}$)可为各河段子系统提供更加准确的边界条件。参照预测步代数方程式(3.5)～式(3.7)，可直接写出校正步的代数方程组(已使用 η^{n+1}、$\tilde{\eta}^{n+1}$ 分别代替 $\tilde{\eta}^{n+1}$、η^n)：

$$C_1^b\eta_1^{n+1}+C_1^c\eta_2^{n+1}=r_1^n+g\theta^2\Delta t^2\sum_{l=1}^{I34(I+1),l\neq l_1}\frac{A_{J(I+1,l)}^n\tilde{\eta}_{IC(I+1,l)}^{n+1}}{F_{J(I+1,l)}^n\delta_{J(I+1,l)}} \tag{3.8}$$

$$C_i^a\eta_{i-1}^{n+1}+C_i^b\eta_i^{n+1}+C_i^c\eta_{i+1}^{n+1}=r_i^n,\qquad i=2,3,\cdots,N_k-1 \tag{3.9}$$

$$C_{N_k}^a\eta_{N_k-1}^{n+1}+C_{N_k}^b\eta_{N_k}^{n+1}=r_{N_k}^n+\frac{g\theta^2\Delta t^2A_{J(I+N_k,l_2)}^n}{F_{J(I+N_k,l_2)}^n\delta_{J(I+N_k,l_2)}}\tilde{\eta}_{IC(I+N_k,l_2)}^{n+1} \tag{3.10}$$

式中，代数方程系数 C^a、C^b 和 C^c 均与预测步相同。

在校正步，求解各河段的子代数方程系统可得到最终解 η^{n+1}。一旦获得 η^{n+1}，便可使用式(3.2)计算单元边的流速 u^{n+1}，随后即可更新 A_I 和 R_I 等变量。

4．预测-校正分块解法的应用条件

河网预测-校正分块解法的基本原理为(详细理论解析与推导见第 4 章)：将在河网中传播的自由表面重力波分为内波(在河段内传播)和外波(穿越河网汊点传播)；如果在预测步能较好地求解外波传播并获得河段分界处较准确的中间解，那么使用这个中间解更新各河段端点的边界值(河网内边界条件)，在校正步就可以准确地求解整个重力波在河网范围内的传播。由于在一个时间步长中河段之间只进行一次数据交换，预测和校正的两步求解模式在本质上仅进行了各河段子系统的准耦合求解。

为了保证这种准耦合求解的稳定性和准确性，以便于充分模拟各河段水流的耦合特性，该解法采用限制时间步长的方式并建立了相应的应用条件。

综合考虑河网汊点及其附近河道的横向宽度 W(约等于汊点附近断面宽度)和纵向长度 Δx(约等于汊点附近断面间距)，构造一个复合网格尺度 $W\Delta x$，并使用它构建河网预测-校正分块解法的应用条件：

$$\theta^2 \frac{\Delta t^3 c^2}{W\Delta x} M_1 \leqslant L_{\mathrm{E}} \tag{3.11}$$

式中，左边含义是在预测步由局部求解引起的河段交界处的水位误差 E_{P}；L_{E} 定义为 E_{P} 的上限；M_1 为水位随时间的最大变化率；$c=\sqrt{gh}$ 为波速，其中 h 为水深。汊点是各河段的分界，预测-校正分块解法中河网的耦合计算也是在汊点处断开的。因此，使用汊点附近的水力变量开展式(3.11)的计算。基于大量真实冲积河流的测试与分析，L_E 的建议取值为 1.5cm。在给定的水流和计算网格条件下，式(3.11)可用于确定合适的计算时间步长，以保证河网内各河段子系统耦合求解的准确性。

3.1.3　河网预测-校正分块解法的特性

本节的预测-校正分块解法河网模型属于典型的 LLS 河网一维水动力模型，它在汊点处理、模型架构、求解流程等方面与传统河网模型相比存在许多不同。

1．代数方程组系统

代数方程系统的构造与求解。与 GNS、GLS、LNS 河网模型相比，本节的 LLS 河网模型的架构和求解流程要简单许多。GNS/GLS 河网模型求解河网整体的全局非线性/线性代数系统，需在大型矩阵中包含复杂的河网连接；本节河网模型采用求解河网内河段所对应的局部子系统代替求解河网所对应的全局系统，通过预测和校正两步计算实现各河段的耦合求解，避免了构造和直接求解复杂的全局系统。GLS 河网模型常需使用特殊节点编号或特殊存储等方法来简化求解；本节模型借助常规二维非结构网格拓扑关系符号就建立了简洁的模型架构。已有的 LNS 河网模型[6]一般需要借助全局-局部双层循环迭代进行求解，且无法预先确定全局层面循环迭代所需的次数。本节模型使用预测和校正两步求解方式，避免了全局层面的循环迭代；只需求解河段所对应的三对角线性系统，也无需局部层面迭代。

可并行性。GNS 和 GLS 河网模型使用全局层面循环迭代，求解河网整体的全局非线性/线性代数方程系统；LNS 河网模型[6]亦使用全局层面循环迭代，实现局部非线性子系统(源于河网内河段)的耦合同步求解。每一次全局层面循环迭代至少需要一次 Fork-Join，频繁的 Fork-Join 使上述几类模型并行计算的效率不高。本节河网模型无需任何层面的循环迭代，因而它的计算可被高度并行化。

2．河网汊点处理

本节的河网模型使用了前述第二类汊点处理方法，借助扩展的连续性方程进行汊点处的 u-p 耦合。与基于第一类汊点处理方法的河网模型相比，本节河网模型摆脱了使用连续性原理和能量假定所带来的负面影响。同时，本节河网模型借助以汊点为界的河段分割，将汊点处的二维 u-p 耦合问题转换成一维 u-p 耦合问题，这种巧妙的设计使较复杂的第二类汊点处理方法在执行上变得十分简单。

一方面，第二类汊点处理方法自身具有为汊点处不同连接河段分配流量的机制；另一方面，用于覆盖汊点的单元的边的数量可以是任意的，这意味着汊点的连接河段的数量也是任意的。因此，本节河网模型架构适用于具有任意连接河段数量的汊点。不仅适用于枝状河网，也适用于连接关系复杂的环状河网。

3．河网预测-校正分块解法的局限性

测试与分析结果表明：对于大多数浅水流动系统例如平原河网，预测-校正分块解法的应用条件是极易得到满足的，该条件只构成对时间步长的一个弱限制，这个限制相对于欧拉类算法的 CFL 稳定限制可忽略不计。因而，预测-校正分块解法允许使用 CFL $\gg$ 1 的大时间步长并获得很高的计算效率。对于非恒定性较强的水流（水位、速度等随时间快速变化，例如潮流），根据式(3.11)确定的时间步长可能很小。此时，为了保证各河段耦合求解的精度，只能使用较小的时间步长。

基于区域分解（体现在将河网分解为若干河段）求解代数方程组时，Overlapping Halo（扩展分区）是一种常用技术，它通过包含分区边缘外围的空间而对分区进行扩展，以提高计算精度。然而，使用扩展分区将使在本节河网模型中经过巧妙设计而形成的一维 u-p 耦合问题又重新转化成为二维问题，破坏河段子系统三对角对称正定的矩阵结构，因而本节河网模型无法使用扩展分区技术。

3.2　点式欧拉-拉格朗日方法

水流运动和物质输运方程中都含有对流项，其求解方法的好坏直接关系到河流数学模型的性能。对流项 $\partial(u\varphi)/\partial x$（或 $u\partial\varphi/\partial x$）为变量的一阶空间偏导，在形式上并不复杂。然而，从数学上看，对流项具有非线性；从反映的物理过程来看，对流是把上游的信息传递到下游，因而带有明确的方向性。这些特殊的性质，使得对流项成为控制方程中最难求解的物理项之一。本节介绍求解对流问题的轨迹线追踪类数值算法，即欧拉-拉格朗日方法。

3.2.1　欧拉-拉格朗日方法产生的背景

对流算法主要包括 Lagrangian（拉格朗日）和 Eulerian（欧拉）两大类。常见的用于流体运动模拟的拉格朗日类对流算法有 smoothed particle hydrodynamics (SPH) 方法[20]、Lattice Boltzmann method (LBM) 方法[21]等。SPH 是一种无网格方法，它使用一群粒子并认为每个粒子携带一定的信息(如质量、密度、速度、压力等)，将连续函数 $f(x)$ 表示为在依赖域范围中所有粒子的函数值、质量、加权核函数的组合的求和，以此为基础导出连续性方程和动量方程的离散形式[20]。LBM 将连续介质看作大量位于网格点的离散流体质点粒子，粒子按 Boltzmann 方程所描述的迁移和碰撞规则在计算网格上运动，通过对各网格点流体质点粒子及运动特征进行统计平均，获得流体的宏观运动规律。拉格朗日类算法一般需要追踪大量流体质点才能实现对流体运动的准确描述，常因计算量巨大而难以实用于河流模拟。

欧拉类方法例如 FDM、FVM 等在目前河流工程计算中占主导地位。由于具有非线性和方向性，对流项的隐式求解一般难度较大，因而该项的欧拉类解法多为显式算法。显式 FVM 一般具有简单、守恒性好等优点。在欧拉类对流算法中，低阶迎风格式可较好地反映来流方向信息，但具有较大的数值黏性(假扩散)，使流速、压力、浓度等的陡峭空间分布坦化失真；中心差分格式具有二阶精度，但无法充分反映来流方向信息，在被用于求解对流占优问题时，计算容易失稳或产生非物理振荡。例如，采用时间向前差分和空间中心差分离散对流方程时，计算格式无条件不稳定[22]。因此，欧拉类对流算法一直存在着计算稳定性与精度的矛盾。

一般使用 CFL 量化显式欧拉类对流算法的稳定性，该指标与计算网格尺度、计算时间步长均有关。以显式 FVM 为例，CFL 稳定条件($\mathrm{CFL} = u\Delta t/\Delta x<1$)的物理含义为：在 Δt 时段内穿过控制体界面的物质数量，须小于在初始时刻位于界面上游的控制体所包含的物质数量。因而，显式欧拉类对流算法的计算时间步长将受到限制，当 Δt 过大时计算容易失稳。由于只能使用较小的 Δt，显式欧拉类对流算法通常非常耗时。有学者引入亚循环来缓解 CFL 稳定条件对显式欧拉类对流算法计算时间步长的限制，使模型在整体上可使用较大时间步长，然而亚循环前后分步之间的依赖性又破坏了亚循环对流算法的可并行性。

在上述背景下诞生的轨迹线追踪类对流算法 ELM[23,24]，是基于流体运动的第三种描述方法(见第 1.2.2 节)建立的。基于固定的欧拉网格及已知的物理场，ELM 借助拉格朗日轨迹线追踪实现物理场随时间变化(物理场时变)的推演，来求解对流作用。因此，ELM 继承了欧拉类方法固定网格计算的便利性和拉格朗日类方法的自然迎风特性。轨迹线追踪扩展了对流项求解的依赖域，基于此消除了与网格尺度有关的 CFL 稳定限制，这使得 ELM 可使用 $\mathrm{CFL} \gg 1$ 的大时间步长，是一种无条件稳定的显式对流算法。ELM 的主要缺点为：①点式 ELM 具有与生俱来的不守恒性，守恒误差将影响计算精度，例如造成数值弥散、物理场时空扭曲等；②为了保证质点运动轨迹线追踪的精度，通常需要较精细的追踪和大量的插值，计算量很大。

3.2.2 一维点式 ELM 的基本原理

点式 ELM 是一种早期的轨迹线追踪类对流算法，同时具有无条件稳定的优点和计算不守恒的缺点。水流动量方程和物质输运方程中的对流项，均可使用点式 ELM 求解。下面介绍一维点式 ELM 的计算流程，并分析其不守恒的原因。

1. 一维点式 ELM 的计算流程

考虑过流断面沿纵向逐渐扩大的一维矩形断面明渠水流，如图 3.2。使用均匀的一维网格(纵向网格尺度恒为 Δx)剖分渠道，使用 t_n、t_{n+1} 分别表示微小时段 Δt 的初始和结束时刻。在 t_{n+1} 时刻，沿着渠道选取一系列网格点(…、i–1/2、i+1/2、…)，使用位于这些目标网格点的流体质点作为点式 ELM 轨迹线追踪的对象。

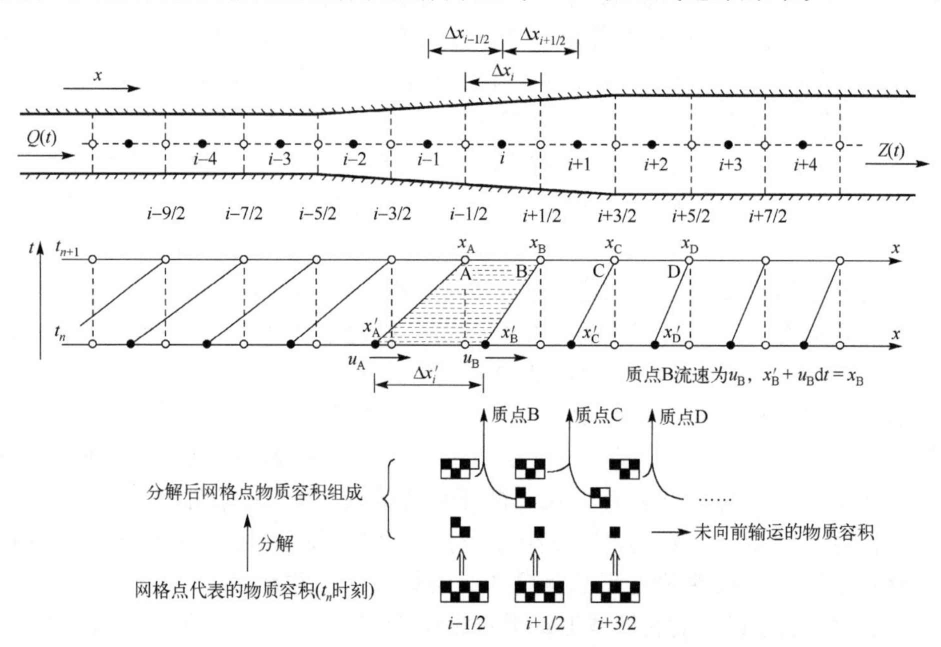

图 3.2 一维点式 ELM 质点逆向追踪与网格点物质容积的分解、重新组合及搬运

以流体质点在 t_{n+1} 时刻的空间位置(…、$x_{i-1/2}$、$x_{i+1/2}$、…)为起点，基于 t_n 时刻的已知流场(假定 Δt 内流场近似恒定)进行流体质点 $t_n \to t_{n+1}$ 运动轨迹的逆向追踪，寻找它们在 t_n 时刻的位置(文献中称为拉格朗日运动轨迹线的根部“foot”，或分离点“departure point”)。一旦找到流体质点在 t_n 时刻的位置，就可以基于已知流场插值得到它在 t_n 时刻的运动状态，进而应用惯性定理得到对流项的计算结果。

以图 3.2 中质点 B 为例，它在 t_n、t_{n+1} 时刻分别位于 x'_B、x_B，其中 t_{n+1} 时刻的位置 x_B 是已知的(人为选定)，x'_B 是未知的。假定微小时段 $\Delta t = t_{n+1} - t_n$ 内流场近似保持

恒定并令其等同于 t_n 时刻的流场，基于该已知流场进行质点 B 在 $t_n \to t_{n+1}$ 时段内运动轨迹线的逆向追踪。这个逆向追踪可在单步内完成(精度低)，也可分为多步完成(精度高)。单步追踪十分简单，例如质点 B 在 t_n 时刻位置的计算式为

$$x'_{\mathrm{B}} = x_{\mathrm{B}} - u_{\mathrm{B}}\Delta t \tag{3.12}$$

多步逆向追踪是将 Δt 分为若干片段并开展分步回溯计算，以得到较精确的质点运动轨迹线。追踪计算从已知的网格点出发，质点在每个分步的位移为 $\Delta\bar{x} = \bar{u}\,\Delta t/N_{\mathrm{bt}}$，式中 N_{bt} 是轨迹线追踪的分步的数量，$\bar{u}$ 是每个分步追踪出发点的流速。当找到一个追踪点时，便插值得到它的流速，并以此为基础计算下一段位移并寻找下一个追踪点。当完成所有时间片段的追踪之后，就确定了质点在 t_n 时刻的位置。

在确定了质点 B 在 t_n 时刻的位置后，使用 t_n 时刻的流场进行插值可得到质点 B 在 t_n 时刻的运动状态(使用 $u_{\mathrm{B,bt}}$ 表示)。由惯性定理可知，当不受外力作用时，质点 B 在从 t_n 时刻的 x'_{B} 运动到 t_{n+1} 时刻的 x_{B} 的过程中，将保持自身运动状态不变(流速大小和方向均不变)，即在纯对流作用下质点在 t_{n+1} 时刻的运动状态等同于它在 t_n 时刻的运动状态。空间点的运动属性在本质上就是该位置处流体质点的运动状态。将 t_{n+1} 时刻 x_{B} 处的流速状态直接更新为 $u_{\mathrm{B,bt}}$，意味着在 $t_n \to t_{n+1}$ 时段内对流作用使得 x_{B} 处的水流流速由 u_{B}^n 变化为 $u_{\mathrm{B,bt}}$，这个更新就标志着 x_{B} 处对流项求解的完成。

使用相同的方法进行追踪和轨迹线根部变量插值，更新所有目标网格点的运动状态，即完成 $t_n \to t_{n+1}$ 时段内计算区域中各空间代表点的对流项的求解。随后，释放在 t_{n+1} 时刻位于所选定的网格点的流体质点。在求解 $t_{n+1} \to t_{n+2}$ 时段对流作用时，重新选取在 t_{n+2} 时刻位于目标网格点的流体质点，并展开新一轮的追踪和变量插值。

通过追踪位于网格点的流体质点来更新网格点的物理状态，进而完成流体物理场时变模拟的方法，称为点式 ELM。由执行流程可知，该方法使用了欧拉类算法的计算网格和物理场，并且使用了拉格朗日类方法的流体质点运动轨迹线追踪，当前者与后者结合在一起时，流体质点运动轨迹的追踪变得十分直接和简单。

上面选用空间点…、i–1/2、i+1/2、…作为流体质点追踪的目标网格点。需指出，用于质点追踪的网格点一般由控制变量位置和方程数值离散的具体需求决定，最常用的网格点为单元中心或边中心，但目标网格点位置并不局限于此。当目标网格点位置与控制变量位置不重合时，亦可使用插值获得控制变量位置处的变量追踪值。需指出，反复插值可能进一步恶化点式 ELM 的不守恒特性或降低其计算精度。

2. 点式 ELM 不守恒的原因

所使用的网格点流体质点追踪和轨迹线根部变量插值的求解方式，并不含有任何保证计算守恒的机制。假想 t_n 时刻流体空间中的物质(动量、溶解质等)集中于网格点并被看成一个物质集合体，称为物质容积，则在点式 ELM 中对流输运的物理含义为：将 t_n 时刻上游网格点的物质容积进行分解、重新组合并搬运到下游网格点，

形成 t_{n+1} 时刻下游网格点的物质容积。借用图 3.2 的物理图形，点式 ELM 不守恒的原因分析如下。

在使用点式 ELM 开展 $t_n \to t_{n+1}$ 时步计算时，t_{n+1} 时刻网格点 $i+1/2$ 的流速状态借助质点 B 的流速状态进行更新，而后者由分离点 x'_B 两侧的网格点 $i-1/2$、$i+1/2$ 的流速值 $u^n_{i-1/2}$、$u^n_{i+1/2}$ 插值得到。在 t_n 时刻，各网格点通过加权插值的方式(可采用空间距离权重)将其自身所代表的物质容积分配给位于 x'_B 处的质点。但加权插值只是一种纯数学方法，无法保证这个物质容积分配的守恒性。由网格点(如 $i+1/2$)的物质容积分解并分配给其周围所有分离点(如 x'_B、x'_C)的物质，可能大于或小于该网格点所代表的物质容积，这种现象称为点式 ELM 的不守恒插值分配。

举例说明。设流体质点 A、B、C、D 在 t_n 时刻 x 轴上的分离点分别为 x'_A、x'_B、x'_C、x'_D，它们到左侧最近网格点 $x_{i-5/2}$、$x_{i-1/2}$、$x_{i+1/2}$、$x_{i+3/2}$ 的距离分别为 $0.8\Delta x_{i-2}$、$0.3\Delta x_i$、$0.4\Delta x_{i+1}$、$0.5\Delta x_{i+2}$。质点 A、B、C、D 的物理量(以流速 u 为例)的反距离加权插值(物理含义是网格点向流体质点分配物质容积)，可分别表示为

$$u(x'_A) = 0.2u_{i-5/2} + 0.8u_{i-3/2} \tag{3.13a}$$

$$u(x'_B) = 0.7u_{i-1/2} + 0.3u_{i+1/2} \tag{3.13b}$$

$$u(x'_C) = 0.6u_{i+1/2} + 0.4u_{i+3/2} \tag{3.13c}$$

$$u(x'_D) = 0.5u_{i+3/2} + 0.5u_{i+5/2} \tag{3.13d}$$

网格点 $i-1/2$ 提供给质点 A、B 的物质容积分别为 0、$0.7u_{i-1/2}$；网格点 $i+1/2$ 提供给质点 B、C 的物质容积分别为 $0.3u_{i+1/2}$、$0.6u_{i+1/2}$；网格点 $i+3/2$ 提供给质点 C、D 的物质容积分别 $0.4u_{i+3/2}$、$0.5u_{i+3/2}$；……。网格点 $i-1/2$、$i+1/2$、$i+3/2$ 实际给出的物质容积分别为 $0.7u_{i-1/2}$、$0.9u_{i+1/2}$、$0.9u_{i+3/2}$，均小于它们所代表的物质容积。在图 3.2 中顺水流方向，河道由窄变宽、流速沿程减小。反之，当河道由宽变窄、流速沿程增加时，网格点提供给周围分离点的物质容积可能大于网格点所代表的物质容积。

点式 ELM 不守恒插值分配的数学特征为：网格点周围所有分离点对应于该网格点的变量插值权重之和可能大于或小于 1，例如 $i+1/2$ 周围 x'_B、x'_C 的插值权重之和为 0.9。当插值权重之和小于 1 时，网格点的物质未能被全部输运到下游；当插值权重之和大于 1 时，超过网格点所代表的物质被输运到下游。两种情况分别造成流体空间中物质的丢失或增加，均违反物质守恒定律。从更新物理场的方式来看，在 $t_n \to t_{n+1}$ 时段，点式 ELM 使用流体质点传递物理状态信息，进而完成物理场的更新。如果流体质点从 t_n 时刻的物理场中获得的物质数量，大于或小于该时刻物理场所代表的物质数量，那么 t_n、t_{n+1} 两个物理场所包含的物质数量显然是不相等的。

在时步推进过程中，点式 ELM 采用不断选取和释放流体质点的执行方式，这使得不同位置不同程度的守恒误差将在流体空间中扩散，物质不守恒的影响将弥漫整个计算区域。一般流场越不均匀，点式 ELM 不守恒的影响越大。在模拟真实河

流时，受水流不均匀性的影响，点式 ELM 由于不守恒而常常不能将网格点的动量充分传输到下游。此时，模拟出的水流较真实情况缓慢，就像水流受到了额外的阻力一样，称之为时间阻力效应[25]。时间步长越小，需要的追踪与插值次数就越多，虚假阻力的影响就越突出，因而不能使用小时间步长来提高点式 ELM 的计算精度。

需指出，提高轨迹线追踪精度和在追踪点采用高阶插值方法，可在一定程度上缓解点式 ELM 不守恒性带来的不利影响，但不能在本质上解决其不守恒缺陷。不守恒性对点式 ELM 实用性的影响在于：在用于水动力计算时不宜使用过小的时间步长，在物质输运计算中的使用频率远低于欧拉类对流算法。对于水动力模型，使用 FVM 求解连续性方程可以严格保证水量守恒，这会对动量方程求解形成一个约束，大幅降低点式 ELM 不守恒性的不利影响，使模型具有实用价值。

3.2.3　点式 ELM 在河网中的执行

1．河网汊点处质点逆向追踪的规则

点式 ELM 存在轨迹线追踪难以跨越河网汊点的问题。当汊点存在多个入流时，由于无法确定具体的水流来路，当逆向追踪轨迹线穿过汊点单元的出流边并进入汊点单元之后，这个逆向追踪将难以继续。此时，逆向追踪就只能停止在汊点单元的出流边，即被限制在单个河段内部。如果边的上游单元为汊点单元，通常应停止 ELM 追踪。但是，当逆向追踪试图穿越汊点单元的边(汊点边)时，对于如下两种情况仍认为具备逆向追踪的条件：其一，边两侧均为同一河段单元；其二，边两侧单元属于不同河段，且边的流速方向与汊点单元入流方向相同，例如图 3.3 中单元 I_1 的边 S_1、S_2、S_3 和单元 I_2 的边 S_1、S_2。此时，均可执行逆向追踪来求解对流项。

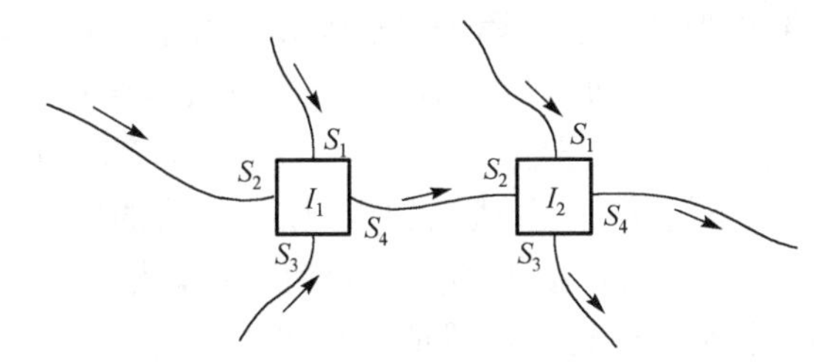

图 3.3　河网中汊点单元边的 ELM 逆向追踪

因为汊点单元的部分边可能并未执行流体质点逆向追踪，例如单元 I_2 的边 S_3、S_4，所以常规点式 ELM 并没有充分求解河网汊点处的对流作用。对于汊点单元的出流边，可采取如下两种方式处理：其一，使用时层初的流速近似代替对流项的求解结果；其二，使用汊点单元水量平衡原理计算出流边的流速：

$$u_{\text{outflow}} = \sum_{\text{inflow}} Q_i \Big/ \sum_{\text{outflow}} A_j \tag{3.14}$$

式中，分子表示汊点单元入流边的流量之和(可使用时层初的流量或点式 ELM 求解对流项之后的流量)，分母表示汊点单元出流边的过流面积之和。以汊点单元 I_2 为例，分子为单元入流边 S_1、S_2 的流量之和，分母为单元出流边 S_3、S_4 的过流面积之和。由真实河网测试可知，尽管上式假定了汊点单元所有出流边的流速是相等的，但这些假定或简化对河网汊点分流模拟结果的准确性影响不大。

2. 河网内点式 ELM 的局部执行

由于追踪轨迹线难以跨越河网汊点，点式 ELM 的逆向追踪一般被约束在单个河段内执行(局部执行)。局部执行的前提为：其一，将河网一维计算网格所有的单元边分配给各河段，并为每个河段的边的序列建立一套连续的局部索引；其二，定义边的河网全局编号与河段局部索引之间的一一对应关系，包括全局→局部的正向映射和局部→全局的反向映射。下面首先基于第 1.4.3 节网格及符号系统，建立各河段边的序列。

将汊点单元所属河段称为“汊点河段”，其他为普通河段。同时，汊点边可分为衔接型(两侧单元属于不同河段)和非衔接型(两侧单元属于同一河段)两类。规定衔接型汊点边隶属于普通河段，这样可以保证河网内每个河段(单元数量设为 N_k)所拥有的边的数量均为 N_k+1，且河段的空间范围处于它的第一条和最后一条边的纵向范围之内。对于任一河段 k，可按照边的空间位置将它们的河段局部索引依次规定为 $1, 2,\cdots, N_k+1$。需指出的是，受汊点边全局编号不规则的影响，同一河段上的边的全局编号在汊点附近常常是不连续的。在上述约定下，依次遍历河段 k 的每个单元，构建河网与河段两套描述体系之间边的映射关系。

对于河段 k 的第一个单元(不失一般性，设河段外侧为上游)，如果它是汊点单元($i34\geqslant 2$)，根据“衔接型汊点边不属于汊点河段”规定，将仅有的一条非衔接型汊点边定义为河段 k 的第一条边；如果不是汊点单元($i34 = 2$)，将单元的上、下游边分别定义为河段 k 的第一、二条边。然后，依次遍历局部索引为 $2, 3,\cdots, N_k-1$ 的单元，每次都将单元的下游边(上游边已加入)加入到边的序列。对于河段 k 的最后一个单元，如果是汊点单元，则无须添加任何边；如果是普通单元，则将单元的下游边加入到边的序列。在建立河段的边序列的同时，建立边的正向映射(由边的河网全局编号，找到它的所属河段与河段局部索引)和反向映射(由边的所属河段与河段局部索引，找到它的河网全局编号)，可使用三个变量储存这些映射关系。

对于河段 k，使用边的河段局部索引建立两个一维数组，分别储存边在河段中的纵向位置(纵向累计距离)和边的流速。在每个时步求解动量方程之后，将边的基于河网全局编号的物理变量传递给基于河段局部索引的变量，以形成河段局部流场。使用这个局部流场，即可在河段内局部执行点式 ELM。

3.3　守恒型欧拉-拉格朗日方法

为了解决点式 ELM 不守恒问题，学者们开展了大量探索去寻找守恒型 ELM 的构造方法。目前已发展出了多种守恒型 ELM，本节将介绍其中的两种。

3.3.1　追踪拉格朗日单元的 ELM

有学者[26]选取一个含有大量流体质点的控制体代替单个流体质点作为追踪对象来构造 ELM，这个被用于追踪的控制体通常被称为拉格朗日单元。仍以图 3.2 的一维明渠水流为例，选取 t_{n+1} 时刻的 x_A～x_B 流体微段构造拉格朗日单元(单元 AB)，它包含微段内所有的流体质点。在 t_{n+1} 时刻，一维单元 AB 为一条线段，其上、下游边界分别位于空间点 x_A、x_B(即 $x_{i-1/2}$、$x_{i+1/2}$ 处)。如果使用逆向追踪确定单元 AB 在 t_n 时刻的空间位置与形态，进而通过插值和积分求得该单元在 t_n 时刻所包含的物质，即可基于它们解析单元 AB 在 $t_n \to t_{n+1}$ 时段内的对流过程。这种追踪类对流算法称为“追踪拉格朗日单元的 ELM”，它的执行可概括为拉格朗日单元逆向追踪、物质积分、时空映射和控制体平均物理状态计算 4 个步骤。

第 1 步：通过逆向追踪，找到单元 AB 的来源，即确定单元 AB 在 t_n 时刻的空间位置与形态。对于一维问题，单元 AB 在 $t_n \to t_{n+1}$ 时段内保持为线段，仅在单元上下游端点发生变化时线段被拉长或缩短(几何形态变化)。使用 x'_A、x'_B 分别表示单元 AB 在 t_n 时刻的上下游边界，它们可通过分别追踪质点 A、B 得到：

$$x'_B = x_B - u_B \Delta t , \qquad x'_A = x_A - u_A \Delta t \tag{3.15}$$

第 2 步：获得单元 AB 所含物质数量。基于 t_n 时刻的已知物理场，在单元范围 x'_A ～ x'_B 内进行物质积分，获得单元 AB 所包含的物质数量。例如，基于 t_n 时刻的已知流场，在单元范围上对流速进行积分，获得单元 AB 所含有的动量：

$$M = \int_{x'_A(t_n)}^{x'_B(t_n)} \rho \mathrm{Area}(x) u(x) \mathrm{d}x \tag{3.16}$$

式中，Area(x)、$u(x)$ 分别为 t_n 时刻在坐标轴的 x 位置处的断面过流面积、流速。

第 3 步：进行时空映射。在 t_n 时刻 x'_A ～ x'_B 范围内与在 t_{n+1} 时刻 x_A～x_B 范围内的拉格朗日单元，是不同时刻的同一单元。在 t_n 时刻 x'_A ～ x'_B 范围内与在 t_{n+1} 时刻 x_A～x_B 范围内所包含的物质是同一批物质。因此，可开展如下的控制体时空映射，将物质从 t_n 时刻的 x'_A ～ x'_B 范围映射到 t_{n+1} 时刻的 x_A～x_B 范围：

$$\int_{x_A(t_{n+1})}^{x_B(t_{n+1})} \rho \mathrm{Area}(x) u(x) \mathrm{d}x = \int_{x'_A(t_n)}^{x'_B(t_n)} \rho \mathrm{Area}(x) u(x) \mathrm{d}x \tag{3.17}$$

第 4 步：计算在 t_{n+1} 时刻拉格朗日单元 AB 空间范围内的平均物理状态：

$$\bar{u}_{\mathrm{AB,bt}}=\int_{x'_{\mathrm{A}}(t_n)}^{x'_{\mathrm{B}}(t_n)}\mathrm{Area}(x)u(x)\mathrm{d}x\Big/V_{\mathrm{AB}} \tag{3.18}$$

式中，V_{AB} 为在 t_{n+1} 时刻拉格朗日单元 AB 的流体体积。

在 $t_n \to t_{n+1}$ 时段内，对流作用使得在 t_{n+1} 时刻 $x_{\mathrm{A}} \sim x_{\mathrm{B}}$ 范围内的平均运动状态由 $\bar{u}_{\mathrm{AB}}^n$ 变为 $\bar{u}_{\mathrm{AB,bt}}$，这次变量更新标志着控制体 AB 的对流项求解完成。对图 3.2 中 t_{n+1} 时刻明渠中所有控制体都进行上述 4 个步骤计算，可将 t_n 时刻一系列形状不规则的控制体(及其中的物质)，向前搬运并形成在 t_{n+1} 时刻一系列与网格单元重合的控制体。搬运完毕后，$t_n \to t_{n+1}$ 时段内计算区域中所有控制体的对流项的求解就完成了。在搬运过程中，控制体内物质数量保持不变，因而追踪控制体的 ELM 具有守恒性。

与点式 ELM 类似，追踪控制体的 ELM 也采用不断选取和释放流体追踪对象的工作方式。在完成 $t_n \to t_{n+1}$ 时段对流问题求解后，释放在 t_{n+1} 时刻位于 $x_i \sim x_{i+1}$ 范围、$x_{i+1} \sim x_{i+2}$ 范围、…的拉格朗日单元。在求解 $t_{n+1} \to t_{n+2}$ 时段对流问题时，重新选取在 t_{n+2} 时刻位于 $x_i \sim x_{i+1}$ 范围、$x_{i+1} \sim x_{i+2}$ 范围、…的拉格朗日单元，并进行新一轮的单元追踪、物质积分、时空映射等计算。不同于点式 ELM，追踪控制体的 ELM 的变化在于：在后者中 t_n 时刻上游网格点物质容积的分割及重新组合均是在保证物质守恒的前提下进行的，而前者显然缺乏一个保证守恒的控制机制。水流和物质输运模型中的对流项，均可使用追踪控制体的 ELM 进行求解。

3.3.2 求解物质输运的通量式 ELM

在河流数值模拟一个时步中，一般先通过水流模型获得最新的水位、流场等，然后基于水流信息开展物质输运计算。物质输运方程的求解通常分为两个步骤：首先，将溶解质或悬浮颗粒视为保守物质并求解关于它们的对流-扩散过程，获得中间解；然后计算沉降、再悬浮及化学生物反应等源项，并将源项作用与上一步的中间解进行合成。式(3.19)描述了不规则断面明渠/管道的一维物质输运过程：

$$\frac{\partial(AC)}{\partial t}+\frac{\partial(uAC)}{\partial x}=\frac{\partial}{\partial x}\left(\upsilon_{\mathrm{c}}A\frac{\partial C}{\partial x}\right)+S_0 \tag{3.19}$$

式中，A 为断面过流面积，m^2；C 为物质浓度，$\mathrm{kg/m^3}$；u 为断面平均流速，m/s；t 为时间，s；x 为距离，m；υ_{c} 为水平扩散系数，$\mathrm{m^2/s}$；S_0 为源项，kg/(m·s)。

大多数物质输运模型均采用显式 FVM 进行求解，以获得简单的模型架构并保证计算的守恒性。此时，一般将描述物质浓度的变量 C 定义在控制体中心。在显式 FVM 离散框架下，物质输运模型在时间轴上逐步向前推进的代数方程为

$$C_i^{n+1}=C_{\mathrm{bt},i}^n+\frac{\Delta t}{A_i^{n+1}\Delta x_i}\left[(\upsilon_{\mathrm{c}})_{i+1/2}^n A_{i+1/2}^n\frac{C_{i+1}^n-C_i^n}{\Delta x_{i+1/2}}-(\upsilon_{\mathrm{c}})_{i-1/2}^n A_{i-1/2}^n\frac{C_i^n-C_{i-1}^n}{\Delta x_{i-1/2}}\right]+\frac{\Delta t}{A_i^{n+1}}S_0^n \tag{3.20}$$

式中，C_{bt} 为求解对流项后得到的中间解，也定义在控制体中心。若使用欧拉类显式

FVM，借助控制体界面处变量的迎风插值，可便捷地计算 C_{bt}。然而，常规欧拉类算法的时间步长受 CFL 稳定条件的严格限制。下面将介绍一种可使用大时间步长 $(CFL\gg 1)$ 的对流物质输运算法，即通量式 ELM（详细理论见第 5 章）。

1．一维点式 ELM

当被用于求解对流物质输运时，点式 ELM 一般选择位于控制体中心的流体质点作为追踪对象，以便能够直接更新布置在控制体中心的控制变量 C，计算流程如下。质点追踪从控制体中心出发，可采用多步欧拉法从 t_{n+1} 时刻的已知位置向 t_n 时刻的未知初始位置进行回溯追踪。一旦完成了轨迹线追踪计算，并确定了质点在 t_n 时刻的位置，就可插值获得质点在 t_n 时刻的物质浓度，记作 C_{bt}。将 t_{n+1} 时刻控制体中心的物质浓度更新为 C_{bt}，即意味着对流物质输运这个物理过程已得到求解。

使用点式 ELM 求得的对流项的解，仅由质点运动轨迹线根部的位置及那里的物质浓度空间分布决定，而与质点的运动历程及沿程的物质浓度分布等均无关。如前所述，因为缺乏保证物质守恒的机制，点式 ELM 与生俱来不具有守恒性。因此，点式 ELM 在物质输运模型中的使用频率，远低于欧拉类对流算法。

2．一维通量式 ELM

通量式 ELM 的思想是将拉格朗日追踪融入 FVM 离散框架之中，在保证守恒的前提下实现大时间步长计算。通量式 ELM 包括两个亚类（见第 5.1 节），这里以其中第一个亚类方法为例，介绍其构造思想如下。将一个时步的对流计算分为多个分步，分步数量等于控制体界面拉格朗日追踪的分步数量；使用基于时间插值的单元界面流速与对应时刻的追踪点的物质浓度，计算在各个分步穿过单元界面的对流物质通量；然后对各分步通量进行求和，得到在一个时步中穿过单元界面的总的对流物质通量；基于各单元界面的总对流物质通量，使用 FVM 进行单元物质浓度的更新。

通量式 ELM 只需进行控制体界面（边）中心流体质点运动轨迹的追踪。追踪从边中心开始，采用多步欧拉方法，从 t_{n+1} 时刻的已知位置向 t_n 时刻的未知位置进行回溯追踪，得到质点的运动轨迹线。设时间步长 Δt 被等分为 N_{bt} 个分步（每个分步时间片段为 $\Delta\tau=\Delta t/N_{bt}$），相应地，拉格朗日追踪的分步数量也等于 N_{bt}。每个分步的质点位移为 $\Delta\bar{x}=\bar{u}\,\Delta t/N_{bt}$，式中 $\bar{u}$ 是每个分步起始点的流速。当找到一个追踪点时，插值得到它的流速，并以此为基础计算下一个位移并寻找下一个追踪点。与此同时，对于每个追踪点，使用追踪点周围的浓度场（由追踪点所在单元各节点的物质浓度构建）对追踪点位置进行插值，从而得到各个追踪点的物质浓度状态。

一维通量式 ELM 进行边中心的逆向追踪，示意如图 3.4。当使用 N_{bt} 个分步执行边 j 的逆向追踪时，得到的运动轨迹线将包括 N_{bt} 个追踪点，分别使用 P_1、P_2、…、P_N 表示。其中，由插值得到的第 k 个追踪点的物质浓度值，使用 $C_{j,k}$ 表示。

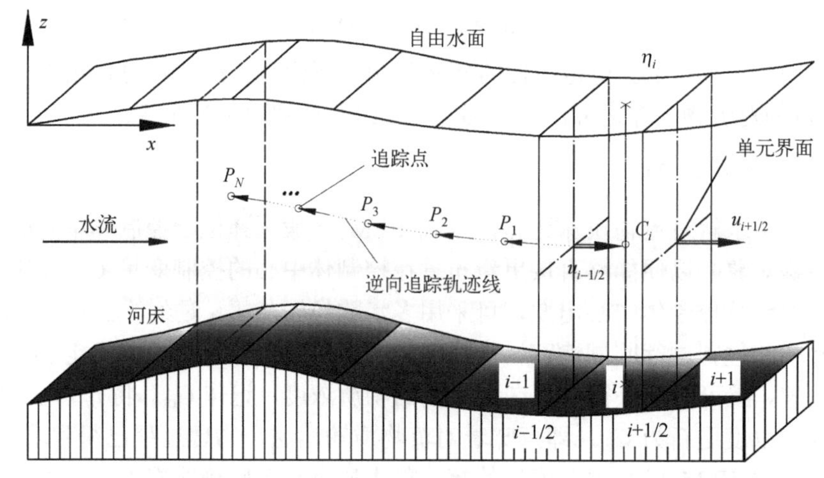

图 3.4　通量式 ELM 单元界面逆向追踪(使用规则断面示意)

在第 k 分步($k = 1, 2,\cdots, N_{\mathrm{bt}}$)，使用一个具有代表性的单元界面流速($u_{j,k}^{\theta}$)及对应时刻的 $C_{j,k}$，计算在该分步穿越边 j($j = \cdots, i-1/2, i+1/2,\cdots$)的对流物质通量。假定 $t_n \to t_{n+1}$ 时段内单元界面的流速随时间呈线性变化，则第 k 分步的流速 $u_{j,k}^{\theta}$ 为

$$u_{j,k}^{\theta} = (1-\theta)u_{j,k-1} + \theta u_{j,k} \tag{3.21}$$

式中，$u_{j,k}$ 是在第 k 分步末单元界面的流速，$u_{j,k} = u_j^n (N_{\mathrm{bt}} - k) / N_{\mathrm{bt}} + u_j^{n+1} k / N_{\mathrm{bt}}$。

在第 k 分步，由对流所引起的穿过边 j 的物质数量为

$$S_{j,k}^{n+1} = \Delta\tau\ A_j^n u_{j,k}^{\theta} C_{j,k}^n \tag{3.22}$$

在一个时间步长内的各个分步，穿过边 j 的分步对流物质通量的计算是相互独立、互不影响的。因此，可直接对各个分步的通量进行求和，得到在 $t_n \to t_{n+1}$ 时段内由对流所引起的穿过边 j 的总的物质数量：

$$S_j^{n+1} = \Delta\tau\ A_j^n \sum_{k=1}^{N_{\mathrm{bt}}} (u_{j,k}^{\theta} C_{j,k}^n) \tag{3.23}$$

直接以式(3.23)算得的单元界面对流物质通量为基础，进行控制体物质浓度的 FVM 更新，可能引起非物理振荡甚至计算失稳[27]。为了保证计算稳定，可引入通量式对流物质输运算法的非物理振荡控制机制(见第 5.2 节)对单元界面通量进行校正，具体做法为引入校正因子 β_j，对单元界面对流物质通量进行校正。在引入 β_j 之后，在 $t_n \to t_{n+1}$ 时段内由对流所引起的穿过边 j 的物质数量为

$$S_{j,\mathrm{cor}}^{n+1} = \beta_j \Delta\tau\ A_j^n \sum_{k=1}^{N_{\mathrm{bt}}} (u_{j,k}^{\theta} C_{j,k}^n) \tag{3.24}$$

式中，β_j 为在边 j 处“保持单元界面水通量与单位物质通量一致性”的校正因子(简

称物质通量一致性校正因子)，它可通过下式显式计算得到：

$$\beta_j = N_{\text{bt}}[(1-\theta)u_j^n + \theta u_j^{n+1}] \Big/ \left[(1-\theta)u_j^n + \frac{N_{\text{bt}}-1}{2}(u_j^n + u_j^{n+1}) + \theta u_j^{n+1}\right] \tag{3.25}$$

于是，在 $t_n \to t_{n+1}$ 时段，一维通量式 ELM 中的 FVM 单元更新可表示为

$$C_{\text{bt},i}^{n+1} = \frac{1}{A_i^{n+1}}\left\{A_i^n C_i^n + \frac{1}{\Delta x_i}[\,\beta_{i+1/2}^n S_{i+1/2}^{n+1} - \beta_{i-1/2}^n S_{i-1/2}^{n+1}]\right\} \tag{3.26}$$

由于式(3.20)、式(3.26)均使用显式计算，故将它们扩展用于求解河网汊点多边形单元的物质输运问题是非常直接的。只需使用基于全局编号的符号和变量对各式进行重写，即可为汊点单元找到其周围所有的单元并实施计算。

3．通量式 ELM 的优势

(1) 守恒性。通量式 ELM 使用控制体界面对流通量更新控制体物质浓度，与欧拉类 FVM 更新控制体的方式相同。由于穿过控制体界面的通量对界面两侧单元具有唯一性，控制体浓度的通量式更新，可严格保证计算中物质的局部和全局守恒。

(2) 大时间步长。欧拉类显式对流算法的计算稳定要求在一个时间步长内，穿过单元界面的物质数量小于其上游单元在时步初始时刻的物质总量。通过引入拉格朗日追踪，通量式 ELM 将控制体界面对流物质通量计算的依赖域，由界面的迎风单元扩展到质点逆向追踪轨迹线扫过的区域。与欧拉类显式对流算法相比，通量式 ELM 的稳定性不受 CFL 稳定条件限制，并允许 CFL ≫ 1 的大时间步长。

(3) 可并行性。在一个时间步长内，穿过每条边的对流物质通量(包括各分步通量和总通量)的计算都是相互独立的；对于每个控制体，以各边物质通量为基础的控制体浓度更新也是相互独立的。因此，通量式 ELM 具有良好的可并行性。

(4) 多种物质输运快速求解。实际水环境模拟常需求解数十种不同物质的输运，例如各种污染物和营养盐等的模拟、非均匀沙的分组模拟等。对于其中每一种物质均必须求解一个物质输运方程，这将带来很大的计算量。当追踪类对流算法被用于求解多种物质输运时，对于每种物质，与轨迹线追踪有关的公共几何计算结果是可以被重复利用的。当轨迹线追踪、插值权重计算等最耗时的计算因为重复利用被避免之后，每增加一种物质的模拟追踪类算法仅需增加非常小的计算量[28,29]。追踪类对流算法的这种特性被称为“多种物质输运快速求解特性”，这使得该类算法成为潜在的非常高效的、特别适合于求解多种物质输运的对流算法。点式 ELM 与大多数守恒型 ELM(例如本节的通量式 ELM)均具有多种物质输运快速求解特性。

(5) 嵌入式执行。在特定的水动力模型架构下，通量式 ELM 可嵌入到水动力模型之中执行。应用于物质输运模型的追踪类对流算法，通常使用一个独立的拉格朗日追踪来获取流体质点的轨迹线(例如 ELcirc 模型)，同时这个追踪计算也是物质输

运模型中最耗时的部分。存在一种特殊情况，水动力模型也使用追踪类对流算法，且水动力模型对流算法所采用的追踪起始点、追踪方法等与物质输运模型对流算法均相同。此时，物质输运模型中的追踪类对流方法就能够利用水动力模型已算得的轨迹线追踪信息，而不必去再进行一次追踪。当追踪计算被去除后，物质输运模型中的追踪类对流算法的巨大启动计算量可以得到本质性地降低。

3.4 河网水动力与物质输运数值实验

选用规则断面明渠环状河网、河道型水库枝状河网与大型江湖河网系统，开展预测-校正分块解法(简称 PCM)一维河网模型的数值实验，将计算结果与解析解、实测数据等进行比较，分析模型的稳定性、计算精度和效率。

3.4.1 环状与枝状河网水流的模拟

1．规则断面明渠环状河网

使用 Islam 等[5]的规则断面明渠环状河网开展数值实验，并进行 PCM 模型的时间步长(Δt)敏感性研究。该河网由 6 个汊点连接 14 个河段构成(表 3.1 和图 3.5)，其中入流河段为 1～7，出流河段为 14。Islam 等设计了进出口非恒定流量/水位过程，并规定了渠道糙率 n_m，用于设定数学模型的开边界条件与模型参数。数值实验中，使用长度为 100m 的一维计算网格剖分各河段，并使用 10～30m 的多边形覆盖汊点，共得到 300 个计算单元。汊点附近的网格尺度特征参数 $W\Delta x = 1000\text{m}^2$，可用它来估算 PCM 的 E_P。PCM 模型中，$\theta = 0.6$，ELM 追踪的分步时间步长取 10s。

表 3.1 规则断面明渠河网的几何特征

河段编号	长度/m	河底宽度/m	边坡	河床纵坡	n_m	河段断面数
1, 2, 8, 9	1500	10	1∶1	0.00027	0.022	15
3, 4	3000	10	1∶1	0.00047	0.025	30
5, 6, 7, 10	2000	10	1∶1	0.00030	0.022	20
11	1200	10	垂直	0.00033	0.022	12
12	3600	20	垂直	0.00025	0.022	36
13	2000	20	垂直	0.00025	0.022	20
14	2500	30	垂直	0.00016	0.022	25

时间步长的敏感性研究。使用逐渐减小的 Δt(90s、60s、45s、30s、15s)开展计算，分析 PCM 模型计算结果随 Δt 的变化，以建立与时间步长无关的数值解。绘制不同 Δt 条件下 PCM 模型算出的节点 11 和 12 处的水位和流量过程如图 3.6 所示。由

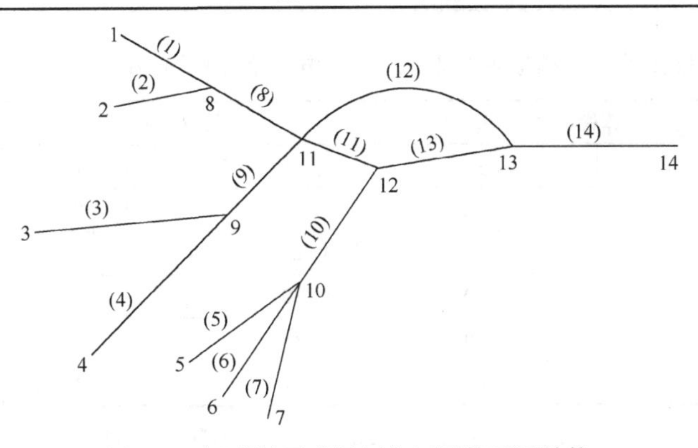

图 3.5　规则断面明渠环状河网的平面结构

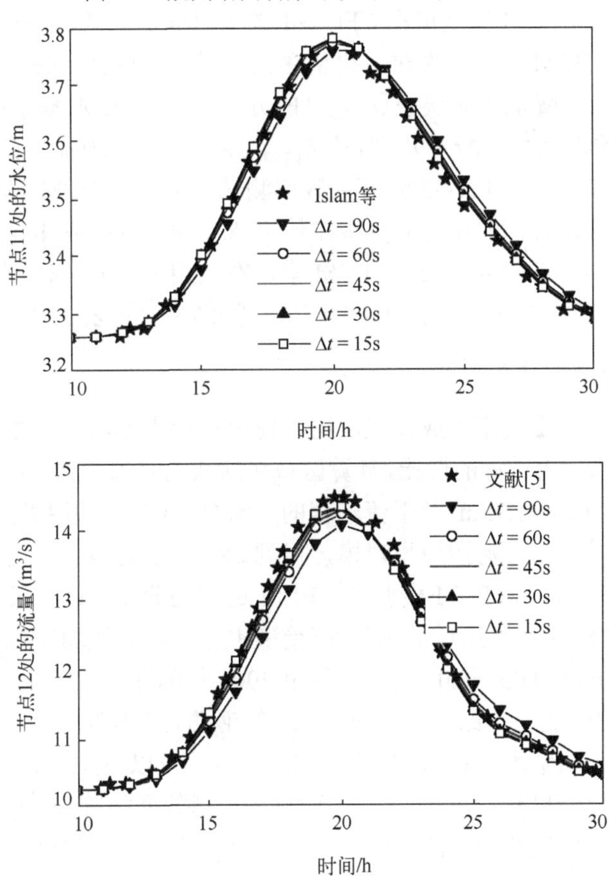

图 3.6　不同 Δt 条件下 PCM 模型计算的水位和流量过程

图可知，随着 Δt 减小，PCM 模型的计算结果与 Islam 等的计算结果逐渐接近。当 $\Delta t \leqslant 60s$ 时，PCM 模型的计算结果随 Δt 的变化不再明显。表 3.2 给出了使用不同的 Δt 进行 40h 非恒定流过程模拟时 PCM 模型所表现出来的性能特征。

表 3.2　使用不同Δt模拟明渠环状河网非恒定流时 PCM 模型表现的性能特征

Δt/s	计算稳定性		计算精度			计算效率耗时/s
	$R_{CFL1>1}$/%	$R_{CFL2>10}$/%	E_P/cm	E_P vs. L_E	E_{Qpeak}/%	
90	3.9	21.8	5.837	>	2.55	0.668
60	2.6	7.1	1.729	≈	1.62	0.754
45	0.0	1.0	0.730	<	1.42	0.970
30	0.0	0.0	0.216	<	1.27	1.313
15	0.0	0.0	0.027	<	1.19	2.520

注：$CFL1 = u\Delta t/\Delta x$、$CFL2 = (u+\sqrt{gh})\Delta t/\Delta x$，在未做说明时本书的 CFL 默认指 CFL1。

在稳定性方面，PCM 模型可在 CFL≫1 的大时间步长条件下稳定计算。在精度方面，当Δt满足 PCM 应用条件时，模型在大Δt条件下仍可保持很高的计算精度。不同Δt条件下流量峰值相对误差(E_{Qpeak})的分析表明，PCM 模型在$\Delta t \approx 75$s 时的E_{Qpeak}与 Zhu 等的模型[6]在$\Delta t = 90$s 时的E_{Qpeak}接近(约为 2.0%)。在效率方面，使用 2012 发布的老处理器 Intel I3-3220 开展效率测试，以便于 PCM 模型与文献中模型的计算耗时具有可比性。Zhu 等的模型在使用$\Delta t = 90$s 时完成 40h 非恒定流计算所需的时步数为 1600，耗时为 3.023s。PCM 模型在使用$\Delta t = 60$s 时(临界满足 PCM 应用条件)完成计算所需的时步数为 2400，耗时为 0.754s(见表 3.2)。

2. 河道型水库的枝状河网

河道型水库干、支流常连成枝状河网。使用三峡水库河网，测试 PCM 模型模拟真实枝状河网水动力过程的性能。计算区域包括从上游朱沱到三峡大坝长约 735km 的长江干流(河宽 0.7～1.7km)及干流沿程的支流(图 3.7)。使用纵向间距为 1～2km 的实测地形断面进行一维河网模型建模，得到 588 个单元。分别使用 600s、900s、1200s 三种Δt进行测试 。PCM 模型中，ELM 追踪的分步时间步长取 100s。

采用 2005 年汛期洪峰流量水流条件(受壅水影响相对较弱)率定模型参数，结果为从上游到下游$n_m = 0.05$～0.04。然后，使用 2005 年的非恒定流条件开展数值试验，分析 PCM 模型的性能，并比较它与 Hec-ras 在性能上的差异。

一方面，受大坝壅水顶托影响，库区下段(清溪场以下)流速小、水面平，该段的纵向水面线模拟结果对n_m不敏感，且较易与实测数据相符合。另一方面，洪水在沿干流传播时沿程接纳两岸支流入汇，多源洪水互相影响，耦合形成一个庞大的水库枝状河网系统，这使得准确模拟水库下段的流量过程常常并不容易。库尾逐日水位(Z)和坝前逐日流量(Q)的模拟结果表明(图 3.8)，PCM 模型和 Hec-ras 的计算结果几乎相同，并与实测数据符合良好。与实测数据相比，断面水位计算误差一般小于 0.15m，断面流量计算误差小于 5%。相对于 Hec-ras 的计算结果，PCM 模型计算的

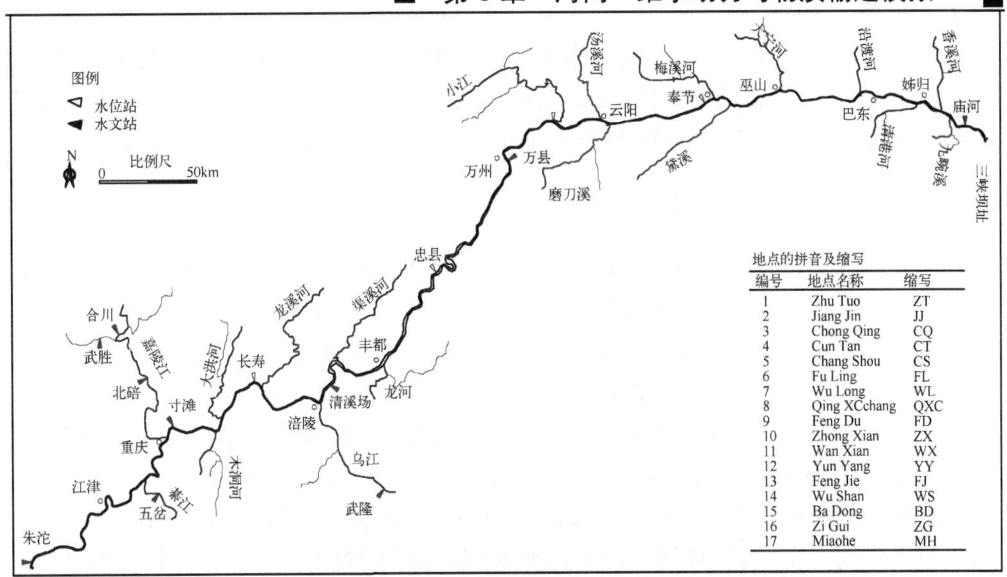

图 3.7　三峡水库枝状河网的计算区域

流量和水位的绝对平均误差，分别使用 E_Q、E_Z 表示(表 3.3)。虽然两个模型的架构显著不同(Hec-ras 属于 GLS 模型)，但是二者的模拟结果差异很小。

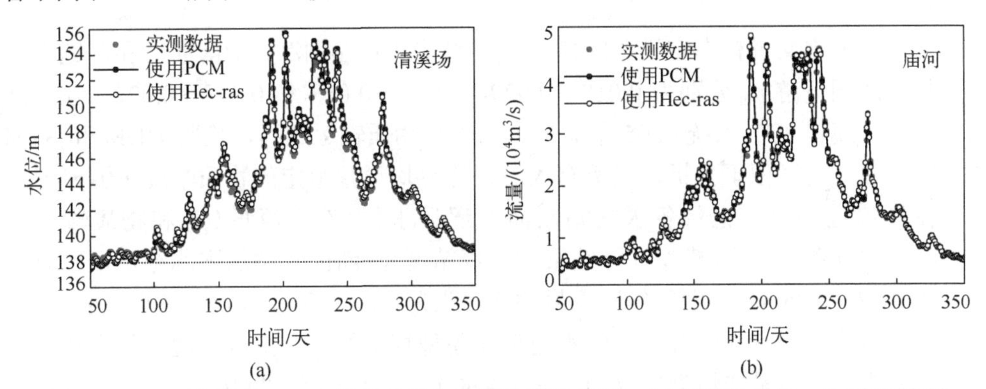

图 3.8　PCM 模型、Hec-ras 计算结果与实测数据的比较：(a)清溪场水位；(b)庙河流量

表 3.3　三峡水库枝状河网 2005 年非恒定流的模拟结果

Δt/s	计算稳定性		计算精度		计算效率			
					I3-3220		E5-2697	
	$R_{CFL1>1}$/%	$R_{CFL2>10}$/%	E_Q/%	E_Z/m	t_{PCM}/s	t_{Hec}/s	t_{PCM}/s	t_{Hec}/s
600	0.3	5.8	0.6–0.9	0.022–0.029	54.74	69.72	47.54	66.05
900	3.3	19.1	0.6–0.9	0.022–0.029	40.14	48.50	33.59	45.19
1200	9.5	47.4	0.6–0.9	0.022–0.029	31.58	37.85	26.81	34.70

注：据汛期洪峰水流条件结果统计稳定性指标；E_Q、E_Z 以 Hec-ras 计算结果为基准；使用耗时描述计算效率。

PCM 模型和 Hec-ras 计算效率测试结果见表 3.3。使用 1200s 的时间步长(处理器为 E5-2697)，PCM 模型、Hec-ras 完成三峡水库枝状河网一年非恒定流过程模拟的耗时分别为 26.8s、34.7s。PCM 模型计算效率是 Hec-ras 的 1.2～1.4 倍。

3.4.2 大型江湖河网系统的模拟

荆江-洞庭湖(JDT)系统由长江干流、荆南河网和洞庭湖组成，是一个大型浅水流动系统(见第 1.1 节)。干流与河网的河宽分别为 2～3km 和 0.3～0.8km，后者属于平原河网并具有季节性过流特征。汛期，荆南河网全线过流；枯季，由于荆江水位很低且三口部分洪道河床高程相对较高，江水较难分入荆南河网，导致部分分流洪道断流与河网干涸。使用 JDT 系统开展数值试验，检验本章水动力模型(HDM)和物质输运模型(STM)模拟具有频繁干湿转换特征的环状河网的能力。

在荆江、荆南河网、洞庭湖区域，分别使用尺度为 1～2km、0.2～0.5km、1～2km(断面纵向间距)的计算网格剖分计算区域，得到 2382 个单元，它们拥有 11.36 万个子断面。在未作特殊说明时，HDM 和 STM 默认的计算时间步长均为 900s，用于进行 ELM 类算法逆向追踪的分步时间步长($\Delta\tau$)取 100s。

1．计算精度的测试与分析

使用实测水文资料率定模型的糙率 n_{m}，结果为：在荆江、荆南河网和洞庭湖各部分从上游到下游 n_{m} 分别为 0.018～0.029、0.020～0.028 和 0.018～0.022。在此基础上，通过模拟 JDT 系统 2005 年非恒定水流与物质输运过程，检验 HDM 和 STM 的计算精度。为了便于分析，在所有入流开边界均设置恒定的物质浓度 1.0kg/m^3。

在模拟过程中，记录各水文站断面的逐日水位(Z)、流量(Q)和物质输运率(QC)。与实测资料相比，模型计算结果的计算精度为：断面水位的平均绝对误差(E_Z)一般在 0.07～0.25m；断面的年径流量的相对误差(E_Q)一般在 0.1%～5.0%(表 3.4)。将在计算时段内所有入流开边界的水通量和模型算出的所有出流开边界的水通量的相对误差定义为水量守恒误差(E_{m})，HDM 的 E_{m} 为 2×10^{-3}～3×10^{-3}。

表 3.4 JDT 系统 2005 年非恒定流的模拟结果

Δt/s	稳定性		计算精度	
	$R_{\mathrm{CFL1>1}}$/%	$R_{\mathrm{CFL2>10}}$/%	E_Q/%	E_Z/m
300	5.5	1.0	0.13～4.92	0.065～0.234
600	40.5	10.5	0.33～4.94	0.068～0.233
900	69.8	49.6	0.46～4.83	0.073～0.237
1200	80.9	70.3	0.52～4.76	0.077～0.247
1440	89.1	88.6	0.64～4.60	0.083～0.262

注：据洪峰水流信息计算稳定性指标；E_Q、E_Z 计算基准为实测数据。

由于入流开边界物质浓度恒为 1.0kg/m³，在模拟的整个非恒定水文过程中 QC 在数值上应时刻等于 Q。由计算得到的逐日 Q 和 QC 可知，二者的年变化过程几乎完全相同(图 3.9)。QC 的平均绝对相对误差 $E_{QC}=0.29\%\sim0.35\%$，物质守恒误差 $E_S=0.36\%\sim0.46\%$。STM 的物质守恒误差主要来源为 HDM 计算误差的间接扰动、非恒定流传播引起的频繁干湿转换、计算 QC 时的插值误差。

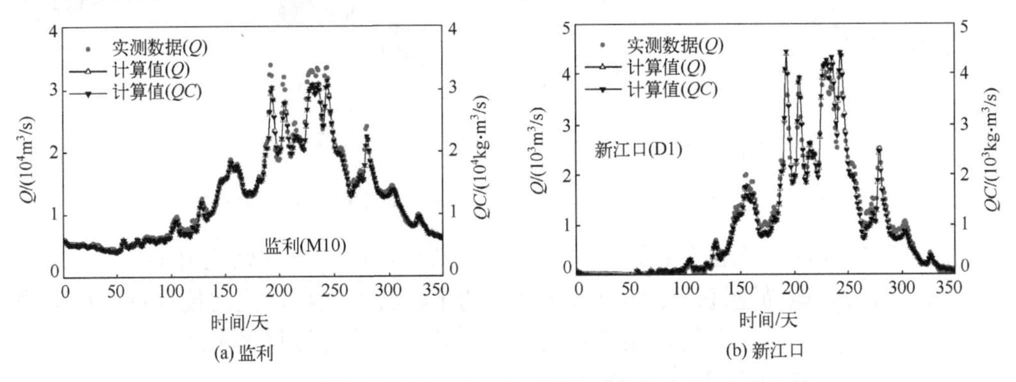

图 3.9 计算的断面流量(Q)和断面物质输运率(QC)的比较

2. 数值稳定性的测试与分析

使用 5 种 Δt(300s, 600s, 900s, 1200s, 1440s)开展 JDT 系统 2005 年非恒定水流与物质输运过程的模拟，来研究 HDM 和 STM 的稳定性，计算结果如图 3.10 所示。

在 Δt 从 300s 增加到 1440s 的过程中，HDM 和 STM 均可稳定运行并且计算结果几乎保持不变。这里先分析流量较大的汛期时段的数值模拟的 CFL 水平。当 $\Delta t=1200\text{s}$ 时，具有不同的 CFL 水平的边的数量的分布如图 3.11。在汛期 7～8 月，CFL>1 的边的比例 $R_{\text{CFL1>1}}$ 可达 73.6%～74.2%，并且有 30～60 条边的 CFL 大于 5。此外，从年水文过程模拟的记录来看，那些具有超大 CFL 的边通常位于干湿动边界处，而这些位置的特征为：附近地形断面急剧变化并常常可导致很大的水位梯度和异常的流速。这一发现表明，由非恒定流传播引起的河床干湿转换，是引起计算失

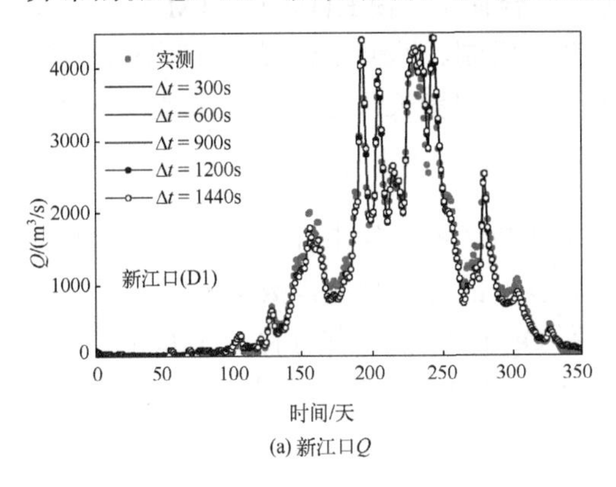

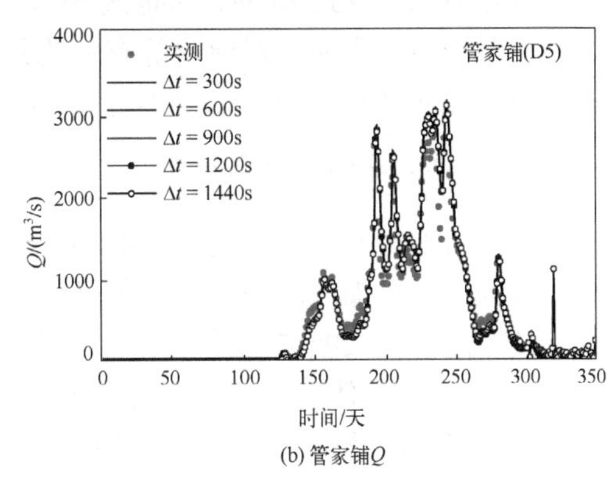

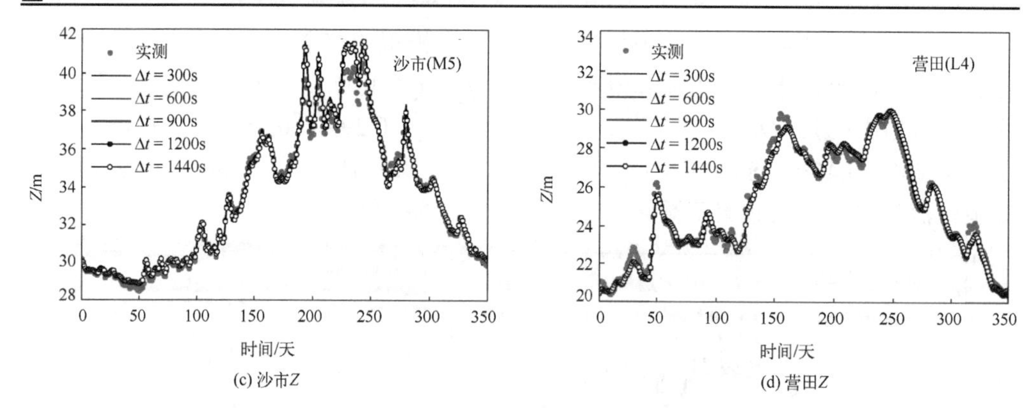

(c) 沙市Z　　(d) 营田Z

图 3.10　使用不同时间步长算得的断面流量(*Q*)和水位(*Z*)过程

稳的主要潜在原因。当继续增加 Δt 时，模型的时间离散精度开始变得不足，导致模型无法及时有效地描述过流断面及其子断面的干湿转换过程，进而使计算变得不稳定。当 $\Delta t = 1440s$ 时，非物理振荡开始出现在某些断面的计算结果之中，例如管家铺水文站断面的 *Q* 过程(图 3.10(b))。

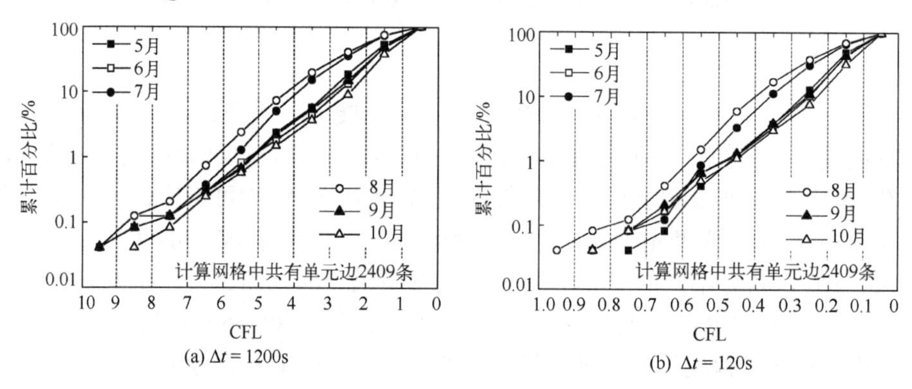

(a) $\Delta t = 1200s$　　(b) $\Delta t = 120s$

图 3.11　具有不同 CFL 水平的边的数量的分布

半隐方法、点式 ELM、通量式 ELM 等的联合使用，使 HDM 和 STM 的时间步长不受与快速重力波、对流项等有关的稳定条件限制。即便是模拟具有频繁干湿转换特征的真实环状河网，模型仍可在 $CFL \gg 1$ 的时间步长条件下稳定计算。

3．计算效率的测试与分析

由于可使用 $CFL \gg 1$ 的超大时间步长，本章数学模型的串行版本已经具有很高的计算效率。再加之所采用的数值算法均具有良好的可并行性，数学模型还可借助并行技术进一步大幅提高计算效率。这里使用 OpenMP 技术并行化 HDM 和 STM，并在 $\Delta t = 900s$ 条件下测试模型的计算效率。与此同时，阐明通量式 ELM 的多种物质输运快速求解特性和嵌入执行特性所带来的计算效率提升。

使用5种计算机核心数量(n_c = 1, 2, 4, 8, 16)和6种物质数量(n = 1, 2, 4, 8, 16, 32)开展数值试验。纯水流工况为：在 n_c = 1～16 条件下，单独运行 HDM 模拟 JDT 系统 2005 年非恒定流过程，并记录 5 组计算中 HDM 的耗时。水流与物质输运综合工况为：在 n_c = 1～16 和 n = 1～32 共 30 种组合条件下，模拟 2005 年的水流与物质输运过程，记录 HDM+STM 的耗时，并算出 STM 的耗时(表 3.5)。

表 3.5　STM 模拟 365 天非恒定的物质输运过程的耗时　　(单位：s)

n_c	模型	$n = 1\,(t_1)$	$n = 2\,(t_2)$	$n = 4\,(t_4)$	$n = 8\,(t_8)$	$n = 16\,(t_{16})$	$n = 32\,(t_{32})$
1	FFELM	45.28	58.18	78.56	128.22	150.59	305.57
	FFELM-N	30.22	41.57	64.02	115.94	139.02	294.74
16	FFELM	4.59	5.97	7.34	9.47	11.24	24.34
	FFELM-N	3.39	4.67	6.01	8.07	9.77	22.57

注：FFELM 表示通量式 ELM，FFELM-N 表示嵌入型通量式 ELM，下同。

数值试验结果显示，并行技术为模型带来大幅的效率提升。在 n_c = 1, 16 时，HDM 模拟 1 年非恒定流的耗时分别为 97.13s、10.73s，加速比为 9.0；在模拟 n = 1～32 种物质输运时，STM 的并行加速比为 9.8～13.5。如表 3.6 所示，在串行条件下，每增加一种物质输运的求解，STM 约增加 8.6%的耗时(以 HDM 耗时为基准，下同)。在并行条件下(n_c = 16)，每增加一种物质输运的求解，STM 约增加 5.9%的耗时。由此可见，基于通量式 ELM 的 STM 在求解多种物质输运时具有很高的效率。

表 3.6　每增加一种物质输运的求解 STM 增加的耗时　　(单位：%)

n_c	模型	$n = 1$ 启动耗时	$n = 2$ (t_2-t_1)	$n = 4$ $(t_4-t_1)/3$	$n = 8$ $(t_8-t_1)/7$	$n = 16$ $(t_{16}-t_1)/15$	$n = 32$ $(t_{32}-t_1)/31$
1	FFELM	46.6	10.3	11.4	12.2	7.2	8.6
	FFELM-N	31.1	11.7	11.6	12.6	7.5	8.8
16	FFELM	42.7	12.8	8.5	6.5	4.1	5.9
	FFELM-N	31.5	11.9	8.1	6.2	4.0	5.8

注：每增加一种物质输运的求解 STM 增加的耗时，以及启动耗时，均统一使用占 HDM 耗时的百分比来表示。

使用嵌入型通量式 ELM(执行流程参考图 5.8)开展 30 组试验。将 STM 在只求解 1 种物质输运时(n = 1)的计算耗时定义为它的启动耗时。在使用嵌入执行之后，STM 的启动耗时在串行、并行模型测试时分别降低了 33.2%、26.2%(表 3.6)。通量式 ELM 的追踪计算只占 STM 计算的一部分，当只求解 1 种物质输运时，前者耗时(n = 1)约占后者耗时 50%。当 n 增加时，通量式 ELM 追踪计算耗时占 STM 计算耗时的比例降低了，此时嵌入执行带来的效率提升也随之减弱。

3.4.3 与商业软件的比较测试

仍使用 JDT 系统开展水流和物质输运的数值试验，比较本章一维数学模型与商业软件 DHI Mike11 在数值稳定性、计算精度、效率等方面的差别。

1. 模型原理的比较与初步测试

根据技术文档[30]，Mike11 HDM 和 STM 均使用欧拉类算法（分别为 Abbott 六点隐式差分法、中心差分隐式算法）。对于 Mike11 HDM，虽然隐式方法在理论上允许使用 CFL>1 的时间步长，但真实河流常见的沿程断面形态剧烈变化等因素使得模型只能在$(u+\sqrt{gh})\Delta t/\Delta x<1$的条件下稳定运行。对于 Mike11 STM，在隐式求解中需显式计算一个三阶校正项，这限制了其计算的稳定性。Mike11 技术文档建议其 STM 计算的最大 CFL 数小于 0.5。另外，Mike11 采用窄缝法处理断面变干状态，频繁干湿转换以及其他不确定因素，都将诱发计算失稳并进一步限制时间步长。在实际应用中，Mike11 通常只允许使用 CFL 明显小于 1 的时间步长。相比之下，本章的 HDM 和 STM 均允许使用 CFL>1 的时间步长。

采用第 3.4.2 节的计算网格、断面地形和河床阻力参数等，开展 Mike11 的数值试验。根据 PCM 模型在 $\Delta t = 120$s 时模拟 2005 年非恒定流的结果进行统计，各种 CFL 水平的边的数量的分布如图 3.11(b)所示。由图可知，保证模型计算 CFL<1 的最大 Δt 约为 120s。根据 CFL 稳定条件，Mike11 HDM 在理论上允许的最大 Δt 为 120s。然而，测试结果表明，由于沿程断面形态剧烈变化、断面干湿转换等的扰动，Mike11 HDM 稳定计算允许使用的最大 Δt 仅为 45s，远小于 PCM 模型的 1200s。

从水流控制方程来看，Mike11 HDM 和 PCM 模型均将连续性方程中的$\partial A/\partial t$进行了线性化，以简化计算并提高效率。从数值方法来看，Mike11 HDM 使用一种 6 点 Abbott 隐式解法，并通过平均分割时间步长的方式将水动力计算分为两步，在每个分步均需要进行一次比较耗时的迭代。相比之下，PCM 模型在模拟河网时只需求解关于单一河段的三对角线性系统，不需任何迭代。这就意味着，即便在同样的 Δt 条件下，PCM 模型的计算效率也将比 Mike11 HDM 高很多。在串行数值实验中，当 $\Delta t = 45$s 时，Mike11 HDM 和 PCM 模型计算 JDT 系统 2005 年水动力过程的耗时分别为 6333.0s 和 1925.9s。当考虑大时间步长优势之后，PCM 模型在 $\Delta t = 900$s 时的计算耗时为 97.1s，计算效率可提升到 Mike11 HDM 的 65.2 倍。

2. 模型计算精度与效率的比较

从 JDT 系统中截取长江干流和三口分流道建立局部模型（388 断面），以便进行具有一般性的对比测试和分析。相比于 JDT 大模型，局部模型尽可能地排除了沿程断面形态剧烈变化、干湿转换等诱发计算失稳的因素。局部模型测试表明，Mike11 的 HDM 和 STM 可分别在 $\Delta t \leqslant 120$s、60s 的条件下稳定运行，此时计算的最大 CFL

分别接近 1 和 0.5。为此，这里采用 60s、120s、900s 三个 Δt 开展 Mike11 和本章模型的比较测试。在物质输运模拟中，采用两种物质数量（$n = 1,32$）开展数值实验。另外，采用两种核心数量（$n_c = 1$ 和 16）测试并行化模型的加速特性。

PCM 模型与 Mike11 HDM 算出的断面水位（Z）、流量（Q）过程几乎相同，均与实测水文数据符合良好，示例如图 3.12。与实测数据相比，Mike11 HDM（$\Delta t = 120s$）计算得到的水位平均绝对误差为 16.8cm，断面流量的平均相对误差为 3.45%；PCM 模型（$\Delta t = 900s$）计算得到的水位平均绝对误差为 17.1cm，断面流量的平均相对误差为 3.47%。PCM 模型在使用比 Mike11 HDM 大很多的时间步长的条件下，仍然可以取得与 Mike11 HDM 具有几乎相同精度的计算结果。

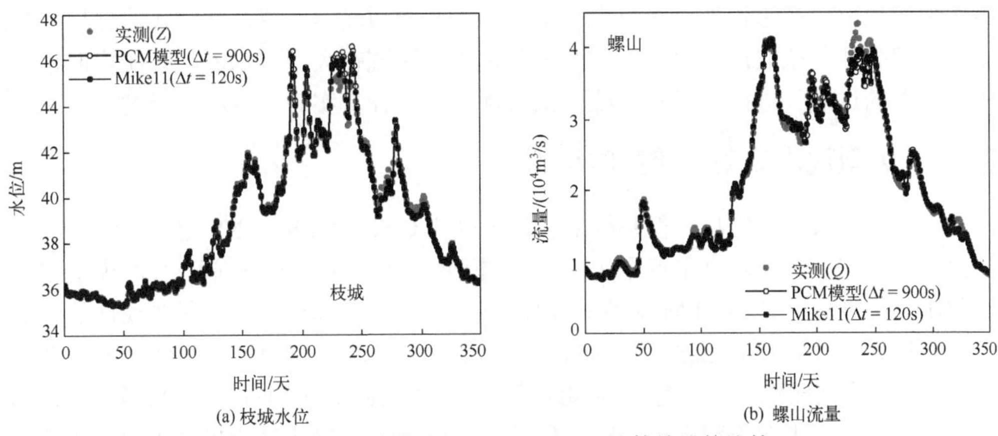

图 3.12　PCM 模型与 Mike11 HDM 计算结果的比较

两种模型计算 2005 年非恒定过程的耗时见表 3.7。其一，在相同 Δt 和串行条件下，PCM 模型（前者）计算速度是 Mike11 HDM（后者）的 3.0～3.6 倍。当考虑大 Δt 优势后，前者（$\Delta t = 900s$）计算速度是后者（$\Delta t = 120s$）的 23.3 倍。其二，当 $n = 1$ 时，在相同 Δt 条件下，使用嵌入型通量式 ELM 的物质输运模型（前者）是 Mike11 STM（后者）计算速度的 8.4 倍。当考虑大 Δt 优势后，前者（$\Delta t = 900s$）计算速度是后者（$\Delta t = 60s$）的 80.6 倍。当 n 增加到 32 时，前者计算速度是后者的 184.4 倍。

表 3.7　MIKE11 和本章模型模拟 2005 年非恒定水流与物质输运过程的耗时（单位：s）

Δt	水流			水流+物质输运（$n = 1$）			水流+物质输运（$n = 32$）		
	Mike11	本章模型		Mike11	本章模型		Mike11	本章模型	
	$n_c = 1$	$n_c = 1$	$n_c = 16$	$n_c = 1$	$n_c = 1$	$n_c = 16$	$n_c = 1$	$n_c = 1$	$n_c = 16$
900	不稳定	14.9	2.4	不稳定	19.5	3.3	不稳定	49.9	7.3
120	347.0	97.7	16.6	不稳定	122.8	22.9	不稳定	273.3	46.3
60	565.0	190.7	33.0	939.0	235.2	44.6	7017.0	516.9	90.4

注：Mike11 采用隐式算法和迭代求解，不易并行，所使用的 Mike11 2014 版本也不支持并行。

与模拟 JDT 系统(2382 单元)相比，模拟荆江河段(388 单元)的并行计算粒度小很多。对应地，并行加速比由整体模型的 9.0～11.8 降低到局部模型的 5.3～6.9。当模拟的物质种类 $n=1$～32 时，本章水动力与物质输运模型(串行版本)的计算速度是 Mike11 的 48.1～140.6 倍；当考虑并行技术带来的加速之后($n_c=16$)，本章水动力与物质输运模型的计算速度是 Mike11 的 282.8～966.0 倍。

3.5 大时空水环境实时模拟研究展望

在流域水管理中，时常需要针对大型浅水流动系统中发生的洪水、水污染等事件作出应急反应。它们不仅涉及大范围水动力与物质输运计算，同时还需使用优化调度模型去帮助获取最优决策。下面先归纳本书研究在大型浅水流动系统实时模拟方面取得的进展，进而分析水环境模拟与优化调度计算实时耦合的可能性。

3.5.1 大型浅水流动系统实时模拟

其一，从求解的代数方程系统来看，与以往 GNS、GLS、LNS 隐式一维河网水动力模型不同，本书建立了首个 LLS 河网模型。文献[8]中一维河网/管网模型隐式离散压力梯度项并使用 ELM 求解对流项，其 *u-p* 耦合形成一个具有弱非线性的全局代数方程系统。本书的 LLS 河网模型与文献[8]的 GNS 河网模型有类似之处，新的见解在于：将连续性方程进行了局部线性化、提出河网的预测-校正分块解法、并基于它构建了局部求解模型架构，从而发展了一维河网/管网水动力模型理论。新模型不再求解河网所对应的全局非线性代数方程系统，只需局部求解河段所对应的子线性方程系统。求解 GNS 较为复杂，需借助十分耗时且不易并行化的迭代计算；局部求解 LLS 可使用直接解法，无需任何迭代且可高度并行化。所提出的 LLS 河网水动力模型不仅完美保存了经典隐式模型架构[8]允许大时间步长(CFL$\gg$1)的优点，还简化了模型结构与求解流程，在大幅提高计算效率的同时显著降低了模型开发难度。

其二，提出的一维通量式 ELM，实现了守恒性、准确性、大时间步长(CFL$\gg$1)、无振荡性、可高度并行化、多种物质输运快速求解等优点的统一。在保证准确计算的前提下，通量式 ELM 的计算效率较传统欧拉类对流物质输运算法提高了 1～2 个数量级。

由荆江-洞庭湖系统(划分为 2382 个断面)数值实验可知，当使用 32 种物质和 16 个核心时，新模型模拟 1 年的非恒定水流与物质输运过程的耗时 33.3s。在取得同等计算精度的条件下，新模型计算效率较主流商业软件(例如 Mike11)高出约 2 个数量级，已实现大型浅水流动系统水动力和物质输运的实时模拟。

此外，作者还测试了长江中下游至河口(包含洞庭湖和鄱阳湖)整体一维水动力模型的计算效率。计算区域被划分为 111 个河/湖段，计算网格包含断面 4183 个、子断面 24.3 万。测试结果表明，模型模拟 2012 年全年水动力过程($\Delta t = 5\text{min}$)耗时仅 1min，大流域整体的洪水演进模拟已完全达到实时计算的水平。

3.5.2　水环境与优化调度耦合计算

在流域综合管理中，水文学模型(如运动波、扩散波模型等)由于简单、计算快等优势，常被嵌入优化调度模型中为决策实时提供支撑数据。某些情况下(例如下游受到壅水顶托)，水文学模型的应用会受到限制。相比之下，水动力模型(也称为动力波模型)能提供充分反映水流物理特性的数值解。优化模型寻优一般需要成千上万次调用水流计算模型，因而前者期待后者能尽可能快地计算并实时提供可供调用的数据。然而，传统水动力模型的计算效率，虽能满足常规应用的要求，但并不足以支撑水动力与优化调度的实时耦合计算。而且，在处理水环境问题时，模拟多种物质输运还将进一步大幅增加计算耗时。因此，从计算效率角度看，水环境模拟与优化调度的实时耦合计算十分困难，至今尚未有文献报道实现。

以 JDT 系统为例，分析水环境模拟与优化调度实时耦合计算的可行性。假定突发一个水污染事件，完成一个常规的 15 天的非恒定水流与物质输运过程模拟耗时约需 1.39s。若优化模型需调用 5000 次水动力与物质输运模型计算，那么水环境模拟与优化调度的实时耦合计算只需要约 2h，可基本满足时效性要求。因此，本书一维模型为实现水环境模拟与优化调度的实时耦合计算奠定了基础。

参 考 文 献

[1] Environmental Laboratory. CE-QUAL-RIV1: A dynamic, one-dimensional (Longitudinal) water quality model for streams: User's manual, Instr. Rep. EL-95-2, U. S[M]. Vicksburg, Miss: Army Corps of Eng. Waterw. Exp. Stn. , 1995.

[2] Goutal N, Lacombe J-M, Zaoui F, et al. MASCARET: A 1-D open-source software for flow hydrodynamic and water quality in open channel networks. In: Murillo (ed) River Flow[M]. London: Taylor & Francis Group, 2012, 1169-1174.

[3] HEC (Hydrologic Engineering Center). River Analysis System, Hydraulics Reference Manual. (version 4.1) [M]. Rep. No. CPD-69. Davis, CA: US Army Corps of Engineers, 2010.

[4] Sen D J, Garg N K. Efficient algorithm for gradually varied flows in channel networks[J]. Journal of Irrigation and Drainage Engineering, 2002, 128 (6) : 351-357.

[5] Islam A, Raghuwanshi N S, Singh R, et al. Comparison of gradually varied flow computation algorithms for open-channel network[J]. Journal of Irrigation and Drainage Engineering, 2005, 131 (5) : 457-465.

[6] Zhu D J, Chen Y C, Wang Z Y, et al. Simple, robust, and efficient algorithm for gradually varied

subcritical flow simulation in general channel networks[J]. Journal of Hydraulic Engineering, ASCE, 2011, 137(7): 766-774.

[7] 彭杨. 三峡库区非恒定一、二维水沙数学模型研究[D]. 北京: 清华大学, 2003.

[8] Casulli V, Stelling G S. A semi-implicit numerical model for urban drainage systems[J]. International Journal for Numerical Methods in Fluids, 2013, 73: 600-614.

[9] 李岳生, 杨世孝, 肖子良. 河网不恒定流隐式方程组的稀疏矩阵解法[J]. 中山大学学报(自然科学版), 1977(3): 25-37.

[10] Choi G W, Molinas A. Simultaneous solution algorithm for channel networks modeling[J]. Water Resource Research, 1993, 29(2): 321-328.

[11] Nguyen Q K, Kawano H. Simultaneous solution for flood routing in channel networks[J]. Journal of Hydraulic Engineering, 1995, 121(10): 744-750.

[12] Schulze K W. Finite element analysis of long waves in open channel systems, Finite Element Method in Flow Problems[M]. The University of Alabama Pxess, 1974: 295-303.

[13] Dronkers J J. Tidal computations for rivers, coastal areas, and seas[J]. Journal of Hydraulic Division, 1969, 95(1): 29-78.

[14] Papadrakakis M, Bitzarakis S. Domain decomposition PCG methods for serial and parallel processing[J]. Advances in Engineering Software, 1996, 25(2-3): 291-307.

[15] Paz R R, Storti M A. An interface strip pre-conditioner for domain decomposition methods: Application to hydrology[J]. International Journal for Numerical Methods in Engineering, 2005, 62(13): 1873-1894.

[16] 张二骏, 张东生, 李挺. 河网非恒定流的三级解法[J]. 华东水利学院学报, 1982(1): 1-13.

[17] Bai W, Taylor R E. Numerical simulation of fully nonlinear regular and focused wave diffraction around a vertical cylinder using domain decomposition[J]. Applied Ocean Research, 2007, 29(1-2): 55-71.

[18] Cai X, Pedersen G K, Langtangen H P. A parallel multi-subdomain strategy for solving Boussinesq water wave equations[J]. Advances in Water Resources, 2005, 28(3): 215-233.

[19] Hu D C, Zhong D Y, Zhang H W, et al. Prediction-Correction Method for Parallelizing Implicit 2D Hydrodynamic Models I Scheme[J]. Journal of Hydraulic Engineering, 2015, 141(8): 04015014.

[20] 郑兴. SPH 方法改进研究及其在自由面流动问题中的应用[D]. 哈尔滨: 哈尔滨工程大学, 2009.

[21] Peng Y, Zhang J M, Zhou J G. Lattice Boltzmann model using two relaxation times for shallow-water Equations[J]. Journal of Hydraulic Engineering, 2016, 142(2): 06015017.

[22] 谭维炎. 计算浅水动力学[M]. 北京: 清华大学出版社, 1998.

[23] Baptista A M. Solution of advection-dominated transport by Eulerian-Lagrangian methods using

the backwards method of characteristics[D]. Cambridge: MIT, 1987.

[24] Dimou K. 3-D hybrid Eulerian-Lagrangian / particle tracking model for simulating mass transport in coastal water bodies[D]. Cambridge: Massachusetts Institute of Technology, 1992.

[25] Hu D C, Zhang H W, Zhong D Y. Properties of the Eulerian-Lagrangian method using linear interpolators in a three-dimensional shallow water model using z-level coordinates[J]. International Journal of Computational Fluid Dynamics, 2009, 23(3): 271-284.

[26] Laprise J P R, Plante A. A Class of semi-Lagrangian integrated-Mass（SLM）numerical transport algorithms[J]. Monthly Weather Review, 1995, 123(2): 553-565.

[27] Hu D C, Yao S M, Qu G, et al. Flux-form Eulerian-Lagrangian method for solving advective transport of scalars in free-surface flows[J]. Journal of Hydraulic Engineering, 2019, 145(3): 04019004.

[28] Dukowicz J K, Baumgardner J R. Incremental remapping as a transport/advection algorithm[J]. Journal of Computational Physics, 2000, 160(1): 318-335.

[29] Lauritzen P H, Nair R D, Ullrich P A. A conservative semi-Lagrangian multi-tracer transport scheme（CSLAM）on the cubed-sphere grid[J]. Journal of Computational Physics, 2010, 229(5): 1401-1424.

[30] DHI. MIKE11: A Modelling System for Rivers and Channels, Reference Manual[M]. Denmark: DHI Water & Environment, 2014.

第4章　平面二维水动力模型

河网的预测-校正分块解法预示着隐式水动力模型亦可很好地被并行化，本章将深入介绍该方法的理论思想，即考虑洪水传播物理特性可显著改善隐式水动力模型迭代求解收敛性的作用与机制。在此理论基础上，建立隐式平面二维(简称二维)水动力模型的预测-校正分块解法。该方法解决了隐式二维水动力模型不易并行求解的难题，推动了大型浅水流动系统整体精细二维水动力模型的实用化。

4.1　半隐式二维水动力模型基本架构

本节介绍一种基于非结构网格的半隐式二维水动力模型的基本架构(与前述一维水动力模型类似)，它混合使用 FDM 和 FVM 离散求解水流控制方程；并重点论述二维模型点式 ELM 的执行流程、代入式 u-p 耦合的矩阵构造和求解等内容。

4.1.1　控制方程与定解条件

采用非守恒形式的二维浅水方程作为水动力学模型的控制方程，包括沿垂线平均和积分的连续性方程和动量方程，在平面直角坐标系上(x, y, t)形式如下：

$$\frac{\partial \eta}{\partial t}+\frac{\partial (hu)}{\partial x}+\frac{\partial (hv)}{\partial y}=0 \tag{4.1}$$

$$\frac{\partial u}{\partial t}+u\frac{\partial u}{\partial x}+v\frac{\partial u}{\partial y}=-g\frac{\partial \eta}{\partial x}-g\frac{n_{\mathrm{m}}^2 u\sqrt{u^2+v^2}}{h^{4/3}}+\upsilon_\tau\left(\frac{\partial^2 u}{\partial x^2}+\frac{\partial^2 u}{\partial y^2}\right) \tag{4.2}$$

$$\frac{\partial v}{\partial t}+u\frac{\partial v}{\partial x}+v\frac{\partial v}{\partial y}=-g\frac{\partial \eta}{\partial y}-g\frac{n_{\mathrm{m}}^2 v\sqrt{u^2+v^2}}{h^{4/3}}+\upsilon_\tau\left(\frac{\partial^2 v}{\partial x^2}+\frac{\partial^2 v}{\partial y^2}\right) \tag{4.3}$$

式中，$h(x, y, t)$为水深，m；$u(x, y, t)$和$v(x, y, t)$分别为水平x和y方向上的垂线平均流速，m/s；t为时间，s；g为重力加速度，m/s^2；$\eta(x, y, t)$为自由水面高度(水位)，m；υ_τ为水平方向上的涡粘性系数，m^2/s；n_{m}为曼宁糙率系数，m$^{-1/3}$s。

式(4.1)～式(4.3)构成关于变量u、v和η的偏微分方程组。常使用 Smagorinsky 方法[1]计算υ_τ以封闭紊动扩散项；同时，可通过实测水文资料率定参数n_{m}。根据控制方程形式在水平面上的旋转不变性，在无结构网格的局部坐标系下水平法向、切向动量方程的形式，与在平面直角坐标下x、y方向动量方程的形式相同，因而式(4.1)～式(4.3)亦可作为无结构网格上二维水动力模型的控制方程。

在开边界处一般加载 Dirichlet 类(给定值)或 Neumann 类(0 梯度)边界条件，在固壁处通常使用有滑移无穿透边界条件。在入流开边界，一般分别对流量、水位使用给定值、0 梯度边界条件，开边界单元的水位由水动力模型解出。如此设定入流边界条件，可允许自由表面波无阻碍地穿出入流开边界。在出流开边界，一般同时加载关于流量的 0 梯度边界条件和关于水位的 Dirichlet 边界条件。

初始条件包括水位和流速分布，前者可按实测水面线设定，后者一般可设为零。在模拟非恒定流时，通常先采用恒定的开边界条件计算直至流动空间内水流状态达到稳定，并将结果储存为热启动文件，然后以此为初始条件进行非恒定流模拟。

4.1.2 动量方程的算子分裂离散

使用算子分裂技术分步求解二维水流动量方程：采用半隐差分方法离散自由水面梯度项，以消除与快速表面重力波传播有关的计算稳定性限制；采用点式 ELM 求解对流项，使计算时间步长不受与网格尺度有关的 CFL 稳定条件的限制；为增强计算稳定性，采用局部隐式方法计算河床阻力项；由于对计算稳定性要求不高，水平扩散项可采用显式中心差分法进行离散。

采用非结构网格剖分计算区域，该类网格的拓扑关系见第 1.4.2 节。以单元中心为参照点构建控制体，此时控制体与单元在平面上是重合的。使用 C-D 交错网格变量布置，位于边中心的 u、v 与位于单元中心的 η 在空间上呈交错排列。

1. *动量方程的离散形式*

水位梯度项被离散成显式和隐式两部分，它们分别具有权重 $1-\theta$ 和 θ。在无结构网格单元边 j 的局部坐标系下，水平法向和切向动量方程可分别离散为

$$\left(1+\Delta t g n_{\mathrm{m}}^2 \frac{\sqrt{(u_{\mathrm{bt},j}^{\ n})^2+(v_{\mathrm{bt},j}^{\ n})^2}}{(h_j^n)^{4/3}}\right)u_j^{n+1}$$
$$=u_{\mathrm{bt},j}^{\ n}-\Delta t g\left[(1-\theta)\frac{\eta_{i(j,2)}^n-\eta_{i(j,1)}^n}{\delta_j}+\theta\frac{\eta_{i(j,2)}^{n+1}-\eta_{i(j,1)}^{n+1}}{\delta_j}\right]+\Delta t\left[\upsilon_\tau\left(\frac{\partial^2 u}{\partial x^2}+\frac{\partial^2 u}{\partial y^2}\right)\right]_j^n \tag{4.4}$$

$$\left(1+\Delta t g n_{\mathrm{m}}^2 \frac{\sqrt{(u_{\mathrm{bt},j}^{\ n})^2+(v_{\mathrm{bt},j}^{\ n})^2}}{(h_j^n)^{4/3}}\right)v_j^{n+1}$$
$$=v_{\mathrm{bt},j}^{\ n}-\Delta t g\left[(1-\theta)\frac{\eta_{ip(j,2)}^n-\eta_{ip(j,1)}^n}{L_j}+\theta\frac{\eta_{ip(j,2)}^{n+1}-\eta_{ip(j,1)}^{n+1}}{L_j}\right]+\Delta t\left[\upsilon_\tau\left(\frac{\partial^2 v}{\partial x^2}+\frac{\partial^2 v}{\partial y^2}\right)\right]_j^n \tag{4.5}$$

式中，u_{bt}、v_{bt} 为使用点式 ELM 计算对流项之后得到的中间解，并使用 u_{bt}、v_{bt} 计算河床阻力；为简化代数方程的形式，其中的水平扩散项离散暂未展开。

在 C-D 网格变量布置下，求解水平切向动量方程需使用节点的变量计算边的切向压力梯度。但这些节点变量并不是当前模型的控制变量，因而需要构造节点辅助变量。以节点 k 的 η 为例，可通过节点周围湿单元中心的 η 插值获得节点的 η。

$$\bar{\eta} = \sum_{l}^{l=\mathrm{nne}(k)} W_{\mathrm{ine}(k,l)} \eta_{\mathrm{ine}(k,l)} \Big/ \sum_{l}^{l=\mathrm{nne}(k)} W_{\mathrm{ine}(k,l)}, \qquad k = 1, 2, \cdots, np \tag{4.6}$$

式中，W 为插值权重，可以通过节点周围单元的面积、单元中心到节点距离的倒数（“反距离”）等算得；nne 为节点周围的单元数量，在运算中应排除干单元。

2. 基于多步逆向追踪的二维点式 ELM

真实河道二维流场一般具有不均匀、方向多变等特点，水流质点在其中的运动时快时慢且轨迹线弯曲。图 4.1(左)给出了在某真实河段中水流质点在 Δt 微小时段内的运动轨迹线。对于真实河道流场，采用单步欧拉方法进行追踪计算将产生显著的轨迹线误差；而且，当 Δt 越大，单步欧拉方法跨越的空间范围也越大，追踪算得的轨迹线也将越显著地偏离质点的真实运动轨迹。这表明，单步欧拉方法难以反映平面流场的方向变化和非均匀性的影响。可使用多步欧拉方法开展质点在复杂流场中运动轨迹线的追踪，以提高轨迹线的计算精度，如图 4.1(右)所示。

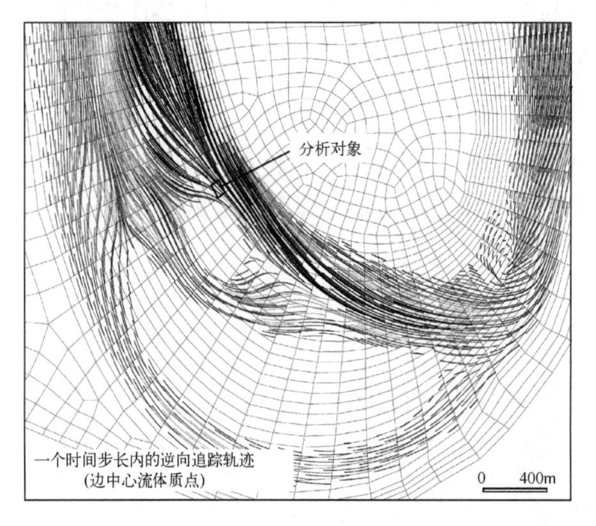

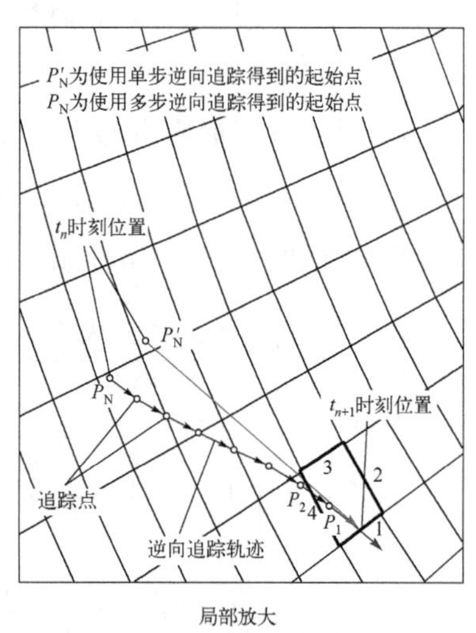

图 4.1　真实河道平面二维流场上的单步和多步 ELM 逆向追踪

多步欧拉方法是将时间步长 Δt 等分为 N 个片段并进行分步回溯计算，每一个分步的时间步长 $\Delta\tau = \Delta t/N$。当流速控制变量布置在边中心时，质点运动追踪可从边中心出发，从 t_{n+1} 时刻的已知位置向 t_n 时刻的未知位置进行逆向追踪，去寻找流体质点在 t_n 时刻的分离点。每个分步的位移为 $\Delta\bar{x} = \bar{u}\,\Delta t/N$，式中 $\bar{u}$ 是各分步起始点的流速。当找到一个追踪点后，基于 t_n 时刻的已知流场(由追踪点所处单元节点的信息构建)，插值得到该追踪点的流速，并计算将发生的下一段位移；然后，基于当前追踪点位置与下一段位移，去搜索下一个追踪点及其所处单元。一旦完成了所有分步的追踪并获得了质点在 t_n 时刻的位置，即可插值得到质点在 t_n 时刻的运动状态，记作 u_{bt} 和 v_{bt}。将边中点的流速更新为 u_{bt} 和 v_{bt}，即标志着对流项求解完成。上述求解过程仅使用 t_n 时刻的已知流场，表明点式 ELM 是一种显式算法。

如图 4.1(右)不均匀二维流场中，开展 $t_n \to t_{n+1}$ 时段 1#边中心质点运动轨迹线的逆向追踪。P_{N} 为使用多步欧拉法得到的质点在 t_n 时刻的分离点，P'_{N} 为使用单步欧拉法的追踪结果。受流场方向变化和非均匀性影响，后者表现出显著的追踪误差。

3. *动量方程离散方程的整理*

水位梯度项的半隐离散产生显式和隐式两部分离散式，其中显式部分可以同其他显式离散项一同预先计算出来。当将水平两个方向上动量方程的代数方程中的显式项合并后，未知变量(η)便浮现出来：

$$u_j^{n+1} = G_j^n / \Gamma_j^n - \theta g \Delta t \frac{\eta_{i(j,2)}^{n+1} - \eta_{i(j,1)}^{n+1}}{\delta_j} / \Gamma_j^n \tag{4.7}$$

$$v_j^{n+1} = F_j^n / \Gamma_j^n - \theta g \Delta t \frac{\eta_{ip(j,2)}^{n+1} - \eta_{ip(j,1)}^{n+1}}{L_j} / \Gamma_j^n \tag{4.8}$$

式中，G_j^n、F_j^n 分别为边中心处水平法向、切向动量方程中的显式计算项之和，分别为 $G_j^n = u_{\text{bt},j}^n - \Delta t g(1-\theta)\dfrac{\eta_{i(j,2)}^n - \eta_{i(j,1)}^n}{\delta_j} + \Delta t[\text{Diff}]_j^n$，$F_j^n = v_{\text{bt},j}^n - \Delta t g(1-\theta)\dfrac{\eta_{ip(j,2)}^n - \eta_{ip(j,1)}^n}{L_j} +$ $\Delta t[\text{Diff}]_j^n$，其中 Diff 为水平扩散算子的简写；$\Gamma_j^n = 1 + \Delta t g\, n_{\text{m}}^2 \sqrt{(u_{\text{bt},j}^n)^2 + (v_{\text{bt},j}^n)^2} \Big/ (h_j^n)^{4/3}$。

在每个时步，先计算 G_j^n、F_j^n 获得中间解，然后将式(4.7)描述的流速-压力校正关系代入离散的连续性方程，构造与求解 *u-p* 耦合问题，下面将介绍后面的计算。

4.1.3 流速-压力耦合问题的求解

采用 FVM 离散连续性方程，可对动量方程求解形成一个强制性约束[2]，尤其可帮助消除由点式 ELM 求解对流项(得到的不满足守恒性的流场)所产生的不利影响。假定 η 在单元 i 内均匀分布，将式(4.1)对单元 i 面域进行时空积分，并利用高斯-格林公式将面积分转化成线积分；然后，与动量方程相对应采用 θ 方法离散积分式。令 $\bar{u} = (u, v)$ 并用 $\bar{n}$ 表示单元边的外法向，则式(4.1)的时空积分和离散方程为

$$\iint_{\Delta t \Omega_i} \left(\frac{\partial \eta}{\partial t}\right) \mathrm{d}x\mathrm{d}t + \iint_{\Delta t \Omega_i} [\nabla \cdot (h\bar{u})] \mathrm{d}x\mathrm{d}t = 0 \tag{4.9a}$$

$$P_i\int_{\Delta t}\left(\frac{\partial\eta}{\partial t}\right)\mathrm{d}t+\Delta t\oint_{\Omega_i}[(h\vec{u})\cdot\vec{n}]\mathrm{d}s=0 \tag{4.9b}$$

$$P_i\eta_i^{n+1}=P_i\eta_i^n-\theta\Delta t\sum_{l=1}^{i34(i)}s_{i,l}L_{j(i,l)}h_{j(i,l)}^n u_{j(i,l)}^{n+1}-(1-\theta)\Delta t\sum_{l=1}^{i34(i)}s_{i,l}L_{j(i,l)}h_{j(i,l)}^n u_{j(i,l)}^n \tag{4.9c}$$

式中，u 为边的法向流速，l 为单元 i 内边的索引，$l=1,2,\cdots,i34(i)$。

1. 代入式的流速-压力耦合

在完成显式项计算后，将式(4.7)中 u_j^{n+1} 的表达式带入离散的连续性方程，进行 u-p 耦合，得到一个描述洪水传播的代数方程(关于单元 i 的 η 的代数方程)。

$$\begin{aligned}&P_i\eta_i^{n+1}-g\theta^2\Delta t^2\sum_{l=1}^{i34(i)}s_{i,l}\frac{L_{j(i,l)}h_{j(i,l)}^n}{\Gamma_{j(i,l)}^n\delta_{j(i,l)}}[\eta_{i(j,2)}^{n+1}-\eta_{i(j,1)}^{n+1}]\\&=P_i\eta_i^n-\theta\Delta t\sum_{l=1}^{i34(i)}s_{i,l}L_{j(i,l)}h_{j(i,l)}^n G_{j(i,l)}^n/\Gamma_{j(i,l)}^n-(1-\theta)\Delta t\sum_{l=1}^{i34(i)}s_{i,l}L_{j(i,l)}h_{j(i,l)}^n u_{j(i,l)}^n\end{aligned} \tag{4.10a}$$

利用非结构网格的拓扑关系可化简式(4.10a)左端第二项。由第 1.4.2 节非结构网格构造过程可知：单元各节点在平面上呈逆时针排列；边的原始法向(边的法向流速的正方向)由小编号单元指向大编号单元(或指向区域外)；$s_{i,l}$ 为单元 i 的第 l 条边(边中心)的方向函数，当单元 i 的第 l 条边的正向法向流速对应单元 i 的出流/入流时，$s_{i,l}=+1/-1$。当边 j 两侧存在着两个单元 $i(j,1)$ 和 $i(j,2)$ 时，若其中一个单元为 i，另一个则为 i 的邻单元 $ic(i,l)$。根据边两侧单元拓扑关系变量的排列约定，有 $i(j,1)<i(j,2)$，同时可知边的原始法向为 $i(j,1)\to i(j,2)$。

如果 $i(j,1)$ 对应 i，则 $i(j,2)$ 对应 $ic(i,l)$。单元 i 在边 l 的出流方向由 i 指向 $ic(i,l)$，即由 $i(j,1)$ 指向 $i(j,2)$。此时，边的原始法向与单元 i 边 l 的出流方向是一致的，因而 $s_{i,l}=+1$，进而有 $s_{i,l}[\tilde{\eta}_{i(j(i,l),2)}^{n+1}-\tilde{\eta}_{i(j(i,l),1)}^{n+1}]=1\times[\tilde{\eta}_{ic(i,l)}^{n+1}-\tilde{\eta}_i^{n+1}]=\tilde{\eta}_{ic(i,l)}^{n+1}-\tilde{\eta}_i^{n+1}$。

如果 $i(j,2)$ 对应 i，则 $i(j,1)$ 对应 $ic(i,l)$。单元 i 在边 l 的出流方向由 i 指向 $ic(i,l)$，即由 $i(j,2)$ 指向 $i(j,1)$。此时，边的原始法向与单元 i 边 l 的出流方向是相反的，因而 $s_{i,l}=-1$。进而有 $s_{i,l}[\tilde{\eta}_{i(j(i,l),2)}^{n+1}-\tilde{\eta}_{i(j(i,l),1)}^{n+1}]=-1\times[\tilde{\eta}_i^{n+1}-\tilde{\eta}_{ic(i,l)}^{n+1}]=\tilde{\eta}_{ic(i,l)}^{n+1}-\tilde{\eta}_i^{n+1}$。

综上所述，可以消去(4.10a)左端第二项中的方向函数，从而使离散方程的结构变得简单。在化简和移项之后，式(4.10a)可写为(单元 i)：

$$\begin{aligned}&P_i\eta_i^{n+1}+g\theta^2\Delta t^2\sum_{l=1}^{i34(i)}\frac{L_{j(i,l)}h_{j(i,l)}^n}{\Gamma_{j(i,l)}^n\delta_{j(i,l)}}[\eta_i^{n+1}-\eta_{ic(i,l)}^{n+1}]\\&=P_i\eta_i^n-\theta\Delta t\sum_{l=1}^{i34(i)}s_{i,l}L_{j(i,l)}h_{j(i,l)}^n G_{j(i,l)}^n/\Gamma_{j(i,l)}^n-(1-\theta)\Delta t\sum_{l=1}^{i34(i)}s_{i,l}L_{j(i,l)}h_{j(i,l)}^n u_{j(i,l)}^n\end{aligned} \tag{4.10b}$$

按照式(4.10b)，可写出 $i=1,2,\cdots,ne$ 共计 ne 个单元的 u-p 耦合代数方程(右边

均为显式计算)。这些方程构成了一个关于 η^{n+1} 的代数方程组(*ne* 维),它是一个具有稀疏矩阵的线性系统。在其系数矩阵中,对应单元 *i* 的主对角系数为非负数,对应单元 *i* 的邻单元[即单元 *ic*(*i*, *l*)]的非主对角系数均为非正数,因而这个线性系统的系数矩阵具有对称、正定和对角占优的特征。这样的线性方程组具有唯一解,可采用 preconditioned conjugate gradient(PCG[3])方法迭代求解。值得注意的是:①对于水位开边界单元、干单元等,由于水位已知,无需进行 *u-p* 耦合,也不存在相关的代数方程,将这些单元排除在方程但构建之外不会改变矩阵结构,在枯季大量单元为干时还可大幅减小方程组的规模;②在整个 *u-p* 耦合的构造和求解过程中,并不需要切向动量方程的介入。

一旦求得 t_{n+1} 时刻的水位,则可使用式(4.6)插值获得节点水位,并将单元、节点水位回带到动量方程离散式(4.7)、式(4.8),获得最终的流速解 u^{n+1}、v^{n+1}。

2. 对称正定线性系统的 PCG 求解

对于上述二维隐式水动力模型 *u-p* 耦合,若使用 $\boldsymbol{A}$、x、b 分别代表代数方程组的系数矩阵、变量和右端项,则代数方程组可表示为 $\boldsymbol{A}x = b$ 的形式,其中 $\boldsymbol{A}$ 是一个对称正定的稀疏矩阵,它含有大量的 0 元素。一般而言,可使用稀疏矩阵的压缩存储方法(行储存或列储存),仅对矩阵中的非 0 元素进行存储和运算。

在遍历所有单元的过程中,在排除水位开边界单元、干单元等无效单元的同时,可定义数组 imape(*i*) 存储有效单元所对应方程的索引,从而建立单元编号 *i* 与方程索引 neq 之间的映射关系[4]。对于有效单元 *i* 所对应的方程 neq,另需定义:变量 nnz,用于存储每个方程的非主对角元素的数量;数组 inz,用于存储与“单元 *i* 背后的方程 neq”发生数据交换的“邻单元 *ie* 对应的方程编号 imape(*ie*)”;数组 snz,其首个元素为方程 neq 的主对角系数,后续元素存储与 inz 相对应的非主对角元素。

ELcirc[4]所采用的第三方求解器 ITpack 只存放 $\boldsymbol{A}$ 的一个半角。事实上,基于压缩储存法编制的 PCG 求解器并不复杂,存放整个 $\boldsymbol{A}$ 不易出错也不会影响效率。下面以 Jaccobian PCG(JCG)为例,介绍对称正定稀疏矩阵线性方程组的迭代求解流程。相关符号规定如下:x_0 为初始假定解(使用 t_n 时刻水位设置),r_0 为初始残差;x_k、x_{k+1} 分别表示第 k、k+1 步迭代取得的近似解;r_k、r_{k+1} 分别表示第 k、k+1 步迭代的残差;ε_1 是一个预先设定的基于残差向量的模的收敛容忍值,一般设 $\varepsilon_1 = 5\times10^{-6}$;$\boldsymbol{M}$ 为 Jacobian 预处理矩阵;$k_{\max}$ 为一个预先设定的最大迭代步数,一般 $k_{\max} = 500$。

在 JCG 的循环迭代中(表 4.1),第 k+1 步求解建立在第 k 步求解基础之上,由于后一步对前一步的依赖,全局迭代循环无法被并行化。在某个 JCG 迭代步内部,矩阵与向量的点积、向量与向量的点积等遍历各个元素的运算(内部循环),关于各元素的计算都是相互独立的和可被并行化的。对 JCG 迭代内部循环语句进行并行执行的方法,称为 inner-loop parallelization(ILP),见附录 5。虽然 ILP 频繁的 Fork-Join

使得并行化效率不高，但它提供了并行化求解线性方程组的一种初级思路，并且 ILP 模型可提供与不使用并行技术的模型完全相同的计算结果。

表 4.1　使用 JCG 求解 $\boldsymbol{A}x = b$ 的流程（使用“: = ”表示向量赋值）

Line0	执行初始化 $r_0 := \|b - \boldsymbol{A}x_0\|$
	循环执行如下 Line1～8（$k = 0, 1, \cdots, k_{\max}$）
Line1	如果 $r_k < \varepsilon_1 r_0$ 或 $k > k_{\max}$，则转到 Line9（退出循环）
Line2	$k = k + 1$
Line3	$z_k := M^{-1} r_k$
Line4	$\beta_k := r_k^{\mathrm{T}} z_k / r_{k-1}^{\mathrm{T}} z_{k-1}$（当 $k = 1$ 时，$\beta_k := 0$）
Line5	$p_k := z_k + \beta_k p_{k-1}$　（当 $k = 1$ 时，$p_k := z_k$）
Line6	$\alpha_k := r_k^{\mathrm{T}} z_k / p_k^{\mathrm{T}} A p_k$
Line7	$x_k := x_{k-1} + \alpha_k p_k$
Line8	$r_k := r_{k-1} - \alpha_k A p_k$
Line9	停止迭代，结果为 x_{k+1}

3．模型的时步推进(time stepping)流程

模型的一个时步求解的步骤如下。①从文件读入边界条件；②使用算子分裂分步求解动量方程，预先计算方程中所有的显式离散项(对流、扩散、河床阻力和水位梯度显式部分)，获得中间解(流速)；③将法向流速分量表达式代入离散的连续性方程，构建关于 u-p 耦合的自由表面波传播方程，使用 PCG 求解以获得新的水位；④使用新水位进行干湿判别，让经过本时步变干的单元退出计算，将新水位回代入动量方程离散式，计算边中心的最终流速；⑤利用新水位，更新计算网格的干湿状态，包括单元、边、节点的干湿状态；⑥根据边中心的流速插值获得节点的流速，并进行模型辅助变量的更新；⑦输出计算结果。

4.1.4　隐式二维模型干湿动边界处理

当使用水动力模型计算河湖水流时，计算区域部分单元在涨水时被淹没、在落水时干出，水域边界与计算网格干湿状态随着洪水传播不断发生变化，与之相关的计算称为干湿动边界模拟。在水动力模型架构与数值算法日益成熟的今天，干湿动边界模拟技术已逐渐凸显为制约模型应用的难点之一。许多计算程序往往就因为未妥善模拟干湿动边界，而引起数值振荡、求解失稳、水量不守恒等问题，使模型不具备健壮性而难以实用。在自然界中存在不少复杂的地表水流实例，例如辫状河道河汊交织、水流散乱，再如大范围平原江湖、河口系统等的水流更是包罗万象。在这些水流系统中，由洪水传播引起的干湿状态转换具有频繁、复杂、多变等特点，开展水动力模拟常常对干湿动边界模拟方法的性能提出了苛刻要求。

1．隐式水动力模型的负水深问题

显式模型完全基于已知变量开展计算且只能使用小时间步长，相关干湿动边界模拟一般较直接和简单。隐式模型可使用大时间步长且在迭代求解过程中一般不会实时更新网格的干湿状态。然而，模拟快速变化的干湿边界动态通常要求使用小时间步长，这与隐式模型大时间步长计算发生矛盾，导致在迭代求解的过程中某些单元的水位有时会逐步下降至河床以下(产生负水深)，这种现象在复杂地形条件下尤为显著。因此，隐式模型干湿动边界模拟需考虑更多不利因素的影响。

隐式模型的负水深现象主要发生在那些位置高、水深小的单元中，具体情况为：单元各边的法向水位梯度不协调，入流边水面平缓而出流边水面陡峭，再加上使用了大时间步长进行求解，这些因素使得在一个时步计算中单元的出流水量有时远大于入流水量，进而使单元的水量被透支、水位降低至床面以下。引起负水深的一种典型地形条件为“悬河”，具体形态为：河道在其两侧存在较高的土坎(或土堤)，土坎外侧是宽阔、平坦、低洼的区域，如图4.2(a)。当河道流量较小时，水流沿着主河槽平顺下泄；当河道流量较大、水位较高时，水流在部分河段漫过河道两侧的土坎，形成侧向水流直接入湖，如图4.2(b)。侧向水流在漫过土坎后，在较陡的土坎侧坡上迅速被加速到较大的速度。当使用大时间步长隐式模型和传统临界水深法模拟这类悬河漫流时，坎顶及附近的单元就容易出现负水深。

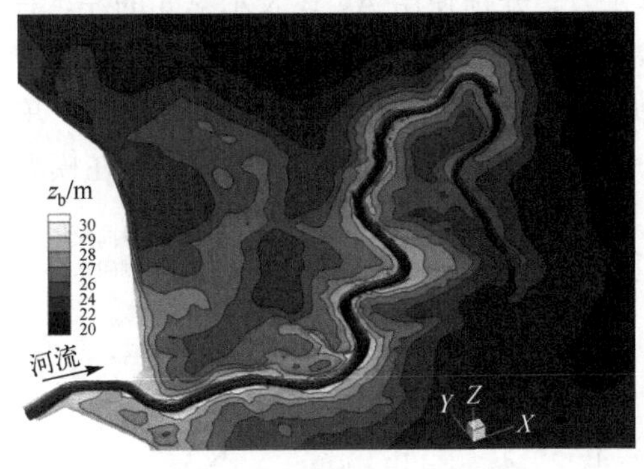

(a) 两侧存在土坎的河道(地形图)

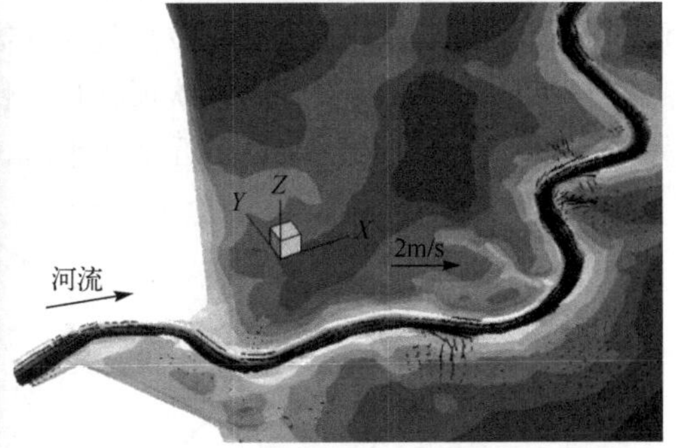

(b) 漫过河道土坎的侧向水流(流场图)

图4.2 “湖中河(悬河实例)”的特殊地形形态与大流量时的河道侧向漫流

当计算区域很大时，悬河漫流可能产生大量的负水深单元，它们被透支的水量将形成多个高频“源”。这些源是因为干湿动边界模拟不当产生的而非真实的，它们在被扩散到水流系统之后将引起后者水量的非物理增加，导致模型水量不守恒。

2．传统临界水深法及其特点

在水动力模型一个时步中，求解控制方程和模拟计算网格干湿转换一般是前后两个独立的部分。临界水深法具有简单、高效、适应能力强等特点，它在常规条件下可较好地模拟干湿边界动态，是目前水动力模型中最常使用的方法。

二维模型的临界水深法，通过选定一个临界水深 h_0(例如 0.001m)界定单元的干湿状态，当单元中心水深小于 h_0 时单元为干，否则为湿；通常还为各单元定义一个干湿状态标志变量，使用它们来标识单元的当前状态。与网格单元相对应的干湿状态标志，随着洪水传播动态变化。当某时刻某湿单元的实际水深小于 h_0 时，认为该单元“干出”并让其退出模型计算；当某时刻某干单元满足恢复过流条件时，则让其变湿并在下一时步加入模型计算。对于干单元，实现“干→湿”转换需依次满足两个条件，合称为单元恢复过流条件。其一，使用邻单元(湿单元)信息插值得到干单元中心的水位并计算水深，该水深应大于 h_0。其二，干单元侧面(由于干湿交界面一般被看作固壁，法向流速为 0，所以只能借助邻单元中心流速近似计算该侧面的水通量)应具有流入的水通量，或干单元和与之相邻的湿单元之间存在较大的水位梯度(平原河湖取 0.0001 以上)。由此可见，传统临界水深法不包含任何能够处理隐式模型负水深问题的机制。实践表明，它在被用于模拟辫状河道、大范围浅水流动系统等算例时，常常导致虚假流场并产生显著的水量守恒误差。

选取发生悬河漫流的河段(横断面)开展分析，阐明传统临界水深法产生负水深的过程。如图 4.3，在河道断面两侧均存在陡坎，右岸陡坎较低因而较易产生漫流。假定在右岸坎顶范围布置一个计算单元(单元 i)，分别使用 A、B 表示单元的左、右侧面(边)，单元 i 的河底高程较高且显著高于其两侧单元。在某一时刻，河道水位超过右岸陡坎，水流漫过右岸坎顶并形成快速的侧向漫流，如图 4.3(a)。此时，单元 i 具有水深小、入流边 A 附近水面平缓、出流边 B 附近水面陡峭等特点。在模型

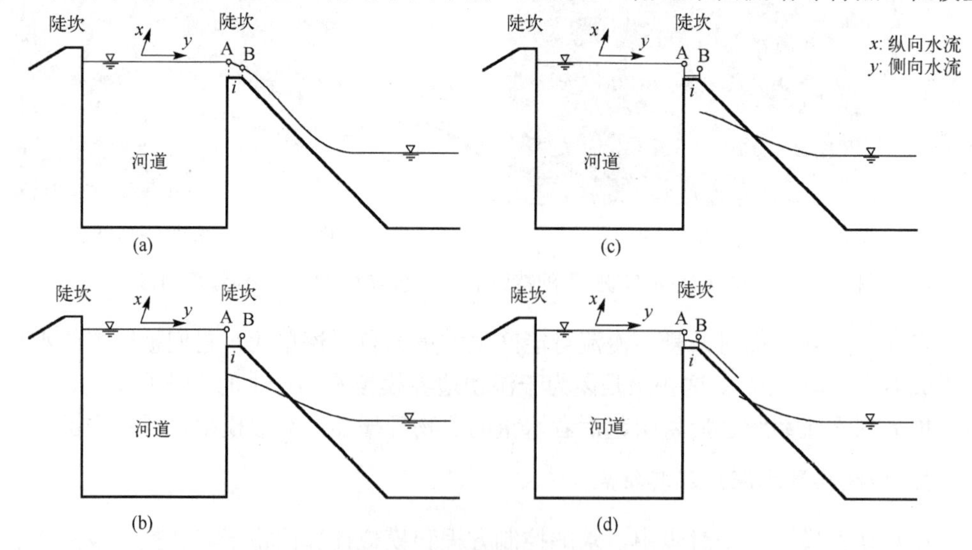

图 4.3 传统临界水深法产生负水深单元的过程

经过一个大时间步长迭代求解后，由于出流水量远大于入流水量，单元 i 及其下游(沿陡坎外坡)若干单元的水量被透支，水位降低至床面以下，如图 4.3(b)，侧向漫流遇到阻塞而停止。在下一时步中，单元 i 被左侧河道大水深单元润湿，变为具有临界水深的湿单元，如图 4.3(c)。在接下来的若干时步中，沿陡坎外坡，单元 i 下游的干单元依次被润湿，如图 4.3(d)，逐渐形成一个与图 4.3(a)类似的状态，然后猝发新一轮的侧向漫流。负水深单元被透支的水量形成非物理水量源项，它们先进入了邻单元，然后被逐步扩散到整个水流系统，造成其水量虚假增加。

一种解决隐式水动力模型负水深问题的方式是，在模型迭代求解过程中实时更新计算网格的干湿状态。该方法的弊端为：其一，仅适用于采用类似于 SIMPLE 等使用显式迭代进行求解的隐式模型；其二，显式迭代求解的速度一般远不如采用专用的计算数学方法求解线性代数方程组的速度，且实时更新计算网格干湿状态也将增加大量的额外计算，这些不利因素将显著降低水动力模型整体的计算效率。因此，探究独立于控制方程求解的干湿动边界处理方法将更具应用价值。

3. 处理单元负水深问题的记忆补偿法

这里介绍一种能有效处理隐式水动力模型负水深问题的干湿动边界模拟方法，称为记忆补偿法。它能够在保证水量守恒的前提下，准确高效地模拟计算网格的干湿变化，且不会对水动力模型求解造成影响或对其稳定性带来附加限制。

该方法预备工作如下。①为计算网格的各个单元均定义一个负水深标识(NEG)，以区分负水深单元和普通干单元，它们在水动力模型时步推进过程中随着单元水位状态动态变化。②将负水深单元周围的湿单元命名为“受影响单元”。按照负水深单元各边的流向(参照该边所对应的受影响单元的中心流向)，将受影响单元分为两类：如果流向背离负水深单元，则称为受水单元，否则称为普通邻单元。规定受水单元返出水量的优先级高于普通邻单元。③对于负水深单元，将它的即时水位(η)作为记忆变量。④规定受影响单元在每个时步返出的水量为 ETAC(具体是指单元水柱的水面在每个时步因水量支出修正而降低的高度)，并为该类单元定义需进行水量返出修正的次数(CI)作为记忆变量。⑤在传统临界水深法中，干单元(包括负水深单元)当满足恢复过流条件时，将直接变湿并同时获得一个 h_0 水深。与传统临界水深法不同，记忆补偿法在模型每个时步将负水深单元的水位抬升一个增量 Δh(一般 Δh 可取 h_0)，并规定只有当恢复过流条件、记忆变量η比床面高出 h_0 二者同时满足后，负水深单元才能重新变湿和恢复模型计算。

隐式水动力模型干湿动边界的记忆补偿法在一个时步中需执行如下步骤。

第一步，检测单元“湿→干”状态转换事件和负水深单元，并更新标识。按照单元编号顺序遍历所有在本时步初状态为湿的单元，根据模型在本时步解出的最新单元水位，计算单元中心水深(用 h 表示)并进行判断。若 $h \geqslant h_0$，单元继续保持为湿状态；若 $h<h_0$，则表明单元在本时步中发生了“湿→干”的状态转变，将其干湿标志设置为干。对于所有在本时步发生“湿→干”转换的单元，根据单元水深进行进一步判断：若 $h>0$，则该单元为普通干单元，跳过下面的第二、三步；若 $h<0$，将该单元标识为负水深单元，并将与之相邻的湿单元标识为受影响单元。

第二步，开展与负水深问题相关的水量透支与返出水量计算，具体包括如下分步。①对于 $h<0$ 的单元，使用其平面面积 A 与水深 h，计算它在本时步被透支的水量 Ah。②对具有同一优先级的受影响单元，按照单元水体体积权重，计算各自需返出的总水量 M。③在此基础上，将 M 除以 ETAC，得到各受影响单元的水量返回次数 CI。可按照单元编号遍历所有的负水深单元，执行①～③。

第三步，受影响单元按照规定的时步额度(ETAC)给出水量。例如，对于某一受影响单元，它的水位在每个时步下降 ETAC；在执行水位修正的同时，其 CI 减少1。一旦发现 CI 已减少到 0，则立即取消该单元的“受影响单元”身份。可按照单元编号遍历所有的受影响单元，并进行上述的单元水位修正操作。

第四步，检测单元“干→湿”状态转换事件，并更新标识。按照单元编号顺序遍历所有的干单元，判断它们是否将会因为邻单元的水力条件而变湿。对于普通干单元，当满足单元恢复过流条件时，将其干湿标志设为湿、水深设为 h_0，并让它参加下一时步的模型计算。对于负水深干单元，当满足单元恢复过流条件后，给该单元的记忆变量(η)增加一个水深增量 Δh。当发现更新后的 η 比床面高出 h_0 后，立即取消其“负水深单元”身份，并将其干湿标志设为湿。在经过此步的检测和更新之后，所有剩下的干单元均不参与下一时步的模型计算。

第五步，基于最新的单元信息，更新计算网格的干湿状态。水动力模型常需插值和储存节点、边的水深等作为辅助变量，在此之前需完成关于它们的床面和水面重构。边的床面和水面重构方法为：当边两侧单元均为湿时，边中心的河床与水面高程取两侧单元均值；当边两侧单元为一干一湿时，边中心的河床与水面高程取湿单元的数值。节点床面重构方法为：取节点周围最低湿单元的高程值。节点水面重构方法为：使用节点周围所有湿单元的水位进行加权平均得到。此外，为了增强水动力模型的稳定性，在前述第一步末尾可增加一次网格干湿状态更新。

记忆补偿法在传统临界水深法的基础上增加了处理负水深单元的机制，负水深单元的邻单元将前者被透支的水量通过分步局部修正的方式缓和返出，在保证计算稳定性的前提下维持了水流系统的水量守恒。该方法解决了隐式水动力模型大时间步长计算与模拟快速变化的干湿边界动态要求小时间步长之间的矛盾。

4.2　浅水流动分区局部解法误差的解析

隐式水动力模型相对于显式模型具有大时间步长的巨大优势，但其 u-p 耦合所形成的代数方程组又具有难以高效并行求解的缺点，这严重制约了隐式模型充分利用当今发达的多核计算机以提高计算效率。以往，水力学研究者在将水流物理方程离散为代数方程后，直接借用数学领域较成熟的算法进行求解；而数学家在研究代数方程组解法时，一般很少考虑某一具体应用领域(比如水力学)的特殊背景。对于隐式水动力模型代数方程组解法这个水力学与计算数学领域的交叉点，相关理论研究尚属空白。研究隐式水动力模型代数方程组特性，解析其迭代求解误差的变化规律，是发展简单高效、可高度并行化的解法的关键。在上一节基础上，本节将深入探究考虑洪水传播物理特性对改善代数方程组迭代求解收敛性的作用与机制。

4.2.1 隐式水动力模型并行解法的研究现状

1. 显式与隐式水动力模型的比较

水动力模型分为显式和隐式两大类，时间离散方式和模型结构不同导致这两类模型在稳定性、复杂性、可并行性等方面差异很大。显式模型仅依赖上一时层末的已知变量开展计算，因而基于各个网格元素的时步推进是相互独立的，不需构造和求解 *u-p* 耦合代数方程组，也无需迭代。显式模型的优点是结构简单，具有良好的可并行性；缺点是显式计算大多是条件稳定的，时间步长受到 CFL（$=u\Delta t/\Delta x<1$）稳定条件的严格限制。传统的欧拉类显式水动力模型，在应用于实际工程计算时，在常规网格条件下一般仅允许几秒甚至更小的时间步长，例如 Mike21[5]。

隐式模型在离散方程中包含有待求时层的未知变量，在一个时步内各个网格元素的计算是耦合在一起的；一般需要构造和求解 *u-p* 耦合代数方程组和迭代计算，它的求解效率直接决定了模型的计算效率。隐式模型的优点是具有良好的数值稳定性，可使用大时间步长(可达显式模型数十倍以上)；缺点是较复杂，代数方程组迭代求解的并行执行通常十分困难或效率不高。隐式模型的大时间步长优势，使之相对于显式模型更具吸引力。在过去 30 年中，研究者们在隐式水动力模型代数方程组并行求解方面开展了不少研究，以更加充分地发挥其效率优势。

2. 隐式水动力模型的并行化方法

ILP 是隐式水动力模型线性方程组迭代求解最直接的并行方式，即在各个迭代步将内部循环语句进行并行执行。相比于 ILP，基于区域分解的并行化方法[6]具有更大的吸引力。通过区域分解，区域整体所对应的全局代数方程系统，被分割为若干关于分区的局部代数方程系统(子系统)。文献报道了三种较典型的基于区域分解的并行化策略：Schur 补偿方法、全局矩阵分割计算方法、分区局部解法。

Schur 补偿方法，通过递归关系消去分区内部元素的未知量而仅保留分区边界元素的未知量。从而，原始的大型全局代数方程组就被降级成为一个仅包含分区边界未变量的小型全局代数方程组，规模被大幅压缩。关于分区边界未知量的小型代数方程组的系数矩阵被称为 Schur 矩阵。Schur 补偿方法与河网一维水动力模型的二级解法在思想上是相同的。一旦求得各分区边界的未知量，即可使用它们作为内边界条件(Dirichlet 类)求解各分区的代数方程系统，确定分区内的未知量。直接应用于原始网格的 Schur 补偿方法[7]称为单层方法。在单层 Schur 补偿方法仍较耗时的情况下，可使用基于粗、细两套网格的两级 Schur 补偿方法[8]。该方法将细网格嵌入到粗网格的单元之中，首先求解关于粗网格控制性结点(knot points)未知量的全局代数方程组。然后，将粗网格控制性结点的计算结果插值到粗网格的边。使用粗网格边上的变量值作为边界条件，求解粗网格单元内细网格集合的局部问题。

全局矩阵分割计算方法，使用分区计算方式直接求解全局代数方程组[9-11]或进行求解全局代数方程组的预处理[12, 13]。在第一种情况中，一般将每个分区所对应的矩阵片段和右端项向量片段分配给一个计算机进程；在每个迭代步，先开展分区的局部计算，然后综合分区计算结果，获得全局代数方程系统的残差等关键信息。其特点为在每个迭代步，各相邻分区之间需进行一次数据交换，以完成分区矩阵、向量等的点乘运算；并且需要进行一次同步，以完成分区残差的求和。有学者认为[11]，将相邻分区之间的数据交换限制在环绕各分区的多边形重叠区域内的少量单元，可大幅降低源于综合和同步的计算耗时。在第二种情况中[13]，一般将各个分区视作一个具有 Dirichlet 边界条件的子系统，进而构造一种两步循环解法。第一步，进行分区代数系统的迭代求解，它承担预处理的角色；第二步，执行一次全局代数系统的迭代计算。这两个步骤重复交替执行，直到达到全局求解收敛。

分区局部解法，最早见于海洋非线性波数值模拟领域，被用于求解基于 Laplace 方程[14, 15]或 Boussinesq 方程[16, 17]的波浪模型。与区域分解相对应，区域整体所对应的全局代数方程系统被分割成分区所对应的子系统，并假定在数学和逻辑上全局代数方程系统可被这些分区代数方程系统的集合所代表。该方法特点为：不需构造和求解全局代数方程系统；各分区子系统的构造和求解均是相互独立的；一般需要使用一个介于时步推进与分区子系统局部求解之间的全局循环，来耦合分区之间的计算。在全局循环中，各分区由相邻分区分界处的网格元素(上一次全局循环的计算结果)提供边界条件，以封闭分区子系统；在不断更新的分区边界条件下，反复求解分区子系统直至达到全局收敛。有学者交替使用 Dirichlet 和 Neumann 类边界条件来闭合分区子系统[15]，也有学者仅使用 Dirichlet 类边界条件[17]。

目前，全局矩阵分割计算方法应用最广，但它存在如下不足：在求解大型浅水流动系统所对应的大型代数方程系统时，常需数百次迭代才能达到收敛，且每步迭代均需进行一次分区数据交换和计算同步，庞大的迭代次数和频繁的数据交换将限制并行求解的效率。为了解决隐式水动力模型难以并行求解的问题，本节将分析浅水流动系统洪水传播的物理特性，并基于分析结果开展分区局部解法的深入研究，解析隐式水动力模型代数方程组分区局部解法在迭代求解过程中的误差变化规律，并阐明洪水传播物理特性与代数方程组迭代求解收敛性之间的联系。

4.2.2 分区局部解法误差变化的解析

分析浅水流动系统的洪水传播特性，发现它一般属于非恒定性不强的长波运动。此外，第4.1节给出的水流控制方程的代数方程，为解析隐式水动力模型代数方程组求解误差提供了数学关系式。基于这两个方面，这里将建立隐式水动力模型代数方程组分区局部解法分区计算误差的理论表达式，并研究其变化规律。

1．分区代数方程系统求解与洪水传播

在应用区域分解后，计算区域被分割成若干分区，例如图4.4中的分区A、B、C、D、E、F。各分区边界(分区之间的分界线)，称为计算区域的内边界。

分区局部解法，不再构建计算区域整体的全局代数方程系统，而是处理各分区的局部代数方程系统，其中整体与分区的关系如下。一方面，求解分区代数方程系统，可获得分区内的洪水传播结果，同时为相邻分区提供边界条件，帮助相邻分区求解在它们内部的洪水传播。通过相互协作，所有分区代数方程系统的计算结果共同构建了洪水在整个计算区域中传播的情景。另一方面，洪水在计算区域中传播时还会跨越分区分界线，引起分区边界条件的改变。在全局循环中，分区代数方程系统的局部收敛特性以及基于分区收敛的全局收敛特性，取决于分区边界条件的准确性及变化过程。阐明洪水跨越分区边界的传播过程与分区边缘计算误差的变化过程之间的对应关系，定量解析分区代数方程系统在全局循环中的收敛过程，是充分利用洪水传播物理特性来改进分区局部解法的关键。

2．分区边缘计算误差的数学表达式

隐式水动力模型 u-p 耦合代数方程组，描述了各计算单元之间的水位耦合关系及自由表面洪水波的传播。对于分区局部解法，由于分区边界处的隔断，一个分区只能使用相邻分区的已知变量作为边界条件来封闭其代数方程系统。不精确的分区边界条件将导致分区计算误差，且它的影响由分区边界向分区内部逐渐减弱。根据这一点，可判断分区计算的最大误差位于分区边缘。将式(4.10)所描述的 u-p 耦合代数方程和图4.4所描述的长波传播过程联合起来，解析在全局循环中分区边缘的计算误差及其变化过程。为简便起见，选取垂直于分区分界线方向的一维问题进行分析。采用等间距(Δx)的一维计算网格剖分该方向上的一维空间(图4.4)，分区边界位于单元 i、$i+1$ 的公用界面(边 $i+1/2$)，它的两侧分别为分区1和2。

若采用计算区域整体求解的方法，则单元 $i+1$ 处的 u-p 耦合代数方程为

$$\Delta x\eta_{i+1}^{n+1}+g\theta^2\Delta t^2h_{i+3/2}^n\frac{\eta_{i+1}^{n+1}-\eta_{i+2}^{n+1}}{\Delta x}+g\theta^2\Delta t^2h_{i+1/2}^n\frac{\eta_{i+1}^{n+1}-\eta_i^{n+1}}{\Delta x}=\mathrm{RHS}_{i+1} \tag{4.11}$$

式中，RHS_{i+1} 表示单元 i+1 对应的代数方程的右端项，为显式计算项。

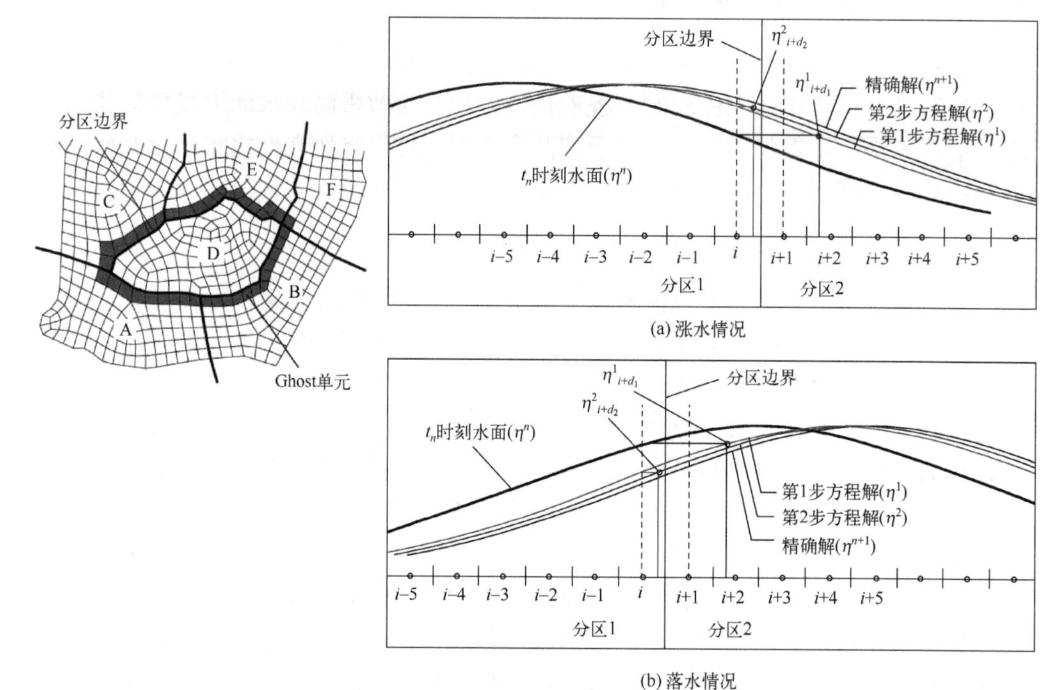

图 4.4　自由表面波传播穿过分区边界

若采用分区局部解法，分区 1、2 在界面 i+1/2 处分隔(图 4.4)，位于分界面两侧的单元 i、i+1 分别位于不同分区，因而不能将两个单元的未知量(t_{n+1} 时刻的水位 η^{n+1})列在同一个代数方程之中。在构建分区代数方程系统时，各分区通过互相提供边界条件的方式，帮助相邻分区代数方程系统实现闭合。例如，在构造分区 2 的代数方程系统时，位于分区 1 的单元 i 可提供当前已知且最新的水位给分区 2 作为边界条件，使分区 2 的代数方程系统封闭。在全局循环的每个分步，各分区都需要更新 u-p 耦合代数方程系统并进行重新求解。示例如下。

在全局循环第 1 步(η^1 表示分区迭代收敛时的结果)，u-p 耦合代数方程为

$$\Delta x\eta_{i+1}^{1}+g\theta^2\Delta t^2h_{i+3/2}^n\frac{\eta_{i+1}^{1}-\eta_{i+2}^{1}}{\Delta x}+g\theta^2\Delta t^2h_{i+1/2}^n\frac{\eta_{i+1}^{1}-\eta_i^{n}}{\Delta x}=\mathrm{RHS}_{i+1} \tag{4.12a}$$

在全局循环第 2 步(η^2 表示分区迭代收敛时的结果)，u-p 耦合代数方程为

$$\Delta x\eta_{i+1}^{2}+g\theta^2\Delta t^2h_{i+3/2}^n\frac{\eta_{i+1}^{2}-\eta_{i+2}^{2}}{\Delta x}+g\theta^2\Delta t^2h_{i+1/2}^n\frac{\eta_{i+1}^{2}-\eta_i^{1}}{\Delta x}=\mathrm{RHS}_{i+1} \tag{4.12b}$$

$$\vdots$$

在全局循环第 k 步(η^k表示分区迭代收敛时的结果)，u-p 耦合代数方程为

$$\Delta x\eta_{i+1}^{k} + g\theta^2\Delta t^2 h_{i+3/2}^{n}\frac{\eta_{i+1}^{k} - \eta_{i+2}^{k}}{\Delta x} + g\theta^2\Delta t^2 h_{i+1/2}^{n}\frac{\eta_{i+1}^{k} - \eta_{i}^{k-1}}{\Delta x} = \text{RHS}_{i+1} \tag{4.12c}$$

式(4.12)中的右端项 RHS_{i+1} 是显式计算项，并与式(4.11)中相同。在全局循环中，单元 i+1 的水位计算误差($\eta_{i+1}^{1} - \eta_{i+1}^{n+1}$，$\eta_{i+1}^{2} - \eta_{i+1}^{n+1}$，…，$\eta_{i+1}^{k} - \eta_{i+1}^{n+1}$)可以使用式(4.12)减去式(4.11)得到。在相减的过程中，可认为在 Δt 内分区内部同一地点的水位梯度随时间的变化是一个二阶小量，不同时刻的水位梯度在相减时近似相互抵消。当分区拥有向外的扩展层并形成扩展分区时，原始分区分界线附近的水位梯度[例如$(\eta_{i+1}-\eta_{i+2})/\Delta x$]计算，将发生在更加远离实际分区边界的地方，这将使上述的“相互抵消”假定更加合理。为了便于推导和论述，这里选择原始分区开展分析，在全局循环各分步，分区边界单元的水位计算误差可依次导出如下。

在全局循环第 1 步，单元 i+1 的水位计算误差为

$$\eta_{i+1}^{1} - \eta_{i+1}^{n+1} = \frac{g\theta^2\Delta t^2 h_{i+1/2}^{n}}{\Delta x}\frac{\eta_{i+1}^{n+1} - \eta_{i}^{n+1}}{\Delta x} - \frac{g\theta^2\Delta t^2 h_{i+1/2}^{n}}{\Delta x}\frac{\eta_{i+1}^{1} - \eta_{i}^{n}}{\Delta x} \tag{4.13a}$$

在全局循环第 2 步，单元 i+1 的水位计算误差为

$$\eta_{i+1}^{2} - \eta_{i+1}^{n+1} = \frac{g\theta^2\Delta t^2 h_{i+1/2}^{n}}{\Delta x}\frac{\eta_{i+1}^{n+1} - \eta_{i}^{n+1}}{\Delta x} - \frac{g\theta^2\Delta t^2 h_{i+1/2}^{n}}{\Delta x}\frac{\eta_{i+1}^{2} - \eta_{i}^{1}}{\Delta x} \tag{4.13b}$$

依此类推，在全局循环第 k 步，单元 i+1 的水位计算误差为

$$\eta_{i+1}^{k} - \eta_{i+1}^{n+1} = \frac{g\theta^2\Delta t^2 h_{i+1/2}^{n}}{\Delta x}\frac{\eta_{i+1}^{n+1} - \eta_{i}^{n+1}}{\Delta x} - \frac{g\theta^2\Delta t^2 h_{i+1/2}^{n}}{\Delta x}\frac{\eta_{i+1}^{k} - \eta_{i}^{k-1}}{\Delta x} \tag{4.13c}$$

3．分区边缘计算误差的解析

在使用分区局部解法进行双层循环交替迭代时，全局循环各步的计算结果将逐渐逼近于精确解[14-17]。全局循环求解过程将产生一系列的自由水面纵向剖面(波形)，它们分别是 t_n 时刻初始波形(η^n)，第 1 步波形(η^1)，第 2 步波形(η^2)，…，第 k 步波形(η^k)，…，t_{n+1} 时刻精确解波形(η^{n+1})。在全局循环各步获得的所有波形均位于 t_n、t_{n+1} 时刻的两个精确波形(η^n、η^{n+1})之间，且全局循环越往后所获得的波形将越接近 t_{n+1} 时刻的精确波形。在涨水和落水两种情况下，上述自由水面波形穿过分区边界的物理过程描述如图 4.4(中间波形仅绘出了第 1、2 步)。

可根据浅水流动系统洪水传播多为非恒定性不强的长波运动这一特点，进一步引入如下三个假定转化式(4.13)，进而解析全局循环各步的计算误差。其一，在一个时间步长的波形传播过程中，忽略波形形状变化，即波幅 A_0、波高 H_0、波长 λ_0 及它们的比值 A_0/λ_0、A_0/H_0、H_0/λ_0 均被假定为常数。其二，浅水流动系统长波的波长可达数百公里，通常是分区尺度(数十公里)的数十倍。因此，可假定波形的水面

在分区内的分布是单调的。其三，即便使用并不十分精确的分区边界条件，一次全局循环中分区代数方程系统的求解亦可在宏观上反映波形穿越分区边界的传播过程，同时，其计算结果可为后续全局循环提供足够精确的分区边界条件。

分区分界处水位梯度的转换。图 4.4(a)中，从波形传播的角度来看，在全局循环第 1 步，在波形 η^n 上的点 η_i^n 移动到它在波形 η^1 上的等价点 $\eta_{i+d_1}^1$，此处 d_1 表示波形所经过的单元的数目。可通过波形平移推算这个等价点的具体位置，进而使用 $\eta_{i+d_1}^1$ 代替 η_i^n 来计算 $(\eta_{i+1}^1-\eta_i^n)/\Delta x$。波形传播的无量纲距离可使用波速 $c=(gh)^{1/2}$ 估算，有 $d_1=c\Delta t/\Delta x$。当 Δt 较大时 d_1 可大于 1，$i+d_1$ 与 $i+1$ 之间的距离为 d_1-1。另外，河流中长波运动的水位梯度及其空间变化一般很小，可认为 $i+1$ 与 $i+d_1$ 之间、$i+1$ 与 $i+2$ 之间的水位梯度近似相等。式(4.13a)中的 $(\eta_{i+1}^1-\eta_i^n)/\Delta x$ 可转化为

$$\frac{\eta_{i+1}^1-\eta_i^n}{\Delta x}=\frac{\eta_{i+1}^1-\eta_{i+d_1}^1}{\Delta x}=\left(c\Delta t/\Delta x-1\right)\alpha\frac{\eta_{i+1}^1-\eta_{i+2}^1}{\Delta x} \tag{4.14a}$$

式中，$\alpha(\approx 1.0)$表示水位梯度空间变化因子。

在全局循环第 2 步，在波形 η^1 上的点 η_i^1 移动到了它在波形 η^2 上的等价点 $\eta_{i+d_2}^2$，这里使用 d_2 表示波形所传播的无量纲距离($d_2=c\Delta t/\Delta x$)。波形 η^2 位于波形 η^1、η^{n+1} 之间。根据假定三，在第 1 步全局循环中，波形穿越分区分界面的传播过程已基本完成；因而，在全局循环第 2 步波形相对于波形 η^1 向前传播的距离将很小。因此，d_2 将是一个很小的正数($0\leqslant d_2\leqslant 0.5$)，式(4.13b)中的 $(\eta_{i+1}^2-\eta_i^1)/\Delta x$ 可转化为

$$\frac{\eta_{i+1}^2-\eta_i^1}{\Delta x}=\frac{\eta_{i+1}^2-\eta_{i+d_2}^2}{\Delta x}=(1-\beta_2)\frac{\eta_{i+1}^2-\eta_i^2}{\Delta x} \tag{4.14b}$$

式中，$\beta_2(0\leqslant\beta\leqslant 0.5)$为 $\eta_{i+d_2}^2$ 和 η_i^2 之间的水平距离(使用 Δx 进行无量纲化)。

在全局循环第 k 步，使用与全局循环第 2 步类似的方法进行类推，式(4.13c)中的 $(\eta_{i+1}^k-\eta_i^{k-1})/\Delta x$ 可转化为

$$\frac{\eta_{i+1}^k-\eta_i^{k-1}}{\Delta x}=\frac{\eta_{i+1}^k-\eta_{i+d_k}^k}{\Delta x}=(1-\beta_k)\frac{\eta_{i+1}^k-\eta_i^k}{\Delta x} \tag{4.14c}$$

式中，$\beta_k(\beta_k<\beta_{k-1})$为 $\eta_{i+d_k}^k$ 和 η_i^k 之间的水平距离(使用 Δx 进行无量纲化)。

对于冲积河流，水位梯度的特征可以使用洪水波的特征参数(A_0/λ_0)来较好地代表。将式(4.14)分别对应地带入式(4.13)中，并使用 A_0/λ_0 代替其中的水位梯度，可得分区边缘水位计算误差在全局循环中的变化过程

全局循环的第 1 步：$$\eta_{i+1}^1-\eta_{i+1}^{n+1}=-\frac{\theta^2\Delta t^2 gh_{i+1/2}^n}{\Delta x}\alpha\frac{c\Delta t}{\Delta x}\frac{A_0}{\lambda_0} \tag{4.15a}$$

全局循环的第 2 步：$$\eta_{i+1}^2-\eta_{i+1}^{n+1}=-\beta_2\frac{\theta^2\Delta t^2 gh_{i+1/2}^n}{\Delta x}\frac{A_0}{\lambda_0} \tag{4.15b}$$

$$\vdots$$

全局循环的第 k 步：$\eta_{i+1}^{k}-\eta_{i+1}^{n+1}=-\beta_k\dfrac{\theta^2\Delta t^2 g h_{i+1/2}^{n}}{\Delta x}\dfrac{A_0}{\lambda_0}$ (4.15c)

式(4.15)为涨水情况下分区边缘计算误差在全局循环中的变化过程。同理，可以推得落水情况下(图4.4(b))分区边缘计算误差在全局循环中的变化过程。在涨水和落水两种情况下，误差的表达式仅相差一个负号，形式完全相同。

4.2.3 浅水流动分区求解的误差变化规律

将分区局部解法用于求解浅水流动系统问题时，在全局循环各步中，分区边缘计算误差的正负号和量级呈现出如下特征。

1．分区边缘计算误差增量的符号

在恒定开边界条件下，没有波形穿过分区分界面。此时，对于分区中任一单元 i+1，有 $\eta^1=\eta^{n+1}$，$\eta^2=\eta^{n+1}$，…，即在每个时步模型均不会产生误差增量。

非恒定开边界条件分为涨水和落水两种情况。在涨水情况下，根据式(4.15a)，在单元 i+1 处有 $\eta^1<\eta^{n+1}$，这意味着在全局循环第1步之后，分区1被具有水位被低估特征的Ghost单元包围着。这将导致分区1在全局循环第2步中产生负的水位误差增量。落水情况与涨水情况正好相反。因此，在涨水和落水情况下，分区解法将分别产生负的和正的水位计算误差增量。

2．分区边缘计算误差的量级与变化

选取长江中游下荆江作为冲积河流实例，河道情况为：平滩流量条件下断面平均水深约14.2m，据此估算波速 $c=11.8\text{m/s}$；由实测水文数据可知，河段最大日水位变幅 $A_1=1.08\text{m}$。可使用 A_1 近似代替 A_0 来估算特征参数 A_0/λ_0，相应地波动周期 T 为86400s。据此，可算出下荆江 $\lambda_0=Tc=1019.2\text{km}$，$A_0/\lambda_0=1.059\times10^{-6}$。在长江干流常规模拟中，一般取网格尺度 $\Delta x=200\text{m}$、$\Delta t=90\text{s}$、$\theta=0.6$。根据式(4.15)可估算：在全局循环第1步，分区边缘的水位计算误差(分区中最大)为1.14cm($\alpha=1$)；在全局循环第2步，分区边缘的水位计算误差降低至0.1cm(取 $\beta_2=0.5$)；在全局循环第 k 步，分区边缘的水位计算误差将进一步降低($\beta_k<\beta_{k-1}$)。上述分析使用了极限情况(例如，使用年最大日水位变幅)和极限参数(例如 $\beta_2=0.5$)；同时，所分析的也是分区最大误差，在实际中误差一般要小很多。

参照上述实例并结合浅水流动数值试验(见后续章节)，可得到如下认识。

其一，若在全局循环第1步分区边缘水位计算误差≤1.5cm，则在全局循环第2步分区边缘水位计算误差一般可降至很低(≤0.1cm)。分区计算误差由分区边缘向内逐渐减小，再加之分区内与分区间计算误差的传递和均化，0.1cm以下的计算误差在分区局部解法计算中产生的累积影响实质上很小。数值试验中，误差在多个时步的累积影响一般小于全局循环第 1 步分区边缘的计算误差。数值实验还表明，在一定的模型参数条件下，单次全局循环的分区代数方程系统求解，即可为后续全局循环提供可靠(足够精确)的分区边界条件，也就是前文假定三是在特定条件下成立的。

其二，需要至少执行两步全局循环才能保证整个求解基本达到收敛，这个分析与实验结果表明：单步全局循环，虽然可提供可靠的分区边界条件，但并不能保证分区内各单元的计算结果达到收敛。从分区耦合求解的角度讲，若分区局部解法只执行一次全局循环，隐式水动力模型代数方程组的求解在分区边界处就解耦了，无法反映分区之间的耦合关系。因此，为了避免分区求解解耦而影响模型的精度和稳定性，进行后续若干步的全局循环是必要的。

其三，隐式水动力模型的稳定性要求隐式因子 θ 满足 $0.5<\theta<1$，不能通过无限减小的 θ 来无限降低单次全局循环的计算误差。因此，在使用分区局部解法时，只能通过限制 Δt、Δx 等参数来缓解分区局部求解可能带来的不利影响。

4.3 隐式水动力模型的预测-校正分块解法

根据上一节中分区局部解法全局循环迭代误差的解析结果，本节继续探讨改善代数方程组迭代求解收敛性的思路，进而建立隐式水动力模型代数方程组的预测-校正分块解法。该方法可视为一种只有两步的分区局部解法。

4.3.1 基于区域分解的两步求解思路

在分区局部解法的全局循环中，分区代数方程系统局部收敛及基于它们的全局收敛的快慢，取决于分区边界条件的准确性与变化过程。如果在某条件下，全局循环第 1 步求解就能充分反映洪水波穿越分区边界的传播过程并为后续全局循环提供可靠的分区边界条件，那么全局循环第 2 步的分区计算结果就可以达到全局收敛的标准，即只需两次全局循环即可完成代数方程组的求解。第 4.2 节建立了浅水流动系统洪水传播物理过程(非恒定性不强的长波运动)的数学描述，根据它进一步制定应用条件，以保证分区局部解法只需两次全局循环就达到迭代收敛，进而改进隐式水动力模型代数方程组求解器的结构和收敛性能，是完全可能的。以下将介绍的隐式水动力模型预测-校正分块解法，就是一种只含有两步全局循环的分区局部解法。

预测-校正分块解法，仍以区域分解为基础，将计算区域整体所对应的代数方程系统转化为分区所对应的代数方程系统进行局部求解。其主要思想为：基于区域分解，将浅水流动系统洪水演进分割为外波(穿越分区交界面的传播)和内波(在分区内的传播)两个洪水波传播过程，并使用预测和校正两步分别进行求解。在一定的模型参数条件下，通过第一次全局循环(预测步)求解外波的传播得到“外波解”，它为第二次全局循环(校正步)提供足够准确的分区边界条件；使用更新的分区边界条件和初始条件，通过校正步完整地求解洪水波传播。

隐式水动力模型代数方程组的预测-校正分块解法特点如下。其一，相对于不使用区域分解的解法，分区代数方程系统的类型保持不变。以第 4.1 节模型为例，与计算区域整体所对应的大型代数方程系统相同，分区代数方程系统也是具有对称、正定和对角占优特征的系数矩阵的线性系统，具有唯一解并可使用 PCG 高效求解。其二，各分区代数方程系统的构造和求解是相互独立的，可以独立地装配它们的系数矩阵和右端项(包括加载水位 Dirichlet 类边界条件)。其三，各分区子系统可使用分区边界外围的 Ghost 单元，互不影响地完成分区数据交换。

4.3.2 预测-校正分块解法的求解流程

在完成区域分解并为每个分区构建代数方程系统之后，使用预测-校正分块解法进行隐式水动力模型代数方程组的分区局部迭代求解的流程如下。

1．分区局部迭代求解的步骤

第 1 步：初始化。计算分区代数方程系统初始残差(r_0)。对于一个给定的分区，规定预测步和校正步迭代计算达收敛时的容忍残差标准分别为$|\varepsilon_0 r_0|$和$|\varepsilon_1 r_0|$。在校正步，一般 $\varepsilon_1 \leqslant 5.0\times10^{-6}$，与计算区域整体的全局迭代解法的收敛容忍度相同。在预测步，迭代求解无需非常精确，因而 ε_0 在数值上可显著大于 ε_1。

第 4.2 节分区局部解法的浅水流动实例分析表明，全局循环第 1 步的水位误差比全局循环第 2 步大 10 倍以上。相应地，对于预测-校正分块解法，预测步迭代求解的水位误差收敛标准可设为比校正步大 10 倍以上。当这个水位误差收敛标准被转化为使用残差标准来表达时，预测步与校正步的收敛标准的差别将被进一步放大。数值试验表明，冲积河流应用中 ε_0 最大可取 5×10^{-3}，为 ε_1 的数百倍。

第 2 步：预测步计算。首先，独立装配每个分区代数方程系统的系数矩阵和右端项。然后，独立地执行每个分区的 JCG 迭代计算，直到所有分区代数方程系统的残差均小于各分区的容许残差$|\varepsilon_0 r_0|$。解毕，获得每个分区方程组的解(预测解)。

第 3 步：分区更新。分别使用各分区的预测解(水位)更新对应分区的单元，并同时进行相邻分区的数据交换。以图 4.4 分区 D 为例，将环绕在分区 D 外围并位于分区 A、B、F、E、C 的一层单元作为分区 D 的 Ghost 单元，为分区 D 提供水位边界条件。在使用预测解更新分区 A、B、F、E、C 所有单元的同时，可同时更新位于分区 D 外围的 Ghost 单元(通过这种方式完成分区间数据交换)。当完成所有分区的水位变量更新之后，进行一次各分区计算的同步。

第 4 步：校正步计算。校正步与预测步分区代数方程系统具有相同的系数矩阵，仍使用分区代数方程系统的初始残差 r_0 作为参照，并使用预测解设置边界条件来闭合分区代数方程系统。首先，独立装配每个分区代数系统的系数矩阵和右端项，对

于那些未发生变化的系数无需更新，使用预测解作为代数方程组迭代求解的初始解。然后，独立执行每个分区的 JCG 迭代计算，直到所有分区代数方程系统的残差均小于各分区的容许残差$|\varepsilon_1 r_0|$。解毕，获得每个分区方程组的最终解(校正解)。

第 5 步：全局更新。分别使用各分区的校正解更新在全局计算网格中各分区所包含的那一部分单元的水位。然后，再一次进行各分区计算的同步。

2．执行流程的特点与并行化要点

预测-校正分块解法具有很强的适应能力。其一，该方法可应用于任意分区数量，并且可应用于任意形状、大小和复杂程度的计算区域。当计算区域很大时，除了分区数量多一些，算法在执行上并未发生任何变化。其二，该方法可应用于结构网格和非结构网格隐式水动力模型。当应用于前者时，只需求解较简单的对称正定对角线性系统；当应用于后者时，需求解对称正定稀疏线性系统。

从求解过程来看，因为在迭代求解过程中各分区之间只需进行一次数据交换，因而预测-校正分块解法的分区计算是可以被高度并行化的。当使用 OpenMP 技术在共享内存计算机上运行模型时，预测-校正分块解法还可通过引入全局变量($\eta^{\sim}$)的方式完成分区之间的数据交换，以进一步优化模型的并行执行效率。

与 t_n、t_{n+1} 时刻水位变量全局数组(η^n、η^{n+1})相同，辅助变量数组 $\eta^{\sim}$ 也定义在整个计算区域上并被所有分区共享。在预测步，使用 η^n 初始化分区代数方程系统的未知量，解毕，将预测解保存在 $\eta^{\sim}$ 之中。在校正步，使用 $\eta^{\sim}$ 作为方程组的初始解，解毕，将校正解保存在 η^{n+1} 之中。分区可直接从这些全局数组中抽取分区求解所需的边界条件信息。此时，分区求解不再需要定义 Ghost 单元和使用基于它的分区数据交换。使用 $\eta^{\sim}$ 帮助算法实现了分区代数方程系统求解的高度并行化。

4.3.3 预测–校正分块解法的应用条件

由于在一个 Δt 内只进行一次分区间的数据交换，预测和校正的两步求解模式本质上只进行了分区子系统的准耦合求解。预测-校正分块解法所使用的核心假定：自由表面重力波的外波传播(波形穿越分区边界的宏观传播过程)在预测步得到了充分求解。满足这个假定，是保证预测-校正分块解法准耦合求解的稳定性和准确性的前提。通过规定分区边界处预测解误差上限(E_P)的方式，可得到一个保证该假定合理的定量的判定规则。使用式(4.15a)，并令 $\alpha = 1.0$ 可建立这个判定规则的具体形式，也就是预测-校正分块解法的适用条件：$(\theta^2 \Delta t^3 c^3 / \Delta x^2)\ (A_0/\lambda_0) < E_P$。

可使用计算区域内水文实测数据估算 A_0/λ_0。具体做法为：令 A_0 等于水文站最大单日水位变幅(A_1)，同时使用 $\lambda_0 = Tc$ 计算 λ_0，其中周期 T 设置为 86400s(对应于 1 天的水位变幅)。此时，预测-校正分块解法的应用条件可写为

$$\theta^2 \frac{\Delta t^3 c^2}{\Delta x^2} \frac{A_1}{T} < E_P \tag{4.16}$$

理想和真实浅水流动系统数值实验表明，保证预测-校正分块解法达到工程实用精度的 E_P 取值约为 1.5cm。对于给定的模拟场景和计算网格，可通过限制时间步长来满足式(4.16)，进而保证预测-校正分块解法中核心假定的合理性和分区准耦合求解的稳定性和准确性。同时，通过减小计算时间步长来满足式(4.16)，这意味着该解法的应用条件可能对水流计算的时间步长产生额外的限制。幸运的是，大量数值试验表明式(4.16)是非常容易满足的。在保证稳定和精确的前提下，与全局代数方程组解法相比，预测-校正分块解法允许使用几乎相同大小的时间步长。隐式二维水动力模型的数值稳定性几乎不受预测-校正分块解法应用条件的影响。一旦式(4.16)得到满足，该解法在校正步可能的最大计算误差为 $\beta_2(\theta^2\Delta t^2 c/\Delta x)(A_1/T)$。

4.3.4　预测–校正分块解法的辨析

在各种区域分解解法中，Schur 补偿方法使用缩减的全局代数方程系统，全局矩阵分割计算方法采用分区法计算全局矩阵，分区局部解法在一个全局循环框架下不断地更新分区边界条件并求解分区代数方程系统。从算法结构来看，预测-校正分块解法可被视为一种只有两步的分区局部解法。

分区局部解法是包含全局循环和局部迭代的双层解法，使用局部迭代独立求解分区代数方程系统，使用全局循环将分区计算结果同步并合成在一起。与双层解法相同，预测-校正分块解法也通过求解分区代数方程系统代替求解全局代数方程系统。传统的双层解法多用于求解描述海洋非线性波的 Laplace 方程[14,15]或 Boussinesq 方程[16,17]，本质是自由水面和流速势的耦合问题。相比之下，预测-校正分块解法求解描述江河湖网的浅水方程，本质是自由水面和动量的耦合问题。预测-校正分块解法与双层解法是在不同的应用背景下产生的，主要区别如下。

方法的导出。双层解法[14-17]是使用两个假定与纯数学方法导出的。其一，假定全局矩阵在逻辑上可由分区矩阵的集合代替。其二，假定在全局循环过程中，不断求解分区子系统所得到的一系列的近似解逐步逼近准确解。预测-校正分块解法主要构造思想为在隐式水动力模型代数方程系统求解中，考虑浅水流动洪水传播的物理特性，将自由表面重力波分为外波和内波两个部分，并分两步分别进行求解。此外，通过研究浅水流动系统中洪水传播过程，明确和制定了预测-校正分块解法的应用条件，保证了该解法核心假定的合理性。因此，预测-校正分块解法，并不是简单地将双层解法中的全局循环次数直接设定为 2 得到的。

分区求解的耦合性。海洋波浪和浅水流动在波幅 A_0、波高 H_0、波长 λ_0、波周期 T 及它们的比率 A_0/λ_0、A_0/H_0、H_0/λ_0 等方面存在不同。海洋常常包含有波长短、非恒定性强并具有非线性特征的波浪运动，而河湖浅水流动大多为非恒定性不强的长波。当使用分区局部解法时，求解海洋波浪相对于求解河流浅水流动，要求分区局部求解具有更紧密的耦合程度。双层解法通过全局循环实现分区代数方程系统的强耦合求解，相比之下，预测-校正分块解法使用两步实现分区代数方程系统的准耦合求解。在文献[17]中，双层解法在模拟非线性波时需要 4～16 次的全局循环才能达到收敛。由本章后续测试可知，预测-校正分块解法在模拟浅水流动系统时，仅需要预测和校正两步即可获得准确的计算结果。这表明，在满足一定的模型参数条件下，全局循环在浅水流动模拟中是多余的。

求解器结构与并行加速性能。双层解法中数据交换十分频繁，因而需要较多的并行管理开销。预测-校正分块解法中分区间只需一次数据交换，该方法在简化求解流程的同时大幅优化了 *u*-*p* 耦合求解器的结构，使其可被高度并行化，在本质上改善了隐式水动力模型的可并行性。

4.4 模型参数敏感性的研究方法

时空离散只是对连续流动的一种近似描述。随着时空离散参数(网格尺度、时间步长)变化，数值模拟的精度也会发生变化，它一般随着 Δx、Δt 减小而提高。当 Δx、Δt 减小到一定程度后，计算结果通常趋于稳定并取得与离散参数无关的解，称之为建立了算法对离散参数的无关性。一般而言，具有离散参数无关性的数值解才是有科学意义和工程实用价值的数值解。对于新算法，在使用之前一般均需要进行参数敏感性研究，测试的参数种类除了时空离散参数，还包括算法中某些特定参数，在数值试验中观察计算结果的变化规律。本节设计理想明渠算例开展预测-校正分块解法(PCM)的参数敏感性研究。

4.4.1 参数敏感性研究测试算例设计

设计的矩形断面明渠长 320km、宽 2.56km，纵向底坡为 0.5×10^{-4}。计算工况分为两组，分别使用恒定和非恒定的开边界条件，它们涵盖了真实河流中绝大多数的基本明渠水流现象。使用 5 种计算网格(特征见表 4.2)研究网格尺度对模拟结果的影响，以建立与网格尺度无关的数值解。在每种网格上，均使用 6 种分区(分别包括 2、4、8、16、32、64 个分区)来测试求解器的并行性能。采用等分法获得分区，使各分区的计算量荷载是平衡的。这 6 种分区的尺寸依次为 $160\times2.56\text{km}^2$、$80\times2.56\text{km}^2$、$40\times2.56\text{km}^2$、$20\times2.56\text{km}^2$、$10\times2.56\text{km}^2$、$10\times1.28\text{km}^2$。在网格 1～5 上，进行数值试验所采用的计算时间步长依次为 36s、60s、60s、90s、150s，与它们各自的网格尺度相对应。

表 4.2 PCP 方法网格敏感性测试的网格尺度与数量特征

网格	网格尺度(相对于实际常用)	单元数量	并行粒度
1	50m×20m(非常小)	819200	非常大
2	100m×20m(小)	409600	大
3	100m×40m(中)	204800	中等
4	200m×80m(普通)	51200	小
5	400m×160m(大)	12800	非常小

在 PCM(基于它的并行算法称为 PCP)的测试中，在每个分区外围均采用具有一层单元的重叠层对分区进行扩展以改善计算精度。在相同的模型参数和边界条件下，同步开展 ILP 模型(不使用区域分解)的测试，以便开展比较分析。除了代数方程系统的求解方法与并行方式不同之外，ILP 和 PCP 模型的其他部分完全相同，均使用 OpenMP 技术直接并行循环语句的方式实现并行计算。采用具有 8 颗 10 核 CPU(Intel Xeon E7-8870，关闭超线程)构建共享内存的硬件环境，采用 Windows 与 C++ 14.0 作为软件运行环境，开展效率测试。$\theta = 0.6$，ELM 追踪的分步数量设为 6。初步测试表明，PCM 稳定计算时其中的 ε_0 应满足 $\varepsilon_0 \leqslant 5\times10^{-3}$。

4.4.2 预测-校正分块解法的加速性能

算法的并行加速性能受并行粒度的影响。对于细粒度问题，单个核心分担的绝对任务数量很少，并行管理开销占比较大，因而加速比不高。计算网格 1～5 分别代表不同的粒度等级(表 4.2)。采用恒定开边界条件开展数值试验，阐明在不同粒度条件下 PCP 的并行加速性能：在上游入口($x = 0$)施加 $20\text{m}^3/\text{s/m}$ 的单宽流量，并在下游出口($x = 320\text{km}$)设定 10m 水深。在形成恒定均匀流的条件下(具有 10m 水深和 2m/s 的平均流速)，根据曼宁公式、均匀流和过流断面几何形态可反推出 $n_\text{m} = 0.0164$。每种测试工况中，工作核心数量(n_c)均等于分区数量。

图 4.5 绘制了使用 ILP 和 PCP 求解线性方程系统的加速比随核心数量的变化(均以 $n_\text{c} = 1$ 时的 ILP 耗时为基准)。在网格 1～5 上(使用 64 分区，$n_\text{c} = 64$)，ILP 的加速比分别为 21.9、16.5、9.4、4.2 和 1.4，而 PCP 的加速比分别为 95.6、80.2、63.2、52.1 和 40.9。当 n_c 增加时，ILP 的加速比的增长迅速放缓甚至出现负增长，而 PCP 的加速能力可得到很好的保持。在网格 1～5 上，ILP 的加速比随着并行粒度减小而显著降低。相比之下，对于小粒度问题，PCP 依然可取得很大的加速比；在求解大粒度问题时，可观察到 PCP 展现出具有超线性特征的加速比。

有学者[9-11]测试了基于全局矩阵分割计算方法的隐式水动力模型的并行加速比。Bjørndalen 的三维算例(50622×62 个单元)在 $n_\text{c} = 22$ 条件下加速比为 14.55；Fringer 等的三维算例(10^6 个单元)在 $n_\text{c} = 32$ 条件下加速比为 22.13；Jankowski 的二

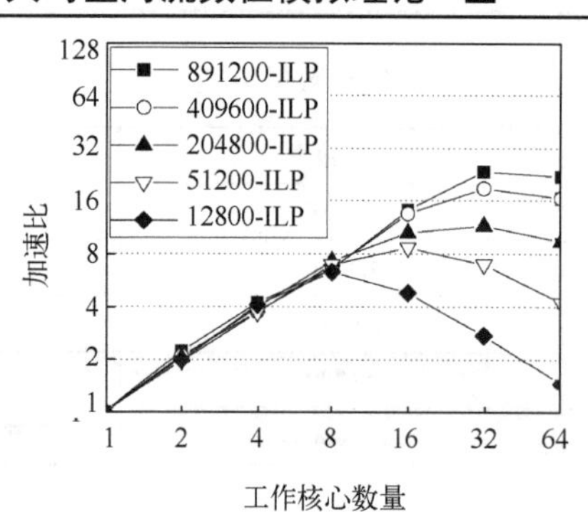

(a)

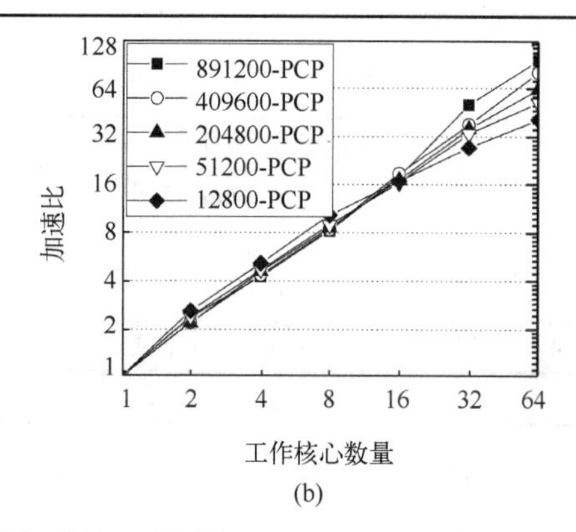

(b)

图 4.5　不同计算网格和分区条件下的加速比：(a) 使用 ILP；(b) 使用 PCP

维算例(73.8 万单元)在 $n_c = 64$ 条件下加速比为 62。由于单元数量、计算机架构、代数方程系统计算量在模型总计算量中所占比重等的差异，比较这些文献数据与本节测试结果只具参考意义。全局矩阵分割计算方法，在每个全局迭代步均需至少进行一次完整的分区外围多边形重叠区的数据交换。通过限制交换数据的数量来减少并行管理开销，可显著提高模型的并行加速性能[11]。

文献[17]使用分区局部解法求解非线性波动的 Boussinesq 方程，其中二维算例(67.2 万单元)在 $n_c = 20$ 时加速比为 17.1。由此可知，不管是全局矩阵分割计算方法还是分区局部解法，其加速比相对于核心数量一般均呈现出亚线性关系，并行加速性能显著低于 PCP。与传统的基于区域分解的解法相比，PCP 在求解隐式水动力模型代数方程组时考虑了洪水传播的物理特性，只需使用预测和校正两步计算即可保证代数方程系统达到收敛，求解过程中分区数据交换数量减少到一次，使并行加速比随着计算机核心数量增加近似地呈线性增长。

4.4.3　预测-校正分块解法的计算精度

在模型应用时，数值解的正确性比计算速度具有更高的优先级。这里在非恒定开边界条件下开展数值试验，研究网格尺度对 PCM 计算准确性的影响。通过在出流开边界处加载周期性的水位振荡过程(图 4.6，振幅为 1m)，形成非恒定流。在上游开边界处，0 梯度水位边界条件允许水面波动自由传播并穿出上游开边界。当分区数量越多、计算区域的碎片化程度越高时，PCM 的准耦合求解所产生的误差就越大。因此，在网格 1～5 上采用 64 个分区(最不利工况)开展数值试验。

根据水流条件(水深 10m，水位日变幅 1.0m)，可估算 $c = 9.9\text{m/s}$、$\lambda_0 = 855.3\text{km}$。使用式(4.16)和前述参数，PCM 在网格 1～5 上的最大单步计算误差分别为：0.76cm、0.88cm、0.88cm、0.74cm、0.86cm(预测步，$\alpha = 1$)，0.05cm、0.07cm、0.07cm、0.08cm、0.12cm(校正步，$\beta_2 = 0.5$)。在 $x = 10\text{km}$、160km、310km 处，PCP 模型的水位累积

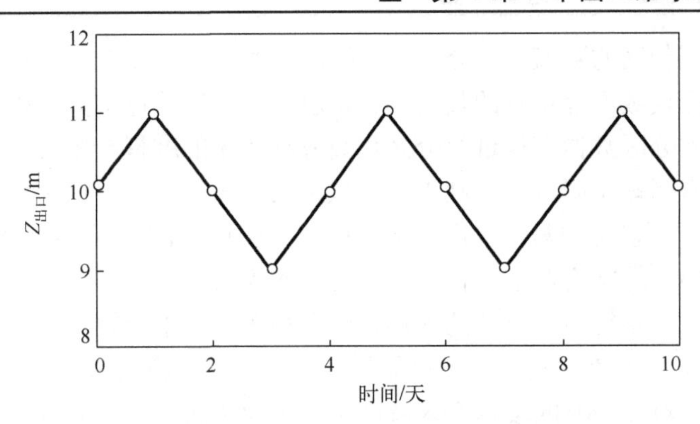

图 4.6　第 2 组测试出流边界的水位过程

误差随时间的变化过程如图 4.7(使用网格 2 与 3 时的计算结果重合)。在涨水/落水时段，可分别观察到负的/正的水位误差增量。随着计算网格尺度减小(时间步长也对应变化)，PCP 模型的计算结果逐渐接近于 ILP 模型的计算结果。当使用小于或等于网格 4 的计算网格尺度时(实际常规尺度)，模型可提供与计算网格尺度无关的数值解。

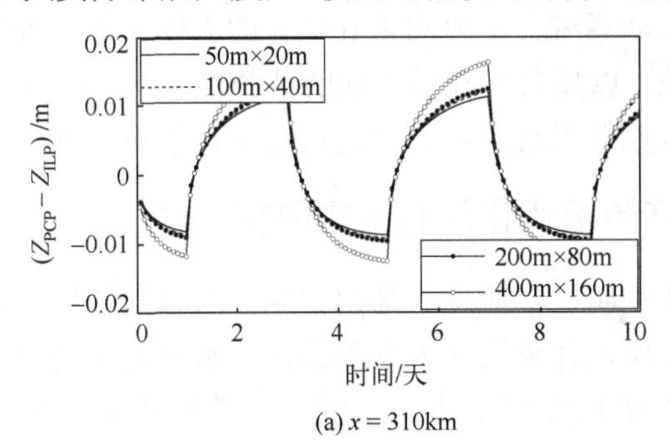

(a) $x=310$km

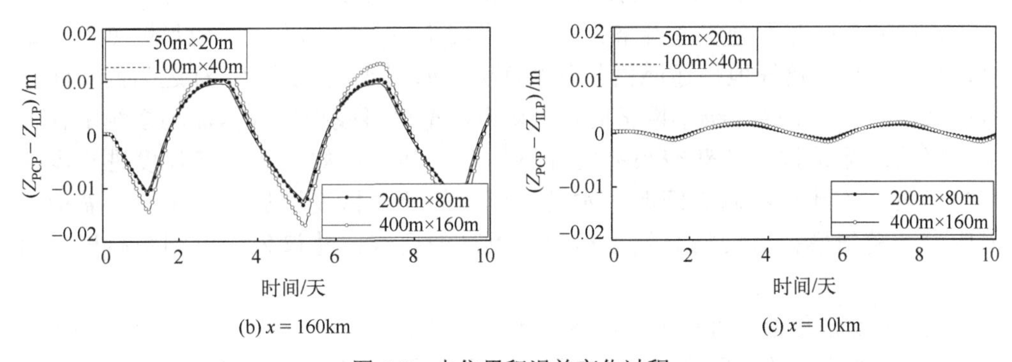

(b) $x=160$km　　(c) $x=10$km

图 4.7　水位累积误差变化过程

Elcirc[4]、Suntans[10]和 UnTRIM[11]采用全局矩阵分割计算方法求解计算区域所对应的全局代数方程系统。在不计计算机舍入误差时，它们可以取得与不使用区域分解的串行模型相同的数值解。分区局部解法模型[17]，借助全局循环反复进行分区数据交换和分区代数方程系统的紧密耦合求解，计算误差也不大。相比之下，PCM通过仅有的一次分区数据交换进行分区代数方程系统的准耦合求解，可能产生一定的精度损失。本例理想明渠最不利工况测试结果表明，在满足适用条件的前提下，PCM 的计算结果(已达到与计算网格无关的数值解)的最大累积误差均在 1.2cm 以内，数学模型的计算精度对于工程应用是可以接受的。

真实浅水流动系统中，复杂的地形、流态和频繁的干湿转换均可能在局部产生较大的 A_0/λ_0 值，且河道深槽在局部可能具有较大的水深和波速。真实浅水流动系统的复杂性可能会对 PCM 的准耦合求解产生一定的负面影响，并降低其精度。这些复杂性因素很难纳入理论研究范畴。因此，进一步测试 PCM 在模拟真实浅水流动系统时的表现是十分必要的，这些问题将在本章后续数值实验中讨论。

4.5 大型浅水流动系统建模与测试

对于大型浅水流动系统，一般需将其包含的大江大河、河网、湖泊、海湾等作为一个整体进行模拟，以反映各成员之间的耦合性。本节以荆江-洞庭湖(JDT)系统为例，介绍大型浅水流动系统二维模型建模与测试的技术和方法。

4.5.1 分区变尺度滩槽优化的非结构网格

作者的大量实践表明，参照水文部门常规分辨率河道地形测图中高程点的间距来确定网格尺度，可保证计算网格能准确描述浅水流动系统中广泛存在的滩槽与复杂河势，又不致使网格尺度过小或单元过多，说明如下。其一，当网格尺度大于地形图测点间距时，计算网格将难以准确描述滩槽与复杂河势，如图 4.8(a)、(b)所示，称之为低空间分辨率网格。其二，当网格节点间距不大于地形图测点间距时，网格通常可较好地描述滩槽与复杂河势，如图 4.8(c)所示，称之为高空间分辨率网格。当使用高分辨率网格时，水动力模型已可模拟出浅水流动系统中各种中尺度的水流结构，并获得很高的计算精度。其三，如果将网格尺度进一步减小到显著小于地形图测点间距，水动力模型的计算精度增加并不明显。需指出河床演变精细模拟对网格分辨率提出了更高的要求，建议为地形测图高程点间距的一半。

根据实测地形图，可知 JDT 各区域地形图测点的间距，如表 4.3 所示。根据不同区域滩槽形态描述对网格分辨率的不同要求，采用分区变尺度滩槽优化的非结构网格剖分 JDT 区域，得到 32.8 万个四边形单元。由附录 3 可知，分区变尺度滩槽优化的高分辨率非结构网格，可保证江湖系统各区域网格均具有足够的分辨率，在准确刻画各区域滩槽地形与复杂河势形态的同时，尽可能地节省了计算单元。

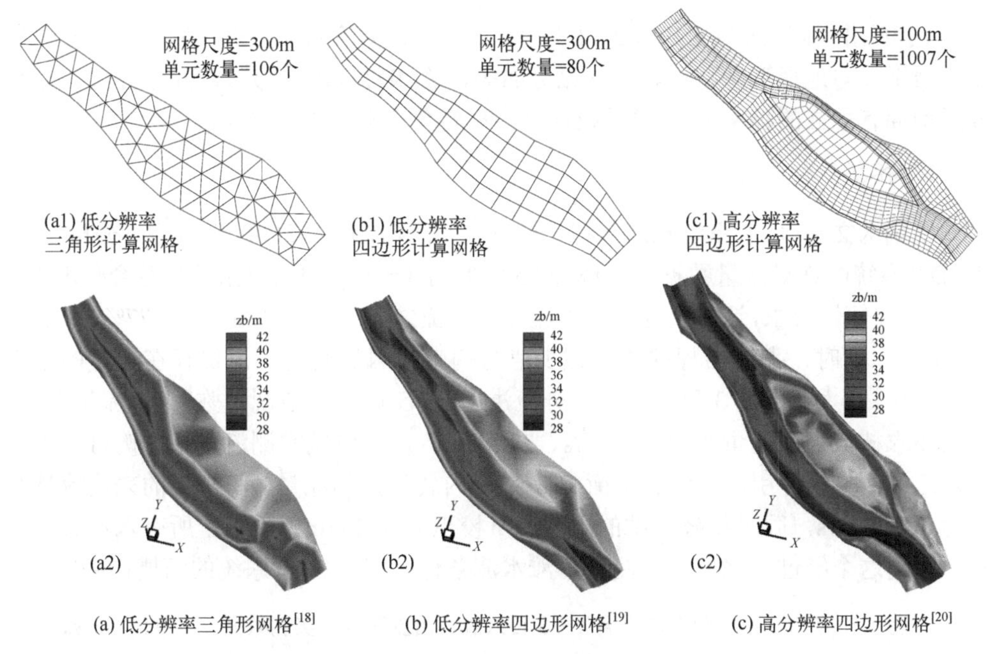

(a) 低分辨率三角形网格[18]　　(b) 低分辨率四边形网格[19]　　(c) 高分辨率四边形网格[20]

图 4.8　不同分辨率计算网格所描述的河势形态(以荆南河网某段为例)

表 4.3　JDT 系统实测地形图分辨率与计算网格尺度

区域	面积/km^2	河宽/km	地形图比例尺	地形图测点之间距离/m		网格尺度/m	
				纵向点距	横向点距	河槽	滩地
长江干流	785.3	2～3	1∶10000	200	60～80	200×50	200×100
荆南河网	419.0	0.3～0.8	1∶5000	100	25～35	100×30	100×50
洞庭湖	2699.2	2～25	1∶10000	200	60～80	200×100	200×200

注：长江干流计算区域(包括整个荆江)由宜都至螺山长约 365km。

4.5.2　大型浅水流动系统参数率定

在下面试验中，$\Delta t = 90\text{s}$，$\theta = 0.6$，ELM 逆向追踪的分步数量取 6，单元干湿转换的临界水深 $h_0 = 0.001\text{m}$，PCM 的可调因子 $\varepsilon_0 = 5\times10^{-3}$。选用 2005 年作为开展数值试验的典型年，它是较典型的中水年，其水文过程涵盖绝大多数实际水流条件。2005 年螺山站年径流量为 $6429\times10^8\text{m}^3$，接近于多年平均径流量 $6352\times10^8\text{m}^3$。

JDT 系统范围内共有 32 个观测站，长江干流有 M1～M13 共 13 个水尺，分流洪道有 D1～D5 共 5 个水尺，荆南河网有 N1～N8 共 8 个水尺，洞庭湖有 L1～L6 共 6 个水尺，水文部门在这些位置开展断面逐日水位的观测。其中，20 个测站为水文站，开展了流量观测：长江干流上依次为 M2、M5、M10、M13，分流洪道上依次为 D1、D2、D3、D4、D5，荆南河网区域依次为 N1、N3、N4、N5、N6、N7、

N8，洞庭湖区域依次为 L1、L2、L3、L6。水尺和测流断面位置见附录 3。根据江湖河网平面与地形形态特征、水文站分布等，将 JDT 系统划分为 86 个分区，每个分区均拥有独立的糙率 n_m，通过数值试验率定各个分区的糙率 n_m。

1．模型参数率定

枝城水文站(JDT 系统长江入口下游附近)平滩流量约 30000m³/s[21]。分析 2005 年 JDT 系统的逐日流量数据，发现 2005 年 8 月 1～3 日的水流条件最符合代表性、恒定性、守恒性要求，这 3 天逐日总入流和总出流之差分别为 1.50%、-2.77%、-0.79%(表 4.4)。同时，荆江沿程的流量减少值与荆南河网的实得分流仍存在一定的不平衡。例如，8 月 2 日、3 日沙市站与分流洪道(新江口、沙道观、弥陀寺)流量之和，分别要求枝城来流流量为 30101m³/s、29805m³/s，与枝城实测流量不平衡可能由区间入汇或测量误差引起。为了平衡 JDT 系统内各站点的流量，将枝城的来流流量修正为 30000m³/s，同时将螺山站的出流流量校正为 33457m³/s，等于所有入流流量之和。使用这个经过均化的“实测”平滩水流条件，率定 JDT 系统的河槽糙率。

表 4.4　JDT 系统 2005 年 8 月 1～3 日入流、出流和分流实测数据　(单位：m³/s)

开边界/分流道	水文站点	8 月 1 日	8 月 2 日	8 月 3 日
入流开边界 1	枝城	29000	29900	29100
入流开边界 2	湘江	1030	1050	1040
入流开边界 3	资水	568	694	742
入流开边界 4	沅江	909	1310	1350
入流开边界 5	澧水	415	370	325
出流开边界	螺山	32400	32400	32300
荆江干流	沙市(M5)	24100	25500	25300
	监利(M10)	22700	24400	24600
分流口 1	新江口(D1)	2430	2620	2610
	沙道观(D2)	735	831	835
分流口 2	弥陀寺(D3)	1130	1150	1060
分流口 3	康家岗(D4)	61.2	69.7	72.5
	管家铺(D5)	1090	1200	1230

经过水位和流量双重校准的试算，最终得到荆江、荆南河网和洞庭湖的糙率从上游到下游分别为 0.026～0.018、0.026～0.020 和 0.019～0.018。率定试验计算结果的误差为：与实测数据相比，计算的水位的平均绝对误差为 0.03m，见表 4.5；计算的断面流量的平均绝对相对误差为 2.1%，见表 4.6。

表 4.5 平滩流量水流条件的率定试验中断面水位计算值与实测数据的比较（单位：m）

位置	水文站	实测	计算	误差	位置	水文站	实测	计算	误差
M1	宜都	—	44.08	—	D4	康家岗	33.29	33.31	0.02
M2	枝城	43.01	43.1	0.09	D5	管家铺	33.41	33.41	0
M3	枝江	40.72	40.76	0.04	N1	三岔河	29.62	29.58	−0.03
M4	陈家湾	—	38.55	—	N2	肖家湾	30.18	30.16	−0.02
M5	沙市	37.84	37.88	0.04	N3	南县	30.66	30.66	0
M6	郝穴	—	35.23	—	N4	石龟山	31.75	31.82	0.07
M7	新厂	34.53	34.53	0.01	N5	官垸	33.14	33.18	0.04
M8	石首	—	33.66	—	N6	自治局	32.75	32.76	0.01
M9	调弦口	—	32.03	—	N7	大湖口	33.07	33.05	−0.02
M10	监利	30.69	30.68	−0.01	N8	安乡	31.8	31.83	0.03
M11	盐船套	—	29.22	—	L1	南咀	29.44	29.45	0.01
M12	莲花塘	27.33	27.25	−0.08	L2	小河嘴	28.56	28.5	−0.06
M13	螺山	26.28	26.28	0	L3	草尾	29.35	29.33	−0.02
D1	新江口	39.47	39.51	0.04	L4	营田	27.41	27.5	0.09
D2	沙道观	38.79	38.78	−0.01	L5	鹿角	27.33	27.35	0.02
D3	弥陀寺	38.09	38.05	−0.04	L6	七里山	27.26	27.29	0.03

注：位置中“M、D、N、L”分别代表水文站位于长江干流、分流洪道、荆南河网和洞庭湖区。

表 4.6 平滩流量水流条件下率定试验中断面流量计算值与实测数据的比较

位置	水文站	实测/(m^3/s)	计算/(m^3/s)	误差/%	位置	水文站	实测/(m^3/s)	计算/(m^3/s)	误差/%
M2	枝城	30000	30000.1	0	N3	南县	834	787.5	−5.58
M5	沙市	25467	25445.5	−0.08	N4	石龟山	1465	1521.9	3.89
M10	监利	24433	24104	−1.35	N5	官垸	1150	1162.4	1.08
M13	螺山	33457	33467.7	0.03	N6	自治局	1340	1391	3.8
D1	新江口	2618	2650.8	1.24	N7	大湖口	1000	992.3	−0.77
D2	沙道观	832	843.3	1.4	N8	安乡	2430	2349.4	−3.32
D3	弥陀寺	1080	1060.2	−1.84	L1	南咀	4078	4156.3	1.91
D4	康家岗	70	69.3	−1.22	L2	小河嘴	—	1583.9	—
D5	管家铺	1230	1272.7	3.47	L3	草尾	1470	1453.7	−1.11
N1	三岔河	353	367.8	4.19	L6	七里山	9700	9363.6	−3.47

2. 模型计算精度验证

选用2005年1月1日～12月31日(共365天)的非恒定流过程作为水流条件，来验证模型的计算精度。计算完成后，将JDT系统内32个水尺、20个测流断面的计算结果与实测数据进行比较。在长江干流、荆南河网、洞庭湖水位测站处，水位的平均绝对计算误差依次为 0.11m、0.12m、0.15m，流量的平均绝对相对计算误差依次为 4.3%、4.9%、8.5%。将计算和实测的断面水位或流量过程进行套绘(类似于图 3.10，不再给出)，计算和实测的水文过程未出现相位偏移，符合良好。

模拟出的洪枯季流场表明，高分辨率计算网格二维水动力模型能很好地模拟 JDT 系统的水流运动。在长江干流与荆南河网区域，小水归槽、大水漫滩，河宽缩窄处水流集中、流速较大，河道放宽处水流分散、流速减小。在洞庭湖区域，洪季水位较高，整个湖区均被淹没，表现出湖泊形态；枯季湖区仅剩下狭窄的如同河道一般的水流通道。模型可以很好地再现洞庭湖“洪水一个面、枯水一条线”的河湖转换特征。在三口分流口门附近，分流特征、流场和流态随着长江水位的涨落而发生相应的变化，数学模型能准确地模拟荆江三口的分流规律。在洞庭湖入汇长江干流的城陵矶附近，模型所模拟的江湖交汇区的流场十分平顺。

4.5.3 并行分区划分原则与并行测试方法

1. 并行效率与水流条件的关系

由于干单元不参与计算，模型的真实计算量由湿单元的数量决定。可选用各种恒定和非恒定水流条件开展数值实验，以全面测试在计算区域不同干湿条件下模型的并行性能。以 JDT 系统为例，其一，典型的恒定流条件包括四种，分别使用 Q1、Q2、Q3 和 Q4 表示(表 4.7)。在这四种水流条件中，荆江入流分别为 1998 年洪峰流量、平滩流量、多年平均流量和枯季流量。将湿单元数量占单元总数的百分比定义为计算网格的“湿单元率”，并用它描述计算区域的干湿状态。Q1～Q4 水流条件下湿单元率分别为 99.6%、64.7%、48.9%、39.6%，即最大的、河槽范围内最大的、多年平均的、枯季的湿单元率，分别代表着最大的、典型的、年平均的、最小的计算量荷载。其二，选用 2005 年非恒定流过程开展非恒定流条件测试。

表 4.7 JDT 系统典型恒定开边界条件下进口、出口的流量与水位数据

水流条件	入流开边界流量/(m^3/s)					出口水位/m	水流条件特征	
	荆江	湘江	资水	沅江	澧水	螺山	洪水级别	湿单元率/%
Q1	64080	1169	1307	3500	5440	32.33	洪峰流量	99.6
Q2	30000	1040	742	1350	325	26.28	平滩流量	64.7
Q3	14560	2087	730	1647	326	22.45	多年平均流量	48.9
Q4	6010	1100	305	716	21	18.06	枯季流量	39.6

2. 并行分区的划分原则

不同于糙率分区，并行分区是用于分割模型计算量荷载的空间划分，一般需满

足分区计算量荷载平衡的要求。对于每个分区，求解 *u-p* 耦合代数方程组的计算量取决于分区单元数量、湿单元率、网格质量、自由水面梯度、流态等因素，其中许多方面的特征随着水流条件变化而变化。在模拟长时段非恒定流时，静态的并行分区往往并不能时刻保证分区的计算量荷载是平衡的，而从理论上动态地评估各个分区的计算量荷载并且平衡它们是很困难的。因此，通常选取具有代表性的水流条件开展数值试验，将达荷载平衡时的分区保存下来，它是一个在大多数情况下均能保证分区计算量荷载比较平衡的分区格局。一般选取平滩流量(Q2)作为代表性水流条件，作为大洪水和长时段模拟之间的一个折中。以 JDT 系统为例(划分为 64 个分区，图 4.9)，代表性分区的确定步骤如下。

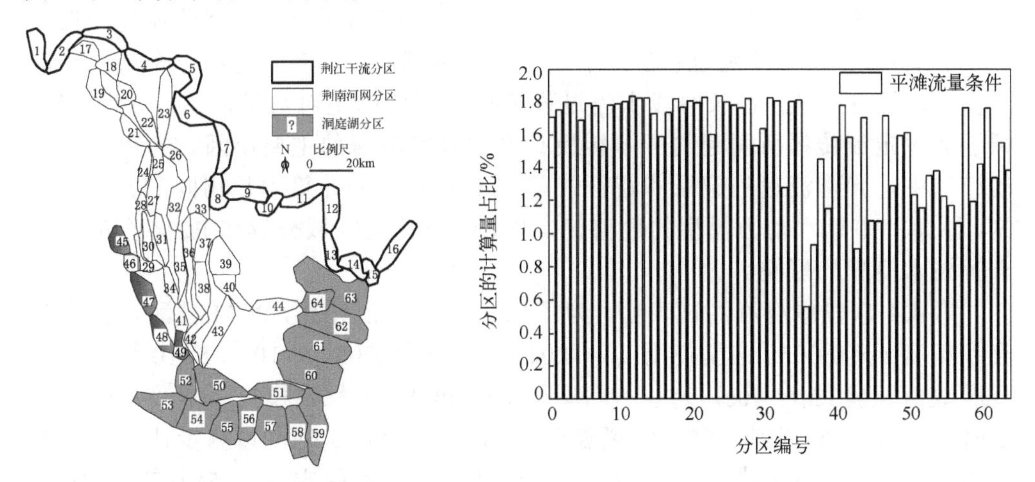

图 4.9　经过测试得到的 JDT 系统的静态并行分区及各分区荷载分布

在代表性水流条件下开展 PCP 模型串行代码测试，记录求解分区代数方程系统的耗时。根据各分区耗时，调整分区大小从而在各分区间转移计算量荷载。经过多次试算和分区调整，得到一种分区荷载相对较平衡的分区格局。这里根据 Q2 水流条件下的测试，得到的较优化的并行分区格局及相应的分区计算量荷载的分布，如图 4.9。使用这个分区格局作为本节 PCP 模型效率测试的缺省分区。

同时，为并行分区格局定义一个可反映分区荷载平衡性的指标 $I_{\mathrm{wb}} = wk_m/wk_t$，式中 wk_m 和 wk_t 分别为最大的分区计算量荷载与各分区总的计算量荷载。小的 I_{wb} 代表着较好的分区计算量荷载平衡状态。图 4.9 的并行分区在 Q1～Q4 条件下的 I_{wb} 分别为 2.25%、1.83%、2.92%和 3.33%。由此可见，选取 Q2 作为代表性水流条件进行分区计算量荷载的测试与分析，所得到的并行分区格局具有很好的代表性，可基本保证在各种水流条件下分区计算量荷载均能处于较平衡的状态。

4.5.4 大型浅水流动系统数值试验

使用 JDT 系统开展数值试验(计算机软硬件与并行技术同第 4.4 节)，阐明 PCM 应用于真实大型浅水流动系统时的稳定性、计算精度和并行计算效率。

1. 数值稳定性的测试与分析

使用 2005 年非恒定流过程和不同的时间步长(60s、90s、120s)开展数值试验。ILP 和 PCP 模型均稳定地完成了在各种 Δt 条件下的测试，并给出了具有物理意义的模拟结果。在 $\Delta t = 60$s、90s、120s 条件下，ILP 模型所记录到的最大速度分别为 3.8m/s、4.1m/s 和 5.8m/s，其中异常流速(平原冲积河流流速一般小于 4.0m/s)表现出三个特征：都位于干湿动边界前沿；大多只持续一个或几个时间步长后迅速消失；在长时段水流过程模拟中它们的绝对数量很少。由此推知，源于非恒定流传播所引起的干湿转换是产生异常流速的主要原因。在 PCP 模型的计算中，异常流速的记录和特征，与在 ILP 模型的计算中是相同的。由此可见，原始的串行水动力模型的数值稳定性，并未受到区域分解和 PCM 松散耦合求解技术流程的影响。

第 4.4 节理想河流测试表明，为了保证模型稳定计算，PCM 预测步需满足收敛精度 $\varepsilon_0 \leqslant 0.005$。这里使用 $\varepsilon_0 = 0.01$、0.0075、0.005、5×10^{-4}、5×10^{-5}、5×10^{-6} 开展数值试验($\Delta t = 90$s)，进一步阐明保证 PCM 可稳定模拟真实浅水流动系统时的 ε_0 的取值范围。测试结果表明，当 $\varepsilon_0 > 0.0075$ 时，预测步计算由于精度不足而不能充分模拟外波的传播，计算开始变得不稳定。$\varepsilon_0 = 5\times10^{-4}$、$5\times10^{-5}$、$5\times10^{-6}$ 的测试结果表明，在预测步规定过高的收敛精度对于提高 PCM 最终解的准确性的贡献很小。应用于真实河流模拟时，PCM 中 ε_0 的合理取值仍为 0.005。

2. 计算精度的测试与分析

根据 PCM 计算误差的理论解析式，当 $\Delta t = 60$s、90s、120s 时预测步的最大水位误差分别为 0.34cm、1.14cm、2.70cm。为了满足 PCM 的适用条件，本节测试中 $\Delta t = 90$s。先使用恒定的开边界条件和 ILP 模型计算直到水流恒定，将计算结果保存为热启动文件，作为恒定和非恒定水流条件下数值实验的初始条件。

其一，求解代数方程组的精度。在 Q1～Q4 恒定开边界条件下分别使用 ILP、PCP 模型运行一个时间步长，并将其中代数方程组的解进行比较。在 Q1～Q4 水流条件下，单元水位的平均绝对差别分别为 2.4×10^{-6}m、5.1×10^{-7}m、3.5×10^{-7}m、5.8×10^{-7}m。ILP、PCP 在求解代数方程组时表现出相同的计算精度。

其二，多个时步的累积计算误差。在 Q1～Q4 恒定开边界条件下，分别使用 ILP、

PCP 模型运行多个时间步长，直到模拟的水流达到恒定。在 Q1～Q4 条件下，两个模型在 32 个水尺断面处水位的平均绝对误差分别为 2.5×10^{-5}m、4.7×10^{-5}m、6.2×10^{-4}m、2.3×10^{-3}m；两个模型在 20 个测流断面处流量的平均绝对相对误差分别为 0.002%、0.009%、0.072%、0.265%。恒定流条件下将入流开边界总流量和出流开边界总流量之差，定义为水量守恒误差。在 Q1～Q4 条件下，ILP 模型的水量守恒误差分别为 0.001%、0.029%、0.726%、1.736 %，PCP 模型的水量守恒误差分别为 0.001%、0.030%、0.709%、1.895 %。两个模型具有几乎相同的水量守恒性能。

其三，非恒定流模拟的误差。分别使用 ILP 和 PCP 模拟 2005 年非恒定流过程。相对于 ILP 模型，PCP 模型的水位累积误差随时间的变化过程见图 4.10(选取荆江、荆南河网、洞庭湖的水尺)。由图可知，在洪水涨/落期间可分别观察到负的/正的水位误差增量。两个模型在 32 个水尺处的最大瞬时水位差别为 0.048m，在 20 个测流断面处的最大瞬时流量差别为 1.3%。这些瞬态误差主要由干湿转换形成的局部扰动引起，幅度有限且持续时间很短，是可以接受的。

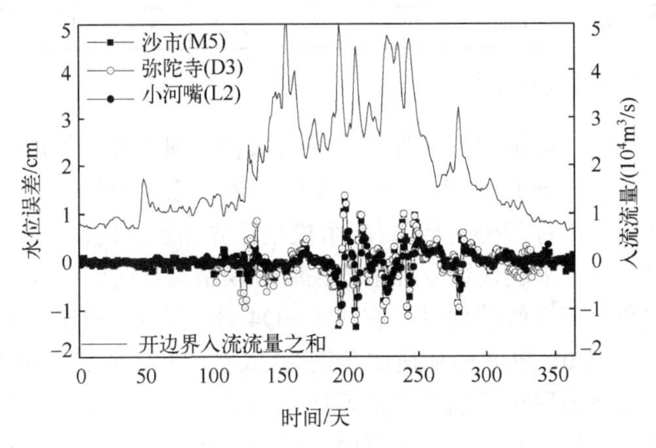

图 4.10 在非恒定开边界条件下江湖关键位置水位累积误差的变化过程

基于区域分解模拟洪水传播时，邻近分区间计算误差的叠加效应是复杂的，可能降低 PCM 的精度；分区越小，叠加效应越强。即分区的碎片化程度将影响 PCM 的计算精度。为此，在前述 64 分区格局基础上，通过分割分区或合并相邻分区建立三种新的分区格局，进一步开展数值试验(2005 年非恒定流过程测试结果见表 4.8)，阐明在不同分区格局下 PCM 模型的计算精度。对于分区格局 1～4，32 个水尺断面处的水位平均绝对误差分别为 2.1×10^{-3}m、2.9×10^{-3}m、3.4×10^{-3}m、5.2×10^{-3}m；20 个测流断面处的流量的平均绝对误差分别为 0.13%、0.16%、0.23%、0.36 %。当分区大小减小至 1/8 时，水位与流量计算误差是原来的 2.5～2.75 倍。基于分区 1～4 的 PCM 模型的计算结果均达到了实用的精度要求。

表 4.8 在使用不同大小的分区时 PCM 水流模型的计算精度测试结果

分区数量	区域	区域分区	区域面积/km^2	横向宽度/km	纵向长度/km	分区平均单元数量	流量误差/%	水位误差/m
16	荆江	4	196.32	2.145	91.5	37×458	0.03	6.2×10^{-4}
	河网	7	59.86	0.435	137.6	26×688	0.15	2.5×10^{-3}
	洞庭湖	5	539.85	23.2	23.2	145×145	0.15	1.6×10^{-3}
32	荆江	8	98.16	2.145	45.8	37×229	0.04	1.8×10^{-3}
	河网	14	29.93	0.435	68.8	26×344	0.20	3.0×10^{-3}
	洞庭湖	10	269.92	16.4	16.4	102×102	0.19	2.1×10^{-3}
64	荆江	16	49.08	2.145	22.9	37×114	0.06	2.0×10^{-3}
	河网	28	14.96	0.435	34.4	26×172	0.28	4.0×10^{-3}
	洞庭湖	20	134.96	11.6	11.6	72×72	0.26	2.8×10^{-3}
128	荆江	32	24.54	2.145	11.4	37×57	0.10	3.7×10^{-3}
	河网	56	7.48	0.435	17.2	26×86	0.45	5.2×10^{-3}
	洞庭湖	40	67.48	8.2	8.2	51×51	0.43	5.4×10^{-3}

3．并行效率的测试与分析

其一，使用 Q1～Q4 恒定流条件开展数值试验，阐明算法的加速性能。在时长 1 天的恒定流模拟中($n_c = 1$ 和 64)，记录 ILP 和 PCP 模型求解代数方程组和时步的耗时。分析 ILP 模型串行代码的耗时(两个模型计算加速比的统一参考)组成可知，在 Q1～Q4 条件下用于求解代数方程组的耗时占模型总耗时的 45.0%～38.5%。

根据求解代数方程系统的耗时，在 Q1～Q4 水流条件下 ILP 的加速比分别为 13.5、12.8、12.5、11.0，PCP 的加速比分别为 76.8、75.7、46.5、40.5。PCP 不仅在大的湿单元率工况下表现出超线性的加速比，而且在小的湿单元率条件下依然可以保持很大的加速比。根据时步计算的耗时，在 Q1～Q4 水流条件下 ILP 的加速比分别为 21.1、19.7、20.1、16.7，PCP 的加速比分别为 50.3、46.5、36.6、30.8。使用时步计算的耗时减去求解代数方程系统的耗时，得到水动力模型其他部分的耗时和加速比：在 Q1～Q4 水流条件下 ILP 模型的加速比分别为 39.5、35.3、32.7、26.8，PCP 模型的加速比分别为 39.2、35.3、32.3、26.3，二者基本接近。在 PCP 模型中，其他部分相对较低的加速比限制了水流模型整体的加速性能。

其二，通过模拟 2005 年非恒定流过程，记录 ILP 和 PCP 模型中各部分的耗时和各分区的耗时。当 $n_c = 64$ 时，PCP 模型总耗时为 ILP 模型的 1/2。ILP 模型中求解代数方程系统的耗时占模型总耗时的 66.1%，PCP 模型中求解代数系统的耗时占比为 30.7%。经统计，分区荷载平衡状态指标 $I_{wb} = 2.06\%$，显示出各分区处于良好的荷载平衡状态，同时表明在平滩流量下进行荷载平衡分析所确定的并行分区格局，可使各分区在长时段非恒定流模拟中总体上保持良好的荷载平衡性。

4.6 不同水动力模型的比较与讨论

仍使用 JDT 系统，比较本章二维水动力模型与商业软件 Mike21 在原理、性能等方面的差别，并分析大型浅水流动系统水动力二维数值模拟的研究进展。

4.6.1 与商业软件的比较研究

1．水动力模型原理的比较

MIKE21 水动力模块(HD)采用非结构网格、Godunov 类有限体积法求解器求解守恒形式的控制方程，具有守恒性好、非规则边界适应能力强等优点，还能模拟具有间断特征的水流[5]。MIKE21HD 数值算法的概况如下。根据单元界面左右两侧变量的构造方式，近似黎曼解求解器包括一阶和二阶精度两种选择；使用特征迎风分解方法离散河床底坡源项，满足静水和谐条件；在时间离散上，提供了低阶的 Euler 方法和高阶的 Runge Kuta 方法。MIKE21HD 属于显式欧拉类水动力模型，特点是：计算时间步长严格受到 CFL 稳定条件限制，一般很小；全显式模型具有良好的可并行性，软件提供了 OpenMP 并行计算选项，适用于共享内存计算机。

本章二维水动力模型联合使用半隐式方法和点式 ELM 求解非守恒形式的控制方程，其计算时间步长基本不受 CFL 稳定条件限制，数值稳定性比 MIKE21HD 要高很多。对于隐式水动力模型而言，源于 u-p 耦合的代数方程组的并行求解，一般是较困难的。得益于 PCM，本章隐式二维水动力模型 u-p 耦合代数方程组的求解可被高度并行化。同时，它也采用 OpenMP 技术实现模型的并行化。

2．模型稳定性和计算效率的比较

分别选用平滩流量和 2012 年非恒定流过程开展数值试验，比较 MIKE21HD 与 PCM 模型在稳定性上的差别。测试表明，当 $\Delta t = 45\text{s}$、60s、90s 时，PCM 模型均稳定地完成了计算并取得准确的结果。MIKE21HD 的计算时间步长受到 CFL 稳定条件的限制：以荆江干流为例，最大水深约 50～60m，最大流速取 4m/s，最小网格尺度取 50m，应用 CFL<1 的稳定条件，可知模型在理论上所允许的最大 Δt 仅为 2s。初步测试进一步表明，由于受到真实江湖复杂地形、干湿动边界变动频繁等的扰动，MIKE21HD 实际所允许使用的最大 Δt 在恒定、非恒定开边界条件下分别仅为 1s 和 0.8s。PCM 模型的时间步长比 MIKE21HD 大两个数量级。

采用一颗 16 核 CPU(Intel Xeon E5-2697a v4，主频 2.6GHz，关闭超线程)构建共享内存硬件环境，采用 Intel C++ 14.0 作为软件运行环境，开展数值试验。效率测试中，PCP 模型和 MIKE21HD 分别使用 60s 和 0.8s 的时间步长。

Mike21 提供的计算耗时记录包括 CPU time 和 Elapsed time，前者是所有工作核心的名义耗时之和，后者为实际耗时。计算机的硬件资源(尤其是 CPU 缓存)是被工作核心共享的，一个 Mike21 运行实例在启用的核心数量不同时单个核心所分得的硬件资源是不相等的。因此，需要将不同 n_c 条件下的耗时，换算成单核使用同等硬件资源条件下的耗时，耗时比较才具有意义。首先，选取一种 CPU time 作为参考(这里选用 $n_c = 16$ 工况)，对照它反算得到 $n_c = 1, 2, 4, 8$ 时 CPU time 的换算系数；然后，使用这些换算系数即可将 $n_c = 1, 2, 4, 8$ 时的 Elapsed time 换算为单核使用同等硬件资源条件下的实际耗时。同时，在 PCP 模型的试验中，为了尽量保证在不同 n_c 工况下单核能够使用同等硬件资源，当 $n_c \leqslant 8$ 时相应地增加同时运行的 exe 实例的数量，以近似等分硬件资源。$n_c = 16$ 工况下两种模型的耗时均不需换算。

其一，在平滩流量条件下，MIKE21HD 和 PCP 模型模拟 1 天水流的耗时如表 4.9。当 $n_c = 16$ 时，MIKE21HD 的加速比为 15.9，PCP 模型的加速比为 11.1($n_c = 1$ 时 ILP 和 PCP 模型耗时分别为 1724.8s、1282.7s，使用后者作为串行代码耗时的基准)。由于各单元计算的独立性，MIKE21HD 在 n_c 增加时保持着接近线性的加速性能。由于使用了 PCM，本章模型在 $n_c = 16$ 时也仍旧保持着很大的加速比。在平滩流量水流条件下，MIKE21HD 的计算耗时是 PCP 模型的 35.4～50.8 倍。

表 4.9 本章模型与 MIKE21HD 模型完成 1 天水流模拟的耗时 (单位：s)

n_c	1	2	4	8	16
MIKE21HD	65134.1	32845.4	16450.3	8245.4	4101.8
PCP 模型	1282.7	676.6	370.0	204.6	115.9

其二，使用 2012 年实测水文过程和 $n_c = 16$ 开展数值实验，进一步测试两个模型模拟长时段非恒定水流的计算效率。MIKE21HD 耗时约为 411 小时(软件自身估算)，PCP 模型实测耗时 10.76h，后者计算速度约为前者的 38.2 倍。

4.6.2 大型浅水流动数值模拟的发展

1. 计算精度

文献[22]曾对国家九五期间长科院、中国水科院等单位三峡水库下游一维江湖河网模型的计算成果进行比较，发现模型的水位计算误差可达−1.412～1.932m。文献[18]采用粗尺度计算网格(2.6 万 0.6～3km 的三角形单元)剖分计算区域，进行 JDT 系统二维水动力模型计算。其模拟结果表明，低分辨率网格不能准确描述江湖河网系统中广泛存在的滩槽分布与复杂河势，基于它的二维水动力模型在中小流量条件下的计算精度(图 4.11)甚至低于一维或一二维嵌套模型。本章采用具有 32.78 万个四边形的高分辨率网格模拟 JDT 系统，水位和流量计算误差分别减小到 0.15m 和 5%

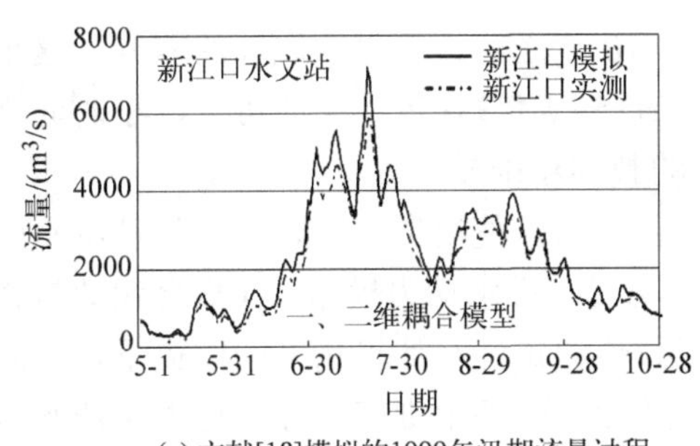

(a) 文献[18]模拟的1999年汛期流量过程

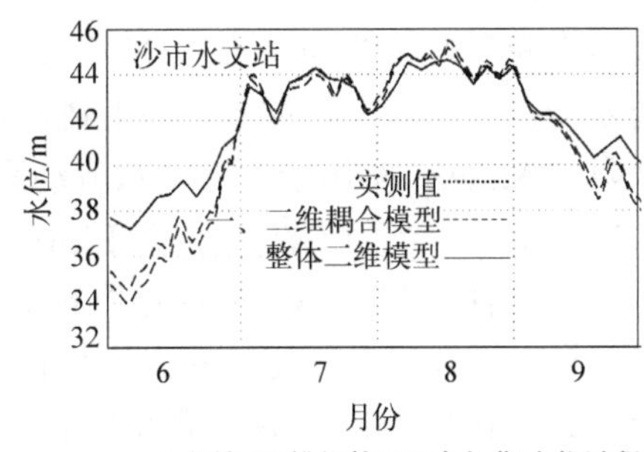

(b) 文献[18]模拟的1998年汛期水位过程

图 4.11　低分辨率计算网格二维水动力模型计算结果

以内(图 4.12)。该二维模型在计算精度上较以往的江湖河网一维模型[22]、低分辨率二维模型[18]及它们的嵌套模型[18]提高了约 1 个数量级。

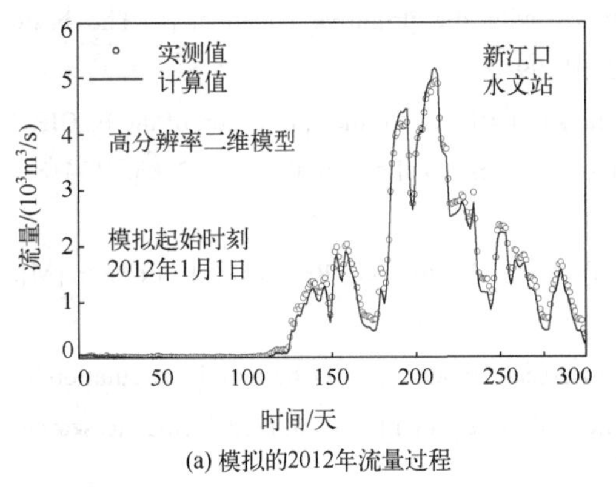

(a) 模拟的2012年流量过程

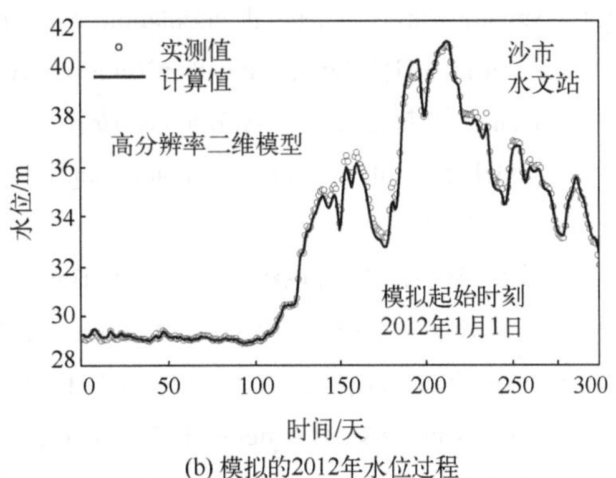

(b) 模拟的2012年水位过程

图 4.12　高分辨率计算网格二维水动力模型计算结果[23]

2．计算效率

将大型浅水流动系统高分辨率计算网格二维水动力模型应用于实际科学和工程研究，瓶颈在于庞大计算区域整体精细模拟所带来的巨大计算量。

文献[18]采用仅含有 2.6 万三角形的低分辨率网格和 MIKE21HD，在 2009 年发布的奔腾 D CPU 计算机上，模拟 JDT 系统汛期 6 个月洪水过程需 70h。若改用高分辨率网格，考虑到计算单元数量的增加，再考虑当网格尺度减小时 CFL 稳定条件对时间步长限制加强，MIKE21HD 的运行耗时将大幅增加。估算法则为：当计算单元数量增加 N 倍时，网格尺度减小为原来的 $N^{1/2}$，相应的计算时间步长也减小为原来的 $N^{1/2}$，总体上模型计算量为原来的 $N^{3/2}$ 倍。当网格由 2.6 万个三角形变为 32.78 万个四边形时，后者的计算量约为前者的 $12.6^{3/2}\times4/3 = 59.6$ 倍。

测试表明，在 32.78 万个四边形单元与 16 核并行条件下，Mike21HD 模拟 1 年非恒定流过程耗时 411 小时，换算为串行计算时间为 6526 小时，约为文献[18]低分辨率网格模型耗时的 46.6 倍。若考虑当前与 10 年之前计算机软硬件的差异，这个差别还会扩大一些，总体上将与上述的估算值(59.6 倍)接近。由此可见，小时间步长将限制 Mike21 实用于大型浅水流动系统的整体精细模拟。

在本章中，半隐方法和点式 ELM 的联合使用，使模型计算时间步长基本不受 CFL 稳定条件限制，预测-校正分块解法又使隐式二维水动力模型 *u-p* 耦合代数方程组的求解可被高度并行化。PCP 模型在保证数值稳定性和计算精度的前提下，其时间步长比 MIKE21HD 大两个数量级，同时具有良好的并行加速性能，将大型浅水流动系统二维水动力精细数值模拟推进到了实用化阶段。

参 考 文 献

[1] Smagorinsky J. General circulation experiments with the primitive equations I: The basic experiment[J]. Monthly Weather Review, 1963, 91: 99-164.

[2] Wang C, Wang H, Kuo A. Mass conservative transport scheme for the application of the ELCIRC model to water quality computation[J]. Journal of Hydraulic Engineering, 2008, 134(8): 1166-1171.

[3] Press W H, Teukolsky S A, VetterlingW T, et al. Numerical. Recipes(3rd. Edition)[M]. Cambridge: Cambridge University Press, 2007.

[4] Zhang Y L, Baptista A M, Myers E P. A cross-scale model for 3D baroclinic circulation in estuary-plume-shelf systems: I. Formulation and skill assessment[J]. Continental Shelf Research, 2004, 24(18): 2187-2214.

[5] DHI. MIKE 21: A 2D modelling system for estuaries, coastal water and seas (DHI Software 2014)[M]. DHI Water & Environment, Denmark, 2014.

[6] Sawdey A, O'Keefe M, Bleck R, et al. The design, implementation and performance of a parallel ocean circulation model[C]. Proc. Sixth ECMWF Workshop: on the use of Parallel Processing in Meteorology, World Scientific, London, 1995: 523-548.

[7] Papadrakakis M, Bitzarakis S. Domain decomposition PCG methods for serial and parallel processing[J]. Advances in Engineering Software, 1996, 25: 291-307.

[8] Hodgson B C, Jimack P K. A domain decomposition preconditioner for a parallel finite element solver on distributed unstructured grids[J]. Parallel Computing, 1997, 23: 1157-1181.

[9] Bjørndalen J M. Improving the speedup of parallel and distributed applications on clusters and multi-clusters[D]. Norway: University of Tromsø, 2003.

[10] Fringer O B, Gerritsen M, Street R L. An unstructured-grid, finite-volume, non-hydrostatic, parallel coastal ocean simulator[J]. Ocean Modelling, 2006, 14: 139-173.

[11] Jankowski J A. Parallel implementation of a non-hydrostatic model for free surface flows with

semi-Lagrangian advection treatment[J]. International Journal for Numerical Methods in Fluids, 2009, 59: 1157-1179.

[12] Rachowicz W. An overlapping domain decomposition preconditioner for an anisotropic h-adaptive finite element method[J]. Computer Methods in Applied Mechanics and Engineering, 1995, 127(1-4): 269-292.

[13] Paglieri L, Ambrosi D, Formaggia L, et al. Parallel computation for shallow water flow: A domain decomposition approach[J]. Parallel Computing, 1997, 23: 1261-1277.

[14] Haas P C A, Zandbergen P J. The application of domain decomposition to time-domain computations of nonlinear water waves with a panel method[J]. Journal of Computational Physics, 1996, 129: 332-344.

[15] Bai W, Taylor R E. Numerical simulation of fully nonlinear regular and focused wave diffraction around a vertical cylinder using domain decomposition. Applied Ocean Research, 2007, 29: 55-71.

[16] Glimsdal S, Pedersen G K, Langtangen H P. An investigation of overlapping domain decomposition methods for one-dimensional dispersive long wave equations[J]. Advances in Water Resources, 2004, 27: 1111-1133.

[17] Cai X, Pedersen G K, Langtangen H P. A parallel multi-subdomain strategy for solving Boussinesq water wave equations[J]. Advances in Water Resources, 2005, 28: 215-233.

[18] 李琳琳. 荆江-洞庭湖耦合系统水动力学研究[D]. 北京: 清华大学, 2009.

[19] 张细兵. 江湖河网水沙运动数值模拟技术研究及应用[D]. 武汉: 武汉大学, 2012.

[20] Hu D C, Zhong D Y, Zhu Y H, et al. Prediction-Correction Method for Parallelizing Implicit 2D Hydrodynamic Models. II: Application[J]. Journal of Hydraulic Engineering, 2015, 141(8): 06015008.

[21] 余文畴. 长江河道演变与治理[M]. 北京: 中国水利水电出版社, 2005.

[22] 李义天. 三峡水库下游一维数学模型计算成果比较[C]. 长江三峡工程泥沙问题研究, 第七卷(1996-2000), 长江三峡工程坝下游泥沙问题(二). 北京: 知识产权出版社, 2002: 323-329.

[23] Hu D C, Yao S M, Duan C K, et al. Real-time simulation of hydrodynamic and scalar transport in large river-lake systems[J]. Journal of Hydrology, 2020, 582: 124531.

第 5 章　平面二维物质输运的模拟

通量式 ELM 适用于求解各种维度的对流物质输运问题，本章将深入介绍该方法的理论机制：保证水与单位物质通量一致性，具有控制对流物质输运求解中非物理振荡的作用。进而，构造二维通量式 ELM，以实现物质输运模型守恒性、大时间步长(CFL $\gg$ 1)、无振荡性、显式计算、可高度并行化、多种物质输运快速求解等优点的统一，将大时空河流数值模拟由一维时代推进到二维时代。

5.1　二维物质输运模型常规解法

由于计算稳定性、精度、效率等多重要求，大型浅水流动系统的二维物质输运计算(模拟污染物、泥沙等的基础)仍是一个巨大的挑战。物质输运模型的性能主要取决于对流项解法，本节介绍物质输运模型的基础架构及其中对流项的常规解法。

5.1.1　二维物质输运模型的基础架构

与一维情况类似，求解二维物质输运问题一般也分两步：首先，求解关于保守物质的对流-扩散过程获得中间解；然后，计算源项并与前面的中间解合成起来。一般使用守恒形式的对流-扩散方程(带源项)作为物质输运模型的控制方程

$$\frac{\partial(hC)}{\partial t}+\frac{\partial(uhC)}{\partial x}+\frac{\partial(vhC)}{\partial y}=\frac{\upsilon_\tau}{\sigma_c}\left[\frac{\partial^2(hC)}{\partial x^2}+\frac{\partial^2(hC)}{\partial y^2}\right]+S_0 \tag{5.1}$$

式中，$h(x,y,t)$ 为水深，m；$u(x,y,t)$ 和 $v(x,y,t)$ 分别是 x 和 y 方向上的垂线平均流速，m/s；$C(x,y,t)$ 为物质浓度，kg/m^3；t 为时间，s；υ_τ 为水平紊动扩散系数；σ_c 为用于换算物质浓度扩散系数与紊动扩散系数的 Schmidt 数；$S_0(x,y,t)$ 为源项，kg/(m^{2}s)。

采用第 1.4.2 节的计算网格系统，并用单元中心方式构建控制体，控制体与计算单元在平面上重合。平面上每个单元对应着一个全水深棱柱体，如图 5.1。在无结构网格上，变量 η、C 定义在单元中心，变量 u、v 定义在单元界面(边中点)。在 FVM 框架下，物质输运模型可采用较简单的显格式向前步进：

$$C_i^{n+1}=C_{*,i}^{\ n+1}+\frac{\Delta t}{P_i h_i^{n+1}}\sum_{l=1}^{i34(i)}\left\{s_{i,l}L_{j(i,l)}h_{j(i,l)}^n\left[\left(\frac{\upsilon_\tau}{\sigma_c}\right)_{j(i,l)}^n\frac{C_{i[j(i,l),2]}^n-C_{i[j(i,l),1]}^n}{\delta_{j(i,l)}}\right]\right\}+\frac{\Delta t}{h_i^{n+1}}S_0^n \tag{5.2}$$

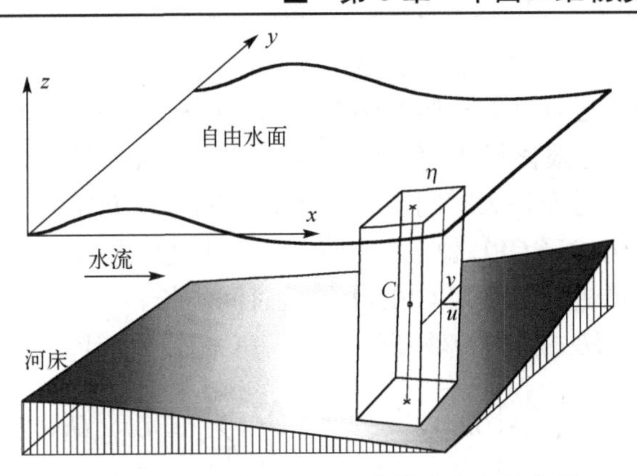

图 5.1 浅水系统的平面二维描述和变量布置

式中，C_*为求解对流项之后得到的中间解。本节接下来将介绍求解二维对流物质输运的几种常规方法，它们被用于获得式(5.2)中的 C_*。

在水动力-物质输运模型一个计算时步中，先通过水流模型算出水位和流场，然后基于此开展物质输运计算。模型在一个时步中的执行流程如下。

①加载开边界条件；②计算动量方程中的所有显式项，获得中间解(流速)；③ 构建源于 u-p 耦合的自由表面波传播方程，求解并获得新的水位；④使用最新水位进行判别，从计算中剔除在本时步变干的单元，插值获得节点水位等辅助变量，然后通过回代计算最终的流速解；⑤ 求解物质输运模型的对流-扩散方程，获得穿过边的对流通量和扩散通量；⑥计算物质输运模型的源项，并进行单元物质浓度更新(对单元各界面物质通量进行求和，并添加源项)；⑦更新边和节点的物质浓度；⑧使用最新水位，分析和模拟干单元的恢复过流情况，更新网格各种元素的干湿状态；⑨插值获得节点的流速值等辅助变量；⑩输出计算结果。

上述的步骤①～⑩描述了模型一个时间步长的计算流程，其中二维浅水方程的求解(步骤②～④)与输运方程的求解(步骤⑤～⑦)是非耦合的。也就是说，在水流计算的基础上开展物质输运的模拟，不考虑物质输运对水流的反馈作用。

5.1.2 对流物质输运的常规解法

物质输运方程对流项解法主要有欧拉方法、拉格朗日方法和 ELM 三种类型，这里介绍其中的亚循环有限体积法(属于欧拉类)和点式 ELM(属于 ELM 类)。

1. 亚循环有限体积法(sub-cycling finite volume method，SCFVM)

水流和物质输运模型所允许的最大计算时间步长常常是不同的。当物质输运计算允许的时间步长较小时，会给水动力模型增加额外的时间步长限制。现存的物质输运模型大多采用显式欧拉类对流算法，它们的时间步长受 CFL 稳定条件限制，不能匹配大时间步长的水动力模型。有些学者将 Δt 等分为若干较小的片段 $\Delta\tau$，并引入亚循环依次逐小步进行计算和时间轴推进，以缓解显式欧拉类对流算法的 CFL 稳定条件限制。亚循环有限体积法[1-2](SCFVM)是将 FVM 计算插入到亚循环之中，在保证计算守恒性的同时允许大时间步长。在亚循环的每个分步，显式欧拉类对流算法本身的时间步长仍然受 CFL 稳定条件的限制。亚循环通过将多个分步的计算串起来，使模型的时步推进允许使用 CFL>1 的大时间步长。

使用 SCFVM 求解二维对流物质输运时，第 k 分步的计算可表示为

$$C_{\mathrm{sc},i}^{n+k\Delta\tau/\Delta t}=\frac{1}{h_i^{n+k\Delta\tau/\Delta t}}\left\{(hC)_i^{n+(k-1)\Delta\tau/\Delta t}-\frac{\Delta\tau}{P_i}\sum_{l=1}^{i34(i)}[s_{i,l}L_{j(i,l)}(huC)_{j(i,l)}^{n+(k-1)\Delta\tau/\Delta t}]\right\} \tag{5.3}$$

式中，$C_{\mathrm{sc},i}$ 和 C_j 分别表示单元 i 和单元界面 j 的物质浓度。在亚循环的第 k 分步(共 N 个分步)，分步的起、止时刻分别为 $(k-1)\Delta\tau$、$k\Delta\tau$，$k=1,2,\cdots,N$。

亚循环每个分步的流程如下。①根据上一个分步的结果(单元中心浓度)，插值获得单元界面的浓度(C_j)；②联合单元界面浓度 C_j 和时间插值得到的单元界面变量(h_j 和 u_j)，计算在该分步穿过单元界面 j 的物质通量；③使用式(5.3)完成单元浓度更新。依次重复这三个步骤直到亚循环结束，最终的 $C_{\mathrm{sc},i}$ 即为 $C_{*,i}$。在亚循环的每个分步，边中心浓度须基于上一分步结果(单元中心浓度)进行插值得到。前、后分步计算之间的依赖性，决定了亚循环的分步计算不能被并行执行，这破坏了显式算法的可并行性。但需指出，在亚循环每个分步内部，遍历每个单元(或其他网格元素)的循环语句都是可以并行执行的，可采用 ILP 思路实现并行化。

对于显式欧拉类对流算法，使用亚循环将破坏显式算法的可并行性，不使用亚循环则难以获得 CFL>1 的时间步长。受对流项求解困境的制约，欧拉类物质输运模型一直存在着大时间步长、可并行化等优点无法统一的瓶颈。

2．点式 ELM

使用点式 ELM 求解二维对流物质输运时，可选择追踪位于单元中心的质点，以便直接进行单元物质浓度更新。轨迹线追踪从单元中心开始，使用多步向后欧拉方法，从 t_{n+1} 时刻的已知位置向 t_n 时刻的未知位置进行逆向追踪，去寻找质点在 t_n 时刻的分离点。一旦找到分离点(轨迹线根部)，即可使用 t_n 时刻的物质浓度场插值得到 C_{bt}。使用 C_{bt} 替换 $C_{*,i}$ 更新单元浓度，就意味着对流项求解的完成。

与一维点式 ELM(第 3.2 节)类似，二维点式 ELM 也不具有守恒性[3-7]。假设每个网格点代表一个物质容积，物质对流输运可被视为将上游网格点的物质容积打散又重新组合后搬运并放置到下游网格点之上[8]。由一个网格点给予其周围所有分离点的物质容积之和，可能大于或小于由该网格点代表的物质容积，即该网格点给周围所有分离点分配物质的插值权重之和(sum of interpolation weights from all surrounding departure points，SWSDP）可能大于或小于 1。这意味着该网格点所包含的物质体积，被过度抽取或未被完全输运到下游，即违反了质量守恒定律，并导致点式 ELM 具有与生俱来的不守恒性。

点式 ELM 不能保证计算守恒性，因而一般不建议直接使用。如果不守恒的缺陷被消除，ELM 将是一类非常优秀的用于求解对流物质输运的算法。

5.1.3　守恒型 ELM 的发展

为了解决点式ELM不守恒的问题，自1992年以来学者们[9,10]一直致力于为ELM寻找满足守恒要求的构建方法。文献报道的 6 种守恒型 ELM 多来自大气模拟领域，它们分别是基于单元追踪和积分的方法（cell integration and remapping ELM，CIRM）、通量式方法（flux-form ELM，FFM）、局部伴随方法（localized adjoint ELM，LAM）、后处理校正策略（posteriori correction strategy，PCS）、约束性插值函数方法（constrained interpolation profile ELM，CIPM）和插值权重平衡方法（interpolation weight balancing ELM，WBM）。它们的构造思想及多维扩展简述如下。

1．守恒型 ELM 的构造思想

CIRM[11-16]使用一个含有大量流体质点的控制体（拉格朗日单元）代替单个质点，作为追踪对象来构造 ELM。拉格朗日单元随流体一起运动，其中的物质数量不随控制体时空位置和形状变化而发生改变。当通过向前或向后追踪拉格朗日单元（图 5.2）获得它在不同时刻的空间定位后，求解对流输运就被转化为两个时刻的拉格朗日单元（通常一个与网格单元重合，另一个是不与网格单元重合的不规则区域）之间的时空映射。该方法的一维实例见第 3.3 节。

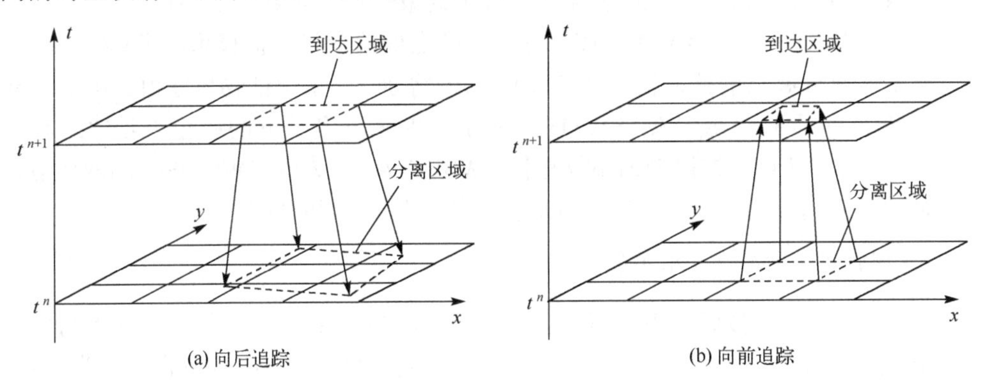

图 5.2　二维拉格朗日单元时空映射：(a) 向后追踪，单元增大；(b) 向前追踪，单元减小

FFM 通过将质点运动轨迹线追踪嵌入到 FVM 计算框架中，在保证质量守恒的同时实现大时间步长计算。FFM 包括两个亚类，都是将一个时间步长分割为若干较小的片段，借助多步欧拉法开展控制体界面网格点的轨迹线追踪。第一个亚类方法[10, 17, 18]

使用基于时间插值的控制体界面流速及对应时刻的上游追踪点的物质浓度，计算在分步中穿过控制体界面的对流物质通量；然后，对每个分步的通量进行求和，得到穿过控制体界面的总通量(常表达为穿过界面的物质数量)。第二个亚类方法[19, 20]在质点轨迹线所扫过的区域上(依赖域)使用已知时刻的浓度分布进行显式积分，得到依赖域上的物质数量，将其作为穿过控制体界面的对流物质通量。最后，基于这些穿过控制体界面的对流物质通量，使用 FVM 更新控制体的平均物理状态。

LAM 主要指欧拉-拉格朗日局部伴随方法(ELLAM[21-25])，一般与有限元模型联用。首先将对流-扩散方程与时空 test 函数之积在时空域上进行积分，导出具有弱形式的输运方程和伴随方程。其中，控制方程的积分要求及时有效地进行时空 test 函数的追踪。LAM 包括两个亚类：当使用分段线性的 test 函数时[21]，方法在计算时仅能保证全局质量守恒，称为 FE-ELLAM[26]；当使用有限体积 test 函数时[27]，方法在计算时可同时保证全局和局部质量守恒，称为 FV-ELLAM。

PCS 源于校正类方法[28]，它通过对点式 ELM 的计算结果进行后处理校正来保证物质守恒[29, 30]。具体做法：对可能存在质量不守恒的物质浓度场(求解对流物质输运所得到的中间解)进行全局诊断，即比较整个计算区域内由计算得到的浓度分布的积分与物质初始总质量，然后直接缩放物质浓度场，以此重建物质的全局质量守恒。

CIPM[31]求解非守恒形式的控制方程，但同时将每个单元内的物质(采用单元浓度积分的平均值代表)作为附加变量，并使用守恒型算法将它同步向前推进，这种守恒型算法可以是拉格朗日单元映射方法[32]，也可采用通量式算法[33]。单元浓度积分的平均值的同步推进在点式 ELM 构造插值函数时形成一个附加的约束条件并以此控制质量守恒，因而这类 ELM 也被称为基于约束性插值函数的 ELM。

WBM 的原理：校正 ELM 追踪轨迹线分离点处的变量插值权重，使网格节点分配给周围所有分离点的插值权重之和(SWSDP)等于 1，来保证物质守恒。可引入基于面积修正的插值权重[34]使 SWSDP 为 1。亦可采用如下的校正方法[8]：对于 SWSDP>1 的网格点，按比例缩小权重使 SWSDP 为 1；对于 SWSDP<1 的网格点，对剩余的尚未输运的物质进行第二次向前拉格朗日追踪和分配。

2．守恒型 ELM 的多维扩展

LAM 和 PCS 已被成功用于模拟自由表面水流中的多维物质输运。LAM 的局限是应用仅限于有限元模型，且目前还缺乏一种控制 LAM 非物理振荡的机制[36]。PCS 的不足是质量守恒重建是全局性的，无法在出现虚假物质源汇的地方进行针对性地校正以保证局部质量守恒性。PCS 通过反复校正整体空间浓度场，来解决物质输运求解的不守恒问题，并不能满足单个单元物质守恒的要求[35]。

对于另外 4 种方法 CIRM、FFM、CIPM 和 WBM，虽然将其思想应用于自由表面水流多维物质输运计算在理论上是可行的，但是在平面水域边界复杂、干湿转换频繁的浅水流动系统环境下重建这些算法通常是相当困难的。例如，构造多维 CIRM 需要克服在追踪过程中形态扭曲的拉格朗日单元的几何复杂性，并且需要发展一种通用于各种不规则区域的浓度场解析积分方法。如果使用非结构网格剖分真实浅水流动系统，基于非结构网格构造多维 CIRM 将会更加复杂[36]。

早期有学者使用方向分裂技术在多维结构化网格上构造高维 FFM[17,19]，使用一系列一维算子近似代替原来的多维算子。然而，由于缺少对各方向交叉耦合性的考虑，通过方向分裂扩展一维算法得到的算法并不是真正意义上的高维算法。这些 FFM 模拟的浓度场，常显示出非物理振荡、峰值浓度被低估等现象[17]。有学者摒弃方向分裂转而研究全二维 FFM，主要包括增量重映射方法[37]、守恒型多物质输运半拉格朗日算法[20]。前者不允许 CFL>0.5 的时间步长，后者必须包含一个亚循环来提高所采用的显式求解器的时间步长。对于传统的全二维 FFM，还缺乏控制它们在采用大时间步长计算时可能产生的非物理振荡的机制。

各类对流物质输运算法均有不足：显式欧拉类算法时间步长受 CFL 稳定条件限制，亚循环 FVM 难以并行，点式 ELM 不守恒，守恒型 ELM 缺乏控制非物理振荡的机制且在用于河流高维模拟时构造复杂又困难。因此，进一步探究同时具有守恒性、大时间步长、可并行化、无振荡性等优点的对流算法具有重要的意义。

5.2　对流算法非物理振荡的控制机制

本节提出通量式对流物质输运解法在采用大时间步长时非物理振荡的控制机制。然后，应用这个非物理振荡控制机制将传统的 FVM 和点式 ELM 联合起来，构造出一种基于逆向追踪带的全二维通量式 ELM，命名为 FVELM。

5.2.1　非物理振荡的本质与解决方法

守恒型 ELM 可实现物质守恒、大时间步长、可并行化等优势的统一，但在使用大时间步长计算时容易产生非物理振荡，这限制了算法的实用价值。对于守恒型 ELM，已有研究尚未找到一种控制非物理振荡的机制[26,38]，相关研究成果尚属空白。通过大量数值试验，作者发现通量式 ELM 非物理振荡的产生原因在于：虽然控制体界面物质通量计算的依赖域已由欧拉类方法的迎风单元扩展到逆向追踪轨迹线所扫过的区域(图 5.3)，但插值获得各追踪点的物理状态是存在误差的，导致根据追踪点信息算出的界面通量不准确；含有误差的控制体界面物质通量，在被用于单元求和时，因求和运算及其结果不受任何约束而极易产生浓度奇点、非物理振荡等现象，进而引起计算失稳、浓度分布变形、峰值被低估等后果。

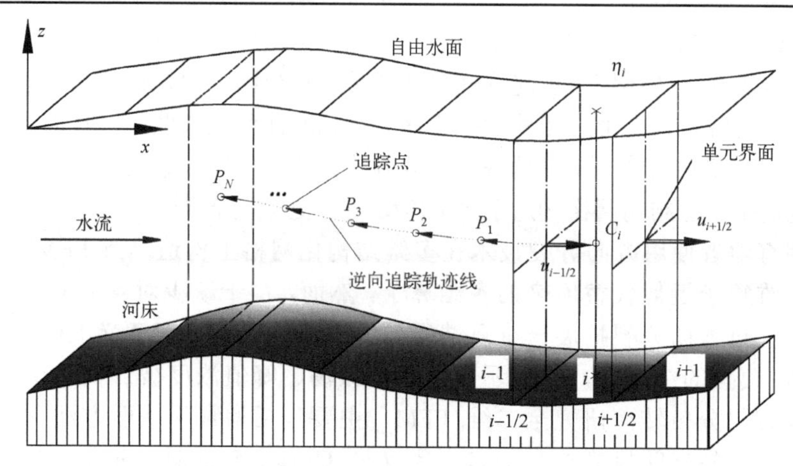

图 5.3　通量式 ELM 单元界面逆向追踪场景(使用一维情况示意)

在水流中，保守物质输运是水流的一个伴随过程。在某一时段内，因为水动力过程穿过某面域的水体(前者)与对保守物质进行对流输运并使之穿过该面域的水体(后者)应是同一批水体。前者可由水流模型算得，后者可在求解对流物质输运方程时令物质浓度等于单位 1 得到。受具体数值算法影响，在模型中后者并不一定等于前者。已有研究[39]曾发现：离散的水流连续性方程和对流物质输运方程的一致性对于保持某些常数和保证物理量守恒是必要的。作者探究发现，在计算控制体界面物质通量时，若能保证穿过该界面的单位物质通量(令浓度等于单位 1 算得)等于水通量，则水流方程的稳定计算即可保证对流物质输运方程的稳定求解，即保持水与单位物质通量一致性可有效控制通量式对流物质输运解法在大时间步长计算时的非物理振荡。该控制机制适用于所有的通量式对流物质输运解法。后文将通过引入单元界面物质通量校正的概念，将上述控制机制用于构建无振荡的通量式 ELM。

5.2.2　基于逆向追踪带的 FVELM

FVELM 不使用方向分裂或亚循环，而是继承全二维 FFM 的基本思想求解对流物质输运。第二亚类的 FFM，在质点运动轨迹线所扫过的区域(依赖域)上进行物质浓度分布 $C(x,y)$ 的积分，并将积分结果转化为穿过单元界面的对流物质通量。FVELM 沿质点运动轨迹线定义一个逆向追踪带作为依赖域，基于它开展物质浓度分布积分，并将结果作为穿过单元界面的对流物质通量，在计算过程中增加“水与单位物质通量一致性”的控制机制，以消除 FVELM 可能产生的非物理振荡。

1．单元界面(边)的逆向追踪带

从实际河流计算网格中(图 4.1)取出一个单元开展分析，以此为例介绍逆向追踪带。如图 5.4，所选取的单元有四条边，它们的局部索引为 $l=1\sim4$；图左画出了四条边中心的逆向追踪轨迹线，图右给出了边“$l = 4$”的逆向追踪带。对边的逆向追踪带进行精确描述，需在这条边上选取大量的代表点进行追踪，这样会带来巨大的计算量。而且，逆向追踪带在平面上的形态变化往往具有强几何复杂性，找到能通用于各种不规则区域的 $C(x,y)$ 的解析积分式也十分困难。这些难点均阻碍了在实践中使用精确的逆向追踪带。下面介绍一种近似逆向追踪带及其构建方法。

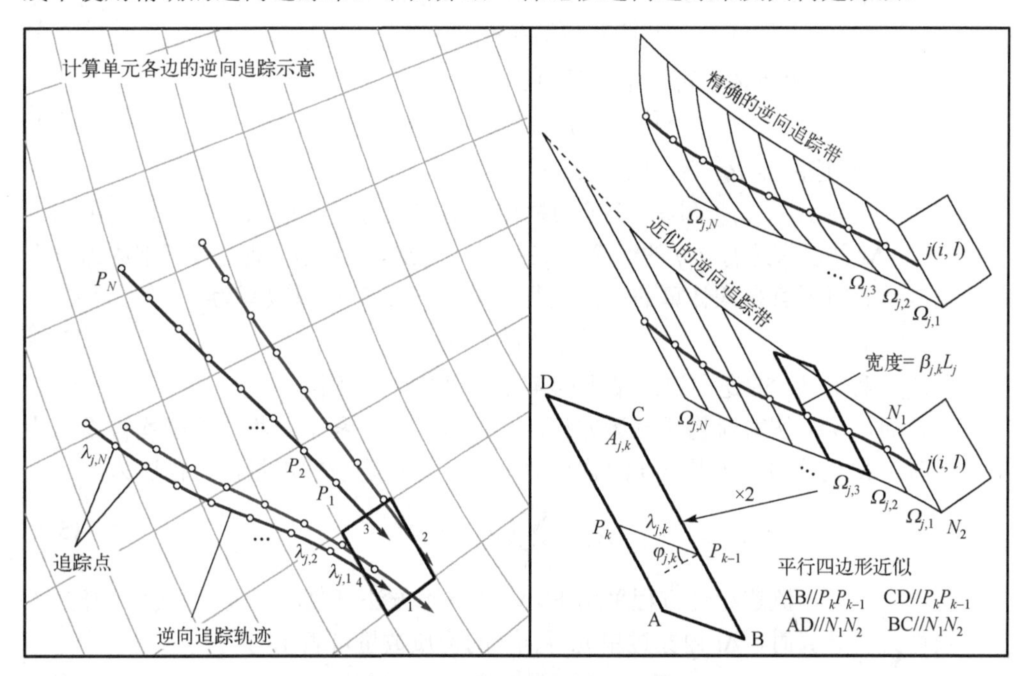

图 5.4　FVELM 在单元界面处通量计算的依赖域(逆向追踪带)

构造近似逆向追踪带，只需进行边中心的多步欧拉法逆向追踪。二维流场中的多步欧拉法追踪，是将 Δt 等分为 N 个片段($\Delta\tau = \Delta t/N$)依次进行轨迹线的回溯计算，具体执行流程见第 4.1.2 节。在每个追踪点上，进行流速、水深和物质浓度的插值。当追踪点落在三角形、四边形单元中时，可分别使用面积加权、双线性等插值方法。对于结构化计算网格，基于追踪点所在单元及其周围八个邻单元的信息，借助四个二阶的一维多项式插值，还可构造二维多项式插值形成高阶插值方案。

取边 j 进行分析，边中心的追踪轨迹线包括 N 个追踪点($P_1, P_2,\cdots, P_N$)和 N 条线段($P_{k-1}P_k$ 表示第 k 条线段)。以追踪点为间隔，轨迹线被分成 N 段。使用平行四边形近似代替各段轨迹线范围内的逆向追踪带片段(图 5.4)。使用 $\Omega_{j,k}$ 表示逆向追踪带第 k 段的水平区域，其面积、长度、平均宽度、平均水深和平均浓度分别用 $A_{j,k}$、$\lambda_{j,k}$、$B_{j,k}$、$H_{j,k}$、$C_{j,k}$ 表示。那么，$\Omega_{j,1}$、$\Omega_{j,2}$、…、$\Omega_{j,N}$ 的集合就构成了边 j 的近似逆向追踪带。由构造流程可知，每条边的逆向追踪带的构造都是独立进行的。

边 j 的逆向追踪带第 k 段(分段轨迹线为 $P_{k-1}P_k$)即平行四边形 $\Omega_{j,k}$，具有如下特征：存在两条边与 $P_{k-1}P_k$ 平行，且它们的长度均等于 $P_{k-1}P_k$ 的长度(即 $\lambda_{j,k}$)；另两条边与边 j 平行，其长度表示为 $\beta_{j,k}L_j$，其中 $\beta_{j,k}$ 为比例因子，用于描述分段宽度相对于边 j 长度的变化。使用 $P_{k-1}P_k$ 和边 j 法线的夹角 $\varphi_{j,k}$，描述第 k 分段轨迹线的旋转。借助 $\varphi_{j,k}$ 和 $\beta_{j,k}$ 描述平面几何形态，平行四边形 $\Omega_{j,k}$ 的面积可表示为

$$A_{j,k} = \beta_{j,k} L_j \lambda_{j,k} \cos\varphi_{j,k} \tag{5.4}$$

$\Omega_{j,k}$ 区域上的水体体积可由下式计算：

$$V_{j,k} = \beta_{j,k} L_j \lambda_{j,k} H_{j,k} \cos\varphi_{j,k} \tag{5.5}$$

式中，$H_{j,k}$ 等于追踪点 P_{k-1} 和 P_k 的水深的平均值。

式(5.5)中，$H_{j,k}$、$\lambda_{j,k}$ 和$\varphi_{j,k}$ 均可根据逆向追踪轨迹线的信息显式地表达出来。因为 FVELM 并没有进行边 j 的两个节点的逆向追踪，所以 $\beta_{j,k}$ 被遗留下来成为一个待确定参数。将所有显式计算的变量进行合并，式(5.5)可以改写为

$$V_{j,k} = \beta_{j,k} V_{0j,k} \tag{5.6}$$

其中，$V_{0j,k}$ 称为边 j 的逆向追踪带上的第 k 分段的参考体积。

一方面，从求解对流物质输运方程的角度看，当方程中的物质浓度均被设定为单位 1 时，Δt 内穿过单元界面 j 的物质数量就是输送物质的水量，可描述为

$$Q_{s,j} = \sum_{k=1}^{N} (\beta_{j,k} V_{0j,k}) \tag{5.7}$$

另一方面，水流连续性方程采用 FVM 和半隐方法离散，在根据式(4.9)开展水流连续性方程计算时，Δt 内穿过单元界面 j 的物质数量可表示为

$$Q_{w,j} = \Delta t L_j h_j^n \left| \theta u_j^{n+1} + (1-\theta) u_j^n \right| \tag{5.8}$$

这里引入前述“水与单位物质通量一致性”控制机制，消除通量式 ELM 在采用大时间步长计算时可能出现的非物理振荡。穿过单元界面的物质通量和水通量的方向可认为是相同的，因而“水与单位物质通量一致性”意味着 $Q_{s,j} = Q_{w,j}$。可利用这个等式确定参数 $\beta_{j,k}$，并隐含校正单元界面的物质通量，具体做法如下。

将式(5.7)、(5.8)代入 $Q_{s,j} = Q_{w,j}$，可得

$$\sum_{k=1}^{N} (\beta_{j,k} V_{0j,k}) = \Delta t L_j h_j^n \left| \theta u_j^{n+1} + (1-\theta) u_j^n \right| \tag{5.9}$$

这里引入假定“$\beta_{j,1} = \beta_{j,2} \cdots = \beta_{j,N} = \beta_j$”，其含义为：沿着边中心的质点逆向追踪轨迹线，将逆向追踪带由一系列带宽变化率相等的(即该变化率全部等于 β_j)平行四边形近似代替。于是，应用式(5.9)，β_j 可显式地表示为

$$\beta_j = \Delta t L_j h_j^n \left| \theta u_j^{n+1} + (1-\theta) u_j^n \right| \Big/ \sum_{k=1}^{N} V_{0j,k} \tag{5.10}$$

在应用上述关于 β_j 的假定和式(5.10)确定 β_j 之后，FVELM 中就不再存在任何待定的或凭经验确定的模型参数了。

在入流开边界附近，边的逆向追踪带可能向上游延伸到计算区域之外。此时，令多步欧拉法逆向追踪停止在入流开边界，设已完成的追踪分步数量为 N'，即逆向追踪带上只有 N'个片段($\Omega_{j,k}$，$k=1$，2，…，N')位于计算区域内部并被构造出来。对位于计算区域之外(上游)、无法被构造出来的逆向追踪带片段(平行四边形 $\Omega_{j,k}$，$k=N'+1$，$N'+2$，…，N)，假定它们的参考体积($V_{0j,k}$)和物质浓度($C_{j,k}$)均等于最上游的已知片段 $\Omega_{j,N'}$。依此法即可构造出穿越开边界的逆向追踪带。

由构造流程可知，逆向追踪带的构造是完全显式的，而且它对于每种物质是可共用的。这种“显式”和“共用”，为 FVELM 的并行化执行提供了必要条件，而且使得 FVELM 具有能够快速求解多种物质输运的潜质。

2．逆向追踪带积分和单元更新

在边 j 的逆向追踪带上进行物质浓度分布 $C(x,y)$ 的积分，即可得到在 Δt 微小时段中穿过边 j 的物质数量。假设 $C(x,y)$ 在边 j 的逆向追踪带上呈分段线性分布。此时，边 j 逆向追踪带的第 k 分段的平均浓度($C_{j,k}$)，可近似使用边 j 轨迹线上点 P_{k-1} 和 P_k 的平均浓度代表。对于 $t_n \to t_{n+1}$ 时段，在边 j 逆向追踪带的第 k 分段上，$C(x,y)$ 的积分可表示为

$$S_{j,k}^{n+1} = \beta_j^{n+1} V_{0j,k}^{n} C_{j,k}^{n} \tag{5.11}$$

在 Δt 内，计算网格中每条边逆向追踪带上的物质浓度积分都是相互独立的，且逆向追踪带各分段的积分也不存在相互依赖性。因此，在 $t_n \to t_{n+1}$ 时段，直接对逆向追踪带各个分段上的积分结果进行求和，即可获得穿过边 j 的总的物质数量：

$$S_j^{n+1} = \beta_j^{n+1} \sum_{k=1}^{N} (V_{0j,k}^{n} C_{j,k}^{n}) \tag{5.12}$$

在 $t_n \to t_{n+1}$ 时段，基于 FVELM 求解对流方程时，单元物质浓度更新可表示为

$$C_{bt,i}^{n+1} = \frac{1}{P_i h_i^{n+1}} \left\{ P_i h_i^n C_i^n + \sum_{l=1}^{i34(i)} [\operatorname{sign}(u_{j(i,l)}^{n+1}) S_{j(i,l)}^{n+1}] \right\} \tag{5.13}$$

式中，$\operatorname{sign}(u)$ 为穿过单元界面的物质通量的符号函数。假定 $\operatorname{sign}(u)$ 在微小时段 Δt 内保持不变，使用 t_{n+1} 时刻的流速计算 $\operatorname{sign}(u)$，计算式为：流入情况，$s_{i,l} u_{j(i,l)}^{n+1} \leqslant 0$，$\operatorname{sign}(u_{j(i,l)}^{n+1}) = 1$；流出情况，$s_{i,l} u_{j(i,l)}^{n+1} > 0$，$\operatorname{sign}(u_{j(i,l)}^{n+1}) = -1$。

3．FVELM 的计算流程与优势辨析

计算流程如下。首先，为每条边构造一个逆向追踪带，基于它进行浓度分布积

分，并使用积分结果代表穿过单元界面的对流物质通量；然后，通过对单元各边的对流物质通量进行求和，更新单元浓度。在一个时步中，每条边的逆向追踪带的构造及基于它的浓度积分都是相互独立的，且每个单元的浓度更新也是相互独立的，这使得 FVELM 可被高度并行化。FVELM 将传统 FVM 的通量式单元更新和点式 ELM 联合在一起，实际中可分别编制这两种基础方法的代码，然后通过显式组装来组建 FVELM 的计算程序，并不复杂。

FVELM 与 SCFVM 计算流程的比较如图 5.5。FVELM 不使用亚循环，穿过边

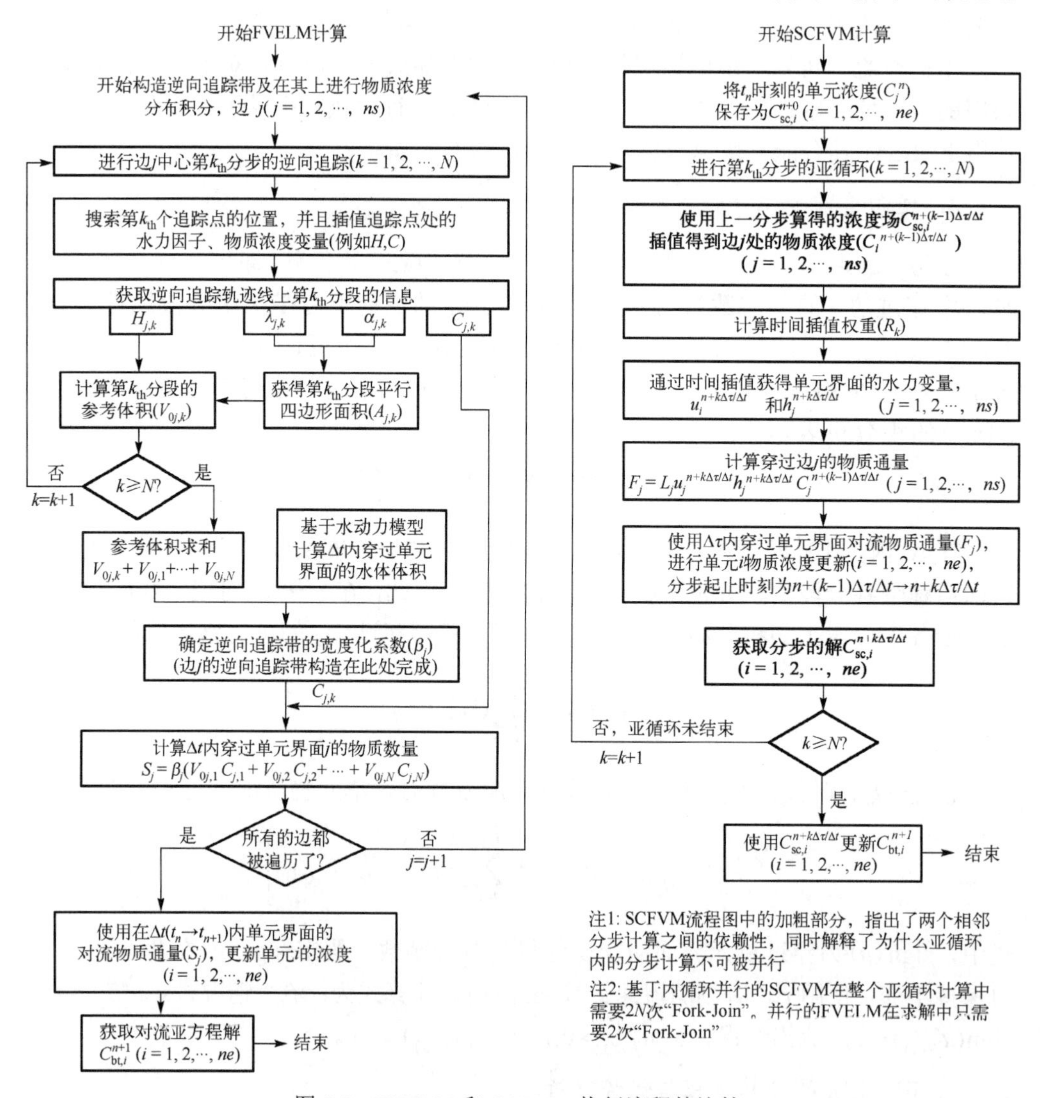

图 5.5　FVELM 和 SCFVM 执行流程的比较

的物质通量可预先显式计算出来。在一个时步中，并行的 FVELM 仅需 2 次 fork-join。而在一个时步中，并行的 SCFVM 的亚循环需要 $2N$ 次 fork-join，即 SCFVM 的并行管理成本比 FVELM 要高很多，这使得 SCFVM 很难被高度并行化。

FVELM 与点式 ELM 的比较如下。点式 ELM 的解，只与轨迹线根部位置和那里的物质浓度分布有关。相比之下，FVELM 通过使用轨迹线上所有追踪点的信息计算穿过单元界面的对流通量，因而预期获得比点式 ELM 更高的精度。此外，由于缺乏保证物质守恒的机制，点式 ELM 不具有守恒性。FVELM 使用通量式单元浓度更新，严格保证了局部和全局质量守恒。

与一维通量式 ELM 类似(见第 3.3.2 节归纳)，FVELM 也实现了守恒性、大时间步长(CFL ≫ 1)、无振荡性、可高度并行化、多种物质输运快速求解等优点的统一。相比于传统的显式欧拉类算法，FVELM 具有高得多的计算效率。此外，使用“水与单位物质通量一致性”控制机制，在本质上消除了通量式 ELM 可能出现的非物理振荡。然而，考虑到真实浅水流动系统的复杂性和一些极端情况，在采用 FVELM 和超大时间步长开展计算时，由于水流质点运动轨迹线较长且不规则(由复杂固体边界、干湿转换扰动等导致)，FVELM 使用“$\beta_{j,1} = \beta_{j,2} = \cdots = \beta_{j,N} = \beta_j$”所描述的近似逆向追踪带可能显著偏离精确逆向追踪带。受不准确逆向追踪带的影响，FVELM 作为一种显式对流算法在局部区域仍存在产生虚假振荡的风险。大量数值试验证明，在追踪分辨率足够的条件下，使用简单的滤波器[30, 40]，可有效地消除 FVELM 在采用大时间步长计算时可能出现的虚假振荡的风险。

5.2.3 FVELM 特性与嵌入式执行

前述的二维水动力模型使用点式 ELM 求解动量方程的对流项，它使用多步欧拉法追踪位于单元边中心的质点。而且，水动力模型中追踪类对流算法所选用的追踪起始点、追踪方法等均与本节的物质输运模型对流算法相同。在这种特定的水动力模型架构下，将 FVELM 的追踪计算嵌入到水动力计算中执行，便可以重复利用水动力模型中点式 ELM 追踪已获得的信息。FVELM 在一个时步内的嵌入执行流程见图 5.6，具体实施方法如下。

在水动力模型点式 ELM 的逆向追踪过程中，插值获得每个追踪点的平面坐标、水深、物质浓度等信息并将它们储存下来，以便为后续物质输运模型中的 FVELM 计算所用。进行网格点的多步欧拉法拉格朗日追踪，是轨迹追踪类对流算法最为耗时的部分，其耗时称为启动计算量。嵌入式执行，可大幅降低物质输运模型中 FVELM 的启动计算量。

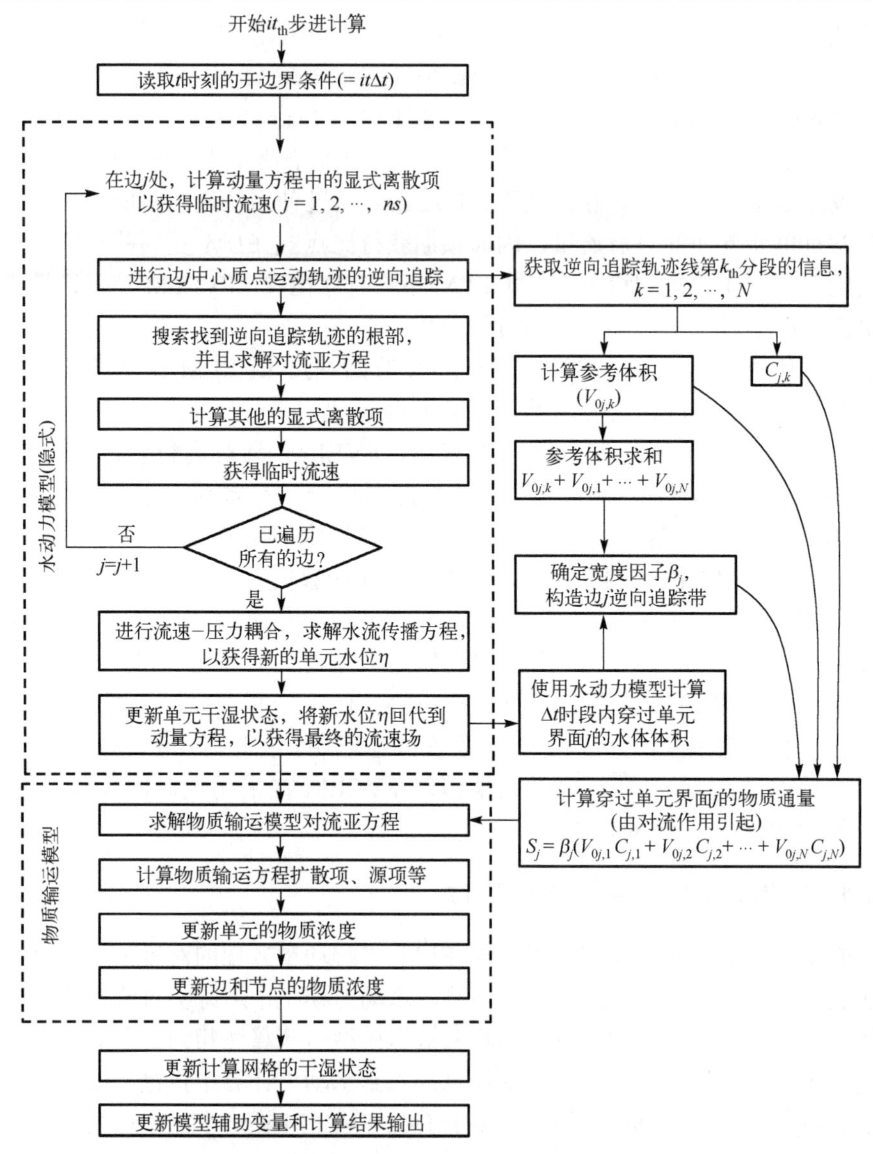

图 5.6　FVELM 的嵌入执行流程(一个时间步长内)

5.3　简易的全二维通量式 ELM

FVELM 需要沿着边中心的追踪轨迹线定义一个近似逆向追踪带，作为计算穿过单元界面对流物质通量的依赖域。构建非规则的逆向追踪带及在其上进行物质浓度分布积分，使 FVELM 的构造较复杂。本小节介绍另一种通量式 ELM，它借鉴第一亚类 FFM 的思想，不需构造实体依赖域，也不进行非规则区域的物质浓度分布积分，而是联合使用基于时间插值的单元界面流速和对应时刻的追踪点浓度计算穿过单元界面的物质通量。将这种全二维通量式 ELM 命名为 FFELM。

5.3.1 无实体依赖域的通量式 ELM

FFELM 基本步骤：进行边中心质点的多步欧拉法逆向追踪，获得各追踪点的物质浓度；相对应地，求解对流方程的时间步长也被等分为若干片段，在每个分步，联合使用边的时间插值流速和对应追踪点的物质浓度，显式计算穿过单元界面的分步物质通量；将分步通量进行求和，得到在整个时间步长内穿过单元界面的总的物质通量；最后，使用通量式单元浓度更新，完成对流方程求解。在计算过程中添加“水与单位物质通量一致性”控制机制，以消除 FFELM 可能产生的非物理振荡。

1．单元界面物质通量与单元浓度更新

FFELM 也不使用亚循环，且只需要进行单元界面(边)中心的质点的逆向运动轨迹线追踪。二维流场中的多步欧拉法追踪，是将 Δt 等分为 N 个片段($\Delta\tau=\Delta t/N$)依次进行轨迹线的回溯计算，具体执行方法见第 4.1.2 节。在每个追踪点处，插值获得物质浓度并进行储存，作为计算穿过单元界面的对流物质通量的基础。

取边 j 进行分析，边中心的逆向追踪轨迹线包括 N 个追踪点($P_1, P_2,\cdots, P_N$)，如图 5.7，其中第 k 个追踪点的物质浓度使用 $C_{j,k}$ 表示。在第 k 分步($k=1, 2,\cdots, N$)，

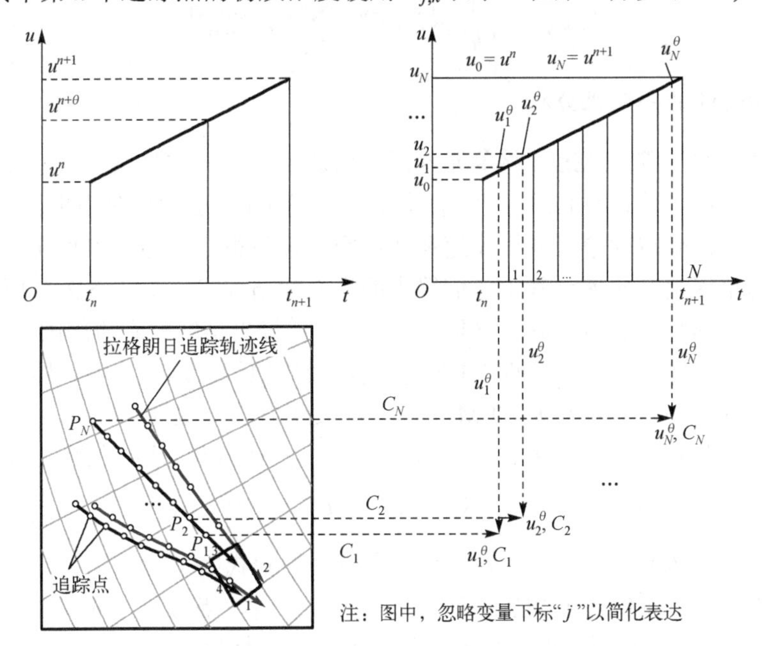

图 5.7 FFELM 联合使用时间插值流速和追踪点物质浓度计算单元界面通量

需要一个具有代表性的单元界面流速 $u_{j,k}^{\theta}$ 与 $C_{j,k}$ 进行组合，计算穿过边 j 的分步对流物质通量。为便于计算，假定 $t_n \to t_{n+1}(\Delta t)$ 时段内单元界面流速的变化服从线性分布，如图 5.7。此时，第 k 分步末单元界面流速（$u_{j,k}$）可使用下式计算：

$$u_{j,k} = \frac{N-k}{N} u_j^n + \frac{k}{N} u_j^{n+1} \tag{5.14}$$

在第 k 分步的微小时段 $\Delta\tau$ 内，单元界面的代表性流速可表示为

$$u_{j,k}^{\theta} = (1-\theta_2) u_{j,k-1} + \theta_2 u_{j,k} \tag{5.15}$$

式中，θ_2 为插值单元界面代表性流速时的插值权重。

在 $t_n \to t_{n+1}$ 时段内的第 k 分步，穿过单元界面 j 的分步物质数量为

$$S_{j,k}^{n+1} = \Delta\tau\, L_j h_j^n u_{j,k}^{\theta} C_{j,k}^n \tag{5.16}$$

在一个 Δt 内，穿过一条边的各个分步的物质通量的求和运算，相对于其他网格边是相互独立的。因此，在 $t_n \to t_{n+1}$ 时段，对于一条给定的边 j，可直接将穿过边的各个分步的物质数量进行显式相加，以获得在 Δt 内穿过边的总的物质数量

$$S_j^{n+1} = \Delta\tau\, L_j h_j^n \sum_{k=1}^{N} (u_{j,k}^{\theta} C_{j,k}^n) \tag{5.17}$$

从 $t_n \to t_{n+1}$ 时段，基于 FFELM 求解对流方程时，单元物质浓度更新可表示为

$$C_{bt,i}^{n+1} = \frac{1}{P_i h_i^{n+1}} \left\{ P_i h_i^n C_i^n + \sum_{l=1}^{i34(i)} [s_{i,l} S_{j(i,l)}^{n+1}] \right\} \tag{5.18}$$

2．FFELM 的一致性分析

借助轨迹线追踪，FFELM 将单元界面物质通量计算的依赖域由欧拉类对流算法的迎风单元扩展到轨迹线扫过的区域，使计算允许 CFL>1 的大时间步长。然而，分别通过时间插值获得的单元界面流速和通过空间插值得到的追踪点物质浓度是存在误差的，这个误差会传递到基于它们算出的界面物质通量。如第 5.2 节所述，含有误差的单元界面物质通量，是引发非物理振荡、计算失稳等的本质原因。与此同时，前述“水与单位物质通量一致性”控制机制可较好地解决这一问题。鉴于此，先来分析水动力模型中水通量与 FFELM 中单位物质通量的一致性。

一方面，从求解水流连续性方程的角度来看，Δt 内穿过边 j 的物质数量为

$$Q_{wj} = \Delta t L_j h_j^n u_j^{n+\theta} \tag{5.19}$$

式中，$u_j^{n+\theta} = (1-\theta_1) u_j^n + \theta_1 u_j^{n+1}$，$\theta_1$ 为水动力模型的隐式因子。

另一方面，从求解对流物质输运方程的角度来看，当方程中的物质浓度被设为 1 个单位时，Δt 内穿过边 j 的物质数量可使用下式进行描述：

$$Q_{Sj}=\Delta\tau L_j h_j^n\sum_{k=1}^{N}u_{j,k}^{\theta} \tag{5.20}$$

使用式(5.14)和式(5.15)的流速表达式，$u_{j,k}^{\theta}$ 的求和可表示为

$$\sum_{k=1}^{N}u_{j,k}^{\theta}=(1-\theta_2)u_j^n+\frac{N-1}{2}(u_j^n+u_j^{n+1})+\theta_2 u_j^{n+1} \tag{5.21}$$

应用式(5.21)，式(5.20)可转化为

$$Q_{Sj}=\Delta t L_j h_j^n\frac{1}{N}\left[(1-\theta_2)u_j^n+\frac{N-1}{2}(u_j^n+u_j^{n+1})+\theta_2 u_j^{n+1}\right] \tag{5.22}$$

单元界面处“水与单位物质通量一致性”要求“$Q_{Sj}=Q_j$”，即

$$(1-\theta_1)u_j^n+\theta_1 u_j^{n+1}=\frac{1}{N}\left[(1-\theta_2)u_j^n+\frac{N-1}{2}(u_j^n+u_j^{n+1})+\theta_2 u_j^{n+1}\right] \tag{5.23}$$

然而，式(5.23)是未必成立的。下面选取“$\theta_1=\theta_2=\theta$”这样一种已经较特殊的条件进行各种情况的举例分析。应用 $\theta_1=\theta_2=\theta$，则式(5.23)可写为

$$(1-\theta)u_j^n+\theta u_j^{n+1}=\frac{1}{2}(u_j^n+u_j^{n+1}) \tag{5.24}$$

通过设置 $\theta=0.5$ 可使式(5.24)成立。然而，隐式水动力学模型要求 $\theta>0.5$ 来保证计算稳定性[1]，因而 $\theta=0.5$ 是不合适的。当 $\theta>0.5$ 时，只有假定在 $t_n\rightarrow t_{n+1}$ 时段内流场恒定，式(5.24)才成立。然而，真实河流的物质输运一般均发生在非恒定水流中，所以恒定流假定也是不合适的。因此，即便在“$\theta_1=\theta_2=\theta$”这种已经较特殊的条件下，在单元界面处，水动力模型中水通量与 FFELM 中单位物质通量的一致性（“水与单位物质通量一致性”）也是很难满足的。

3．FFELM 的一致性校正

FFELM 亦可采用校正单元界面处物质通量的方式，重建“水与单位物质通量一致性”，以构建无振荡的全二维通量式 ELM。

第 1 步：引入缩放系数 β_j 并将其插入式(5.23)右边，以达成“$Q_{sj}=Q_{wj}$”。基于插入 β_j 之后的式(5.23)，可以将参数 β_j 显式地计算出来，计算式见式(5.25)。在确定了 β_j 之后，FFELM 就不再含有任何待定的或凭经验确定的参数。

$$\beta_j=N[(1-\theta_1)u_j^n+\theta_1 u_j^{n+1}]\Big/\left[(1-\theta_2)u_j^n+\frac{N-1}{2}(u_j^n+u_j^{n+1})+\theta_2 u_j^{n+1}\right] \tag{5.25}$$

第 2 步：使用已确定的参数 β_j，式(5.17)所描述的在 $t_n\rightarrow t_{n+1}$ 时段内穿过单元界面的总的物质数量可校正为(以边 j 为例)：

$$S_{j,\text{correct}}^{n+1}=\beta_j S_j^{n+1} \tag{5.26}$$

第 3 步：使用式(5.26)所描述的单元界面对流物质通量，在 $t_n\rightarrow t_{n+1}$ 时段内，由对流作用引起的单元平均物质浓度的更新可表示为

$$C_{bt,i}^{n+1}=\frac{1}{P_i h_i^{n+1}}\left\{P_i h_i^n C_i^n+\sum_{l=1}^{i34(i)}[s_{i,l}\beta_{j(i,l)}S_{j(i,l)}^{n+1}]\right\} \tag{5.27}$$

为便于区分，在后文中将使用、不使用单元界面物质通量校正的 FFELM 分别表示为 FFELM 和 FFELM-ng。FFELM-ng 有三个误差来源。其一，隐式水动力模型使用迭代法求解代数方程系统所产生的迭代误差，该误差由迭代收敛的残差标准(ε)决定，它将被传递到物质输运模型计算之中，并产生间接影响(使用 E_H 表示该影响)。其二，当不使用单元界面物质通量校正时，违背“水与单位物质通量一致性”所引起的物质输运模型计算误差使用 E_C 表示。其三，浮点数计算的舍入误差，使用 E_R 表示。FFELM-ng 计算误差的组成可使用下式进行描述：

$$E=E_H+E_C+E_R \tag{5.28}$$

纵观 FFELM 在一个时间步长中的计算流程，每条边对流物质通量的计算都是相互独立的，并且每个单元的单元浓度更新也是相互独立的，这使得 FFELM 可被高度并行化。此外，在第 4 章水动力模型架构下，FFELM 还具有可嵌入水动力模型执行的特性。FFELM 在一个时步内的嵌入执行流程见图 5.8。与 FVELM 类似，

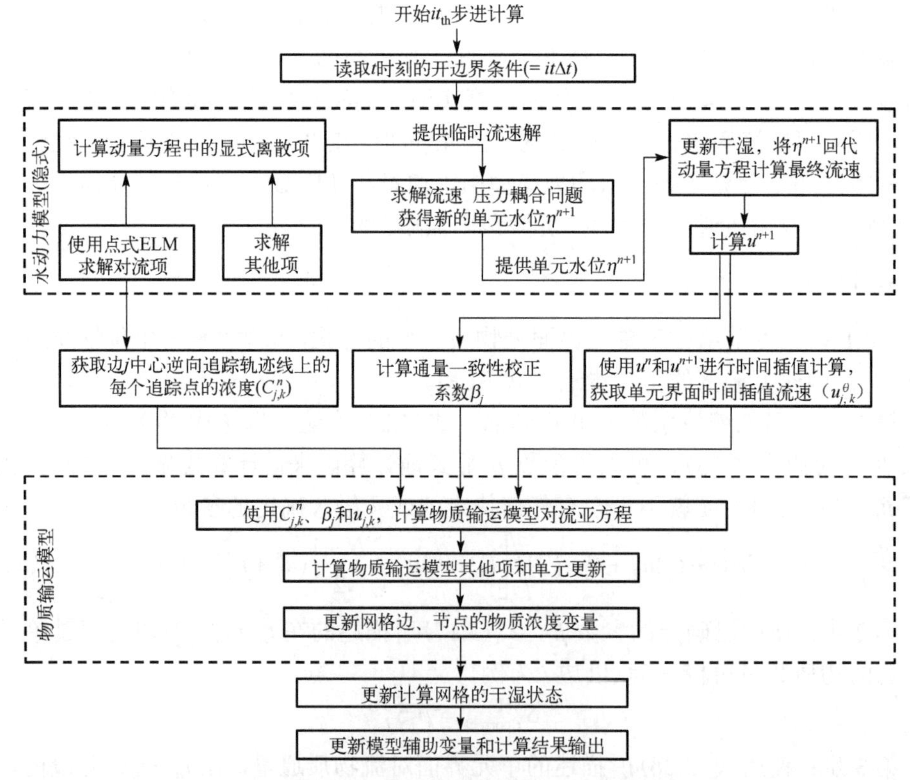

图 5.8　FFELM 的嵌入执行流程(一个时间步长内)

FFELM 也实现了守恒性、大时间步长(CFL≫1)、无振荡性、可高度并行化、多种物质输运快速求解等诸多优点的统一，在精度与效率方面同时做到了极致。

5.3.2 界面通量校正的作用与测试

设计一个理想的非恒定流物质输运算例，阐明缺少“水与单位物质通量一致性”界面通量校正造成的不利影响。自由表面水流发生在一个长 100km 的顺直矩形断面明渠中，明渠纵向河床坡度为 0.5×10^{-4}，明渠河床糙率 n_m 为 0.0164。在上、下游开边界，分别施加周期性变化的水力过程，入流流量 $Q_{in} = 2000+1000\sin(0.5\pi t/t_0)$，出口水位 $Z_{out} = 10+5\sin(0.5\pi t/t_0)$，水流强度呈现“增加→减小→……”的正弦变化，周期为 4 天($t_0 = 86400$s)。入流物质浓度恒为 1.0kg/m³。该算例可代表明渠中最基本的水流和物质输运现象。由于在入口处设定了恒定浓度，并且没有其他物质来源输入，所以明渠沿线水流的物质浓度将与入流开边界的物质浓度始终保持相同。

使用尺度为 100×100m² 的均匀四边形网格剖分水平区域。$\Delta t = 60$s，水流模型中点式 ELM 和物质输运模型中 FFELM 的轨迹线追踪分步数量均设为 6。使用不同的单元界面变量插值权重 θ_2(= 0、θ_1 和 1.0)测试 FFELM-ng 和 FFELM，观察和比较它们的误差变化规律。在缺省条件下，水动力模型收敛容差 $\varepsilon = 10^{-16}$。

进行 10 天的非恒定水流和物质输运过程的模拟，记录 FFELM-ng 和 FFELM 模拟出的明渠沿线物质浓度的变化过程。物质浓度相对计算误差的变化过程如图 5.9(以渠中 $x = 50$km 为例)。当使用 FFELM-ng 时，模拟得到的浓度过程存在显著的计算误差和非物理振荡，计算精度随着 θ_2 变化而改变；浓度的相对计算误差在 2×10^{-4} 的显著水平下随着开边界流量和水位的周期性波动而呈现出同步变化。当使用 FFELM 时，计算结果与 θ_2 无关；浓度的相对计算误差在 10^{-12} 量级的极低水平下作随机波动，可能由计算机舍入误差(E_R)所致，可以忽略。

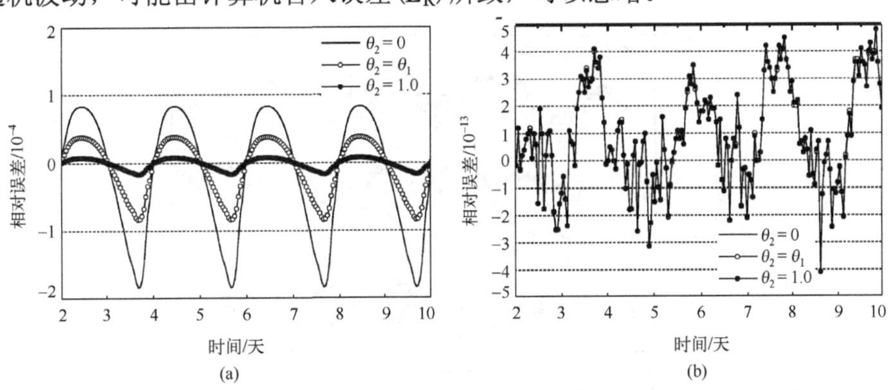

图 5.9 明渠 $x = 50$km 处浓度相对计算误差变化过程：(a)使用 FFELM-ng；(b)使用 FFELM

在水动力模型不同收敛容差($\varepsilon = 10^{-2}\sim10^{-16}$)条件下，测试 FFELM-ng 和 FFELM

(令 $\theta_2=\theta_1$)，观察物质输运模型的计算误差随 ε 的变化规律。浓度相对误差的变化幅度见表 5.1，变化过程如图 5.10($x=50$km)。当使用 FFELM-ng 时，浓度的相对误差的幅度随 ε 的减小而减小，且当 $\varepsilon\leqslant10^{-4}$ 时，相对误差的变化幅度趋于稳定并保持在一个较大的数值(0.03%)。当使用 FFELM 时，浓度的相对误差的变化幅度随 ε 的减小而减小，且当 $\varepsilon\leqslant10^{-6}$ 时，相对误差变化幅度已降至 10^{-8} 量级以下。

表 5.1 在水动力模型不同收敛容差 ε 下浓度的相对误差的变化幅度

ε	$E_{1(\mathrm{FFELM\text{-}ng})}$	$E_{2(\mathrm{FFELM})}$	ε	$E_{1(\mathrm{FFELM\text{-}ng})}$	$E_{2(\mathrm{FFELM})}$
10^{-2}	0.00155	0.00133	10^{-10}	0.00030	1.225×10^{-11}
10^{-3}	0.00033	0.00013	10^{-11}	0.00030	1.465×10^{-12}
10^{-4}	0.00030	0.00001	10^{-12}	0.00030	1.276×10^{-12}
10^{-6}	0.00030	6.951×10^{-8}	10^{-16}	0.00030	1.086×10^{-12}
10^{-8}	0.00030	8.168×10^{-10}			

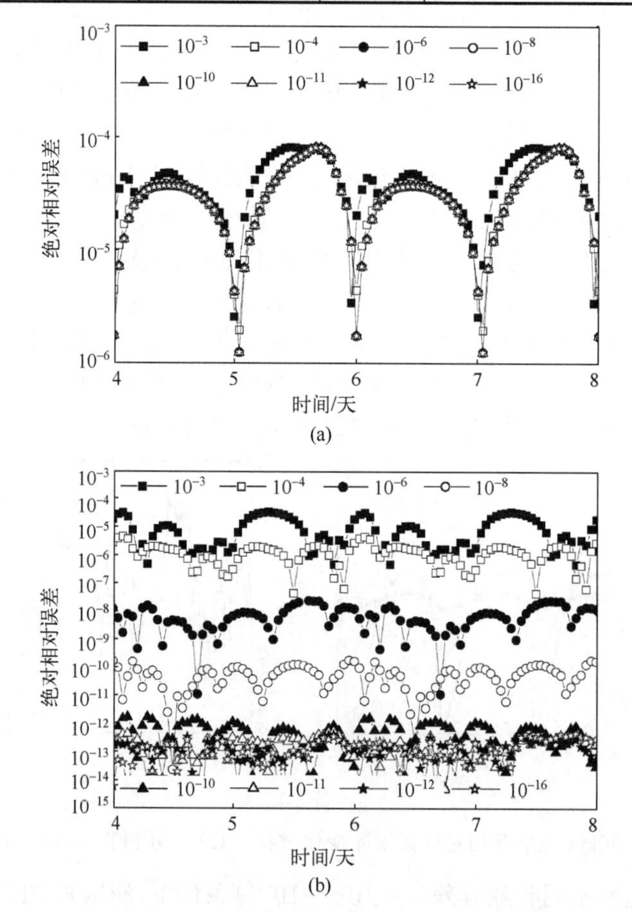

图 5.10 明渠 $x=50$km 处浓度绝对相对计算误差变化过程：(a)使用 FFELM-ng；(b)使用 FFELM

在实际应用中，求解隐式水动力模型代数方程系统时，$\varepsilon = 10^{-6}$ 是最常用的残差范数收敛容差。这里的数值实验结果表明，准确求解物质输运模型所要求的隐式水动力模型的临界收敛容差接近于 10^{-6}，这可能是一个巧合。

上述算例表明，模型计算所产生的舍入误差(E_R)及其累积影响很小，可以忽略。因此，可使用下面两个等式来分析 FFELM-ng 和 FFELM 的 E_{H} 和 E_{C}：

$$E_{1(\mathrm{FFELM\text{-}ng})} \approx E_{\mathrm{H}} + E_{\mathrm{C}} \tag{5.29}$$

$$E_{2(\mathrm{FFELM})} \approx E_{\mathrm{H}} \tag{5.30}$$

式中，E_1 和 E_2 分别表示使用 FFELM-ng 和 FFELM 时浓度相对误差的变化幅度。

以表 5.1 中 $\varepsilon = 10^{-6}$ 情况为例，借助式(5.29)和式(5.30)，定量地比较 FFELM-ng 和 FFELM 的精度。由 FFELM 的 $E_{\mathrm{H}} = 6.951\times10^{-8}$，可推知 FFELM-ng 的 $E_{\mathrm{C}} = 2.9993\times10^{-4}$。也就是说，在缺少单元界面物质通量校正的条件下，使用通量式 ELM 模拟非恒定流物质输运，E_C(由不满足“水与单位物质通量一致性”引起)可达 E_H(由水动力计算误差引起)的 4000 倍以上，E_C 将引起浓度场的非物理振荡。在具有不规则水域边界、干湿转换频繁等特点的真实浅水流动系统的模拟中，误差的负面影响将可能被大幅放大。FFELM 的测试结果表明，单元界面物质通量校正，可有效消除通量式 ELM 可能产生的非物理振荡，并保证物质输运的准确模拟。

5.3.3 通量式对流物质输运解法的辨析

SCFVM、FVELM、FFELM 及早期的 FFM 均使用通量式单元更新，即通过对控制体各界面通量进行求和的方式更新单元平均物质浓度。这里从单元界面物质通量计算的角度，辨析这些通量式对流物质输运算法。

1. 界面物质通量计算方式的辨析

从算法构造和特性的角度，SCFVM、FVELM、FFELM 均使用分步计算或分步拉格朗日追踪的方式进行计算，“分步”在这些算法中具有不同的具体含义。例如，第 k 个分步，在 SCFVM 中表示亚循环的第 k 步，在 FVELM 中意味着逆向追踪带的第 k 个片段，在 FFELM 中对应着时间插值计算的第 k 个时间片段。

SCFVM 引入一个亚循环，将对流物质输运计算的时间步长 Δt 分为 N 个较小的时间片段 $\Delta\tau$，以缓解显式欧拉类对流算法的 CFL 稳定条件限制。在第 k 分步，分步的起、止时刻分别为$(k-1)\Delta\tau$、$k\Delta\tau$，$k = 1, 2,\cdots, N$。通过将在每个分步的物质数量累加起来(真实算法中不能直接相加)，得到在 $t_n \to t_{n+1}$ 时段穿过边 j 的总的物质数量

$$S_{j,\mathrm{SCFVM}}^{n+1} = \sum_{k=1}^{N} [L_j h_j^{n+(k-1)\Delta\tau/\Delta t} (\Delta\tau u_j^{n+(k-1)\Delta\tau/\Delta t}) C_j^{n+(k-1)\Delta\tau/\Delta t}] \tag{5.31}$$

式中，C_j 表示边 j 的物质浓度，由上一分步单元浓度更新结果插值得到。

FVELM 沿边中心质点的追踪轨迹线定义一个近似逆向追踪带作为依赖域。对于边 j 的近似逆向追踪带的第 k 个片段，分别使用 $\lambda_{j,k}$、$\beta_j L_j$、$H_{j,k}$ 表示其长度、宽度、平均水深。相对于边 j 的外法线方向，片段 k 的旋转角用 $\varphi_{j,k}$ 表示。将浓度分布 $C(x,y)$ 在逆向追踪带上进行积分，得到在 $t_n \to t_{n+1}$ 时段穿过边 j 的总的物质数量

$$S_{j,\mathrm{FVELM}}^{n+1}=\sum_{k=1}^{N}[(\beta_j L_j)H_{j,k}(\lambda_{j,k}\cos\varphi_{j,k})C_{j,k}^{n}] \tag{5.32}$$

式中，$C_{j,k}$ 表示边 j 的近似逆向追踪带的第 k 个片段上的平均物质浓度。

FFELM 联合使用单元界面时间插值流速和对应时刻的追踪点物质浓度，计算穿过边的物质通量。重写式(5.26)，在 $t_n \to t_{n+1}$ 时段穿过边 j 的总的物质数量为

$$S_{j,\mathrm{FFELM}}^{n+1}=\sum_{k=1}^{N}[L_j h_j^n(\beta_j \Delta\tau u_{j,k}^{\theta})C_{j,k}^{n}] \tag{5.33}$$

式中，$C_{j,k}$ 表示边 j 中心的逆向追踪轨迹线上第 k 个追踪点的物质浓度；β_j 为通量缩放系数(与 FVELM 中边长比例因子 β_j 含义不同)。

由式(5.31)～式(5.33)可知，在计算单元界面物质通量时，SCFVM、FVELM、FFELM 除了由于原理不同而使用不同的基础变量外，计算式在形式上是非常相似的。由式(5.31)可知，由于亚循环的下一分步计算对上一分步结果的依赖性，SCFVM 的亚循环不能被并行化。根据式(5.32)、式(5.33)，在一个时步中每条边的物质通量的计算都是相互独立的(且每个单元的浓度更新也是相互独立的)，这使 FVELM 和 FFELM 都能被高度并行化。FFELM 总体上较 FVELM 简单，主要差异如下。

其一，两种算法均将边的对流物质通量计算的依赖域，由边的迎风单元扩展到了逆向追踪轨迹线所扫过的区域。不同在于，FVELM 构建了一个实体依赖域(近似逆向追踪带)，而 FFELM 并没有建立实体依赖域，而只是使用这个依赖域的主要特征(追踪点浓度)。其二，FFELM 没有建立逆向追踪带，且仅使用追踪点的物质浓度这一与追踪有关的信息。这种在算法构造、计算流程上的简单性使得：①FFELM 的嵌入执行比 FVELM 简单许多；②将 FFELM 扩展到它的一维或者三维版本，比扩展 FVELM 容易实现。例如，第 3.3.2 节中的一维通量式 ELM 本质上就是本节二维 FFELM 的一维版本，因而它也可使用图 5.8 中的嵌入执行流程。其三，在参数含义上，β_j 在 FVELM 中是用于构造逆向追踪带的一个结构性尺度。β_j 对于 FFELM 并不是一个结构性参数，而只是一个用于校正单元界面物质通量的缩放系数。

2. 与早期 FFM 等算法的辨析

FVELM、FFELM 均属于 FFM 类型，并未使用其他守恒型 ELM(CIRM、LAM、PCS、CIPM 和 WBM)的思想。FVELM、FFELM 与早期多维 FFM 的辨析如下。

早期的多维 FFM 例如文献[19]和[17]中的算法，均是在多维结构网格上使用方

向分裂技术扩展一维 FFM 得到的。由于缺少对不同方向交叉耦合性的考虑，以及缺乏对通量式 ELM 可能产生的非物理振荡的控制，这些基于方向分裂的 FFM 的模拟结果常显示出峰值浓度被低估、浓度场非物理变形、计算失稳等现象[17]。FVELM、FFELM 均没有使用方向分裂技术，而是借助定义逆向追踪带、使用时间插值等方式来计算单元界面通量，且自带非物理振荡控制机制，是真正意义上的全二维 FFM。

Incremental remapping ELM (IRM) [37]属于全二维 FFM，但它在追踪策略、单元界面通量计算的依赖域等方面均与 FVELM、FFELM 存在较大的差别。IRM 使用单步向后欧拉追踪法追踪网格节点，并使用小时间步长确保逆向追踪轨迹线不跑出节点周围的单元且不交叉。而 FVELM、FFELM 均使用多步欧拉法追踪单元边中心，且不局限逆向追踪轨迹线在边的邻单元范围以内。在足够的追踪分辨率条件下，FVELM、FFELM 的逆向追踪轨迹线也不会交叉(真实河流案例见图 4.1)。

IRM 使用节点的逆向追踪轨迹线定义一个“通量依赖区”作为计算单元界面通量的实体依赖域。FVELM 也使用实体依赖域，FFELM 则根本不需要实体依赖域。同使用实体依赖域，FVELM 和 IRM 区别如下。其一，IRM 使用基于笛卡儿网格的精确依赖域，而 FVELM 使用基于非结构网格的近似依赖域。一方面，IRM 构建的精确依赖域无需进行额外的尺度校正，而 FVELM 在构建近似逆向追踪带时需引入 β_j 校正它的带宽。另一方面，在非结构网格上构建 IRM 的精确依赖域是十分复杂的，这阻碍了 IRM 的推广。其二，IRM 将节点逆向追踪轨迹线限制在节点周围单元之内，因而单元界面通量计算的依赖域也被限制在边的邻单元及附近，这与常规的欧拉类对流算法类似。受限的依赖域给 IRM 的时间步长增加了一个稳定限制条件，即 $|u|\Delta t/\Delta x < 0.5$[37]。FVELM 将单元界面通量计算的依赖域从逆风单元扩展到逆向追踪带，比 IRM 的依赖域大得多，因而允许 CFL ≫ 1 的时间步长。

早期二维通量式 ELM 的核心难题是，缺乏一种在算法采用大时间步长计算时控制非物理振荡的机制。FVELM、FFELM 在计算的过程中自带非物理振荡控制机制(“水与单位物质通量一致性”控制机制)，这使得与早期二维通量式 ELM 相伴的峰值浓度低估、浓度场非物理变形、计算失稳等现象在本质上被克服了。

5.4　通量式 ELM 的参数敏感性

使用刚体云旋转、弯道水槽等物质输运实例，研究 FVELM、FFELM 对计算网格尺度、时间步长、逆向追踪分辨率等模型参数的敏感性，并将它们的计算结果与 SCFVM、点式 ELM(本节简称 ELM)等传统对流算法进行比较。

5.4.1　刚体云旋转物质输运

使用刚体云旋转物质输运经典算例开展数值试验，算例概况如下。有一个平面二维余弦钟(浓度分布)在恒定的角速度(ω)流场中进行纯对流输运[41]。该问题的初始条件，即余弦钟的初始浓度分布 $C_0(x, y)$，在数学上可定义为

$$C_0(x,y)=\begin{cases}C_{\mathrm{m}}\cos^2(2\pi r), & r\leqslant 0.25\\ 0, & 其他\end{cases} \tag{5.34}$$

式中，$r^2=(x-x_c)^2+(y-y_c)^2$；(x_c, y_c)为初始余弦钟在平面上的中心。

试验区域为(–0.64m, –0.64m)～(0.64m, 0.64m)。初始时刻，余弦钟中心位于 $x_c=0.32$m 和 $y_c=0$，物质浓度峰值(C_m)设为 1kg/m³。使用式(5.34)计算单元中心的物质浓度，并使用它们初始化浓度场。旋转的二维流场可表示为 $u=-\omega y$ 和 $v=\omega x$。若令 $\omega=2\pi$，则余弦钟每完成一次整圈旋转的时间(即周期 T)为 1.0s。由于不考虑浓度扩散，故这个余弦钟刚体旋转问题具有理论解析解：在每次完成整圈旋转之后，余弦钟的物质浓度分布与它的初始浓度分布相同。

分别使用 5 种不同尺度的四边形网格和 3 种不同尺度的三角形网格，测试计算网格及其尺度对算法性能的影响；分别使用双线性(B)、面积加权(A)和多项式(P)等插值方法，研究插值方法对算法性能的影响。计算工况如表 5.2。

表 5.2　使用不同计算网格和算法模拟一次完整旋转之后的 C_{max}(Δt = 0.001s)

计算网格	网格尺度/m	单元数目	C_m/(kg/m³)	FVELM			FFELMB	SCFVM	ELM
				B	A	P			
Quad 1	0.04	1024	0.9690	0.686		0.852	0.705	0.645	0.043
Quad 2	0.02	4096	0.9920	0.974		0.975	0.978	0.830	0.083
Quad 3	0.01	16384	0.9980	0.982		0.991	0.993	0.910	0.173
Quad 4	0.005	65536	0.9995	0.990		0.994	0.994	0.956	0.499
Quad 5	0.0025	262144	0.9999	0.994		0.995	0.995	0.980	0.827
Tri 1	0.02	9170	0.9960		0.983				
Tri 2	0.01	36796	0.9997		0.994				
Tri 3	0.005	147350	0.9999		0.999				

注：符号 B、A 和 P 分别代表双线性、面积加权和多项式插值方法。

1．网格敏感性研究

在尺度递减的笛卡尔型均匀非结构网格上(Quad 1～5，$\Delta x=\Delta y$)测试 FVELM 和 FFELM(默认使用双线性插值)，以建立与网格尺度无关的数值解。为了排除时间步长和追踪分辨率对模拟结果的影响，将 Δt 设为 0.001s 并将逆向追踪的分步数量(N_{bt})设为 32。完成一个整圈的刚体旋转需要 1000 个时间步长。

表 5.2 列出了旋转一整圈后余弦钟浓度峰值(C_{max})的计算结果，图 5.11 给出了余弦钟浓度分布的 3D 视图。计算结果表明，在 Quad 1～5 上模型产生的全局物质

守恒误差(相对误差)为 $6\times10^{-14}\sim1.6\times10^{-13}$。下面从三个层面分析余弦钟在旋转一整圈后浓度分布计算结果的误差：Level 1(浓度峰值被低估)、Level 2(浓度剖面分布偏差)和 Level 3(余弦钟扭曲变形)。旋转一整圈后余弦钟的浓度剖面分布见

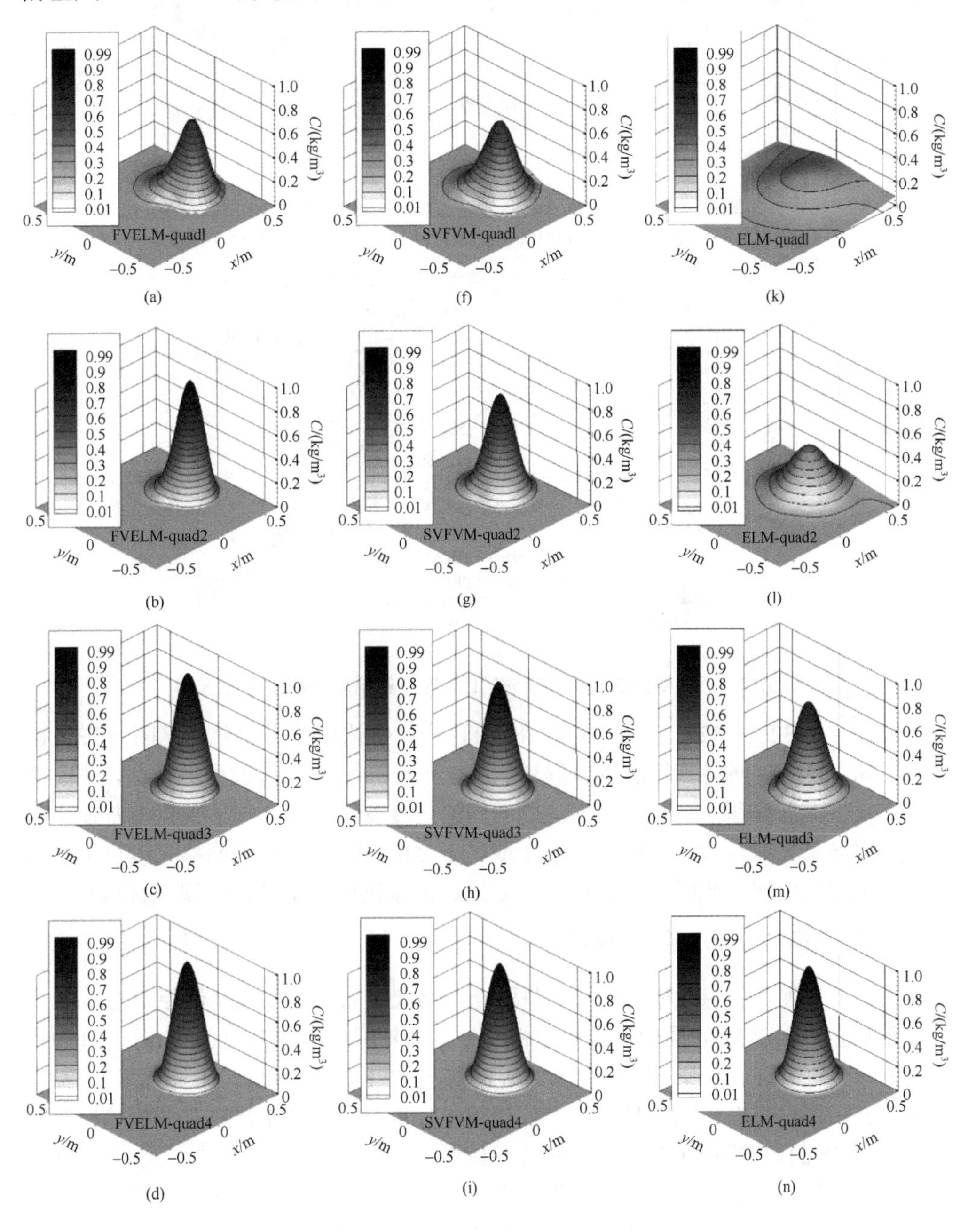

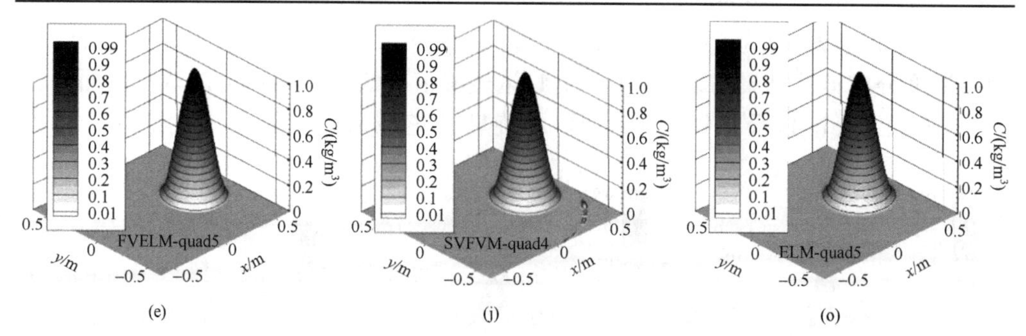

图 5.11 一次完整旋转之后模拟的余弦铃形态：(a)～(e)使用 FVELM，$\Delta t = 0.001$s；(f)～(j)使用 SCFVM，$\Delta t = 0.001$s；(k)～(o)使用 ELM，$\Delta t = 0.01$s

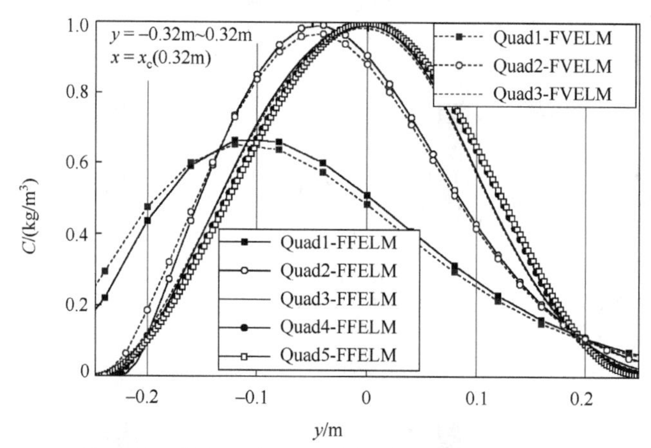

图 5.12 计算得到的在网格 1～5 上旋转一整圈后的浓度分布剖面

图 5.12($y = -0.32$～0.32m，$x = 0.32$m 剖面)，余弦钟浓度的平面分布见图 5.13。由图表可知，使用粗网格算得的数值解耗散性较强，特征是 C_{max} 被显著低估，浓度剖面分布发生滞后偏移，余弦钟扭曲。随着网格尺度变小，三个层面的误差都逐步减小，模拟结果逐渐收敛于解析解。小于或等于 0.01m(Quad 3)的网格尺度可提供与网格无关的数值解，此时，模型算出的 C_{max}、浓度剖面和余弦钟的误差都很小。

2．计算稳定性和准确性的测试

根据前述网格敏感性研究结果，排除与网格尺度有关的工况，仅使用 Quad 3～5 来研究通量式 ELM 的准确性和稳定性。处于计算区域边缘例如(0.64m, 0)处的流速最大($V = 4.02$m/s)，使用它来定义计算的最大 CFL($= V\Delta t/\Delta x$)。一方面，在不同时间步长、网格尺度和流动尺度下，仅使用 N_{bt} 单个指标并不足以充分描述追踪分辨率。另一方面，也需要了解轨迹线多步追踪的精度特征，进而分析它对通量式 ELM 的稳定性和精度的影响。因此，这里定义一个新变量，即单个单元内追踪点的数量 $[N_{pc} = \Delta x/(V\Delta\tau)]$，并使用它代表追踪类对流算法轨迹线多步追踪的分辨率。

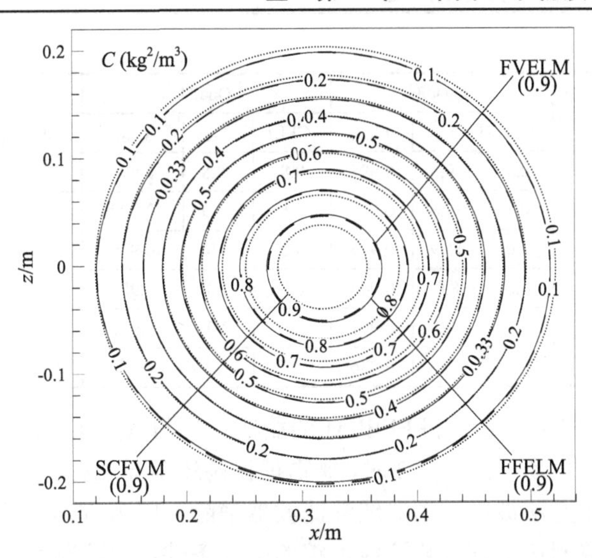

图 5.13　使用 FFELM、SCFVM、FVELM 模拟的旋转一整圈后的浓度等值线

使用 6 种时间步长(Δt = 0.001s, 0.002s, 0.005s, 0.01s, 0.02s, 0.04s)和 6 种追踪分步数量(N_{bt} = 1,2,4,8,16,32)开展数值试验，研究时间步长、追踪分辨率等对 FVELM 和 FFELM(默认使用双线性插值)模拟结果的影响。计算结果见表 5.3，模拟的 C_{max} 随着 Δt 的增大而减小，随着 N_{bt} 增加而增大。

表 5.3　在不同 Δt 下使用 FVELM 开展刚体旋转数值试验所得到的 C_{max}（单位：kg/m³）

算法	Δt/s	N_{bt}	Quad3			Quad4			Quad5		
			CFL	N_{pc}	C_{max}	CFL	N_{pc}	C_{max}	CFL	N_{pc}	C_{max}
FVELM 第一组	0.001	32	0.4	79.6	0.982	0.8	39.8	0.990	1.6	19.9	0.994
	0.002		0.8	39.8	0.975	1.6	19.9	0.984	3.2	9.9	0.989
	0.005		2.0	15.9	0.953	4.0	8.0	0.970	8.0	4.0	0.975
	0.01		4.0	8.0	0.927	8.0	4.0	0.944	16.1	2.0	0.947
	0.02		8.0	4.0	0.881	16.1	2.0	0.894	32.2	1.0	失稳
	0.04		16.1	2.0	0.780	32.2	1.0	失稳	64.3	0.5	失稳
FVELM 第二组	0.001	1	0.4	2.5	0.862	0.8	1.2	0.865	1.6	0.6	失稳
		2	0.4	5.0	0.921	0.8	2.5	0.926	1.6	1.2	0.927
		4	0.4	9.9	0.953	0.8	5.0	0.959	1.6	2.5	0.961
		8	0.4	19.9	0.969	0.8	9.9	0.977	1.6	5.0	0.980
		16	0.4	39.8	0.978	0.8	19.9	0.985	1.6	9.9	0.989
		32	0.4	79.6	0.982	0.8	39.8	0.990	1.6	19.9	0.994

续表

算法	Δt/s	N_{bt}	Quad3			Quad4			Quad5		
			CFL	N_{pc}	C_{max}	CFL	N_{pc}	C_{max}	CFL	N_{pc}	C_{max}
FFELM	0.001	32	0.4	79.6	0.993	0.8	39.8	0.994	1.6	19.9	0.995
	0.002		0.8	39.8	0.990	1.6	19.9	0.990	3.2	9.9	0.990
	0.005		2.0	15.9	0.973	4.0	8.0	0.975	8.0	4.0	0.976
	0.01		4.0	8.0	0.947	8.0	4.0	0.951	16.1	2.0	0.953
	0.02		8.0	4.0	0.901	16.1	2.0	0.911	32.2	1.0	失稳
	0.04		16.1	2.0	0.836	32.2	1.0	失稳	64.3	0.5	失稳

测试结果表明，FVELM 和 FFELM 的稳定性均与 N_{pc} 有关。当 $N_{pc}>2$ 时，可获得无振荡的物质浓度场。当 $N_{pc}\leqslant 2$ 时，非物理振荡逐渐显现在算出的余弦钟的边缘，这些虚假振荡甚至无法被简单的非线性滤波器消除。因为 $N_{pc}>1$ 是追踪类对流算法在固定的欧拉计算网格上开展轨迹线追踪的必要条件，所以当 $N_{pc}\leqslant 1$ 时数值解会被累积的非物理振荡完全摧毁。虚假振荡随着 N_{pc} 的增加而减小。算法的稳定性随 N_{pc} 的变化规律在不同尺度的计算网格上十分相似，以 Quad 4 和 FVELM 为例，算法的稳定性变化规律如图 5.14。当追踪分辨率不足时(N_{pc} 过小)，使用“$\beta_{j,1}=\beta_{j,2}=\cdots=\beta_{j,N}$”得到的近似逆向追踪带将明显偏离真实的逆向追踪带，其后果就是 FVELM 产生具有非物理振荡的数值解。根据测试结果，稳定且无振荡的 FVELM 模拟通常要求 $N_{pc}>2$。类似地，稳定且无振荡的 FFELM 模拟也要求 $N_{pc}>2$。

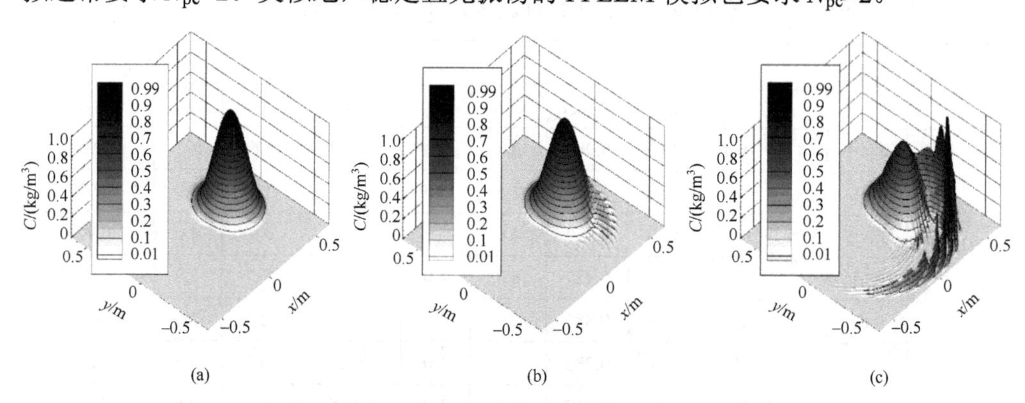

图 5.14　在 Quad 4 上模拟的一次完整旋转之后的余弦钟：(a) $N_{pc}=4$；(b) $N_{pc}=2$；(c) $N_{pc}=1$

FVELM 和 FFELM 的计算精度也与 N_{pc} 密切相关，如图 5.15。当 $N_{pc}<4$ 时，C_{max} 显著被低估，意味着追踪分辨率不足将会使单元界面物质通量计算产生较大的误差。C_{max} 随 N_{pc} 增加而增加，且当 N_{pc} 达到一个临界值(本算例约为 8)之后，C_{max} 对 N_{pc}(即追踪分辨率)的变化不再敏感。此外，在相同 N_{pc} 水平下，单元浓度更新在 Δt 较小时具有较高的时间离散分辨率，算法的计算精度将略有增加。综上所述，稳定性要

求 $N_{pc}\geqslant 2$，准确模拟进一步要求 $N_{pc}\geqslant 8$（临界 N_{pc}）。与实现稳定和无振荡的模拟相比，实现精确模拟要求更高的追踪分辨率。因此，FVELM 和 FFELM 的追踪分辨率，在本质上是由计算精度要求所限定的。

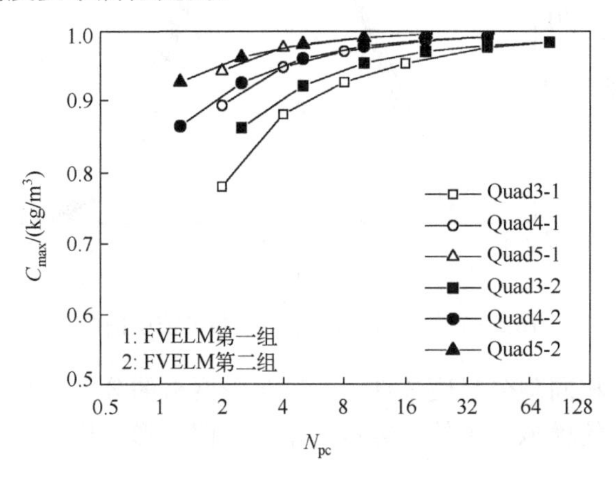

图 5.15　计算的 C_{max} 随 N_{pc} 的变化

临界 N_{pc} 与流速、浓度等物理场的分布均有关系，在实际中可能因应用背景不同而不同。本例中的余弦钟刚体旋转，本身就是一个极具挑战性的数值试验算例，它的最大浓度梯度可达 6.27kg/m³/m。相比于余弦钟刚体旋转算例，真实水环境模拟中的物质浓度梯度一般要小得多，令 $N_{pc}=4\sim8$ 一般足以实现稳定且精确的模拟。

补充测试表明，在 $N_{pc}\geqslant$临界 N_{pc} 的条件下，使用 CFL≤10 的 Δt 均可稳定且精确地模拟余弦钟刚体旋转。若继续增加 Δt，单元浓度更新的时间离散分辨率不足将使解的耗散性变强和精度降低，因而通量式 ELM 的 Δt 也不能无限增大。

3．插值方法和网格类型的影响

在 Quad 1～5 上（$N_{bt}=32$，$\Delta t=0.001$ s），改用多项式插值开展数值试验，以阐明插值方法对通量式 ELM 性能的影响。同时，在 Tri 1～3 上，使用面积加权插值开展数值试验，以阐明网格类型的影响。Tri 1～3 分别使用与 Quad 2～4 相同的网格剖分尺度，前者的计算单元数量为后者的两倍。在计算 CFL 时，三角形网格的尺度使用它的内切圆来代表，仅为相同尺度四边形的 1/4。为满足临界 N_{pc} 的要求，在 Tri 1～3 上的模拟中时间步长 Δt 被降至 0.001/4 s。表 5.2 列出了算出的 C_{max}，模拟的浓度剖面见图 5.16（$y=-0.32\sim0.32$m 和 $x=0.32$m）。

当使用面积加权插值、多项式插值代替双线性插值时，前述 Level 1～3 误差随网格尺度的变化规律保持不变。当使用三角形网格代替四边形网格时，提供网格无关性数值解的临界网格尺度仍然为 0.01m。在相同尺度的网格上，具有高阶精度的多项式插值的计算结果精度最高，而低阶的面积加权插值和双线性插值产生几乎同样大

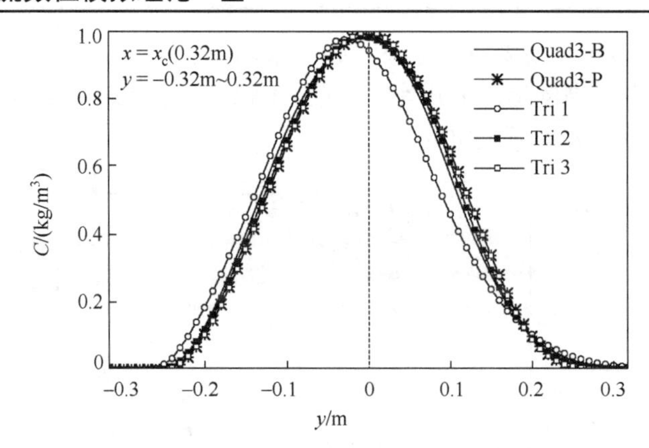

图 5.16 不同插值方法下模拟的浓度剖面

小的数值耗散。在相同剖分尺度条件下，三角形网格的分辨率高于四边形网格，因而基于三角形网格的模拟结果的计算精度略高于四边形网格。

4. 几种对流算法性能的比较

在 Quad 1～5 上分别使用 SCFVM($\Delta t = 0.001\text{s}$，每个 Δt 内的亚循环分步数量 = 32)和 ELM($\Delta t = 0.001\text{s}$，$N_{\text{bt}} = 32$)进行模拟。在旋转一整圈后，算出的 $C_{\max}$ 见表 5.2，余弦钟 3D 形态见图 5.11，余弦钟浓度等值线的平面分布见图 5.13(Quad 4)。

精度比较。FVELM 和 FFELM 具有几乎相同的计算精度。其一，使用 SCFVM 算出的 $C_{\max}$、余弦钟等与使用通量式 ELM 模拟的结果十分接近；其二，相对于通量式 ELM，SCFVM 算出的峰值浓度等值线范围更小(图 5.13)，数值解耗散性略强、精度略低。$\Delta t = 0.001\text{s}$ 时，使用 ELM 的数值解具有强耗散性。增大 Δt 可显著改进 ELM 的精度，例如当 Δt 增加到 0.01s 时，使用 ELM 在 Quad 1～5 上算得的 $C_{\max}$ 分别为 0.145kg/m^3、0.375kg/m^3、0.735kg/m^3、0.922kg/m^3、0.960kg/m^3。然而，即便使用大 Δt，ELM 的数值耗散仍比通量式 ELM 和 SCFVM 大很多。

稳定性比较。尽管 ELM 的精度远低于 FVELM、FFELM 和 SCFVM，但 ELM(要求 $N_{\text{pc}}>1$)是几种对流算法中稳定性最好的。当网格尺度减小至 0.0025m 时，FVELM、FFELM 仍可保持无振荡模拟，而此时小幅非物理振荡已开始出现在 SCFVM 的模拟结果之中。由此可见，FVELM 和 FFELM 的数值稳定性略好于 SCFVM。

5.4.2 弯道水槽物质输运

使用连续弯道水槽实验资料[42]，检验水动力与物质输运模型模拟弯道水流和保守物质(一种荧光染料)输运的能力，并测试 FVELM 和 FFELM 的计算效率。矩形断面水槽长 35.356m、宽 2.334m。水槽包括两个相同的 90°弯道(中心线转弯半径为 8.53m)，由 4.27m 的顺直过渡段连接(图 5.17)。沿过渡段和第二个弯道段选取 13

个横截面(CS)(S0、S1、S2、S3、C110、π/16、π/8、3π/16、π/4、5π/16、3π/8、7π/16、π/2)，开展流速和物质浓度垂线分布的测量，并计算它们的垂线平均值。在上、下游开边界分别设定 0.0985m³/s 的流量、0.115m 的水深，稳定后，水槽中形成平均纵向水位梯度为 0.00035 的恒定水流。据实测数据估算，水槽糙率 n_{m} 为 0.012。在一次实验中，将 100ppm 的水与染料的混合物作为点源注入水槽，注入点位于横截面 2-2 距离侧壁 20.32cm，下面采用这个实验工况开展数值试验。

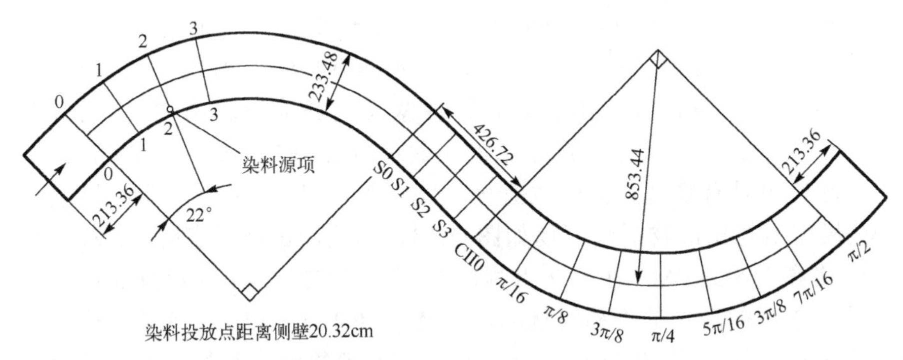

图 5.17　Chang(1971)的连续弯道实验水槽[40](单位：cm)

1．弯道水流二维模拟方法概述

在弯道中，弯道环流及伴随它的水位、流速等的重新分布，对水流和物质输运均具有重要的影响。可使用三维水动力模型，亦可使用考虑弯道环流影响的扩展型平面二维模型模拟弯道水流。一般可通过动量交换系数法[43]、附加弥散应力法[44]、动量矩法[45]、多模型联合法[46]扩展平面二维模型。其中，附加弥散应力法应用最广，增加的计算量很小，不足在于计算精度受到所选用的经验公式(积分得到弥散应力时需用到环流流速垂线分布公式)的限制。此外，一些学者[47,48]还借鉴该方法计算泥沙输移的附加弥散应力项，以考虑泥沙浓度在弯道的重分布特征。许多学者采用扩展型平面二维模型研究弯道的形成与发展[49]，引起领域内广泛的关注。

本算例水流具有 20.38 的大宽深比。初步测试发现，当使用合适的侧壁摩擦系数和紊动扩散系数时，纵向水平流速的断面分布也能与实验数据符合良好。为简便起见，这里通过设置非均匀的侧壁摩擦系数来模拟弯道水流的纵向流速的重分布。算例中弯道水流的雷诺数为 181000、弗洛德数为 0.345[42]，Peclet 数(对流速率与扩散速率之比)大于 100，意味着紊动扩散在这种对流占优水流中处于次要地位。测试表明[50]，紊流闭合模式对水流模拟结果影响很小，可使用常数扩散系数。

2．弯道水流与物质输运的模拟

使用均匀四边形网格(168×36，$\Delta x = 0.21\mathrm{m}$，$\Delta y = 0.065\mathrm{m}$)剖分水槽区域。水流计算中，$\theta_1 = 0.6$，时间步长 $\Delta t_{\mathrm{f}} = 0.5\mathrm{s}$，ELM 逆向追踪分步数 $N_{\mathrm{bt}} = 8$。据率定，物

质输运方程的扩散系数(υ_t/σ_c)取 0.0022m^2/s。先计算水槽水流直至稳定，然后使用 5 个时间步长(Δt_s = 0.125s, 0.25s, 0.5s, 1.0s, 2.0s)模拟物质输运直到浓度场稳定。试验中 FVELM、FFELM、ELM 和 SCFVM 使用相同的 Δt_s 和相等的分步数量。例如当 Δt_s = 1.0s 时，分步数 = 16；当 Δt_s 变化时，分步数量随着 Δt_s 线性缩放。分别在无扩散项(第 1 组)、有扩散项(第 2 组)条件下进行数值试验，以便分析扩散作用对物质输运模型计算结果、模型稳定性等方面的影响。测试结果表明，FFELM 与 FVELM 具有几乎相同的稳定性和精度，下面选取后者的计算结果开展比较分析。

稳定性分析。第 1 组试验中，各种算法在 Δt_s = 0.125～2.0s 时(CFL = 0.26～4.2)均稳定地完成了计算，并给出了具有物理意义的数值解。第 2 组试验中，当 Δt_s>1.0s 后，FVELM 开始逐步产生浓度振荡；当 Δt_s≥1.0s 时，SCFVM 计算已不稳定，无法给出具有物理意义的数值解。Δt_s = 0.5s 时，无扩散、有扩散项条件下 FVELM 模型所算出的物质浓度场如图 5.18。这些测试结果表明，FVELM 的计算稳定性略高于 SCFVM。在第 2 组测试中(有扩散项)，ELM 可抑制由扩散项的显式计算所引起的潜在的不稳定扰动，在 Δt_s = 0.125～2.0s 的条件下均可获得无振荡的数值解，这使得 ELM 的稳定性在几种对流算法中是最好的。数值试验同时表明，FVELM 在用于求解包含对流、扩散和源项的物质输运时，也可使用 CFL>1 的大时间步长。

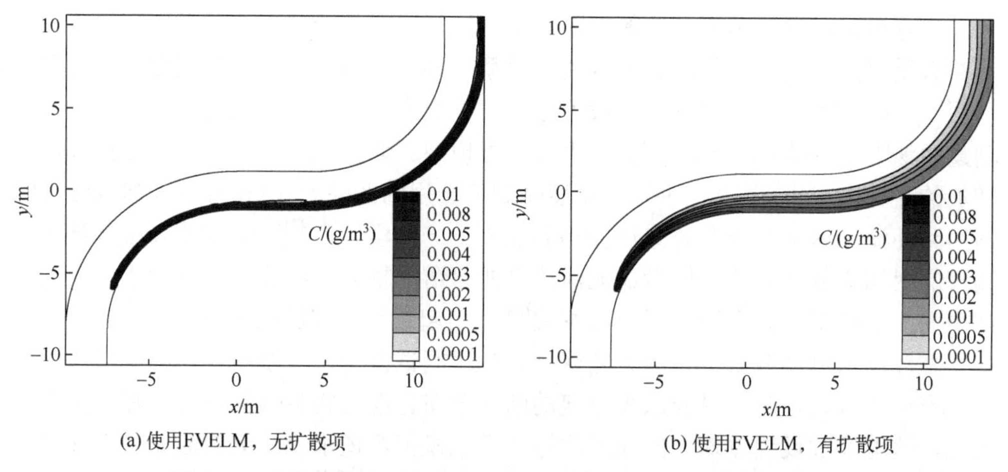

(a) 使用FVELM，无扩散项　　(b) 使用FVELM，有扩散项

图 5.18　弯道水槽中不考虑、考虑扩散项时所模拟的物质浓度场

守恒性分析。测试表明(Δt_s = 0.5s)，FVELM、SCFVM、ELM 在 CS S0 至 CS π/2 断面间的物质输运率的相对误差分别为−0.0165%、−0.0132%、−2.53%。FVELM 和 SCFVM 输运模型均能够很好地保证质量守恒。由于与生俱来的不守恒性，即便只是模拟规则水槽的恒定流物质输运，ELM 也产生了显著的守恒误差。

计算精度分析。在保证稳定的前提下，FVELM 或 SCFVM 算得的浓度场十分

接近且几乎不随 Δt_s 变化。在水槽沿程各断面上，FVELM 或 SCFVM 模拟的断面浓度分布也相互重叠(图 5.19)，并与实测数据符合较好。

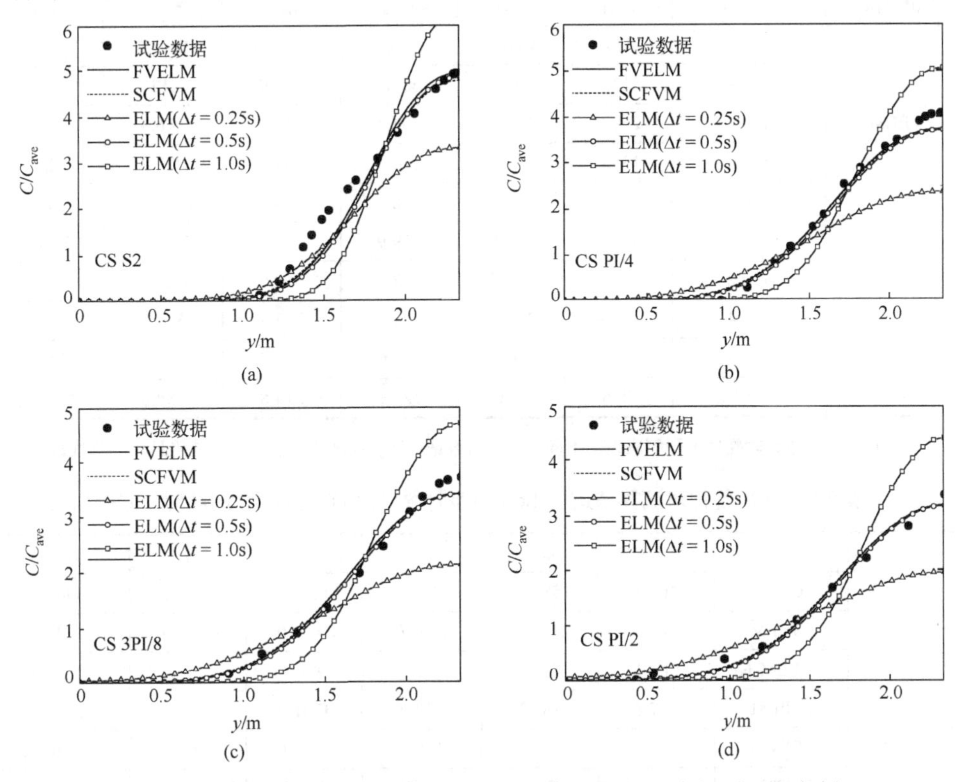

图 5.19 使用不同对流算法模拟的断面浓度分布(C_{ave} 为断面平均浓度)

因此，可认为 FVELM 具有与 SCFVM 相同的计算精度。由于不守恒性，ELM 在小 Δt_s 条件下的计算结果具有很强的耗散性，且计算精度对 Δt_s 十分敏感(图 5.19)，这与前人的研究结果[3,4,7]是一致的。不守恒和数值黏性过大阻碍了 ELM 的实用。

3．通量式 ELM 的计算效率测试

加密计算网格，使计算单元数量达到真实大型浅水流动系统的规模，并使用新网格(1344×144 单元)研究 FVELM/FFELM 及其嵌入执行版本(FVELM-N/FFELM-N)的计算效率和快速模拟多种物质输运的能力。水流与物质输运计算中，$\Delta t_f = 0.1$s(最大 CFL 约 1.7)，$\Delta t_s = 0.1$s。为了便于执行 FVELM-N/FFELM-N，水流与物质输运模型中的对流算法使用相同的分步数量(N_{bt}=16)进行轨迹线追踪。同步测试的 SCFVM 输运模型，将扩散项计算也包含在亚循环中以增强计算稳定性。使用 5 种核心数量(n_c = 1, 2, 4, 8, 16)和 6 种物质种类(n = 1, 2, 4, 8, 16, 32)，进行 0.001 天(864 时步)的物质输运模拟，记录各种方法和各种工况的计算耗时(表 5.4 和表 5.5)。

表 5.4　使用 FVELM、SCFVM 进行 864 时步计算(物质输运模型)的耗时　(单位：s)

对流算法	核心数量	$t_{n=1}$	$t_{n=2}$	$t_{n=4}$	$t_{n=8}$	$t_{n=16}$	$t_{n=32}$
FVELM	$n_c=1$	1025.2	1072.2	1192.0	1457.0	1993.3	3207.9
	$n_c=2$	513.3	537.9	603.7	744.9	1012.9	1606.6
	$n_c=4$	259.8	270.5	304.4	376.9	516.4	814.5
	$n_c=8$	135.6	141.7	164.0	204.5	277.2	432.8
	$n_c=16$	73.7	78.1	88.3	111.5	161.4	269.3
SCFVM	$n_c=1$	461.3	583.8	719.9	1119.1	2038.2	3906.0
	$n_c=2$	231.8	294.9	362.5	560.6	1028.1	1967.7
	$n_c=4$	116.9	147.7	183.1	287.8	519.5	1005.6
	$n_c=8$	72.1	95.2	130.6	217.4	394.6	739.1
	$n_c=16$	58.6	82.0	125.1	214.8	389.6	770.4

注：由于代码持续改进、软硬件不同等原因，不同时期测试数据可能存在细微差别，本表使用最新的测试数据。

表 5.5　使用各种对流算法进行 864 时步计算(物质输运模型)的耗时　(单位：s)

n_c	模型	$t_{n=1}$	$t_{n=2}$	$t_{n=4}$	$t_{n=8}$	$t_{n=16}$	$t_{n=32}$
1	SCFVM	461.3	583.8	719.9	1119.1	2038.2	3906.0
	FVELM	1025.2	1072.2	1192.0	1457.0	1993.3	3207.9
	FVELM-N	500.1	546.2	660.5	932.3	1456.2	2675.6
	FFELM	857.8	889.2	973.9	1145.0	1629.1	2607.5
16	SCFVM	58.6	82.0	125.1	214.8	389.6	770.4
	FVELM	73.7	78.1	88.3	111.5	161.4	269.3
	FVELM-N	36.5	40.6	51.4	74.2	123.1	231.5
	FFELM	60.4	64.1	73.9	93.6	139.5	236.4

注：耗时数据包括物质输运模型中逆向追踪、单元更新、辅助计算等所有部分。

加速性能。当 $n_c≤4$ 时，FVELM 和 SCFVM 的加速比均与 n_c 呈线性比例关系。当 $n_c>4$ 之后，它们表现出不同的加速性能。其一，SCFVM 在其亚循环中存在着频繁的 fork-join，这使得在 $n_c=4→16$ 的过程中增加 n_c 不再能显著减小耗时。SCFVM 在 $n_c=16$ 时的加速比为 7.8～5.1($n=1$～32)，在 $n_c=8→16$ 的过程中仅提速 1.0～1.2 倍。其二，FVELM 中不可并行部分随着 n_c 增加也逐步产生一定影响。FVELM 在 $n_c=16$ 时加速比为 13.9～11.9($n=1$～32)，在 $n_c=8→16$ 的过程中提速为 1.6～1.9 倍，仍保持着较大的加速比。其三，与 FVELM 类似，FVELM-N 也具有良好的可并行性，FVELM-N 在 $n_c=16$ 时的加速比为 13.7～11.6($n=1$～32)。增加计算机核心数量，可进一步大幅减少 FVELM、FVELM-N 物质输运模型的耗时。

嵌入执行的效果。水流模型单独运行 864 时步的耗时为 1123.31s($n_c=1$)、82.77s

($n_c=16$，ILP)。如表 5.5，当使用 FVELM-N 时，使用总耗时减去水流模型耗时，即可得到物质输运模型耗时。将 $n=1$ 时输运模型的耗时定义为它的启动计算量，在串行模式下，SCFVM、FVELM、FVELM-N 输运模型的启动计算量分别为水流模型耗时的 41.1%、91.3%、44.5%；在并行模式下，它们分别变为 70.8%、89.0%、44.1%。FVELM 的启动计算量(主要由轨迹线追踪引起)是 SCFVM(无需轨迹线追踪)的 1.3～2.2 倍(并、串行模式)。在通过嵌入执行方式回避轨迹线追踪后，FVELM-N 输运模型的启动计算量减小至约为 FVELM 的一半(串、并行模式接近)。

模拟多种物质输运的效率。在串行计算模式下，使用 SCFVM 时，每增加 1 种物质，输运模型将增加耗时 7.7%～10.9%；使用 FVELM 时，每增加 1 种物质将增加耗时 4.2%～6.3%；使用 FVELM-N 时，每增加 1 种物质将增加耗时 4.1%～6.2%(表 5.6)。在并行计算模式下($n_c=16$)，使用 SCFVM 时，每增加 1 种物质输运的求解将增加耗时 26.7%～28.3%；使用 FVELM 时，每增加 1 种物质将增加耗时 5.3%～7.6%；使用 FVELM-N 时，每增加 1 种物质将增加耗时 5.0%～7.6%(表 5.6)。这些测试结果均表明，FVELM、FVELM-N 输运模型在模拟多种物质输运时均具有很高的计算效率，并且将这个优势属性很好地保留在它们的并行版本之中。

表 5.6 使用各种物质输运模型时每增加 1 种物质所增加的耗时 (单位：%)

n_c	输运模型	$n=1$	$n=2$	$n=4$	$n=8$	$n=16$	$n=32$
		启动计算量	$(t_2-t_1)/1$	$(t_4-t_1)/3$	$(t_8-t_1)/7$	$(t_{16}-t_1)/15$	$(t_{32}-t_1)/31$
1	SCFVM	41.1	10.9	7.7	8.4	9.4	9.9
	FVELM	91.3	4.2	4.9	5.5	5.7	6.3
	FVELM-N	44.5	4.1	4.8	5.5	5.7	6.2
	FFELM	76.4	2.8	3.4	3.7	4.6	5.0
16	SCFVM	70.8	28.3	26.8	27.0	26.7	27.7
	FVELM	89.0	5.3	5.9	6.5	7.1	7.6
	FVELM-N	44.1	5.0	6.0	6.5	7.0	7.6
	FFELM	73.0	4.5	5.4	5.7	6.4	6.9

注：表中，将 $t_{n=1}$ 简写为“t_1”并以此类推；使用水动力模型耗时作为参考，计算耗时的相对值。

相对于 SCFVM，FVELM 虽然在求解第一种物质输运时具有较高的启动计算量，但是拥有好很多的可并行性，且每增加 1 种物质输运的求解所增加的耗时也小很多。以 $n=16$ 为例，串行的 FVELM 和 SCFVM 的耗时几乎相等；FVELM 在 $n_c=2$、4、8、16 时的加速比分别为 2.0、3.9、7.2、12.4，而 SCFVM 在 $n_c=2$、4、8、16 时的加速比分别为 2.0、3.9、5.2、5.2。当 $n=16$ 和 $n_c=16$ 时，FVELM 的效率是 SCFVM 的 2.4 倍。

在串行和并行模式下，FVELM-N 输运模型启动计算量均为 FVELM 的一半，且多种物质输移快速求解特性得到保留，这使得前者具有更高的效率。在 $n = 1$～32 工况下($n_c = 1$)，FVELM-N 输运模型的计算速度分别是 SCFVM 输运模型的 0.9、1.1、1.1、1.2、1.4、1.5 倍。在 $n = 1$～32 工况下($n_c = 16$)，FVELM-N 并行输运模型的计算速度是 SCFVM 并行输运模型的 1.6、2.0、2.4、2.9、3.2、3.3 倍。随着计算机核心数量的增加，FVELM-N 相对于 SCFVM 的效率优势还将进一步扩大。

FFELM 输运模型的耗时也列于表中，它与 FVELM 具有几乎相同的可并行性和多种物质输移快速求解特性。在 $n_c = 16$ 的条件下，FFELM 在 $n = 1$～32 时的加速比为 14.2～11.0。在串行模式下，每增加 1 种物质输运的求解将增加耗时 2.8%～5.0%；在并行模式下($n_c = 16$)，每增加 1 种物质将增加耗时 4.5%～6.9%。在求解对流物质输运问题时($n = 1$～32，$n_c = 16$)，FFELM 的速度是 SCFVM 的 1.0～3.3 倍。与 FVELM 相比，FFELM 不需构造逆向追踪带和相关浓度积分，计算效率提高约 20%。

5.5　大型浅水流动物质输运数值试验

通过数值试验，阐明通量式 ELM 在应用于模拟真实浅水流动系统时的性能，并将计算结果与野外观测数据、其他算法的计算结果等进行比较。

5.5.1　真实长河道物质输运的模拟

使用长江中游河段开展数值试验，阐明通量式 ELM(选用 FVELM)模拟真实河流物质输运过程的能力。计算区域包括长江干流宜都-螺山长约 365km 的河段、部分三口分流洪道和洞庭湖出口河段(见附录 3)，在荆江三口五站、洞庭湖出口七里山站等水文站位置处进行截断，总水域面积约 816.0km^2。

使用滩槽优化的非结构网格剖分计算区域，网格规模为 $n_e = 79459$、$n_p = 76792$、$n_s = 156253$，网格尺度同表 4.3。$\Delta t = 90$s，并将其等分为 9 个分步进行点式 ELM、FVELM 等的逆向追踪。干湿单元转换的临界水深(h_0)取 0.001m。

在不同水流条件下，水域边界、流态、湿单元率等差异很大，河流数值模拟也具有不同的 CFL 水平。为了阐明 FVELM 在不同水流条件下的表现，采用多种恒定和非恒定水流条件开展数值试验。其一，采用 Q1～Q4 四种典型的恒定流条件(表 5.7)，荆江入口流量分别为 1998 年洪峰、平滩流量、多年平均流量和枯季流量(均已扣除松滋口、太平口和藕池口的分流)。表中也同时列出了 Q1～Q4 条件下的最大 CFL、大 CFL 率(见附录 4)和湿单元率等特征。其二，使用实测 2005 年水文过程开展测试，以阐明 FVELM 模拟长河道长时段非恒定流物质输运过程的能力。在这些测试中，入流开边界的物质浓度均设为 1.0kg/m^3 并保持不变。

表5.7 Q1～Q4恒定水流条件的开边界水文数据与水流特征

水流条件	入流流量/(m^3/s)	出流水位/m	湿单元率/%	最大CFL	大CFL率/%
	宜都(M1)	螺山(M13)			
Q1	45800	32.33	99.3	5.5	19.0
Q2	23900	26.28	70.0	4.9	8.7
Q3	12500	22.45	56.5	3.9	3.9
Q4	6000	18.06	45.8	3.0	1.4

在长江干流沿程设置若干监测断面(每个断面由一组左右连接的网格边组成)，它们到宜都的距离分别为L_x = 20km, 100km, 200km, 300km, 350km。计算过程中，记录各监测断面的流量(Q)和平均物质浓度(C_{cs})随时间的变化过程。

1．恒定流条件下的测试

测试结果表明，在Q1～Q4恒定流条件下(最大CFL = 3.0～5.5)，FVELM均可稳定地完成物质输运模拟并给出具有物理意义的数值解。将沿程各断面与入流开边界的Q(或QC_{cs})之差，定义为水流(或物质输运)计算的守恒误差。计算结果表明，在Q1～Q4水流条件下，水量守恒误差为–0.001%～+0.011%，物质守恒误差为–0.066～+0.057%。FVELM在模拟恒定流物质输运时表现出良好的质量守恒性。

物质守恒误差的三个潜在来源如下。其一，在水流模拟过程中，当单元经历由湿→干的转换时，有些单元被过度抽取的水量会增加计算区域的总水量。另外，在河流沿程单元干湿转换所形成的扰动及其叠加作用下，即便使用恒定的开边界条件，模拟出的长河段水流也常常不是静态的，而是带有微小振动特征。例如，在本例Q1～Q4的恒定开边界条件下，算出的断面流量时常具有0.003%～0.006%幅度的周期性的变化特征。其二，在物质输运模型的通量式单元更新计算中通常使用限制水深(h_{lim})来增强计算稳定性，以便模型能适应真实河流中可能出现的各种复杂或极端情况。具体做法是，对于水深小于h_{lim}的单元，在进行单元更新计算时强制令其水深为h_{lim}。限制水深技术会减小具有极小水深的单元的物质浓度，并产生负的物质守恒误差。根据真实河流模拟实践，物质输运模型的h_{lim}通常可取0.2～0.5m。前两个误差来源均与干湿动边界前沿的长度、干湿转换发生的频率等密切相关，取决于固体边界、地形的复杂程度和水流的非恒定性。其三，真实河流中水深、物质浓度等的不规则分布会增加网格边的h_j和C_j(统计监测断面Q和C_{cs}的基础)的插值误差。Q和C_{cs}的精度不高，根据它们所算出的质量守恒误差也将存在一定偏差。

在物质守恒误差上述三个来源的共同影响下，Q和QC_{cs}的相对误差之间并没有明显的联系。在Q1～Q4条件下，在5个监测断面处，模型算出的QC_{cs}的平均绝对相对误差为0.041%，比Q的平均绝对相对误差(0.003%)大一个量级。

2．非恒定流条件下的测试

使用 2005 年枝城水文站逐日流量(已扣除松滋口、太平口和藕池口的分流)和泥沙浓度实测数据，设置进口条件开展数值实验。由于目的是阐明 FVELM 模拟真实河流非恒定流物质输运的能力，所以在计算中仅将泥沙看作一种普通保守物质进行模拟，而不考虑水流与河床之间的泥沙交换及它引起的河床冲淤变形。

在 2005 年非恒定水流与物质输运过程中，由宜都进入荆江的总的物质数量为 0.9330×10^{11}kg。模型算出的一年中穿过 $L_x = 20$km, 100km, 200km, 300km, 350km 处断面的总的物质数量见表 5.8，算得的荆江沿程($L_x = 20$km, 100km, 200km, 300km, 350km)的物质浓度(C_{cs})的变化过程见图 5.20(每天采集一个数据)。

表 5.8　在 2005 年非恒定输运过程模拟中计算的各监测断面的物质输运数量

L_x/km	FVELM		点式 ELM	
	物质数量/10^{11}kg	守恒误差/%	物质数量/10^{11}kg	守恒误差/%
20	0.9322	−0.08	0.8945	−4.12
100	0.9332	+0.02	0.6758	−27.56
200	0.9304	−0.28	0.5447	−41.62
300	0.9314	−0.17	0.4756	−49.02
350	0.9300	−0.32	0.4270	−54.23

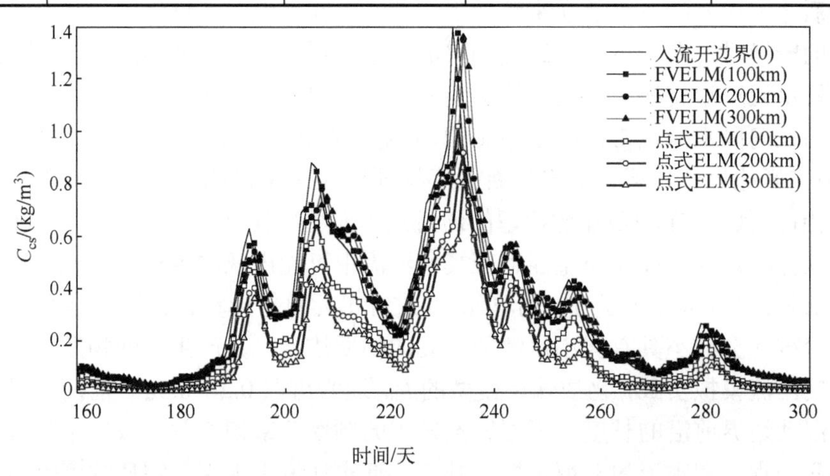

图 5.20　计算得到的荆江沿程的物质浓度(C_{cs})的变化过程

当使用 FVELM 时，算出的 C_{cs} 过程曲线的形状和峰值在长河段沿程各个断面上得到了很好地保持。相对于上游断面的 C_{cs} 过程曲线，$L_x = 100$km, 200km, 300km 断面处的曲线依次经历了一个沿时间轴向后的平移，这是因为上游挟带物质的水流需要花费一段时间才能沿长河段传播到下游。当使用 ELM 时，相对于上游断面的

C_{cs} 过程曲线，下游断面处的 C_{cs} 过程曲线除了表现出沿时间轴向后的平移外，还出现持续性的萎缩，这暗示着长河段沿程物质守恒误差较大且不断累积。比较入流和出流断面物质通量，FVELM、ELM 的守恒误差分别为–0.32%、–54.23%（表 5.8）。FVELM 模型的守恒误差主要源于非恒定流传播所引起的频繁的干湿转换及 Q、QC_{cs} 的不准确估值，ELM 模型的守恒误差主要源于算法固有的不守恒性。由此可见，FVELM 具有足够的鲁棒性，能应对真实浅水流动系统复杂性所带来的挑战，在模拟非恒定流物质输运时具有保持物质浓度过程形态和保证物质守恒的特性。

5.5.2　真实枝状水库物质输运的模拟

使用寸滩～三峡大坝长约 600km 的长江干流河段及该范围内主要支流的入汇段开展数值实验，阐明通量式 ELM 模拟真实枝状河网物质输运的能力。如图 5.21，计算区域（635.1km^2）有一个位于长江干流上的入流开边界（寸滩），并有 10 个位于支流上的开边界。使用滩槽优化的四边形非结构网格剖分计算区域：对于长江和支流的河槽，分别使用 100m×30m 和 50m×20m 的网格尺度；对于滩地、江心洲等区域，网格尺度增大到 100m×50m。计算单元总数 213363 个。

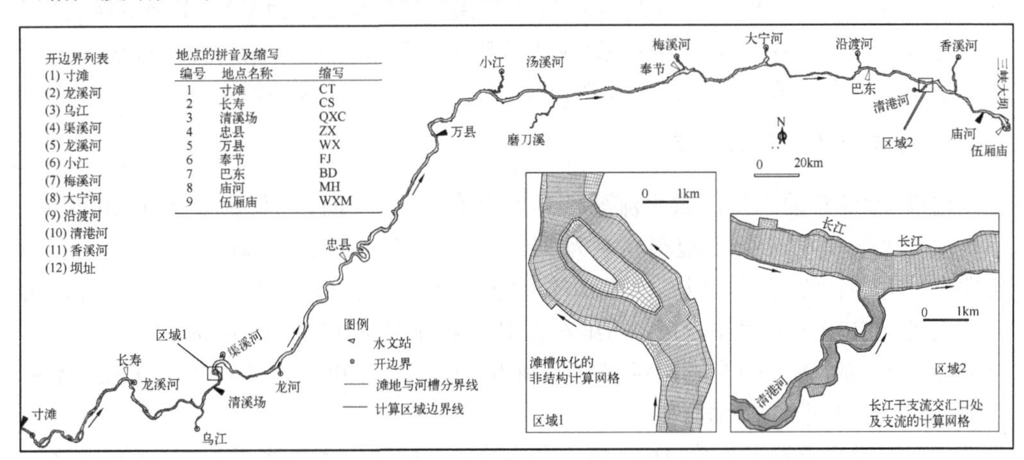

图 5.21　三峡水库枝状河网范围、水文站分布及计算网格

模型参数为 $\Delta t = 60\text{s}$，干湿转换临界水深 $h_0 = 0.001\text{m}$。使用实测水文数据率定河床糙率，结果为从上游到下游 $n_{\text{m}} = 0.045 \sim 0.035$。使用这些参数，开展 2005 年三峡库区非恒定流过程模拟，以检验水流模型的精度。算出的水位、流量过程与实测水文数据符合良好，以庙河水文站为例（位于研究河段最下游）的计算结果见图 5.22。与实测数据相比，水位的绝对误差一般小于 0.1m。在此基础上开展数值试验，阐明通量式 ELM 应用于真实枝状河网时的稳定性、计算精度和效率。

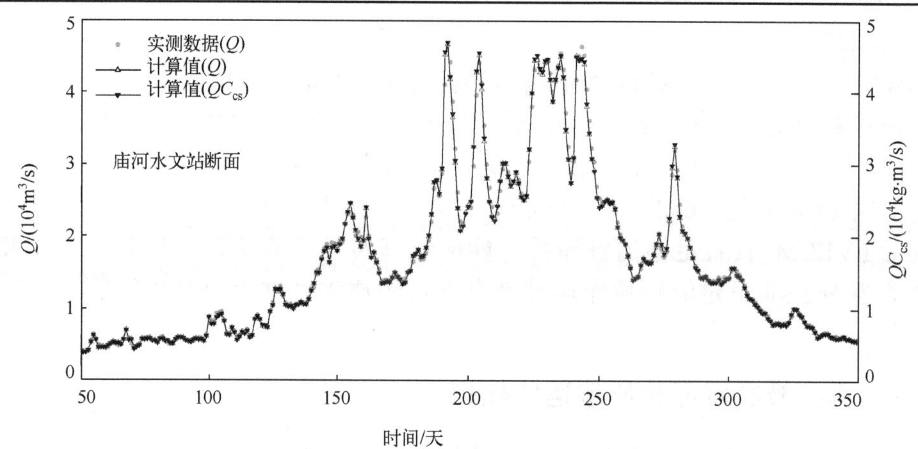

图 5.22　三峡库区监测断面处流量 Q 和物质输运率 QC_{cs} 随时间的变化过程

采用多种恒定和非恒定水流条件开展数值试验。2005 年非恒定流的初步测试表明，在前述计算网格和 Δt 条件下，数值计算的局部 CFL 可达到 5 以上。为确保通量式 ELM 计算稳定(要求 $N_{pc}\geqslant 2$)，将 Δt 等分为 10 个分步进行追踪。

在长江干流沿程选取若干横断面(由一组左右连接的网格边组成)作监测断面，它们到三峡大坝的距离分别为 $L_x = 447$km(清溪场)，290km(万县)，14km(庙河)。计算过程中，记录各断面的流量(Q)和平均物质浓度(C_{cs})随时间的变化过程。为便于分析，将所有入流开边界的物质浓度均设为 1.0kg/m^3 并保持恒定。

1．恒定流条件下的测试

选取 2005 年的平均流量水流条件开展数值试验。此时，寸滩流量为 12300m^3/s，三峡坝前水位为 135.8m，湿单元率为 71.1%，大 CFL 率为 7.9%。在恒定的开边界条件下，开展计算直到模拟的水流和浓度空间分布变得稳定。在清溪场、万县、庙河断面处，FFELM 模型的 QC_{cs} 的绝对相对误差分别为 0.073%、0.080%、0.065%，FVELM 模型的 QC_{cs} 的绝对相对误差分别为 0.077%、0.085%、0.067%。FFELM 和 FVELM 计算精度几乎相同。

使用四种物质($n = 4$)和 16 个核心($n_c = 16$)，模拟 1 天的水流与物质输运过程，记录模型耗时。在串行模式下，FVELM 和 FFELM 物质输运模型的耗时分别为 1120.2 和 934.6s。在并行模式下，FVELM 和 FFELM 物质输运模型的耗时分别为 107.2 和 90.4s。在求解真实枝状河网非恒定流物质输运问题时，使用 FFELM 的物质输运模型比使用 FVELM 的物质输运模型快 15.7%～16.6%。

2．非恒定流条件下的测试

使用 2005 年水文过程开展计算，阐明通量式 ELM 模拟长河道长时段非恒定流物质输运过程的能力。在 2005 年，水库采用坝前 133.5～137.2m 的低水位运行方式。

当寸滩入流达到 40000～50000m^3/s 时，库区最大流速可达 4.0m/s。根据 2005 年非恒定水流测试结果，在主汛期，大 CFL 率可达 19.4%，且有 0.14%～0.19%的网格边(约 600～800 条)具有大于 5 的 CFL。基于 FFELM 物质输运模型的计算结果，绘制监测断面 Q 和 QC_{cs} 随时间的变化过程，如图 5.22(以庙河为例)。

由于在所有的入流开边界均设置 1.0kg/m^3 的恒定浓度，所以在所模拟的非恒定流物质输运的任意时刻，断面的 QC_{cs} 在数值上应等于 Q。由图可知，FFELM 模型算出的 Q 和 QC_{cs} 随时间的变化过程几乎相同。按照附录 4 定义 QC_{cs} 的平均绝对相对误差(E_{QC})和质量守恒误差(E_S)，表 5.9 的数据表明，FFELM 和 FVELM 模型具有相同的计算精度和守恒性。与 FVELM 类似，FFELM 也具有足够的鲁棒性，在大 CFL 水平下也能实现稳定而准确的非恒定流物质输运模拟。

表 5.9 监测断面处物质输运数量的计算误差 (单位：%)

水文站点	FEELM		FVELM	
	E_{QC}	E_S	E_{QC}	E_S
清溪场	0.23	0.26	0.30	0.42
万县	0.27	0.26	0.27	0.42
庙河	0.30	0.23	0.29	0.43

在进行 2005 年非恒定流与物质输运过程模拟时，FFELM 和 FVELM 物质输运模型的耗时($n_c = 16$)分别为 9.0h 和 10.9h，前者比后者快 17.5%。

5.5.3 与商业软件的比较研究

延续第 4.6.1 节，使用荆江-洞庭湖(JDT)系统开展数值实验，比较通量式 ELM 物质输运模型与 MIKE21 物质输运模块(AD)在原理与性能上的差异。

1．模型原理与稳定性比较

MIKE21AD 采用常规的显式欧拉类对流算法(quadratic upwin interpolation of convective kinematics，QUICKEST)，它的计算时间步长严格受到 CFL 稳定条件限制。与 QUICKEST 相比，通量式 ELM(FVELM 和 FFELM)实现了守恒性、准确性、大时间步长(CFL ≫ 1)、无振荡性、可并行化、多种物质输运快速求解、嵌入式执行等多种优点的统一。相对于 MIKE21AD，基于通量式 ELM 的物质输运模型在计算效率方面具有全面和本质性的提高。此外，MIKE21AD 与通量式 ELM 输运模型均支持采用 OpenMP 与多核 CPU 的并行计算。

选取 JDT 系统平滩流量、2012 年非恒定流过程这两种条件开展数值试验。结果表明，当时间步长 $\Delta t = 45$、60、90s 时，通量式 ELM 均可保持良好的稳定性并给出精确的结果。根据第 4.6.1 节估算，CFL<1 的稳定条件使 MIKE21 在理论上所允许

的最大时间步长为 2s。测试表明，由于真实江湖复杂地形、干湿动边界变动频繁等产生的扰动，在实际应用中 MIKE21AD 所允许的最大时间步长，在恒定开边界条件下仅为 1s，在非恒定流物质输运条件下进一步降至 0.8s。显式的通量式 ELM 的数值稳定性远好于显式的欧拉类算法 QUICKEST（Δt 可提高约 2 个数量级）。

2．模型计算效率的比较

根据前述稳定性测试结果，在进行效率测试时，本章模型、MIKE21 分别使用 60s、0.8s 的时间步长。Mike21 提供的耗时记录包括 CPU time 和 Elapsed time，前者是所有工作核心耗时之和，后者为实际耗时，它们的换算方法见第 4.6.1 节。

在平滩流量条件下，使用 2 种核心数量（$n_c=1$、16）和 6 种物质种类（$n=1$、2、4、8、16、32）测试通量式 ELM 输运模型（选用 FVELM 和 FVELM-N）和 MIKE21AD 的并行加速性能和求解多种物质输运的效率。当 $n=1$～32 时，各种物质输运模型完成 1 天计算（1440 个时步）的耗时见表 5.10，MIKE21AD、FVELM 和 FVELM-N 物质输运模型在 $n_c=16$ 时的加速比分别为 15.6～15.9、10.5～8.2 和 11.7～9.1。

表 5.10　各种方法物质输运模型完成 1 天（1440 时步）计算的耗时　（单位：s）

n_c	输运模型	$t_{n=1}$	$t_{n=2}$	$t_{n=4}$	$t_{n=8}$	$t_{n=16}$	$t_{n=32}$
1	MIKE21 AD	73075.9	122945.3	221696.1	417521.9	812715.0	1567059.0
	FVELM	887.3	931.9	1021.4	1224	1645.9	2693.1
	FVELM-N	476.3	525.8	650.2	866.2	1299.5	2287.1
16	MIKE21 AD	4588.8	7725.4	13938.0	26336.0	51275.0	100143.9
	FVELM	84.5	90.8	103.2	132.6	189.3	327.5
	FVELM-N	40.7	46.6	60.3	86.9	140.4	252.1

MIKE21AD 和通量式 ELM 输运模型均具有良好的可并行性，但后者相对前者还具有三次提速。其一，由于能使用大时间步长，FVELM 模型在模拟 1 种物质输运时（$n_c=1$～16）的速度是 MIKE21AD 的 54.3～82.4 倍。其二，多种物质输运快速求解特性使得 FVELM 计算效率进一步提升，当 $n=32$ 时（$n_c=1$～16），FVELM 模型计算速度是 MIKE21AD 的 305.8～581.9 倍。其三，由于嵌入执行性，FVELM-N 模型在模拟 32 种物质输运时（$n_c=1$～16）可提速至 MIKE21AD 的 397.2～685.2 倍。

进一步使用 2012 年非恒定水文过程、$n_c=16$ 和 $n=4$ 开展数值试验。FVELM、FVELM-N 物质输运模型和 MIKE21AD 完成 1 年非恒定物质输运过程模拟的耗时分别为 9.99h、5.96h、1302h（表 5.11），前二者计算速度是 MIKE21AD 的 130.3～218.5 倍。由于水流和物质输运计算中 CFL 稳定条件对时间步长的双重限制，MIKE21（$n_c=16$）模拟 1 年非恒定水流与物质输运过程需 71.2 天，几乎无法实用于多年或长时段模拟。基于 PCM 和通量式 ELM 的模型的计算速度可达 MIKE21 的 82.6～102.5 倍，帮助实现了大型浅水流动系统整体精细二维数值模拟的实用化。

表 5.11 不同模型完成荆江–洞庭湖系统 1 年非恒定过程模拟的耗时 （单位：h）

模型	二维水动力	物质输运	二维水动力+物质输运
MIKE21	411	1302	1713
FVELM	10.76	9.99	20.75
FVELM-N	10.76	5.96	16.72

5.6 大时空河流数值模拟的发展

对强耦合大型浅水流动系统进行整体模拟，实体模型方法具有建模与运行成本高、试验周期长等缺点，相关数值模拟研究方法主要包括一维数学模型[51]、低分辨率二维数学模型[52]和它们的嵌套模型[53]，目前一维模型仍是主要研究手段。本节从水沙运动及河床演变模拟的角度，简述大时空河流数值模拟理论的发展。

5.6.1 大时空河流数学模型的瓶颈

作为目前大时空河流数值模拟最常用的方法，一维模型不足在于：①基于断面积分和平均的控制方程过于简化，难以充分反映真实江河湖海水沙运动的物理特性；②基于断面地形和断面间距的计算模式，不能反映真实湖泊、海湾等大面积水域的真实边界与平面形态；③不能模拟水沙因子的空间分布，沿断面分配冲淤量存在困难[51]。这些问题制约了一维模型的精度，使其计算结果常常与实测数据差别较大[54,55]。此外，在功能上，一维模型仅能算出水沙因子的断面平均值、分段冲淤量等宏观数据，难以模拟真实浅水流动系统滩、槽水沙通量及演变等介观水沙动力过程，也无法给出它们的河床冲淤情景。

不断深入的江湖河口治理与保护需要精细模拟和深入认识大型浅水流动系统的水流、物质输运及其伴随过程，阐明涉水环境与人类活动之间的互馈机制，对发展大时空高维精细河流数值模拟的理论与方法提出了迫切需求。

将高维河流数学模型应用于研究大型浅水流动系统的难点，源于庞大计算区域的整体精细模拟。低分辨率模型难以准确描述滩槽与复杂河势，计算精度不足。对于大型浅水流动系统，采用高分辨率网格高维模型进行整体模拟，固然可以反映系统内成员的耦合性并解决精度不足等诸多问题，但同时也带来巨大的计算量，使模型难以满足实用的效率要求。这一“计算精度与效率”矛盾使得高维精细数学模型难以实用，同时让一维模型统治大型浅水流动系统水沙模拟领域已长达 40 年[56-58]。

直到现在，许多研究者仍然不得不借助一维模型来研究大型浅水流动系统的水沙和水环境问题，通过牺牲计算精度和模拟细节来换取计算速度。

5.6.2 大时空河流数值模拟的二维时代

在采用高分辨率网格的前置条件下，大型浅水流动系统高维数学模型的实用化需解决水流和物质输运模型计算效率两方面的问题。第4、5章取得的进展如下。

其一，理论上，发现了考虑洪水传播物理特性可显著改善隐式水动力模型迭代求解收敛性的作用与机制；方法上，提出了考虑洪水传播物理特性的隐式水动力模型代数方程组解法，即预测-校正分块解法；技术上，成功解决了隐式水动力模型难以并行求解这一瓶颈性问题。其二，理论上，发现了保证水与单位物质通量一致性可有效控制对流物质输运求解非物理振荡的作用与机制，它适用于所有的通量式对流物质输运求解算法；方法上，提出了内含振荡控制机制的通量式ELM（FVELM和FFELM）以及它们的嵌入执行版本；技术上，解决了物质输运模型守恒性、大时间步长（$CFL \gg 1$）、无振荡性、可并行化等无法统一的难题。上述两方面理论与方法的突破，为大时空高维精细河流数值模拟奠定了坚实基础。

新理论与方法帮助解决了流域防洪、航运、环保等应用领域的多个关键技术难题，参见本书的姊妹篇《计算河流工程学》。在防洪方面，将流域中下游复杂江湖河网耦合系统洪水演进模拟预报精度提高了一个数量级；在航运方面，实现了江湖河网系统水沙运动与大范围涉水工程的耦合模拟；在环保方面，解决了大时空尺度江湖湿地演变模拟和预测的难题。新理论与方法的提出及成功应用，标志着大时空河流数值模拟的研究与应用已由一维时代跨越到二维时代。

参考文献

[1] Casulli V, Zanolli P. Semi-implicit numerical modeling of nonhydrostatic free-surface flows for environmental problems[J]. Mathematical and computer modeling, 2002, 36(9-10): 1131-1149.

[2] Wang C, Wang H, Kuo A. Mass conservative transport scheme for the application of the ELCIRC model to water quality computation[J]. Journal of Hydraulic Engineering, ASCE, 2008, 134(8): 1166-1171.

[3] Baptista A M. Solution of advection-dominated transport by Eulerian-Lagrangian methods using the backwards method of characteristics[D]. Cambridge: Massachusetts Institute of Technology, 1987.

[4] Dimou K. 3-D hybrid Eulerian-Lagrangian/particle tracking model for simulating mass transport in coastal water bodies[D]. Cambridge: Massachusetts Institute of Technology, 1992.

[5] Oliveira A, Baptista A M. On the role of tracking on Eulerian-Lagrangian solutions of the transport equation[J]. Advances in Water Resources, 1998, 21: 539-554.

[6] Gross E S, Koseff J R, Monismith S G. Evaluation of advective schemes for estuarine salinity simulations[J]. Journal of Hydraulic Engineering, 1999, 125(1): 32-46.

[7] Hu D C, Zhang H W, Zhong D Y. Properties of the Eulerian-Lagrangian method using linear interpolators in a three dimensional shallow water model using z-level coordinates[J]. International Journal of Computational Fluid Dynamics, 2009, 23(3): 271-284.

[8] Lentine M, Grétarsson J T, Fedkiw R. An unconditionally stable fully conservative semi-Lagrangian method[J]. Journal of Computational Physics, 2011, 230(8): 2857-2879.

[9] Rancic M. Semi-Lagrangian Piecewise Biparabolic Scheme for Two-Dimensional Horizontal Advection of a Passive Scalar[J]. Monthly Weather Review, 1992, 120(7): 1394-1406.

[10] Roache P J. A flux-based modified method of characteristics[J]. International Journal for Numerical Methods in Fluids, 1992, 15: 1259-1275.

[11] Purser R J, Leslie L M. An efficient semi-Lagrangian scheme using third-order semi-implicit time integration and forward trajectories[J]. Monthly Weather Review, 1994, 122(4): 745-756.

[12] Rancic M. An Efficient, Conservative, Monotonic Remapping for Semi-Lagrangian Transport Algorithms[J]. Monthly Weather Review, 1995, 123(4): 1213-1217.

[13] Laprise J P R, Plante A. A class of semi-Lagrangian integrated-mass (SLM) numerical transport algorithms[J]. Monthly Weather Review, 1995, 123(2): 553-565.

[14] Machenhauer B, Olk M. On the Development of A Cell-integrated Semi-lagrangian Shallow Water Model on the Sphere[M]. In: ECMWF Workshop Proceedings: Semi-Lagrangian Methods, 1996: 213-228.

[15] Nair R, Cote J, Staniforth A. Monotonic cascade interpolation for semi-Lagrangian advection[J]. Quarterly Journal of the Royal Meteorological Society, 1999, 125: 197-212.

[16] Zerroukat M, Wood N, Staniforth A. SLICE: A semi-Lagrangian inherently conserving and efficient scheme for transport problems[J]. Quarterly Journal of the Royal Meteorological Society, 2002, 128: 2801-2820.

[17] Lin S J, Rood R B. Multidimensional Flux-Form Semi-Lagrangian Transport Schemes[J]. Monthly Weather Review, 1996, 124: 2046-2070.

[18] Frolkovi Č P. Flux-based method of characteristics for contaminant transport in flowing groundwater[J]. Computing and Visualization in Science, 2002, 5(2): 73-83.

[19] Leonard B P, Macvean M K, Lock A P. The flux integral method for multidimensional convection and diffusion[J]. Applied Mathematical Modelling, 1995, 19(6): 333-342.

[20] Harris L M, Lauritzen P H, Mittal R. A flux-form version of the conservative semi-Lagrangian multi-tracer transport scheme (CSLAM) on the cubed sphere grid[J]. Journal of Computational Physics, 2011, 230(4-230): 1215-1237.

[21] Celia M A, Russell T F, Herrera I, et al. An Eulerian-Lagrangian localized adjoint method for the

advection-diffusion equation[J]. Advances in Water Resources, 1990, 13: 187-206.

[22] Binning P, Celia M A. A finite volume Eulerian-Lagrangian localized adjoint method for solution of the contaminant transport equations in two-dimensional multiphase flow systems[J]. Water Resource Research, 1996, 32(1): 103-114.

[23] Wang H, Dahle H K, Ewing R E, et al. An ELLAM scheme for advection-diffusion in two dimensions[J]. SIAM Journal of Scientific Computing, 1999, 20(6): 2160-2194.

[24] Neubauer T, Bastian P. On a monotonicity preserving Eulerian-Lagrangian localized adjoint method for advection-diffusion equations[J]. Advances in Water Resources, 2005, 28: 1292-1309.

[25] Younes A, Ackerer P, Lehmann F. A new efficient Eulerian-Lagrangian localized adjoint method for solving the advection-dispersion equation on unstructured meshes[J]. Advances in Water Resources, 2006, 29: 1056-1074.

[26] Russell T F, Celia M A. An overview of research on Eulerian-Lagrangian localized adjoint methods (ELLAM) [J]. Advances in Water Resources, 2002, 25: 1215-1231.

[27] Healy R W, Russell T F. Solution of the advection-dispersion equation in two dimensions by a finite-volume Eulerian-Lagrangian localized adjoint method[J]. Advances in Water Resources, 1998, 21(1): 11-26.

[28] Bermejo R, Staniforth A. The conversion of semi-Lagrangian advection schemes to quasi-monotone schemes[J]. Monthly Weather Review, 1992, 120: 2622-2632.

[29] Priestley A. A quasi-conservative version of the semi-Lagrangian advection scheme[J]. Monthly Weather Review, 1993, 121: 621-629.

[30] Oliveira A, Fortunato A B. Toward an oscillation-free, mass conservative, eulerian-lagrangian transport model[J]. Journal of Computational Physics, 2002, 183(1): 142-164.

[31] Tanaka R, Nakamura T, Yabe T. Constructing exactly conservative scheme in non-conservative form[J]. Computer Physics Communications, 2000, 126(3): 232-243.

[32] Yabe T, Tanaka R, Nakamura T, et al. An exactly conservative semi-lagrangian scheme (CIP CSL) in one dimension[J]. Monthly Weather Review, 2001, 129(2): 332-344.

[33] Xiao F, Yabe T. Completely conservative and oscillationless semi-Lagrangian schemes for advection transportation[J]. Journal of Computational Physics, 2001, 170(2): 498-522.

[34] Kaas E. A simple and efficient locally mass conserving semi-Lagrangian transport scheme[J]. Tellus A, 2008, 60: 305-320.

[35] Lauritzen P H, Kaas E, Machenhauer B. A mass-conservative semi-implicit semi-Lagrangian limited-area shallow-water model on the sphere[J]. Monthly Weather Review, 2006, 134 (4): 1205-1221.

[36] Manson J R, Wallis S G. A conservative, semi-Lagrangian fate and transport model for fluvial systems-I theoretical development[J]. Water Research, 2000, 34(15): 3769-3777.

[37] Dukowicz J K, Baumgardner J R. Incremental remapping as a transport/advection algorithm [J]. Journal of Computational Physics, 2000, 160(1): 318-335.

[38] Fatehi R, Manzari M T, Hannani S K. A finite-volume ELLAM for non-linear flux convection-diffusion problems[J]. International Journal of NonLinear Mechanics, 2009, 44(2): 130-137.

[39] Gross E S, Bonaventura L, Giorgio R. Consistency with continuity in conservative advection schemes for free-surface models[J]. International Journal for Numerical Methods in Fluids, 2002, 38(4): 307-327.

[40] Wolfram P J, Fringer O B. Mitigating horizontal divergence "checker-board" oscillations on unstructured triangular C-grids for nonlinear hydrostatic and nonhydrostatic flows[J]. Ocean Modelling, 2013, 69: 64-78.

[41] Budgell W P, Oliveira A, Skogen M D. Scalar advection schemes for ocean modeling on unstructured triangular grids[J]. Ocean Dynamics, 2007, 57(4): 339-361.

[42] Chang Y C. Lateral mixing in meandering channels[D]. Iowa City: University of Iowa, 1971.

[43] 陆永军, 张华庆. 清水冲刷弯曲河型河床变形的概化模型及数值模拟[J]. 水道港口, 1993(3): 12-22.

[44] Lien H C, Hsieh T Y, Yang J C, et al. Bend flow simulation using 2D depth-average model[J]. Journal of Hydraulic Engineering, 1999, 125 (10): 1097-1108.

[45] Yeh K C, Kennedy J F. Moment model of nonuniform channel-bend flow I: Fixed beds[J]. Journal of Hydraulic Engineering, 1993, 119(7): 776-95.

[46] 方春明. 考虑弯道环流影响的平面二维水流泥沙数学模型[J]. 中国水利水电科学研究院学报, 2003, 1(3): 190-193.

[47] Wu W, Wang S Y. Depth-averaged 2-D calculation of flow and sediment transport in curved channels[J]. International Journal of Sediment Research, 2004, 19(4): 241-257.

[48] 钟德钰, 张红武. 考虑环流横向输沙及河岸变形德平面二维扩展数学模型[J]. 水利学报, 2004(7): 14-20.

[49] XiaoY, Shao X J, Wang H, et al. Formation process of meandering channel by a 2D numerical simulation[J]. International Journal of Sediment Research, 2012, 27: 306-322.

[50] Hu D C, Zhu Y H, Zhong D Y, et al. Two-dimensional finite-volume Eulerian-Lagrangian method on unstructured grid for solving advective transport of passive scalars in free-surface flows[J]. Journal of Hydraulic Engineering, 2017, 143(12): 4017051.

[51] 杨国录. 河流数学模型[M]. 北京: 海洋出版社, 1993.

[52] 李琳琳. 荆江-洞庭湖耦合系统水动力学研究[D]. 北京: 清华大学, 2009.

[53] Yu K, Chen Y C, Zhu D J, et al. Development and performance of a 1D-2D coupled shallow water model for large river and lake networks[J]. Journal of Hydraulic Research, 2019, 57(6): 852-865.

[54] 李义天. 三峡水库下游一维数学模型计算成果比较. 长江三峡工程泥沙问题研究，第七卷(1996-2000)，长江三峡工程坝下游泥沙问题(二)[C]. 北京：知识产权出版社, 2002: 323-329.

[55] 许全喜，朱玲玲，袁晶. 长江中下游水沙与河床冲淤变化特性研究[J]. 人民长江，2013, 44(23): 16-21.

[56] 白玉川, 万艳春, 黄本胜, 等. 河网非恒定流数值模拟的研究进展[J]. 水利学报, 2000, 12: 43-47.

[57] 方春明, 鲁文, 钟正琴. 可视化河网一维恒定水流泥沙数学模型[J]. 泥沙研究, 2003, 6: 60-64.

[58] Huang G X, Zhou J J, Lin B L, et al. Modelling flow in the middle and lower Yangtze River, China[J]. Proceedings of the Institution of Civil Engineers-Water Management, 2017, 170(6): 298-309.

第6章　三维非静压水动力模型

以雷诺时均 NS 方程为核心控制方程的三维河流数学模型，在现阶段工程实用三维数值模拟研究方法中占主导地位。本章介绍垂向 z、σ 坐标网格三维非静压水动力模型的架构。在此基础上，通过研究自由水面附近动水压力的分布规律及边界处理方法，探究使用非静压模型开展大时空河流数值模拟的可能性。

6.1　三维水动力模型控制方程剖析

基于时均连续性方程和时均 NS 方程(见第 1.3 节)，可导出压力分裂模式三维非静压水动力模型的控制方程。此外，现存的三维模型大多采用垂向 z 或 σ 坐标系，这两类三维模型对水流垂向边界的适应能力和控制方程的形式均是不同的。

6.1.1　垂向 z 坐标系三维水流控制方程

基于直角坐标系(x^*, y^*, z^*, t^*)的涡黏模式时均 NS 方程——式(1.28)，推导三维水动力模型的控制方程(下文删掉代表时均含义的上标“—”以简化表述)。

1. *基于压力分裂模式的控制方程*

压力分裂模式，是根据压力成分的物理含义分解总压力，并分开求解各种压力成分作用的方法。具体而言，将动量方程中总压力 p 分解为正压力、斜压力和动水压力(分别为下式第一、二、三项，前两项构成静水压力)[1]。

$$p = g\int_{z^*}^{H_R+\eta} \rho_0 \mathrm{d}\zeta + g\int_{z^*}^{H_R+\eta} (\rho - \rho_0)\mathrm{d}\zeta + \rho_0 q \tag{6.1}$$

式中，p 为总压力，kg/(m·s^2)；q 为动水压强，m^2/s^2；H_R 为参考高度，m；η 为水位(自由水面在参考高度 H_R 之上的高度)，m；ρ_0、ρ 分别为水流的参考密度和实际密度，kg/m^3；g 为重力加速度，m/s^2。

应用压力分裂后，三个方向动量方程中的压力梯度可分别写为

$$\begin{cases} -\dfrac{1}{\rho_0}\dfrac{\partial p}{\partial x^*} = -g\dfrac{\partial \eta}{\partial x^*} - \dfrac{g}{\rho_0}\displaystyle\int_{z^*}^{H_R+\eta}\dfrac{\partial \rho}{\partial x^*}\mathrm{d}\zeta - \dfrac{\partial q}{\partial x^*} \\ -\dfrac{1}{\rho_0}\dfrac{\partial p}{\partial y^*} = -g\dfrac{\partial \eta}{\partial y^*} - \dfrac{g}{\rho_0}\displaystyle\int_{z^*}^{H_R+\eta}\dfrac{\partial \rho}{\partial y^*}\mathrm{d}\zeta - \dfrac{\partial q}{\partial y^*} \\ -\dfrac{1}{\rho_0}\dfrac{\partial p}{\partial z^*} = -\dfrac{g}{\rho_0}\dfrac{\partial}{\partial z^*}\displaystyle\int_{z^*}^{H_R+\eta}\rho\mathrm{d}\zeta - \dfrac{\partial q}{\partial z^*} = \dfrac{\rho}{\rho_0}g - \dfrac{\partial q}{\partial z^*} \end{cases} \tag{6.2}$$

将式(6.2)代入到式(1.28)，垂向动量方程中的静水压力(正压力和斜压力之和)

正好与水体重力抵消，这使得垂向动量方程中的压力成分只剩下动水压力。在代换之后，基于压力分裂模式的三维非静压水动力模型的动量方程为

$$\frac{\mathrm{d}u}{\mathrm{d}t^*}=fv-g\frac{\partial\eta}{\partial x^*}-\frac{g}{\rho_0}\int_{z^*}^{H_R+\eta}\frac{\partial\rho}{\partial x^*}\mathrm{d}\zeta^*+\frac{\partial}{\partial z^*}\left(K_{\mathrm{mv}}\frac{\partial u}{\partial z^*}\right)+K_{\mathrm{mh}}\left(\frac{\partial^2 u}{\partial x^{*2}}+\frac{\partial^2 u}{\partial y^{*2}}\right)-\frac{\partial q}{\partial x^*} \tag{6.3a}$$

$$\frac{\mathrm{d}v}{\mathrm{d}t^*}=-fu-g\frac{\partial\eta}{\partial y^*}-\frac{g}{\rho_0}\int_{z^*}^{H_R+\eta}\frac{\partial\rho}{\partial y^*}\mathrm{d}\zeta^*+\frac{\partial}{\partial z^*}\left(K_{\mathrm{mv}}\frac{\partial v}{\partial z^*}\right)+K_{\mathrm{mh}}\left(\frac{\partial^2 v}{\partial x^{*2}}+\frac{\partial^2 v}{\partial y^{*2}}\right)-\frac{\partial q}{\partial y^*} \tag{6.3b}$$

$$\frac{\mathrm{d}w}{\mathrm{d}t^*}=\frac{\partial}{\partial z^*}\left(K_{\mathrm{mv}}\frac{\partial w}{\partial z^*}\right)+K_{\mathrm{mh}}\left(\frac{\partial^2 w}{\partial x^{*2}}+\frac{\partial^2 w}{\partial y^{*2}}\right)-\frac{\partial q}{\partial z^*} \tag{6.3c}$$

式中，u、v、w 分别为在水平 x^*、y^*轴和垂向 z^*轴方向的流速分量，m/s；t 为时间，s；f 为科氏力(体积力)系数，s^{-1}；K_{mh}、K_{mv} 分别为水平、垂向涡粘性(紊动扩散)系数，m^2/s。方程各变量均采用国际单位制。江河湖海水流一般为各向异性的紊流，且流速的垂向梯度通常显著大于水平梯度。因此，一般在控制方程中使用不同的紊动扩散系数，分开度量垂向和水平的紊动扩散作用。$\mathrm{d}u/\mathrm{d}t^*$、$\mathrm{d}v/\mathrm{d}t^*$、$\mathrm{d}w/\mathrm{d}t^*$分别为各方向上流速的全导数，例如 $\mathrm{d}w/\mathrm{d}t^* = \partial w/\partial t^* + u\partial w/\partial x^* + v\partial w/\partial y^* + w\partial w/\partial z^*$。

水流运动在满足三维动量方程的同时，还受到三维连续性方程的约束

$$\frac{\partial u}{\partial x^*}+\frac{\partial v}{\partial y^*}+\frac{\partial w}{\partial z^*}=0 \tag{6.4}$$

由于三维非静压水动力模型的计算量很大，因而通常采用隐式方法(需进行流速-压力耦合)离散控制方程以便使用大时间步长，来提高计算效率。由于隐式三维非静压水动力模型的计算量仍然很大，而大多数地表水流的垂向运动尺度相对水平运动尺度又很小，故在实际中时常引入静压假定来简化三维水流控制方程，以简化数学模型结构和减小计算量。仍使用式(1.28)，在其基础上引入静压假定开展推导：使用 $q=0$ 且 w 为小量，则关于 w 的偏导数项均近似为 0。进而，垂向动量方程就蜕变成为$\partial p/\partial z^* = -\rho g$，将它代入到式(1.28)可得水平动量方程如下：

$$\frac{\mathrm{d}u}{\partial t^*}=fv-g\frac{\partial\eta}{\partial x^*}-\frac{g}{\rho_0}\int_{z^*}^{H_R+\eta}\frac{\partial\rho}{\partial x^*}\mathrm{d}\zeta+K_{\mathrm{mh}}\left(\frac{\partial^2 u}{\partial x^{*2}}+\frac{\partial^2 u}{\partial y^{*2}}\right)+\frac{\partial}{\partial z^*}\left(K_{\mathrm{mv}}\frac{\partial u}{\partial z^*}\right) \tag{6.5a}$$

$$\frac{\mathrm{d}v}{\partial t^*}=-fu-g\frac{\partial\eta}{\partial y^*}-\frac{g}{\rho_0}\int_{z^*}^{H_R+\eta}\frac{\partial\rho}{\partial y^*}\mathrm{d}\zeta+K_{\mathrm{mh}}\left(\frac{\partial^2 v}{\partial x^{*2}}+\frac{\partial^2 v}{\partial y^{*2}}\right)+\frac{\partial}{\partial z^*}\left(K_{\mathrm{mv}}\frac{\partial v}{\partial z^*}\right) \tag{6.5b}$$

式(6.5)即为三维静压水动力模型的动量方程，只包含水平方向的两个方程。围绕着是否使用静压假定，全三维(非静压)与准三维(静压)模型主要区别如下：①它们使用相同的连续性方程，但前者考虑动水压力影响并求解完整的垂向动量方程，而后者认为 $q=0$ 且不再求解垂向动量方程；②准三维模型只求解各水层水平流速

与 η 在二维水平面上的耦合，全三维模型求解所有单元三个方向流速与 q 在三维空间中的耦合；③全三维模型通过求解 u-q 耦合得到垂向流速，准三维模型基于已求得的水平流速和三维连续性方程直接计算垂向流速。

准三维模型的特点：具有模拟水温/盐度分层、密度流/异重流、平面/立面环流等三维流动的功能(但有时准确程度不高)；在模拟真实浅水流动时，一般可取得与全三维模型相差不多的计算结果；结构简单、计算量小。这些优点使得 Delft3D[2]、Ecomsed[3]、EFDC[4]、ELcirc[5]、Mike3[6]等经典准三维模型在 2000 年前后获得了广泛应用。对于垂向运动尺度相对水平运动尺度不可忽略的水流，不考虑动水压力影响将引起显著的计算误差。此时，使用全三维模型相比准三维模型能更准确地模拟非静压水流的三维特性，虽然前者在结构复杂程度、计算量等方面均显著增加。例如，Lee et al.[7]曾通过模拟弯道水槽流速分布，阐明两类模型模拟弯道环流的差异，再如微幅波、密度流等基础三维流动亦可被用于测试和展现二者的差别。

2. 自由水面方程(暂省略上标“*”以简化论述)

可将自由表面水流空间看作在平面上连续分布(不重叠但相互连通)的水柱的集合。在水流行进过程中，水柱之间发生水量和动量交换，从而引起各水柱水面的变动。江河湖海中，水面一般是平面坐标的单值函数，描述其变动可使用自由水面运动学条件。该条件含义是：位于水面的质点不能产生在水-汽交界面法向的相对位移(不能穿越交界面)，否则交界面不复存在，即位于水面的质点始终位于水面，它的高度(z)永远等于水面高度(η)，它的垂向流速始终等于水面变动的垂向速度。对于水面上的质点，自由水面运动学条件 $\mathrm{d}(z-\eta)/\mathrm{d}t = \mathrm{d}z/\mathrm{d}t-\mathrm{d}\eta/\mathrm{d}t = 0$[8]可展开为

$$\frac{\mathrm{d}z}{\mathrm{d}t}-\left(\frac{\partial \eta}{\partial t}+\frac{\partial \eta}{\partial x}\frac{\mathrm{d}x}{\mathrm{d}t}+\frac{\partial \eta}{\partial y}\frac{\mathrm{d}y}{\mathrm{d}t}\right)=0 \tag{6.6}$$

式(6.6)左边 $\mathrm{d}z/\mathrm{d}t$ 的物理含义是位于水面的质点的垂向流速 w_η，水面上质点的水平流速 $u_\eta = \mathrm{d}x/\mathrm{d}t$、$v_\eta = \mathrm{d}y/\mathrm{d}t$。因此，自由水面运动学条件可转换为

$$w_\eta = \frac{\partial \eta}{\partial t}+u_\eta\frac{\partial \eta}{\partial x}+v_\eta\frac{\partial \eta}{\partial y} \tag{6.7}$$

在河底 $z=-d$，应用床面无穿透条件 $\mathrm{d}(z+d)/\mathrm{d}t = \mathrm{d}z/\mathrm{d}t-\mathrm{d}(-d)/\mathrm{d}t = 0$。假定微小时段内河床高程不变，即 $\mathrm{d}(-d)/\mathrm{d}t$ 全导数展开式中$\partial(-d)/\partial t = 0$。则 $\mathrm{d}(z+d)/\mathrm{d}t$ 可转换为

$$w_\mathrm{b} = u_\mathrm{b}\frac{\partial(-d)}{\partial x}+v_\mathrm{b}\frac{\partial(-d)}{\partial y} \tag{6.8}$$

式中，u_b、v_b、w_b 为水流在与河床交界面处三个方向的流速分量。

使用自由水面运动学条件计算 η 的变动，分为直接法和间接法。直接法：当自

由水面三个方向流速 u_η、v_η、w_η 均为已知时，可采用式(6.7)直接计算并更新 η。间接法：将连续性方程式(6.4)从河底 $z=-d$ 到水面 $z=\eta$ 沿垂线进行积分，并应用式(6.7)、式(6.8)来闭合定积分，从而得到自由水面方程。式(6.4)沿水深积分：

$$\int_{H_R-d}^{H_R+\eta}\frac{\partial u}{\partial x}\mathrm{d}z+\int_{H_R-d}^{H_R+\eta}\frac{\partial v}{\partial y}\mathrm{d}z+\int_{H_R-d}^{H_R+\eta}\frac{\partial w}{\partial z}\mathrm{d}z=0 \tag{6.9}$$

应用 $\int_{a(x,y)}^{b(x,y)}\frac{\partial f(x,y,z)}{\partial x}\mathrm{d}z=\frac{\partial}{\partial x}\int_{a(x,y)}^{b(x,y)}f(x,y,z)\mathrm{d}z+f(x,y,a)\frac{\partial a(x,y)}{\partial x}-f(x,y,b)\frac{\partial b(x,y)}{\partial x}$ (Leibniz 公式)转换积分与偏导数的顺序，式(6.9)可转换为

$$\left(\frac{\partial}{\partial x}\int_{H_R-d}^{H_R+\eta}u\mathrm{d}z+u_b\frac{\partial(-d)}{\partial x}-u_\eta\frac{\partial\eta}{\partial x}\right)+\left(\frac{\partial}{\partial y}\int_{H_R-d}^{H_R+\eta}v\mathrm{d}z+v_b\frac{\partial(-d)}{\partial y}-v_\eta\frac{\partial\eta}{\partial y}\right)+(w_\eta-w_b)=0 \tag{6.10}$$

将式(6.7)和(6.8)代入(6.10)，即可得到自由水面方程：

$$\frac{\partial\eta}{\partial t}+\frac{\partial}{\partial x}\int_{H_R-d}^{H_R+\eta}u\mathrm{d}z+\frac{\partial}{\partial y}\int_{H_R-d}^{H_R+\eta}v\mathrm{d}z=0 \tag{6.11}$$

这种运用自由水面运动学条件将连续性方程沿水深方向进行积分得到自由水面方程，并用它来描述和模拟自由水面变动的方法，被称为标高函数法。它是目前江河湖海三维水动力模型中使用最普遍的方法，适用于静压和非静压力模型。

3. 边界条件

在自由表面水流的水面，由风力引起的表面剪切应力和水流表层的 Reynolds 应力平衡，可得到水面风应力边界条件：

$$K_{\mathrm{mv}}\left(\frac{\partial u}{\partial z^*},\frac{\partial v}{\partial z^*}\right)_{\mathrm{s}}=\frac{1}{\rho_0}(\tau_{\mathrm{s}x},\tau_{\mathrm{s}y}) \tag{6.12}$$

式中，$\tau_{\mathrm{s}x}$、$\tau_{\mathrm{s}y}$ 分别为水平 x、y 方向上的风应力，计算方法见式(1.14)。

在河床表面，由河床摩擦阻力和水流底层 Reynolds 应力平衡可得边界条件：

$$K_{\mathrm{mv}}\left(\frac{\partial u}{\partial z^*},\frac{\partial v}{\partial z^*}\right)_{\mathrm{b}}=\frac{1}{\rho_0}(\tau_{\mathrm{b}x},\tau_{\mathrm{b}y}) \tag{6.13}$$

式中，$\tau_{\mathrm{b}x}$、$\tau_{\mathrm{b}y}$ 为床面的摩擦剪切应力，计算方法见式(1.15)。

三维模型开边界条件与平面二维模型类似，不同在于：在入流开边界，需给定流速、物质浓度等的垂向分布。在固壁边界，一般采用有滑移无穿透边界条件。

采用固定的等高程面划分垂向区域的计算网格称为垂向 z 网格，与之对应的为垂向 z 坐标系控制方程。垂向 z 网格三维数学模型的优点：控制方程形式简单，数值离散十分直接，不受垂向坐标变换所产生的复杂附加项的干扰。正是由于简单，21 世纪以来又有许多垂向 z 网格三维模型被研发出来，例如 UnTRIM[1]、ELcirc[5]、SUNTANS[9]等。这些模型一般在计算网格的底层和顶层使用亚网格技术，追踪不规

则的河床和不断变动的自由水面。垂向 z 网格的不足之处为：固定的、台阶式的计算网格贴合河底和水面的能力较差。虽然亚网格技术可在一定程度上缓解垂向 z 网格在贴合河底和水面时的困难，但并不能从根本上消除垂向单元在水平方向上的尺度突变性衔接，且小尺度垂向单元时常是诱发计算失稳的潜在因素。

6.1.2　垂向 σ 坐标系三维水流控制方程

采用具有等水深比例的曲面划分垂向水域的计算网格称为垂向 σ 网格，与之对应的为垂向 σ 坐标系控制方程。使用 σ 坐标变换，可将控制方程由垂向 z 坐标系转换到垂向 σ 坐标系。σ 坐标变换由 Phillips[10]在 1957 年提出并用于气象计算，之后被引入河流海洋模拟领域并获得广泛应用，例如 POM 系列[3]、FVCOM[11]等。垂向 σ 网格是一种结构化网格，基于它的控制方程离散与求解在一个固定的垂向区域内(例如 $\sigma\in[-1, 0]$)进行，十分方便。它避免了垂向 z 网格的固定台阶式划分，能很好地贴合河底和水面，并跟随它们实时变化，在模拟河床冲淤时具有明显优势，非常适合河流模拟。垂向 σ 网格三维模型的不足之处：由非正交 σ 坐标变换产生的大量附加项使控制方程的形式变得十分复杂，当采用隐式方法离散控制方程时，代数方程组的构造和求解均十分困难；而忽略部分由 σ 坐标变换引起的附加项，又将产生显著的计算误差，例如 PGF 误差[12]。通过前人研究，与 σ 坐标变换附加项有关的部分问题已得到解决，例如可采用误差平衡法[13]、平滑地形法[14]、半 σ 化方法[15]等解决 PGF 误差问题。下面介绍垂向 σ 坐标系下的三维水流控制方程。

1．垂向 σ 坐标变换

使用 (x^*, y^*, z^*, t^*)、(x, y, σ, t) 分别代表 z、σ 坐标系。令水深 $D(x, y) = d(x, y)+\eta(x, y)$，两坐标系间的转换关系为 $x=x^*$、$y=y^*$、$\sigma=(z^*-\eta)/D$、$t=t^*$。σ 的含义是归一化后的相对水深，可规定 $\sigma\in[-1, 0]$，即 σ 在水面恒为 0、在床面恒为−1。如此，σ 坐标变换就将不平坦的水面和床面之间的垂向物理水域映射到一个规则的计算区域 $[-1, 0]$。$\sigma=(z^*-\eta)/D$ 对 z 坐标系 (x^*, y^*, z^*, t^*) 各坐标轴方向的偏导数为

$$\begin{cases}\dfrac{\partial\sigma}{\partial x^*}=\dfrac{\partial\sigma}{\partial x}=-\dfrac{1}{D}\dfrac{\partial\eta}{\partial x}-\dfrac{\sigma}{D}\dfrac{\partial D}{\partial x}\\[2ex]\dfrac{\partial\sigma}{\partial y^*}=\dfrac{\partial\sigma}{\partial y}=-\dfrac{1}{D}\dfrac{\partial\eta}{\partial y}-\dfrac{\sigma}{D}\dfrac{\partial D}{\partial y}\\[2ex]\dfrac{\partial\sigma}{\partial z^*}=\dfrac{1}{D}\\[2ex]\dfrac{\partial\sigma}{\partial t^*}=\dfrac{\partial\sigma}{\partial t}=-\dfrac{1}{D}\dfrac{\partial\eta}{\partial t}-\dfrac{\sigma}{D}\dfrac{\partial D}{\partial t}\end{cases}\tag{6.14}$$

应用式(6.14)，可推得 σ 坐标变换的基本关系式(以变量 G 为例)：

$$\begin{cases}\dfrac{\partial G}{\partial x^*}=\dfrac{\partial G}{\partial x}+\dfrac{\partial G}{\partial \sigma}\dfrac{\partial \sigma}{\partial x^*}=\dfrac{\partial G}{\partial x}-\dfrac{\partial G}{\partial \sigma}\left(\dfrac{\sigma}{D}\dfrac{\partial D}{\partial x}+\dfrac{1}{D}\dfrac{\partial \eta}{\partial x}\right)\\ \dfrac{\partial G}{\partial y^*}=\dfrac{\partial G}{\partial y}+\dfrac{\partial G}{\partial \sigma}\dfrac{\partial \sigma}{\partial y^*}=\dfrac{\partial G}{\partial y}-\dfrac{\partial G}{\partial \sigma}\left(\dfrac{\sigma}{D}\dfrac{\partial D}{\partial y}+\dfrac{1}{D}\dfrac{\partial \eta}{\partial y}\right)\\ \dfrac{\partial G}{\partial z^*}=\dfrac{\partial G}{\partial \sigma}\dfrac{\partial \sigma}{\partial z^*}=\dfrac{1}{D}\dfrac{\partial G}{\partial \sigma}\\ \dfrac{\partial G}{\partial t^*}=\dfrac{\partial G}{\partial t}+\dfrac{\partial G}{\partial \sigma}\dfrac{\partial \sigma}{\partial t^*}=\dfrac{\partial G}{\partial t}-\dfrac{\partial G}{\partial \sigma}\left(\dfrac{\sigma}{D}\dfrac{\partial D}{\partial t}+\dfrac{1}{D}\dfrac{\partial \eta}{\partial t}\right)\end{cases} \tag{6.15}$$

引入 σ 坐标系下的垂向流速 ω：

$$\omega=\frac{\mathrm{d}\sigma}{\mathrm{d}t^*}=\frac{\partial \sigma}{\partial t^*}+u\frac{\partial \sigma}{\partial x^*}+v\frac{\partial \sigma}{\partial y^*}+w\frac{\partial \sigma}{\partial z^*} \tag{6.16}$$

将式(6.14)代入式(6.16)，可得

$$\omega=\frac{w}{D}-u\left(\frac{\sigma}{D}\frac{\partial D}{\partial x}+\frac{1}{D}\frac{\partial \eta}{\partial x}\right)-v\left(\frac{\sigma}{D}\frac{\partial D}{\partial y}+\frac{1}{D}\frac{\partial \eta}{\partial y}\right)-\left(\frac{\sigma}{D}\frac{\partial D}{\partial t}+\frac{1}{D}\frac{\partial \eta}{\partial t}\right) \tag{6.17}$$

需说明的是，这里将 σ 坐标系下的垂向流速定义为 $\omega=\mathrm{d}\sigma/\mathrm{d}t^*$，其形式与 Lin 等[16]类似，而与 POM 系列模型[3]的定义($\omega=D\mathrm{d}\sigma/\mathrm{d}t^*$)略有不同。

2．非静压模型的控制方程

在进行 σ 坐标变换之后，连续性方程的形式可转化为

$$\frac{\partial u}{\partial x}+\frac{\partial u}{\partial \sigma}\frac{\partial \sigma}{\partial x^*}+\frac{\partial v}{\partial y}+\frac{\partial v}{\partial \sigma}\frac{\partial \sigma}{\partial y^*}+\frac{\partial w}{\partial \sigma}\frac{\partial \sigma}{\partial z^*}=0 \tag{6.18}$$

将式(6.14)～式(6.17)代入式(6.18)，可推得 σ 坐标系下的连续性方程为

$$\frac{\partial \eta}{\partial t}+\frac{\partial uD}{\partial x}+\frac{\partial vD}{\partial y}+D\frac{\partial \omega}{\partial \sigma}=0 \tag{6.19}$$

参考式(6.11)的导出过程，将式(6.19)沿水深方向从河底 $\sigma=-1$ 到水面 $\sigma=0$ 进行积分，并应用自由水面运动学条件，可得 σ 坐标系自由水面方程：

$$\frac{\partial \eta}{\partial t}+\frac{\partial}{\partial x}\left[D\int_{-1}^{0}u\mathrm{d}\sigma\right]+\frac{\partial}{\partial y}\left[D\int_{-1}^{0}v\mathrm{d}\sigma\right]=0 \tag{6.20}$$

对式(6.3)进行 σ 坐标变换，可得到 σ 坐标系下的动量方程(斜压项、水平扩散项、动水压力项中的水平梯度由于形式较复杂而暂未展开)

$$\frac{\mathrm{d}u}{\mathrm{d}t}=fv-g\frac{\partial \eta}{\partial x}-\frac{g}{\rho_0}\int_{z^*}^{H_R+\eta}\frac{\partial \rho}{\partial x^*}\mathrm{d}\varsigma^*+\frac{1}{D}\frac{\partial}{\partial \sigma}\left(\frac{K_{\mathrm{mv}}}{D}\frac{\partial u}{\partial \sigma}\right)+K_{\mathrm{mh}}\left(\frac{\partial^2 u}{\partial x^{*2}}+\frac{\partial^2 u}{\partial y^{*2}}\right)-\left[\frac{\partial q}{\partial x}+\frac{\partial q}{\partial \sigma}\frac{\partial \sigma}{\partial x^*}\right] \tag{6.21a}$$

$$\frac{\mathrm{d}v}{\mathrm{d}t}=-fu-g\frac{\partial\eta}{\partial y}-\frac{g}{\rho_0}\int_{z^*}^{H_R+\eta}\frac{\partial\rho}{\partial y^*}\mathrm{d}\varsigma^*+\frac{1}{D}\frac{\partial}{\partial\sigma}\left(\frac{K_{mv}}{D}\frac{\partial v}{\partial\sigma}\right)+K_{mh}\left(\frac{\partial^2 v}{\partial x^{*2}}+\frac{\partial^2 v}{\partial y^{*2}}\right)-\left[\frac{\partial q}{\partial y}+\frac{\partial q}{\partial\sigma}\frac{\partial\sigma}{\partial y^*}\right] \tag{6.21b}$$

$$\frac{\mathrm{d}w}{\mathrm{d}t}=\frac{1}{D}\frac{\partial}{\partial\sigma}\left(\frac{K_{mv}}{D}\frac{\partial w}{\partial\sigma}\right)+K_{mh}\left(\frac{\partial^2 w}{\partial x^{*2}}+\frac{\partial^2 w}{\partial y^{*2}}\right)-\frac{1}{D}\frac{\partial q}{\partial\sigma} \tag{6.21c}$$

式中，$\mathrm{d}u/\mathrm{d}t$、$\mathrm{d}v/\mathrm{d}t$、$\mathrm{d}w/\mathrm{d}t$ 分别为各方向上流速的全导数，例如：$\mathrm{d}u/\mathrm{d}t=\partial u/\partial t+u\partial u/\partial x+v\partial u/\partial y+\omega\partial u/\partial\sigma$，$\mathrm{d}w/\mathrm{d}t=\partial w/\partial t+u\partial w/\partial x+v\partial w/\partial y+\omega\partial w/\partial\sigma$。

3．简化的模型控制方程

当使用式(6.14)～式(6.17)展开斜压项、水平扩散项、动水压力项中物理量的水平梯度时，可以发现垂向 σ 坐标系三维水流动量方程的形式非常复杂。对于隐式三维水动力模型，联立动量方程和连续性方程进行流速-动水压力(u-q)在三维空间中的耦合，代数方程系统(可能具有非对称矩阵)的构造与求解均非常复杂。一些学者[17]将动水压力直接看成 σ 坐标系下的散度，这使得在垂向 σ 坐标系下的 u-q 耦合与在垂向 z 坐标系下的 u-q 耦合具有相同的形式，可大幅简化代数方程组的构造和求解。这种简化方法相当于在求解 u-q 耦合问题时，将由 σ 坐标变换引起的与 q 及 u-q 耦合有关的附加项全部忽略，而使用如下方程作为控制方程：

$$\frac{\partial u}{\partial x}+\frac{\partial v}{\partial y}+\frac{1}{D}\frac{\partial w}{\partial\sigma}=0 \tag{6.22}$$

$$\frac{\mathrm{d}u}{\mathrm{d}t}=fv-g\frac{\partial\eta}{\partial x}-\frac{g}{\rho_0}\int_{z^*}^{H_R+\eta}\frac{\partial\rho}{\partial x^*}\mathrm{d}\varsigma^*+\frac{1}{D}\frac{\partial}{\partial\sigma}\left(\frac{K_{mv}}{D}\frac{\partial u}{\partial\sigma}\right)+K_{mh}\left(\frac{\partial^2 u}{\partial x^{*2}}+\frac{\partial^2 u}{\partial y^{*2}}\right)-\frac{\partial q}{\partial x} \tag{6.23a}$$

$$\frac{\mathrm{d}v}{\mathrm{d}t}=-fu-g\frac{\partial\eta}{\partial y}-\frac{g}{\rho_0}\int_{z^*}^{H_R+\eta}\frac{\partial\rho}{\partial y^*}\mathrm{d}\varsigma^*+\frac{1}{D}\frac{\partial}{\partial\sigma}\left(\frac{K_{mv}}{D}\frac{\partial v}{\partial\sigma}\right)+K_{mh}\left(\frac{\partial^2 v}{\partial x^{*2}}+\frac{\partial^2 v}{\partial y^{*2}}\right)-\frac{\partial q}{\partial y} \tag{6.23b}$$

$$\frac{\mathrm{d}w}{\mathrm{d}t}=\frac{1}{D}\frac{\partial}{\partial\sigma}\left(\frac{K_{mv}}{D}\frac{\partial w}{\partial\sigma}\right)+K_{mh}\left(\frac{\partial^2 w}{\partial x^{*2}}+\frac{\partial^2 w}{\partial y^{*2}}\right)-\frac{1}{D}\frac{\partial q}{\partial\sigma} \tag{6.23c}$$

使用 σ 坐标变换转换完整的 z 坐标系控制方程所得到的结果，与式(6.22)～式(6.23)在数学上并不等同。但 BOM[17]等模型的实践表明，基于这两种控制方程的三维非静压水动力模型的计算结果往往相差并不大。与 z 坐标系三维水流控制方程类似，引入静压假定可得到 σ 坐标系三维静压水动力模型的动量方程。该方程组只包含水平两个方向的方程式，将式(6.23a)和式(6.23b)中的动水压力梯度项去掉即可得到。垂向 σ 坐标系三维水动力模型的边界条件可根据式(6.12)和式(6.13)写出。

6.1.3　紊流闭合模式的方程与公式

基于时均 NS 方程和涡黏模式的三维水动力模型，常常使用紊动动能 K、紊动特征尺度变量(紊动耗散 ε、比耗散率 ω、紊动长度 l 或它们的组合)等构造偏微分方程，通过求解这些附加方程来计算涡黏性系数。根据引入的附加方程的数量，一般可将紊流方程闭合方式划分为零方程、一方程和双方程模型。

计算垂向涡黏性系数常选用双方程紊流模型。目前已存在多种双方程模型，例如 MY25(1974)[18]、K-ε(1972)[19]、K-ω(1942)[20]等，以 K-ε 模型在河流模拟中应用最多。这些双方程模型均包含一个关于紊动动能 K 的输运方程，它们的主要差别在于第二个方程采用了不同的紊动特征尺度变量。GLSM 模型[21]通过定义一个通用的紊动尺度变量 ψ，在形式上统一了上述各种双方程模型。当 ψ 的表达式使用不同参数时，GLSM 模型即转化为 K-Kl、K-ε、K-ω等常规双方程模型之一。

为了简化双方程紊流模型的计算流程，通常忽略输运方程中的对流项和水平扩散项。在垂向 z 坐标系下(x^*,y^*,z^*,t^*)，GLSM 双方程模型的控制方程为[22]

$$\frac{\partial K}{\partial t^*}=\frac{\partial}{\partial z^*}\left(\nu_K\frac{\partial K}{\partial z^*}\right)+K_{\text{mv}}M^2+K_{\text{v}}N^2-\varepsilon \tag{6.24}$$

$$\frac{\partial \psi}{\partial t^*}=\frac{\partial}{\partial z^*}\left(\nu_\psi\frac{\partial \psi}{\partial z^*}\right)+\frac{\psi}{K}(c_{\psi 1}K_{\text{mv}}M^2+c_{\psi 3}K_{\text{v}}N^2-c_{\psi 2}F_{\text{w}}\varepsilon) \tag{6.25}$$

式中，K、ψ 为紊动动能、通用紊动尺度变量；$\nu_K = K_{\text{mv}}/\sigma_K$、$\nu_\psi = K_{\text{mv}}/\sigma_\psi$ 分别是关于 K、ψ 的垂向扩散系数，σ_K、σ_ψ 分别为它们的 Schmidt 数，反映动量与紊动变量在紊动扩散方面的强弱比例；ε 为紊动耗散；F_w 为壁面函数；$c_{\psi 1}$、$c_{\psi 2}$、$c_{\psi 3}$ 为系数；$M^2 = (\partial u/\partial z^*)^2+(\partial v/\partial z^*)^2$ 为流速梯度参数，$N^2 = g(\partial\rho/\partial z^*)/\rho_0$ 为 Brunt-Vassala 频率。

由于忽略了对流项和水平扩散项，且有$(\partial G/\partial z^*) = (\partial G/\partial\sigma)/D$，故垂向 σ 坐标系下 GLSM 双方程模型控制方程在形式上相对式(6.24)、式(6.25)变化甚小，只需将垂向扩散项中对 z 坐标的偏导数转换为对 σ 坐标的偏导数即可。ψ、ε 的形式如下：

$$\psi=(c_\mu^0)^p K^m l^n,\quad \varepsilon=(c_\mu^0)^{3+p/n}K^{3/2+m/n}\psi^{-1/n} \tag{6.26}$$

式中，l 为紊动长度；c_μ^0 为常数。c_μ^0 在各种双方程模型中略有不同，当采用 Kantha 和 Clayson[23]稳定函数时取 0.5544。m、n、p 等参数在取不同值时(表 6.1)，式(6.25)就转化为 K-ε、K-ω、K-Kl 双方程模型所对应的紊动尺度变量输运方程。

表 6.1　GLSM 模型具体形式的参数取值

	ψ	p	m	n	σ_K	σ_ψ	$c_{\psi 1}$	$c_{\psi 2}$	$c_{\psi 3}$	F_w
K-ε	ε	3	1.5	−1	1	1.3	1.44	1.92	1	1
K-Kl	Kl	0	1	1	1.96	1.96	0.9	0.5	1	–
K-ω	ω	−1	0.5	0	2	2	0.555	0.833	1	1

将 ψ 和 ε 的表达式进行联立，可得如下关系式：

$$l=(c_{\mu}^{0})^{3}K^{3/2}\varepsilon^{-1} \quad \text{或} \quad \varepsilon=(c_{\mu}^{0})^{3}K^{3/2}l^{-1} \tag{6.27}$$

在定量描述垂向扩散系数 K_{mv}(及物质输运方程中 K_{v})与 K、l 之间的关系时，引入的经验表达式称为稳定函数，它分为准平衡和全平衡两种形式。常用的准平衡稳定函数有 GA1988[24]，它是在 Mellor-Yamada(1982) [25]稳定函数基础上提出的，且根据 Mellor-Yamada 的实验数据率定了计算式中的大多数参数。Kantha 和 Clayson[23]对 GA1988 进行了修改，并得到准平衡稳定函数 KC1994。全平衡稳定函数通常包含流速梯度、压力等更多的影响因子，例如 CA2001[26]。在求解紊流双方程式(6.24)～(6.25)并获得 K、ψ 之后，即可使用稳定函数计算 K_{mv} 和 K_{v}，计算式为

$$K_{\mathrm{mv}}=\sqrt{2}s_{\mathrm{m}}K^{1/2}\psi,\quad K_{\mathrm{v}}=\sqrt{2}s_{\mathrm{h}}K^{1/2}l \tag{6.28}$$

式中，s_{m}、s_{h} 即为稳定函数(计算式的具体形式可参考文献[5]、[21]、[22])。

当隐式离散双方程紊流控制方程时，可形成一个简单的垂线一维(扩散)问题，求解并不复杂，即便是在垂向 σ 坐标系下复杂度也未增加，但较耗时。因此，有时也采用零方程，即垂向涡黏性系数与当地时均水流条件的代数关系，确定雷诺应力。例如，Pacanowski 和 Philander(1981) [27]将垂向涡黏性系数和物质输运方程垂向扩散系数均定义为 Richardson 数($Ri=N^2/M^2$)的函数，并应用于河口模拟。在 Ri 的表达式中，分子表示水平流速垂向梯度的作用，分母表示密度分层的影响，Ri 反映了这两种物理作用的相对强弱。这个基于 Richardson 数的零方程模型的计算式为

$$K_{\mathrm{mv}}=\frac{v_0}{(1+5Ri)^2}+v_{\mathrm{b}},\quad K_{\mathrm{v}}=\frac{K_{\mathrm{mv}}}{1+5Ri}+K_{\mathrm{b}} \tag{6.29}$$

式中，v_0 为常数，当 $Ri\to 0$ 时，K_{mv} 和 K_{v} 趋近于 v_0；当 $Ri\to\infty$ 时，K_{mv} 和 K_{v} 分别趋近于 v_{b}、K_{b}。一般建议 $v_0=5\times10^{-3}$、$v_{\mathrm{b}}=10^{-4}$、$K_{\mathrm{b}}=10^{-5}$。

计算水平扩散系数时，通常采用根据量纲分析得到的 Samagorinsky 方法[28]：

$$K_{\mathrm{mh}}=C\Delta x\Delta y\frac{1}{2}\left|\nabla V+(\nabla V)^{\mathrm{T}}\right|=C\Delta x\Delta y\sqrt{\left(\frac{\partial u}{\partial x}\right)^2+\frac{1}{2}\left(\frac{\partial u}{\partial x}+\frac{\partial v}{\partial x}\right)^2+\left(\frac{\partial v}{\partial x}\right)^2} \tag{6.30}$$

式中，C 为无量纲常数，通常取 0.1～0.2。该方法优点是 C 为常数，当流速梯度很小时 K_{mh} 也变得非常小，当计算网格尺度很小时 K_{mh} 接近于 0，较符合实际。

6.2 垂向 z 网格三维水动力模型

垂向 z 网格三维非静压水动力模型架构相对较简单，在 21 世纪初已基本发展成熟(表 6.2)。本节以开源的静压模型 Elcirc 为基础，建立水平无结构垂向 z 网格上的三维非静压水动力模型，重点介绍数值离散与三维 u-q 耦合的构造与求解方法。

表 6.2　垂向 z 网格三维非静压水动力模型实例

特征\模型	Ouillon[29]	UnTRIM[1]	Deponti[30]	SUNTANS[9]	Yuan[31]	Choi[32]
发表时间	1997	2002	2006	2006	2004	2006
水平计算网格	直角	无结构	直角	无结构	直角	直角
数值方法	FVM	FVM, FDM	FVM	FVM	FVM,FDM	FVM,FDM
自由水面计算	标高函数法(求解自由水面方程)					运动边界条件
水平切向动量方程	求解	不求解	求解	不求解	求解	求解
压力分裂	是	是	是	是	否	否
对流项计算	迎风	ELM	QUICK	FVM，ELM	线性化方法	ELM，迎风
u-q 耦合	HH-SIMPLE	半隐	全隐	全隐	ADI	全隐
表层 q 条件	设为 0	Casulli 2002		设为 0	Yuan 2004	

6.2.1　基于垂向 z 网格的空间离散

式(6.3)、式(6.4)和式(6.11)构成了垂向 z 网格三维非静压水动力模型的控制方程，未知变量为三向流速 u、v、w、自由水面 η 和动水压强 q。根据控制方程在水平面上的旋转不变性，在水平无结构网格单元边的局部坐标系下，水平法向和切向动量方程的形式与在平面直角坐标下 x^*、y^*方向相同。因此，这些控制方程也适用于平面无结构网格。本节将代表 z 坐标系的上标“*”省略，以简化论述。

1．计算网格与控制变量布置

采用水平方向和垂向分开的方式布置计算网格。首先，水平面上的三角形/四边形无结构网格将计算区域分割为若干全水深棱柱；然后，垂向 z 网格的等高程面将全水深棱柱(简称棱柱)进一步分割为三维计算单元。分别使用变量 ne、np、ns 表示水平无结构网格单元、节点、边的数量。垂向 z 网格可使用不等的间距，使用 $k, k+1,\cdots$ 表示垂向网格层的中心，使用 $k-1/2,\ k+1/2,\cdots$表示垂向网格层的分界面(层面)。在水平网格单元中心、边中点、节点处的垂线上，使用 1、nv 分别表示最低、最高垂向网格层的索引，分别使用 M、m 表示水域顶层和最底层的索引。在这种描述和表述方法下，在垂向网格中水域所占据的分层的范围是由 m 至 M。

水平和垂向网格分开布置的优势：不会在三维空间中产生杂乱的多面体，为在水平和垂向上分开布置控制变量的位置提供了条件，水平无结构网格单元、节点、边之间拓扑关系的描述方法可与平面二维模型相同(见第 1.4.2 节)。在水平无结构网格上(图 1.5)，使用 C-D 交错网格变量布置方式，η、w、q 均定义在单元中心，u、v 定义在边中点。在垂向网格上(图 6.1(a))，依然采用交错网格变量布置方式，u、v、q 定义在垂向网格层中心，w 定义在层面。Casulli 等[1]的水平 C 网格三维水动力模型架构，是这里水平 C-D 网格三维水动力模型架构的一种特例。

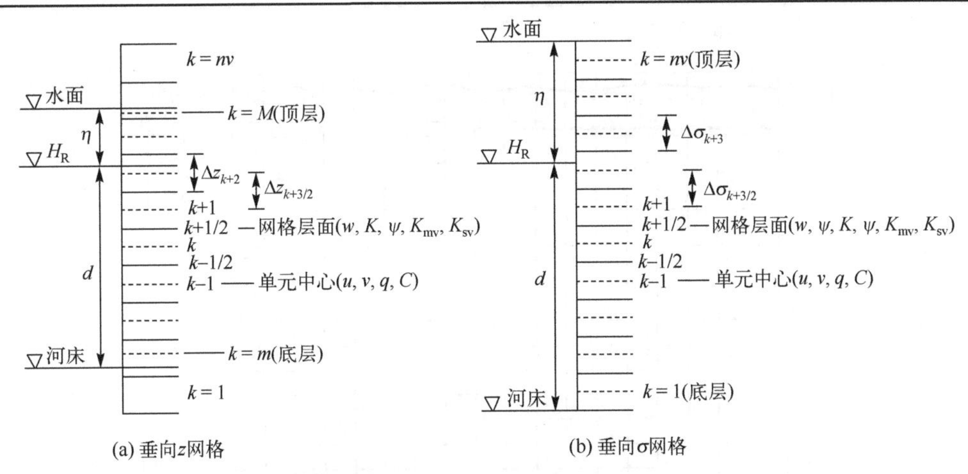

图 6.1　垂向 z 网格(a)与σ网格(b)控制变量的垂向空间布置

2．基于垂向 z 网格的水域描述

在垂向 z 坐标下，所有计算网格单元的空间位置都是固定的。对于水面与床面附近的半湿垂向单元，传统垂向 z 网格通常定义一个临界水层厚度，并用它来界定整个垂向单元的干湿状态及是否参加模型计算。另一种方法[5,29]是在半湿垂向单元内部，将有水部分定义为一个湿的亚网格并让它参加模型计算，这使垂向 z 网格也能够贴合与实时跟踪床面和水面的真实位置，称之为亚网格技术。对使用亚网格技术的垂向 z 网格三维水动力模型，计算网格干湿转换模拟包括全水深棱柱及其内部各个垂向网格层两个方面。这里首先规定一个临界水深(h_0)，用它来界定处于半湿状态的垂向网格层的干湿状态。

在模型初始化时，首先获取水平网格单元中心的地形和水位，并将它们插值到节点和边中点。根据河床与水面高程，在水平计算网格主干位置处(单元中心、边中点和节点)的垂线上搜索水面、水域底面所在的垂向网格层索引 M 和 m，并规定：当满足 $M \geq m$ 且垂向网格层水深 $\geq h_0$ 时，垂向网格层为湿，反之为干。据此，初始化水平网格所有主干位置处垂线上网格层的干湿状态，同时垂向网格层被分为两类：位于垂线中段的全湿层($m<k<M$)，其厚度与垂向 z 网格分层相等；位于水面和床面附近的半湿层($k = m,M$)，层厚一般小于垂向 z 网格的分层厚度。

图 6.2 给出一复式明渠断面中河槽与滩地区域的网格分布。在水平方向上相邻单元的水量或动量交换存在如下情况：当两个全湿单元相邻时，无需特殊处理，如单元(14,9)与(15,9)；当半湿和全湿单元相邻时，二者共用的单元侧面的垂向厚度可使用它们垂向厚度的平均值，如单元(11,13)与(12,13)；当湿单元和全干单元相邻时，将二者共用的单元侧面定义为固壁，如单元(11,12)和(12,12)。

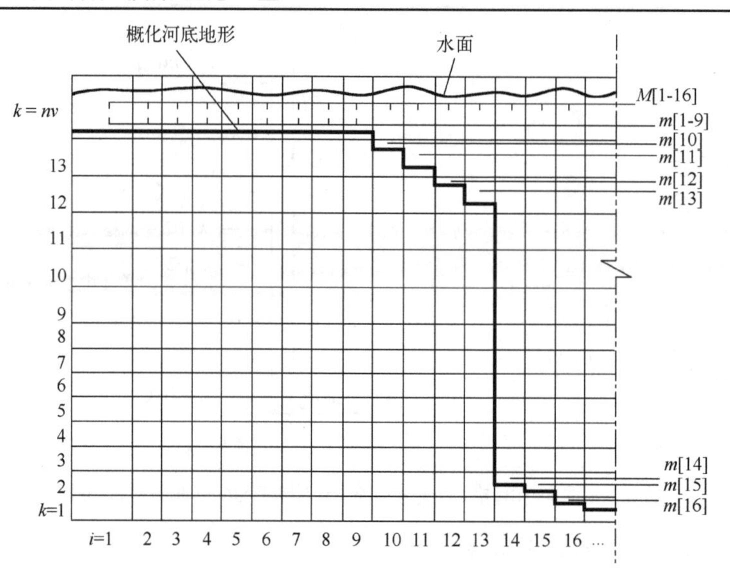

图 6.2 典型复式断面河道内垂向干湿层在深水与浅水区的分布

计算网格干湿转换的模拟。在一个时步中，水动力计算和单元干湿转换模拟是两个独立的模块。第一步，使用最新的棱柱中心水位更新棱柱水深，对于水深小于 h_0 的棱柱，判断它们是否将会因为周围棱柱的水力条件而变湿。干棱柱实现“干→湿”转换需同时满足两个条件：棱柱水深(使用相邻湿棱柱水位插值进而计算得到)大于 h_0；有从相邻湿棱柱流入的水通量。第二步，更新所有湿棱柱的 M、m，若出现 $M<m$ 或水深小于 h_0 的情况，则湿棱柱变干。第三步，使用棱柱水位插值得到水平网格边中点和节点的水位，取边两侧棱柱的较高水位值作为边中点的水位，取节点周围湿棱柱的平均值作为节点的水位。据此分别更新边中点、节点垂线上的 M 和 m，若出现 $M<m$ 或水深小于 h_0，则设置边、节点为干。经过上述干湿转换模拟之后，干的垂向网格层不再参加下一时步模型计算。在更新水平网格单元中心、边中点、节点处垂线上 M 和 m 的同时，重新计算各个垂向网格层的厚度。

在河流深水区(河槽)，水流三维特性较强，要求用较精细的垂向网格进行模拟，以全面反映水流特性；在河流浅水区(滩地)，浅水流动对垂向网格的分辨率要求不高。当采用垂向 z 网格时，一般在深水区分层较多，在浅水区分层很少甚至只有一层。如图 6.2 中 $i\leqslant 9$ 的滩地区域，垂向网格仅剩一层，此时三维模型计算退化为平面二维模型计算。因此，垂向 z 网格可自动适应河流深水区、浅水区对垂向网格分辨率的不同要求，在不影响计算精度的条件下大幅减小了计算量。

6.2.2 动量方程的数值离散

基于算子分裂求解三维动量方程，具体数值离散方案为：采用半隐差分方法[1]

离散自由水面梯度和动水压力梯度项；采用点式ELM[33]求解对流项；使用全隐方法离散垂向扩散项；采用部分变量隐式方法计算水面(床面)边界条件中的风应力(河床阻力)；采用显式差分法计算控制方程中的其他项。

1．水平法向动量方程的离散

采用半隐式差分法计算水位梯度、动水压强梯度时的稳定性，分别取决于快速表面重力波、动压内波的特征。因而分别使用 θ_1、θ_2 作为水位梯度、动水压强梯度项半隐式差分离散的隐式因子，以满足各项求解的稳定性对隐式因子的不同要求。在无结构网格单元边的局部坐标系上，水平法向动量方程式(6.3a)的离散形式为 $(k=M, M-1,\cdots, m)$

$$
\begin{aligned}
&-\frac{\Delta t(K_{\mathrm{mv}})_{j,k+1/2}}{\Delta z^n_{j,k+1/2}}u^{n+1}_{j,k+1}+\left[\Delta z^n_{j,k}+\frac{\Delta t(K_{\mathrm{mv}})_{j,k+1/2}}{\Delta z^n_{j,k+1/2}}+\frac{\Delta t(K_{mv})_{j,k-1/2}}{\Delta z^n_{j,k-1/2}}\right]u^{n+1}_{j,k}-\frac{\Delta t(K_{\mathrm{mv}})_{j,k-1/2}}{\Delta z^n_{j,k-1/2}}u^{n+1}_{j,k-1}\\
&=\Delta z^n_{j,k}u^n_{\mathrm{bt}\,j,k}+\Delta z^n_{j,k}\Delta t f_j v^n_{\mathrm{bt}\,j,k}-\Delta z^n_{j,k}\Delta t g\left[(1-\theta_1)\frac{\eta^n_{i(j,2)}-\eta^n_{i(j,1)}}{\delta_j}+\theta_1\frac{\eta^{n+1}_{i(j,2)}-\eta^{n+1}_{i(j,1)}}{\delta_j}\right]\\
&-\frac{\Delta z^n_{j,k}\Delta t g}{\rho_0\delta_j}\left[\sum_{l=k}^{M_j}\Delta z_{j,l}(\rho^n_{i(j,2),l}-\rho^n_{i(j,1),l})-\frac{\Delta z_{j,k}}{2}(\rho^n_{i(j,2),k}-\rho^n_{i(j,1),k})\right]\\
&-\Delta z^n_{j,k}\Delta t\left[(1-\theta_2)\frac{q^n_{i(j,2),k}-q^n_{i(j,1),k}}{\delta_j}+\theta_2\frac{q^{n+1}_{i(j,2),k}-q^{n+1}_{i(j,1),k}}{\delta_j}\right]+\Delta z^n_{j,k}\Delta t\left[K_{\mathrm{mh}}\left(\frac{\partial^2 u}{\partial x^2}+\frac{\partial^2 u}{\partial y^2}\right)\right]^n_{j,k}
\end{aligned}
\tag{6.31}
$$

式中，u_{bt}、v_{bt} 为使用点式ELM显式求解对流项后得到的中间解。

在水面，由式(6.12)和式(1.14a)可得风应力边界条件计算式：

$$
K_{\mathrm{mv}}\left.\frac{\partial u}{\partial z}\right|_{\mathrm{s}}=C_{\mathrm{D}}\left|W\right|(W_n-u_M)\frac{\rho_{\mathrm{a}}}{\rho_0}
\tag{6.32}
$$

代入离散的风应力边界条件，式(6.31)左边变为 $(k=M)$

$$
0\times u^{n+1}_{j,k+1}+\left(\Delta z^n_{j,k}+0+\frac{\Delta t(K_{\mathrm{mv}})_{j,k-1/2}}{\Delta z^n_{j,k-1/2}}\right)u^{n+1}_{j,k}-\frac{\Delta t(K_{\mathrm{mv}})_{j,k-1/2}}{\Delta z^n_{j,k-1/2}}u^{n+1}_{j,k-1}
\tag{6.33}
$$

与式(6.33)中两项设零相对应，在式(6.31)右边加上 $\Delta t C_{\mathrm{D}}|W|(W_n-u_M)\rho_a/\rho_0$，并使用 $u_{\mathrm{bt},M}$ 代替其中的 u_M 来考虑对流作用的影响，以增强计算的稳定性。

在河床表面，由式(6.13)和式(1.15a)可得河床阻力边界条件计算式：

$$
K_{\mathrm{mv}}\left.\frac{\partial u}{\partial z}\right|_{\mathrm{b}}=C_{\mathrm{d}}\left|\sqrt{u_m^2+v_m^2}\right|u_m
\tag{6.34}
$$

式中，使用 $u_{\mathrm{bt},m}$、$v_{\mathrm{bt},m}$ 计算“|⋯|”内的合流速，以考虑对流作用的影响；同时，使用底层待求流速 u^{n+1} 代表式中其他的流速变量，以增强计算的稳定性。如此处理，式(6.31)右边无变化，在方程左边进行“1 项设零 1 项替换”($k = m$)，如下：

$$-\frac{\Delta t(K_{\mathrm{mv}})_{j,k+1/2}}{\Delta z^n_{j,k+1/2}}u^{n+1}_{j,k+1}+\left(\Delta z^n_{j,k}+\frac{\Delta t(K_{\mathrm{mv}})_{j,k+1/2}}{\Delta z^n_{j,k+1/2}}+\Delta t C_{\mathrm{d}}\left|\sqrt{u^2_{bt,m}+v^2_{bt,m}}\right|\right)u^{n+1}_{j,k}-0\times u^{n+1}_{j,k-1}\quad(6.35)$$

在水平无结构网格每条边中点的垂线上，按式(6.31)写出每个垂向单元($k = M, M-1,\cdots, m$)的离散方程，并应用水面、床面边界条件，可形成一个关于水平法向流速的线性方程组。它具有对称正定的三对角矩阵，可使用追赶法直接求解。而且，每条边中点的垂线所对应的方程组的构造与求解，是互相独立和可并行的。

2. 水平切向动量方程的离散

在无结构网格单元边局部坐标系上，水平切向动量方程式(6.3b)的离散方法与水平法向动量方程式(6.3a)类似，离散方程为($k = M, M-1,\cdots, m$)

$$\begin{aligned}
&-\frac{\Delta t(K_{\mathrm{mv}})_{j,k+1/2}}{\Delta z^n_{j,k+1/2}}v^{n+1}_{j,k+1}+\left[\Delta z^n_{j,k}+\frac{\Delta t(K_{\mathrm{mv}})_{j,k+1/2}}{\Delta z^n_{j,k+1/2}}+\frac{\Delta t(K_{\mathrm{mv}})_{j,k-1/2}}{\Delta z^n_{j,k-1/2}}\right]v^{n+1}_{j,k}-\frac{\Delta t(K_{\mathrm{mv}})_{j,k-1/2}}{\Delta z^n_{j,k-1/2}}v^{n+1}_{j,k-1}\\
&=\Delta z^n_{j,k}v_{\mathrm{bt}\,j,k}^{\ n}-\Delta z^n_{j,k}\Delta t f_j u_{\mathrm{bt}\,j,k}^{\ n}-\Delta z^n_{j,k}\Delta t g\left[(1-\theta_1)\frac{\eta^n_{ip(j,2)}-\eta^n_{ip(j,1)}}{L_j}+\theta_1\frac{\eta^{n+1}_{ip(j,2)}-\eta^{n+1}_{ip(j,1)}}{L_j}\right]\\
&-\frac{\Delta z^n_{j,k}\Delta t g}{\rho_0 L_j}\left[\sum_{l=k}^{M_j}\Delta z_{j,l}(\rho^n_{ip(j,2),l}-\rho^n_{ip(j,1),l})-\frac{\Delta z_{j,k}}{2}(\rho^n_{ip(j,2),k}-\rho^n_{ip(j,1),k})\right]\\
&-\Delta z^n_{j,k}\Delta t\left[(1-\theta_2)\frac{q^n_{ip(j,2),k}-q^n_{ip(j,1),k}}{L_j}+\theta_2\frac{q^{n+1}_{ip(j,2),k}-q^{n+1}_{ip(j,1),k}}{L_j}\right]+\Delta z^n_{j,k}\Delta t\left[K_{\mathrm{mh}}\left(\frac{\partial^2 v}{\partial x^2}+\frac{\partial^2 v}{\partial y^2}\right)\right]^n_{j,k}
\end{aligned}\quad(6.36)$$

式中，水面、床面边界条件的加载方法可参考水平法向动量方程数值离散。

在 C-D 网格变量布置方式下，求解水平切向动量方程需使用节点变量(η、ρ、q 等)计算边切向的水平压力梯度。节点变量不是当前模型的控制变量，因而需要构造位于节点的辅助变量，变量插值方法与式(4.6)类似。

在边中点垂线上从河底到水面的不同高度 z 处，水平法向和切向动量方程的垂向扩散系数 K_{mv} 是相同的，因而由这两个水平方向动量方程中的垂向扩散项离散所得到的三对角矩阵也是完全相同的，这使得这两个三对角矩阵只需要构造一次，从而节省了计算量。因此，相对于不求解水平切向动量方程的 C 网格三维水动力模型，C-D 网格三维水动力模型在提高计算精度的同时增加的计算量并不多。

3．垂向动量方程的离散

因为控制变量 u、v 和 w 布置在不同的空间位置，所以垂向动量方程式(6.3c)的离散与水平动量方程略有不同。首先，需要将位于水平网格的边中点垂线上垂向单元界面处的涡粘性系数，插值到水平网格单元中心垂线上的垂向单元中心处，使 K_{mv} 与 w 在同一垂线上呈现为空间交错排列。然后，仿照水平动量方程的离散方法，垂向动量方程的离散方程为($k=M+1/2, M-1/2,\cdots, m+1/2$)

$$
\begin{aligned}
&-\frac{\Delta t(K_{\mathrm{mv}})_{i,k+1}}{\Delta z_{i,k+1}^{n}}w_{i,k+3/2}^{n+1}+\left[\Delta z_{i,k+1/2}^{n}+\frac{\Delta t(K_{\mathrm{mv}})_{i,k+1}}{\Delta z_{i,k+1}^{n}}+\frac{\Delta t(K_{\mathrm{mv}})_{i,k}}{\Delta z_{i,k}^{n}}\right]w_{i,k+1/2}^{n+1}-\frac{\Delta t(K_{\mathrm{mv}})_{i,k}}{\Delta z_{i,k}^{n}}w_{i,k-1/2}^{n+1}\\
&=\Delta z_{i,k+1/2}^{n}w_{\mathrm{bt}i,k+1/2}^{n}-(1-\theta_2)\Delta t(q_{i,k+1}^{n}-q_{i,k}^{n})-\theta_2\Delta t(q_{i,k+1}^{n+1}-q_{i,k}^{n+1})\\
&\quad+\Delta z_{i,k+1/2}^{n}\Delta t\left[K_{\mathrm{mh}}\left(\frac{\partial^2 w}{\partial x^2}+\frac{\partial^2 w}{\partial y^2}\right)\right]_{i,k+1/2}^{n}
\end{aligned}
\tag{6.37}
$$

4．求解对流项的三维点式 ELM

考虑到三维空间中流向变化和流场非均匀性，三维点式 ELM[5]一般也采用多步欧拉法执行质点运动的逆向追踪(回溯)，以保证轨迹线的计算精度。相对于水平网格上的二维点式 ELM，三维点式 ELM 的逆向追踪增加了一个维度，但执行方法类似。先将 Δt 等分为 N 个片段，即每一个分步回溯计算的时间步长 $\Delta\tau=\Delta t/N$。

地表水流中，水平流动一般是占主导的流动。因此，质点追踪的起始点尽量选在控制变量 u、v 所在的位置，以避免再次插值影响 u、v 追踪结果的精度。从 t_{n+1} 时刻的已知位置向 t_n 时刻的未知位置进行逆向追踪，去寻找质点在 t_n 时刻的分离点。在回溯的每个分步，质点位移为 $\Delta\vec{x}=\vec{u}\,\Delta t/N$，式中 $\vec{u}=(u, v, w)$ 是分步起点的流速。三维追踪的各个分步均需要三维数值解。从已知的追踪点出发，一个分步的回溯可分为两步执行(图 6.3)：先使用 u、v 计算水平位移，并确定待求追踪点在水平面上的位置，据此搜索它所处的水平网格单元的编号；然后，使用 w 计算垂向位移并确定待求追踪点的垂向位置，据此确定它所处的垂向网格的编号。当获得一个追踪点后，基于 t_n 时刻的已知空间流场，使用“水平双线性(或面积权重)插值+垂向线性插值”组合获得追踪点的流速矢量。接下来，转入下一追踪点的搜索。

一旦完成了所有时间片段的追踪并获得了质点在 t_n 时刻分离点的位置，就可以通过插值得到质点在 t_n 时刻的运动状态，记作 u_{bt}、v_{bt} 和 w_{bt}。将单元侧面的流速直接更新为 u_{bt}、v_{bt}，并将单元顶面和底面的流速更新为 w_{bt}(需插值)，即标志着对流项求解完成。多步欧拉法点式 ELM 需要在每个中间追踪点进行变量插值，当被插值变量(例如流速)作为下一分步追踪的控制因子时，插值计算的准确性不仅关系到被插值变量自身的计算精度，而且还影响质点运动轨迹线的追踪计算精度。

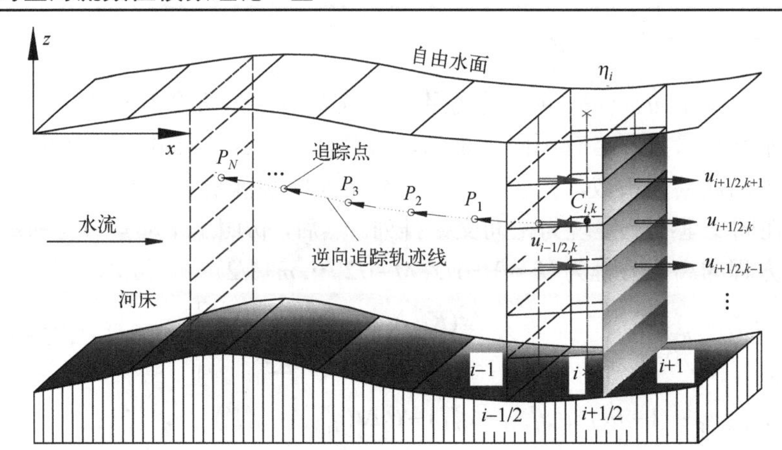

图 6.3　空间内 ELM 单元侧向界面的逆向追踪场景(使用剖面二维情况示意)

有些三维模型(例如 Elcirc[5])在河床表面采用滑移条件，它们令垂向网格底层单元的底面($k=m-1/2$)的水平流速分量 u、v 等于底层单元的中心($k=m$)的流速值，即 $u_{m-1/2}=u_m$，$v_{m-1/2}=v_m$。在底层垂向单元中心质点的追踪过程中，当追踪点落在 $k=m$ 高度以下时，基于 $u_{m-1/2}$ 和 $u_{m+1/2}$ 进行线性插值所得的结果可能大于 u_m，这是不符合实际的。而且，底层垂向单元中心的 $u_{\mathrm{bt},m}$、$v_{\mathrm{bt},m}$ 是用于计算床面阻力的关键变量。可采取的权宜之计是，假定近底水层水平流速在垂线上服从对数分布，对落在 $k=m$ 高度以下的追踪点，使用对数插值方法[34]进行插值，以保证 $u_{\mathrm{bt},m}<u_m$、$v_{\mathrm{bt},m}<v_m$。需指出，近河底水层是紊动最强烈的区域，流速分布规律非常复杂，基于对数插值的计算结果在多大程度上接近真实情况，亦有待进一步研究。

5．水平扩散项的计算

在动量方程中水平扩散项与其他项相比一般为小量，时常为了增强模型稳定性而保留。其计算包括水平扩散系数 K_{mh} 和流速二次偏导数两个方面：可采用式(6.30)计算 K_{mh}，同时，可采用较简单的 FDM 显式计算流速的二次偏导数。如图 6.4，一条边 AB(边的两个节点为 A、B，中点为 C)，边 AB 两侧单元的代表点分别为 M、N。假定：由 $M\rightarrow N$ 为边的原始法向，则由 $B\rightarrow A$ 为边的切向正方向。在水平无结构网格的边的局部坐标系下，水平扩散项中 u 的二次偏导数可离散为

$$\left.\frac{\partial^2 u}{\partial y^2}\right|_{\mathrm{C}}=\frac{u_{\mathrm{A}}+u_{\mathrm{B}}-2u_{\mathrm{C}}}{0.25L_{\mathrm{AB}}},\quad \left.\frac{\partial^2 u}{\partial x^2}\right|_{\mathrm{C}}=\frac{u_{\mathrm{M}}+u_{\mathrm{N}}-2u_{\mathrm{C}}}{0.25\delta_{\mathrm{MN}}} \tag{6.38}$$

6．动量方程离散的小结

当使用半隐方法时，动量方程的离散方程同时含有水位与动水压力梯度项的显式和隐式离散部分。水位梯度项的隐式离散部分与自由水面方程进行耦合，求出 η；

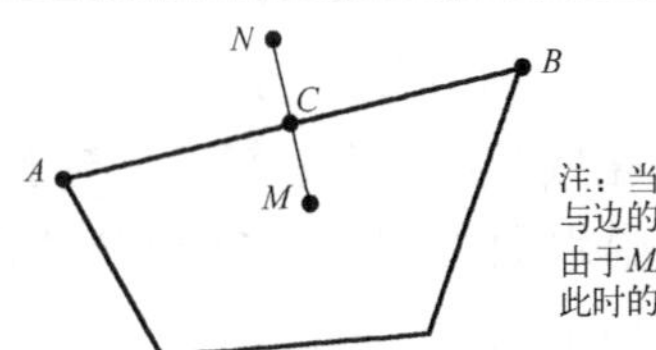

图 6.4　水平扩散项中二次偏导数计算的示意图

动水压力梯度项的隐式离散部分与三维连续性方程进行耦合，求出 q。显式离散项一般在耦合之前预先计算出来，对它们进行合并整理，可得动量方程离散式：

$$\boldsymbol{A}_j^n\boldsymbol{U}_j^{n+1}=G_j^n-(\Delta t/\delta_j)\theta_1 g(\eta_{i(j,2)}^{n+1}-\eta_{i(j,1)}^{n+1})\Delta\boldsymbol{Z}_j^n-(\Delta t/\delta_j)\theta_2\Delta Q_x^{n+1}\Delta\boldsymbol{Z}_j^n \tag{6.39a}$$

$$\boldsymbol{A}_j^n\boldsymbol{V}_j^{n+1}=F_j^n-(\Delta t/L_j)\theta_1 g(\eta_{ip(j,2)}^{n+1}-\eta_{ip(j,1)}^{n+1})\Delta\boldsymbol{Z}_j^n-(\Delta t/L_j)\theta_2\Delta Q_y^{n+1}\Delta\boldsymbol{Z}_j^n \tag{6.39b}$$

$$\boldsymbol{B}_i^n\boldsymbol{W}_i^{n+1}=E_i^n-\theta_2\Delta t\Delta Q_z^{n+1} \tag{6.39c}$$

式中，$\boldsymbol{U}_j^{n+1}=\begin{bmatrix}u_{j,M_j}^{n+1}\\ \cdots\\ u_{j,m_j}^{n+1}\end{bmatrix}$，$\boldsymbol{V}_j^{n+1}=\begin{bmatrix}v_{j,M_j}^{n+1}\\ \cdots\\ v_{j,m_j}^{n+1}\end{bmatrix}$，$\boldsymbol{W}_i^{n+1}=\begin{bmatrix}w_{i,M_j+1/2}^{n+1}\\ \cdots\\ w_{i,m_j-1/2}^{n+1}\end{bmatrix}$，$\Delta\boldsymbol{Z}_j^n=\begin{bmatrix}\Delta z_{j,M_j}^n\\ \cdots\\ \Delta z_{j,m_j}^n\end{bmatrix}$；水平法向、切向动量方程的离散方程具有相同的系数矩阵(用 $\boldsymbol{A}_j$ 表示)，垂向动量方程对应的系数矩阵表示为 $\boldsymbol{B}_i$；G_j^n、F_j^n、E_i^n 分别是 x、y、z 方向动量方程显式离散项之和；ΔQ_x^{n+1}、ΔQ_y^{n+1} 为关于动水压强水平差异的一对角矩阵；ΔQ_z^{n+1} 为关于动水压强垂向差异的向量。

对应于算子分裂，水动力模型分步求解的思路为：先计算显式离散项获得中间解，在此基础上依次进行 u-η 耦合(简称静压耦合步)和 u-q 耦合(简称动压耦合步)计算，进而求解整个水流控制方程。这两个耦合步的计算流程如下。

6.2.3　静压耦合步计算

在静压耦合步，忽略式(6.39a)～式(6.39c)中动水压力梯度项的隐式离散部分，因而算出的流速和水位均为中间解，这里使用“～”标识，例如 $\tilde{u}^{n+1}$、$\tilde{v}^{n+1}$、$\tilde{w}^{n+1}$ 和 $\tilde{\eta}^{n+1}$。去掉动水压力梯度项隐式离散部分后，动量方程缩减为静压校正关系：

$$\tilde{\boldsymbol{U}}_j^{n+1}=[A_j^n]^{-1}G_j^n-\theta_1 g\Delta t\frac{\tilde{\eta}_{i(j,2)}^{n+1}-\tilde{\eta}_{i(j,1)}^{n+1}}{\delta_j}[\boldsymbol{A}_j^n]^{-1}\Delta\boldsymbol{Z}_j^n \tag{6.40a}$$

$$\tilde{\boldsymbol{V}}_j^{n+1}=[A_j^n]^{-1}F_j^n-\theta_1 g\Delta t\frac{\tilde{\eta}_{ip(j,2)}^{n+1}-\tilde{\eta}_{ip(j,1)}^{n+1}}{L_j}[\boldsymbol{A}_j^n]^{-1}\Delta\boldsymbol{Z}_j^n \tag{6.40b}$$

$$\tilde{\boldsymbol{W}}_i^{n+1}=[\boldsymbol{B}_i^n]^{-1}E_i^n \tag{6.40c}$$

假定 η 在单元 i 内均匀分布，将自由水面方程式(6.11)对单元 i 面域进行时空积分，并利用高斯-格林公式将面积分转化成为线积分；然后，与水平动量方程中水位梯度项相对应，采用 θ 方法离散自由水面方程。时空积分和离散过程可参考式(4.9a)～式(4.9c)。离散方程为(为对应的变量/向量添加“～”来表示中间解)

$$P_i\tilde{\eta}_i^{n+1} = P_i\eta_i^n - \theta_1\Delta t\sum_{l=1}^{i34(i)} s_{i,l}L_{j(i,l)}[\Delta \boldsymbol{Z}_{j(i,l)}^n]^{\mathrm{T}}\tilde{\boldsymbol{U}}_{j(i,l)}^{n+1} - (1-\theta_1)\Delta t\sum_{l=1}^{i34(i)} s_{i,l}L_{j(i,l)}[\Delta \boldsymbol{Z}_{j(i,l)}^n]^{\mathrm{T}}\boldsymbol{U}_{j(i,l)}^n \tag{6.41}$$

将式(6.40a)代入自由水面方程的离散方程中实施 u-η 耦合，得到一个描述水流传播的代数方程。利用无结构网格的拓扑关系去掉方向函数(参考第 4.1.3 节方法)，即可推得关于棱柱 i 的静压耦合方程：

$$\begin{aligned} &P_i\tilde{\eta}_i^{n+1} + g\theta_1^2\Delta t^2\sum_{l=1}^{i34(i)}\frac{L_{j(i,l)}}{\delta_{j(i,l)}}[\Delta \boldsymbol{Z}_{j(i,l)}^n]^{\mathrm{T}}[\boldsymbol{A}_{j(i,l)}^n]^{-1}\Delta \boldsymbol{Z}_{j(i,l)}^n[\tilde{\eta}_i^{n+1} - \tilde{\eta}_{ic(i,l)}^{n+1}] \\ &= P_i\eta_i^n - \theta_1\Delta t\sum_{l=1}^{i34(i)} s_{i,l}L_{j(i,l)}[\Delta \boldsymbol{Z}_{j(i,l)}^n]^{\mathrm{T}}[\boldsymbol{A}_{j(i,l)}^n]^{-1}G_{j(i,l)}^n - (1-\theta_1)\Delta t\sum_{l=1}^{i34(i)} s_{i,l}L_{j(i,l)}[\Delta \boldsymbol{Z}_{j(i,l)}^n]^{\mathrm{T}}\boldsymbol{U}_{j(i,l)}^n \end{aligned} \tag{6.42}$$

按照式(6.42)写出 $i = 1, 2,\cdots, ne$ 共计 ne 个棱柱的静压耦合代数方程，它们构成一个关于 $\tilde{\eta}^{n+1}$ 的线性方程组。这个静压耦合方程组描述了棱柱各水层与相邻棱柱各水层之间的水量交换。在水平无结构网格条件下，代数方程组具有一个对称正定且对角占优的稀疏矩阵(在结构网格条件下为对称正定的五对角矩阵[35])。因此，该代数方程组具有唯一解，可采用预处理共轭梯度法(PCG)进行迭代求解。

需注意的是，在执行静压耦合并求解 $\tilde{\eta}^{n+1}$ 的过程中，并不需要切向动量方程的介入。在求得水平网格单元中心 $\tilde{\eta}^{n+1}$ 之后，可插值获得节点水位。将这些水位回代到静压校正关系式(6.40a)～式(6.40b)，可得到各水层的流速中间解 $\tilde{u}^{n+1}$、$\tilde{v}^{n+1}$。

本节三维非静压水动力模型亦可作为静压模型使用。当作为静压模型使用时，模型不需计算垂向动量方程，也不继续开展后续的动压耦合步计算，而是将在静压耦合步解出的 $\tilde{\eta}^{n+1}$ 和 $\tilde{u}^{n+1}$、$\tilde{v}^{n+1}$ 作为最终计算结果，并根据连续性方程式(6.4)的离散式算出垂向流速。垂向流速的计算式为(该方法可严格保证质量守恒)

$$\tilde{w}_{i,k+1/2}^{n+1} = \tilde{w}_{i,k-1/2}^{n+1} - \frac{1}{P_i}\sum_{l=1}^{i34(i)} s_{i,l}L_{j(i,l)}\Delta z_{j(i,l),k}^{n+1}\tilde{u}_{j(i,l),k}^{n+1} \tag{6.43}$$

式中，在当作静压模型使用时，中间解就是最终结果，可将式中所有“～”去掉。

在作为三维非静压水动力模型使用时，则需要使用式(6.40c)计算垂向动量方程并获得中间解 $\tilde{w}^{n+1}$，并进一步开展后续的动压耦合步计算。

6.2.4　动压耦合步计算

1．动压耦合的基础方程与分析

静压耦合步计算已求出 t_{n+1} 时刻的流速中间解(静压解) $\tilde{u}^{n+1}$、$\tilde{v}^{n+1}$、$\tilde{w}^{n+1}$。将这些中间解代入式(6.39a)～式(6.39c)之后，动量方程的离散可以改写为

$$u_{j,k}^{n+1}=\tilde{u}_{j,k}^{n+1}-\theta_2\Delta t\frac{q_{i(j,2),k}^{n+1}-q_{i(j,1),k}^{n+1}}{\delta_j} \tag{6.44a}$$

$$v_{j,k}^{n+1}=\tilde{v}_{j,k}^{n+1}-\theta_2\Delta t\frac{q_{ip(j,2),k}^{n+1}-q_{ip(j,1),k}^{n+1}}{L_j} \tag{6.44b}$$

$$w_{i,k+1/2}^{n+1}=\tilde{w}_{i,k+1/2}^{n+1}-\theta_2\Delta t\frac{q_{i,k+1}^{n+1}-q_{i,k}^{n+1}}{\Delta z_{i,k+1/2}^{n}} \tag{6.44c}$$

式(6.44a)～式(6.44c)描述了 t_{n+1} 时刻的流速、流速静压解、动水压力梯度项隐式离散部分这三者之间的连接关系，统称为动压校正关系。对水域中的各个水层，三维连续性方程式(6.4)的 FVM 离散方程为($k=m, m+1,\cdots, M$)

$$\sum_{l=1}^{i34(i)}s_{i,l}L_{j(i,l)}\Delta z_{j(i,l),k}^{n}u_{j(i,l),k}^{n+1}+P_i(w_{i,k+1/2}^{n+1}-w_{i,k-1/2}^{n+1})=0 \tag{6.45}$$

对于表层以下的各层($k=m,\ m+1,\cdots,\ M-1$)，垂向单元厚度是固定不变的，式(6.45)使用显式变量 Δz^n 是符合实际的。但在水面层($k=M$)，式(6.45)仍使用 Δz^n 则无法虑及由水面变动所引起的表层垂向单元厚度变化，它在描述表层水流时只是一种近似。可通过如下方法获得考虑自由水面变动影响的连续性方程离散式。

使用最终解 η^{n+1} 代替临时解 $\tilde{\eta}^{n+1}$，式(6.11)的半隐方法离散为

$$\begin{aligned}P_i\eta_i^{n+1}=P_i\eta_i^{n}&-\theta_1\Delta t\sum_{l=1}^{i34(i)}\left[s_{i,l}L_{j(i,l)}\sum_{k=m}^{M}\Delta z_{j(i,l),k}^{n}u_{j(i,l),k}^{n+1}\right]\\&-(1-\theta_1)\Delta t\sum_{l=1}^{i34(i)}\left[s_{i,l}L_{j(i,l)}\sum_{k=m}^{M}\Delta z_{j(i,l),k}^{n}u_{j(i,l),k}^{n}\right]\end{aligned} \tag{6.46}$$

令底面 $w_{i,m-1/2}^{n+1}=0$，并将表层以下各层($k=m,\ m+1,\cdots,\ M-1$)连续性方程的离散式(6.45)代入式(6.46)，得到能反映水面变动的连续性方程式($k=M$)

$$\begin{aligned}P_i\eta_i^{n+1}=P_i\eta_i^{n}&-\theta_1\Delta t\sum_{l=1}^{i34(i)}[s_{i,l}L_{j(i,l)}\Delta z_{j(i,l),M}^{n}u_{j(i,l),M}^{n+1}]+\theta_1\Delta tP_iw_{i,M-1/2}^{n+1}\\&-(1-\theta_1)\Delta t\sum_{l=1}^{i34(i)}\left[s_{i,l}L_{j(i,l)}\sum_{k=m}^{M}\Delta z_{j(i,l),k}^{n}u_{j(i,l),k}^{n}\right]\end{aligned} \tag{6.47}$$

在动压耦合步，将式(6.44a)，式(6.44c)所描述的动压校正关系代入连续性方程

(或其衍生方程)之中实施 u-q 耦合，形成一个关于 q 的代数方程组。在求解该方程组时，处理床面动压边界是比较简单的(一般令 q 的垂向梯度为 0)，难点在于处理水面动压边界。垂向交错网格三维非静压水动力模型，通常将控制变量 q 定义在垂向单元中心，因而难以精确使用水−气交界面 $q=0$ 这一条件。通常的做法是，假定垂向网格表层服从静压假定(即表层 $q=0$)，以简化自由表面动水压力边界处理。

基于表层静压假定的水面动压边界处理方法包括两类：第一类直接在垂向网格表层应用 Dirichlet 边界条件并令 $q_M=0$，不考虑动水压力对自由水面变动的影响[35-39]；第二类在垂向网格表层应用静压假定，但在计算过程中先假定 $q_M \neq 0$ 并使用 u-q 耦合解出的 q_M 来校正水面高度，以考虑动水压力对水面的影响[1, 40]。

2．直接令 $q_M=0$ 的处理方法

在垂向网格表层应用 Dirichlet 边界条件 $q_M=0$ 后，由于 q_M 已知，表层单元的 u-q 耦合就不存在了。将式(6.44a)、式(6.44c)中 $u_{j,k}^{n+1}$、$w_{j,k}^{n+1}$ 的表达式代入式(6.45)，并使用无结构网格拓扑关系进行化简，可得动压耦合方程($k=m, m+1,\cdots, M-1$)：

$$\theta_1\theta_2\Delta t^2\left[\sum_{l=1}^{i34(i)} L_{j(i,l)}\Delta z_{j(i,l),k}^n \frac{\tilde{q}_{i,k}^{n+1}-\tilde{q}_{ic(i,l),k}^{n+1}}{\delta_{j(i,l)}}+P_i\left(\frac{\tilde{q}_{i,k}^{n+1}-\tilde{q}_{i,k+1}^{n+1}}{\Delta z_{i,k+1/2}^n}+\frac{\tilde{q}_{i,k}^{n+1}-\tilde{q}_{i,k-1}^{n+1}}{\Delta z_{i,k-1/2}^n}\right)\right]$$

$$=\theta_1\Delta t P_i(\tilde{w}_{i,k-1/2}^{n+1}-\tilde{w}_{i,k+1/2}^{n+1})-\theta_1\Delta t\sum_{l=1}^{i34(i)} s_{i,l}L_{j(i,l)}\Delta z_{j(i,l),k}^n\tilde{u}_{j(i,l),k}^{n+1} \tag{6.48}$$

按照式(6.48)写出 $i=1, 2,\cdots, ne$ 和 $k=m, m+1,\cdots, M-1$ 每个三维单元的动压耦合代数方程，它们构成一个关于 q 的代数方程组，维度为 $ne\times(M-m)$。相对于静压耦合，动压耦合的单元连接由平面扩展到了三维空间，它描述了单元 i 与其相邻的 $i34+2$ 个单元(在表层、底层则只有 $i34+1$ 个)之间的动水压力耦合关系。在一个 Δt 内，方程组系数矩阵是不变的，使方程组是线性的。矩阵的主对角对应单元 i 并为正，同时非主对角对应单元 i 的邻单元且均为非正。在水平无结构网格条件下，方程组具有一个对称正定且对角占优的稀疏矩阵(在结构网格条件下为对称正定的七对角矩阵[35])。因此，该代数方程组具有唯一解，可采用 PCG 进行迭代求解。

由上述推导过程可知，在构造动压耦合方程时，并不使用切向动压校正关系式(6.44b)。在求得 t_{n+1} 时刻单元中心的 $\tilde{q}^{n+1}$ 之后，可通过空间插值获得各个网格层各个节点的动水压强。将这些动水压强代入式(6.44a)、式(6.44b)，可计算出最终的水平流速；然后，选择使用连续性方程或垂向动量方程(任选其一)，计算垂向流速。

上述 u-q 耦合解法，未考虑动水压力隐式离散部分对水面变动的影响，也没有包含和求解表层动水压力的作用，该方法相当于求解了一个不充分的 u-q 耦合问题。该方法中，在静压耦合步中求得的中间解 $\tilde{\eta}^{n+1}$ 被当作最终水位，与之对应，使用式(6.48)求得的 $\tilde{q}^{n+1}$ 也是最终解，这可能引起一定的精度损失。

3．Casulli 和 Zanolli 的方法[1]

文献[1]先假定垂向网格表层的临时动水压强 $\tilde{q}_{i,M}^{n+1}$ 不为零，并构造和求解关于它的代数方程组；然后，解出的非零表层动水压力，被消耗于校正水面高度及表层以下各水层的动水压力，同时自身转化为零。文献[1]采用的垂向网格表层静压假定的具体形式为

$$p_{i,M}^{n+1}=g(\eta_i^{n+1}-z_M)=g(\tilde{\eta}_i^{n+1}-z_M)+\tilde{q}_{i,M}^{n+1} \tag{6.49}$$

式中，z_M 为垂向网格表层单元中心高程。在使用表层动水压强校正之前，各层的动水压强均为中间解，因而给被校正之前的 q 添加“～”以示区别。

由此可知 $P_i\eta_i^{n+1}=P_i\tilde{q}_{i,M}^{n+1}/g+P_i\tilde{\eta}_i^{n+1}$，将它代入表层单元连续性方程式(6.47)得

$$\begin{aligned}P_i\tilde{q}_{i,M}^{n+1}/g=&P_i(\eta_i^n-\tilde{\eta}_i^{n+1})-\theta_1\Delta t\sum_{l=1}^{i34(i)}[s_{i,l}L_{j(i,l)}\Delta z_{j(i,l),M}^n u_{j(i,l),M}^{n+1}]+\theta_1\Delta tP_i w_{i,M-1/2}^{n+1}\\&-(1-\theta_1)\Delta t\sum_{l=1}^{i34(i)}\left[s_{i,l}L_{j(i,l)}\sum_{k=m}^{M}\Delta z_{j(i,l),k}^n u_{j(i,l),k}^n\right]\end{aligned} \tag{6.50}$$

将式(6.44a)、式(6.44c)中 $u_{j,k}^{n+1}$、$w_{j,k}^{n+1}$ 的表达式代入式(6.50)，并使用无结构网格拓扑关系进行化简，可得到垂向网格表层单元动压耦合方程($k=M$)

$$\begin{aligned}&\theta_1\theta_2\Delta t^2\left[\sum_{l=1}^{i34(i)}L_{j(i,l)}\Delta z_{j(i,l),M}^n\frac{\tilde{q}_{i,M}^{n+1}-\tilde{q}_{ic(i,l),M}^{n+1}}{\delta_{j(i,l)}}+P_i\frac{\tilde{q}_{i,M}^{n+1}-\tilde{q}_{i,M-1}^{n+1}}{\Delta z_{i,M-1/2}^n}\right]+\frac{P_i}{g}\tilde{q}_{i,M}^{n+1}\\&=\theta_1\Delta tP_i\tilde{w}_{i,M-1/2}^{n+1}-\theta_1\Delta t\sum_{l=1}^{i34(i)}s_{i,l}L_{j(i,l)}\Delta z_{j(i,l),M}^n\tilde{u}_{j(i,l),M}^{n+1}+P_i(\eta_i^n-\tilde{\eta}_i^{n+1})\\&\quad-(1-\theta_1)\Delta t\sum_{l=1}^{i34(i)}\left[s_{i,l}L_{j(i,l)}\sum_{k=m}^{M}\Delta z_{j(i,l),k}^n u_{j(i,l),k}^n\right]\end{aligned} \tag{6.51}$$

使用式(6.48)与式(6.51)，可写出 $i=1,2,\cdots,ne$ 和 $k=m,m+1,\cdots,M$ 每个单元的动压耦合方程。所形成的 $ne\times(M-m+1)$ 维代数方程组，与前述“直接令 $q_M=0$ 的方法”的代数方程组具有相同的性质(对称正定矩阵)，可使用 PCG 迭代求解。求解这个代数方程组，可获得 t_{n+1} 时刻的动水压强的中间解 $\tilde{q}^{n+1}$。

然后借助式(6.49)来校正自由水面的高度，计算式如下：

$$\eta_i^{n+1}=\tilde{\eta}_i^{n+1}+\tilde{q}_{i,M}^{n+1}/g \tag{6.52}$$

对于垂向各层，总压力具有 $p_{i,k}^{n+1}=g(\tilde{\eta}_i^{n+1}-z_k)+\tilde{q}_{i,k}^{n+1}$ 和 $p_{i,k}^{n+1}=g(\eta_i^{n+1}-z_k)+q_{i,k}^{n+1}$ 两种表达形式，联立它们可得到垂向各层内单元的动水压强校正公式：

$$q_{i,k}^{n+1}=\tilde{q}_{i,k}^{n+1}-g(\eta_i^{n+1}-\tilde{\eta}_i^{n+1}) \tag{6.53}$$

式(6.52)的校正，使水位的最终解中包含了表层动水压力的影响。在垂向网格表层，式(6.53)的校正，使表层动水压力转化为 0，从而使得垂向网格表层水流最终服从静压假定。经分析，作者认为文献[1]的方法存在如下疑点。

其一，在使用垂向网格表层单元动水压强校正水面高度时，质量守恒要求 $\sum_{i=1}^{ne} P_i(\eta_i^{n+1} - \tilde{\eta}_i^{n+1}) = 0$。应用式(6.52)，质量守恒的要求转化为 $\sum_{i=1}^{ne} P_i(\tilde{q}_{i,M}^{n+1} / g) = 0$。而在理论上，没有任何机制可以保障式(6.52)的计算满足质量守恒的要求。但数值试验表明，这一疑点并未影响模型的正常运行。其二，垂向网格表层单元的动压耦合方程是在表层静压假定的基础上导出的，该方法相对于“直接令 $q_M = 0$”的处理方法在计算结果上有多大改进，还有待进一步研究阐明。

6.2.5 非静压模型的计算流程

压力分裂三维非静压水动力模型的求解分为两步。在静压耦合步，将不计动水压力梯度项隐式离散部分的水平动量方程代入自由水面方程，进行棱柱各个分层水平流速与棱柱自由水面在水平面上的耦合，形成一个关于水位的代数方程组，求解获得水位和三维流场的中间解。在动压耦合步，利用动量方程建立动水压强与流速之间的校正关系，将它代入连续性方程，进行流速与动水压力在三维空间中的耦合，形成一个关于动水压强的代数方程组，求解获得动水压力场，并使用它来校正静压耦合步的中间解。模型先获得一个较接近的“静压”解，然后基于它求解完整的时均 NS 方程，因而计算容易收敛。模型中，半隐差分方法和点式 ELM 的联合使用，消除了快速表面重力波传播、动压内波传播、与对流作用有关的 CFL 稳定条件对计算稳定性的限制，使模型可以使用 $\mathrm{CFL} \gg 1$ 的时间步长；模型采用 FVM 离散自由水面方程和三维连续性方程，可严格保证计算的水量守恒性。

以“直接令 $q_M = 0$”的三维非静压模型为例，它的一个时步的具体计算步骤如下。①从文件读入开边界条件；②采用点式 ELM 计算对流亚方程的解 u_{bt}、v_{bt}、w_{bt}；③使用紊流模型计算紊动扩散系数 K_{mv}、K_{hv}；④在忽略动水压力梯度项隐式离散部分的条件下，联立静压校正关系和自由水面方程构建关于水位的代数方程组，求解获得中间解 $\tilde{\eta}^{n+1}$；⑤将 $\tilde{\eta}^{n+1}$ 回带到静压校正关系，求出水平流速的中间解 $\tilde{u}^{n+1}$、$\tilde{v}^{n+1}$；⑥在忽略动水压力梯度项隐式离散部分的条件下求解垂向动量方程，获得垂向流速的中间解 $\tilde{w}^{n+1}$；⑦使用动量方程建立关于流速和动水压强的动压校正关系，联立它和三维连续性方程构建关于动水压强的代数方程组，求解获得单元动水压强 q^{n+1}；⑧将 q^{n+1} 回带到动压校正关系，显式计算最终的水平流速 u^{n+1}、v^{n+1}，然后使用 u^{n+1}、v^{n+1} 和三维连续性方程的离散式计算垂向流速 w^{n+1}。

6.3 处理自由水面动压的 SCGC 方法

使三维非静压模型具备进行大时空河流数值模拟的能力,关键在于减小计算量。当在垂向网格表层应用静压假定时,模型一般要求使用高分辨率垂向网格(通常需要10～40 个分层)才能保证非静压流动的模拟精度。本节介绍一种处理水面动压边界的 self-calibration ghost-cell(SCGC)方法,它可以消除垂向网格表层的静压假定,并帮助三维非静压模型在低分辨率垂向网格条件下取得精确的计算结果。

6.3.1 水面动压边界处理方法的研究进展

当水流的垂向运动尺度相对水平较显著时,静压假定不再有效,静压水动力模型[2-6]将产生较大的计算误差,应采用非静压模型开展模拟。20 世纪 90 年代以来,非静压模型获得了广泛关注、研发和应用[41-43]。将三维非静压模型应用于大时空河流模拟的主要瓶颈是计算量巨大。已有研究[44]表明,通过合理地处理水面动压边界,非静压模型精准模拟对垂向网格分辨率的依赖可大幅降低,从而达到从本质上减小三维非静压模型计算量的效果。根据控制变量在垂向网格上的布置方式不同,非静压模型可分为垂向同位网格和垂向交错网格模型两种。正如文献[42]指出,出于离散方便和计算稳定的考虑,现存的非静压模型大多采用垂向交错网格。在采用垂向同位网格或垂向交错网格时,处理水面动压边界的方法是不同的,简述如下。

在垂向同位网格非静压模型中,描述动水压力 q 的控制变量常被定义在垂向网格的层面。此时,可精准利用水面 $q=0$ 条件,而无需引入其他假定来处理水面动压边界。例如,这类非静压模型可使用 Keller-box 方法[44]处理水面动压边界,以彻底消除垂向网格表层的静压假定,效果是只需 2～3 层垂向网格即可准确模拟非静压水流。这预示着:消除垂向网格表层静压假定并合理处理水面动压边界,提供了一种在保证非静压水流模拟精度的前提下,大幅降低垂向网格分辨率需求的途径。Keller-box 方法已被广泛用于 FDM 和 FVM 非静压水动力模型[45-48]。

在垂向交错网格非静压模型中,q 通常被定义在垂向单元中心,较难使用“水面 $q=0$ 的条件”来处理水面动压边界。因此,这类非静压模型通常在垂向网格表层使用静压假定,以简化模型架构。Fringer 等[9]指出,在真实河流海洋模拟中,考虑动水压力校正自由水面所带来的精度改进是很小的。当在垂向网格表层使用静压假定时,一般将在静压耦合计算中求得的自由水面作为最终解。然而,不考虑垂向网格表层动水压力的影响会在模拟色散波时引起相位误差[31]。忽略垂向网格表层动水压力影响的非静压模型,通常需使用高分辨率垂向网格(例如 10～40 分层)才能准确地模拟非静压水流和波浪运动[31,44],而这将带来巨大的计算量。

Casulli 和 Zanolli[1]的垂向交错网格非静压模型,使用垂向网格表层中非零的动水压强中间解校正水面高度，以纳入动水压力的影响。但该模型在本质上采用了垂向网格表层静压假定，并基于它导出表层单元的 u-q 耦合方程。Namin 等[39]将自由水面运动学条件与动量、连续性方程耦合在一起进行同步求解，使水面高度成为求解 u-p 耦合方程的解的一个部分。Yuan 和 Wu[31]将垂向动量方程在垂向网格表层的半个单元上进行积分，并将表层压力表达成水面高度和垂向加速度的组合；然后应用自由水面运动学条件，推导得到水面压力条件及其近似方程，从而建立立面二维非静压模型。由于矩阵系统十分复杂(既不是三对角矩阵也不是块带状矩阵)，将这个立面二维模型扩展到它的三维版本十分困难。而且，扩展得到的三维模型[49]的矩阵系统的规模是常规压力泊松方程矩阵系统的四倍，求解难度很大[42]。

由此可见，对于垂向交错网格非静压模型，现存的水面动压边界处理方法一般均较复杂且应用效果不明确。本节将探究这一问题，并提出 SCGC 方法。

6.3.2 处理水面动压边界的 Ghost-cell 方法

1. 表层单元动水压力不为 0 的动压耦合方法

这里探究当垂向网格表层处于非静压状态时三维动压耦合的求解方法。假定水面的最终解 η^{n+1} 等于静压解 $\tilde{\eta}^{n+1}$，可采用如下方法构造表层动压耦合方程。

方法一。将式(6.44a)和式(6.44c)中 $u_{j,k}^{n+1}$、$w_{j,k}^{n+1}$ 的表达式代入表层单元连续性方程式(6.47)中，并使用无结构网格拓扑关系进行化简，可得表层单元动压耦合方程($k=M$)：

$$\begin{aligned}&\theta_1\theta_2\Delta t^2\left[\sum_{l=1}^{i34(i)}L_{j(i,l)}\Delta z_{j(i,l),M}^{n}\frac{q_{i,M}^{n+1}-q_{ic(i,l),M}^{n+1}}{\delta_j}+P_i\frac{q_{i,M}^{n+1}-q_{i,M-1}^{n+1}}{\Delta z_{i,M-1/2}^{n}}\right]\\&=P_i(\eta_i^n-\eta_i^{n+1})+\theta_1\Delta tP_i\tilde{w}_{i,M-1/2}^{n+1}-\theta_1\Delta t\sum_{l=1}^{i34(i)}[s_{i,l}L_{j(i,l)}\Delta z_{j(i,l),M}^{n}\tilde{u}_{j,M}^{n+1}]\\&\quad-(1-\theta_1)\Delta t\sum_{l=1}^{i34(i)}\left[s_{i,l}L_{j(i,l)}\sum_{k=m}^{M}\Delta z_{j(i,l),k}^{n}u_{j(i,l),k}^{n}\right]\end{aligned}\tag{6.54}$$

使用式(6.48)与式(6.54)，可写出 $i=1,2,\cdots,ne$ 和 $k=m,m+1,\cdots,M$ 每个单元的动压耦合方程。所形成的 $ne\times(M-m+1)$ 维代数方程组，与前述“直接令 $q_M=0$”方法所得的代数方程组具有相同的性质(对称正定矩阵)，亦可使用 PCG 求解。式(6.54)相当于一种未使用表层动水压力校正自由水面的简化的 Casulli 方法。

方法二。对于垂向网格表层单元，在水面上方空气中对称地生成 Ghost-cell(虚拟单元)。在虚拟单元中，应用 Dirichlet 边界条件 $q_{M+1}=0$。此后，将式(6.44a)、式(6.44c)所描述的动压校正关系代入表层单元连续性方程式(6.45)并应用 $q_{M+1}=0$，化简方程左边的方向函数后，所得到的表层动压耦合方程为($k=M$)

$$\theta_1\theta_2\Delta t^2\left[\sum_{l=1}^{i34(i)}L_{j(i,l)}\Delta z^n_{j(i,l),M}\frac{q^{n+1}_{i,M}-q^{n+1}_{ic(i,l),M}}{\delta_{j(i,l)}}+P_i\frac{q^{n+1}_{i,M}-q^{n+1}_{i,M-1}}{\Delta z^n_{i,M-1/2}}\right]+\frac{\theta_1\theta_2\Delta t^2P_i}{\Delta z^n_{i,M+1/2}}q^{n+1}_{i,M}$$

$$=\theta_1\Delta tP_i(\tilde{w}^{n+1}_{i,M-1/2}-\tilde{w}^{n+1}_{i,M+1/2})-\theta_1\Delta t\sum_{l=1}^{i34(i)}[s_{i,l}L_{j(i,l)}\Delta z^n_{j(i,l),M}\tilde{u}^{n+1}_{j(i,l),M}] \tag{6.55}$$

式(6.54)是基于考虑自由水面变动的表层单元连续性方程所构造的，式(6.55)是基于常规的三维连续性方程和虚拟层 $q_{M+1}=0$ 所构造的，这是两者唯一的区别。从结果来看，后者相对于前者，在方程左边多出了一项 $\theta_1\theta_2\Delta t^2P_iq^{n+1}_{i,M}/\Delta z^n_{i,M+1/2}$。式(6.55)与 Casulli 方法中的式(6.51)在方程左边的形式上十分相似。

联立式(6.48)与式(6.55)，可写出 $i=1,2,\cdots,ne$ 和 $k=m,m+1,\cdots,M$ 每个单元的动压耦合方程。所形成的 $ne\times(M-m+1)$ 维代数方程组，与前述“直接令 $q_M=0$”方法所得的代数方程组具有相同的性质(对称正定矩阵)，亦可使用 PCG 求解。

上述方法均未使用表层动水压强校正水面或垂向网格各层的动水压强，因而动压耦合方程组的解就是 t_{n+1} 时刻的最终解，代数方程中 q^{n+1} 也不再添加临时标记“～”。由于表层及其下各层是耦合求解的，表层动水压力会影响全局流场，流场改变又将进一步影响空间的压力分布，从而影响自由水面动态。因此，上述方法中表层动水压力对水面分布的影响不是直接的，而是通过一种间接的方式体现出来。

2．传统水面动压边界处理方法的应用效果

使用微幅波算例，对垂向交错网格三维非静压模型的各种水面动压边界处理方法进行测试，阐明表层静压假定和完全非静压假定条件下模拟结果的区别。

封闭方槽中的微幅 uni-nodal 波测试[37]，是区分静压和非静压水动力模型的标志性算例之一。当波面到达水平时，水体的势能全部转化为动能，接着水体向对侧运动并在对侧形成最大势能状态，然后再返回，如此周期运动。这种微幅波属于势流范畴(非黏性流体)，具有理论解析解，其流速势函数和弥散方程分别为[50]

$$\varphi=\frac{gH}{2\omega}\frac{\cosh[k(z+h)]}{\cosh(kh)}\sin(kx-\omega t) \tag{6.56a}$$

$$\omega=[gk\tanh(kh)]^{1/2} \tag{6.56b}$$

式中，φ 为流速势函数；H 为波高，即波峰到波谷的距离；ω 为角频率；k 为波数；h 为水深。将 φ 对水平坐标 x、垂向坐标 z 求导可得势流的速度场：

$$u=\frac{\partial\varphi}{\partial x}=\frac{\pi H}{T}\frac{\cosh[k(z+h)]}{\sinh(kh)}\cos(kx-\omega t) \tag{6.56c}$$

$$w=\frac{\partial\varphi}{\partial z}=\frac{\pi H}{T}\frac{\sinh[k(z+h)]}{\sinh(kh)}\sin(kx-\omega t) \tag{6.56d}$$

式中，T 为微幅波的振动周期。势流的动水压强分布及其随时间的变化为：

$$q = g\frac{H}{2}\frac{\cosh[k(z+h)]}{\cosh(kh)}\cos(kx-\omega t) \tag{6.56e}$$

本算例考虑一种立面二维情况，方槽长 $L = 10\text{m}$，水深 $h = 10\text{m}$，平衡水面为 $z = 0$。初始时刻水体静止并处于最大势能状态，初始水面形态的数学表达式为

$$\eta(x) = A\cos(kx), \quad 0<x<L \tag{6.57}$$

式中，A 为振幅，$k = 2\pi/(nL)$。本例中的 uni-nodal 波 $n = 2$；设 $A = 0.1\text{m}$，为水深的 1%，满足微幅波理论的适用条件。取 $g = 9.81\text{m/s}^2$，对于浅水长波，波速 $c = \sqrt{gh} = 9.9\text{m/s}$，波动的周期约为 2.02s；对于深水微幅波，由式(6.56)可得到角频率 $\omega = 1.752\text{rad/s}$，进而可得波速 $c = \omega/k = 5.576\text{m/s}$ 和波周期 $T = 2\pi/\omega = 3.586\text{s}$。

首先，使用高分辨率垂向网格和 $q_M = 0$ 水面动压边界处理方法，开展数值试验。在水平方向上，使用 $\Delta x = 0.5\text{m}$ 的均匀网格剖分计算区域；在垂向上，使用 $\Delta z = 0.2\text{m}$ 的高分辨率网格。隐式因子 $\theta_1 = \theta_2 = 0.6$，$\Delta t = 0.01\text{s}$。在计算中不计对流项、扩散项与底面阻力项。比较计算结果可知，非静压模型可准确计算微幅波的振动周期，算出的波动过程(取 $x = 0$ 处 η 的变化过程)与解析解吻合；静压模型仅能得到一个长波解，不能正确计算微幅波的周期。在静压模型中，由于垂向流速 w 是由三维连续性方程解出的，w 仅是水平流速场的函数。这使得在使用静压模型时所得到的靠近底面、壁面的流速比在使用非静压模型时显著偏大(图 6.5)。

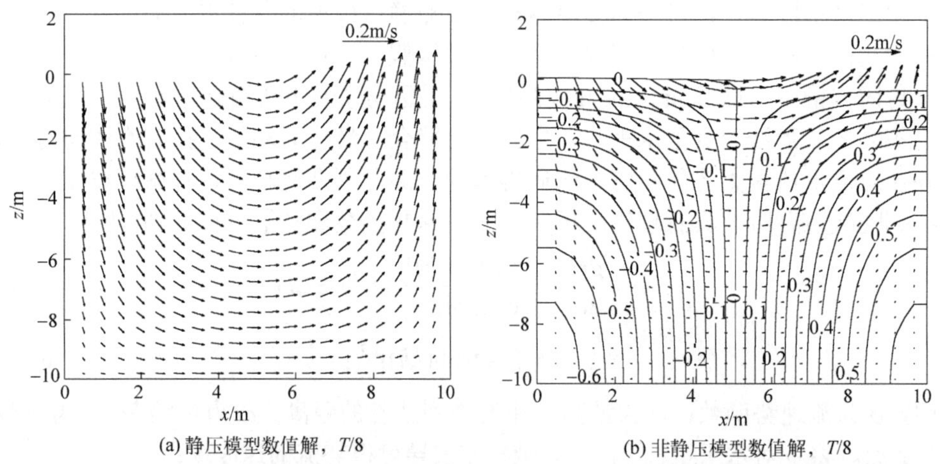

(a) 静压模型数值解，$T/8$　　(b) 非静压模型数值解，$T/8$

图 6.5　静压和非静压模型计算的微幅波立面流场和动水压力场(前者无动水压力场)

然后，使用尺度逐步减小的垂向网格($\Delta z = 5.0\text{m}, 1.0\text{m}, 0.5\text{m}, 0.4\text{m}, 0.2\text{m}, 0.1\text{m}$)，测试各种方法($q_M = 0$、Casulli、Ghost-cell 等)在不同分辨率垂向网格条件下的表现。通过数值试验，计算得到的波周期和波峰特征值(两个完整周期后 $x = 0$ 处的水位峰值)列于表 6.3，$x = 0$ 处 η 的变化过程与解析解的比较见图 6.6。

表 6.3 使用不同网格和表层动压边界处理方法计算得到的波周期和 $x=0$ 处波峰特征

Δz/m	$z_{M-1/2}$/m	波动周期/s			$x=0$ 处波峰/cm		
		$q_M=0$	Casulli	虚拟单元	$q_M=0$	Casulli	虚拟单元
1.0	−0.50	3.460	3.462	3.915	9.855	9.931	10.00
0.5	−0.25	3.517	3.518	3.745	9.866	9.945	9.986
0.4	−0.20	3.528	3.529	3.712	9.870	9.949	9.972
0.2	−0.10	3.554	3.554	3.646	9.879	9.960	9.935
0.1	−0.05	3.553	3.553	3.645	9.828	9.920	9.872

测试结果表明，水面动压边界处理方法对计算结果的主要影响在于波的周期和相位，并不影响波幅。$q_M=0$ 处理方法会导致波相位负向偏移，波周期在粗尺度垂向网格上偏小十分显著，并随 Δz 变小而减轻。内含表层静压假定的 Casulli 方法，取得与 $q_M=0$ 方法几乎相同的计算结果，仅在水位峰值模拟精度上略有提高。Ghost-cell 方法(假定表层处于完全非静压状态)产生波相位正向偏移的计算结果，波周期在粗尺度垂向网格上偏大十分显著，并随 Δz 变小而减轻。对于这三种方法，使用小于等于 0.2m 的垂向网格尺度均可获得与垂向网格尺度无关的数值解。

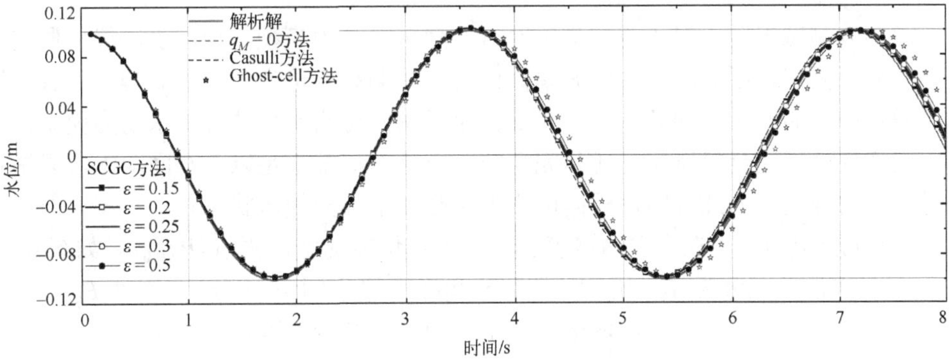

(a)

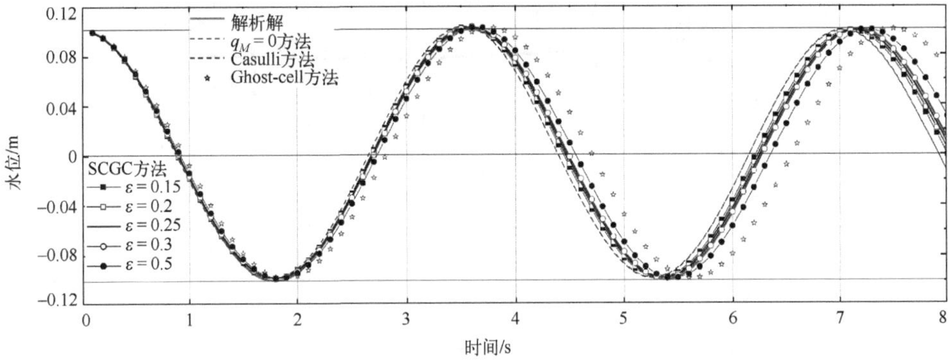

(b)

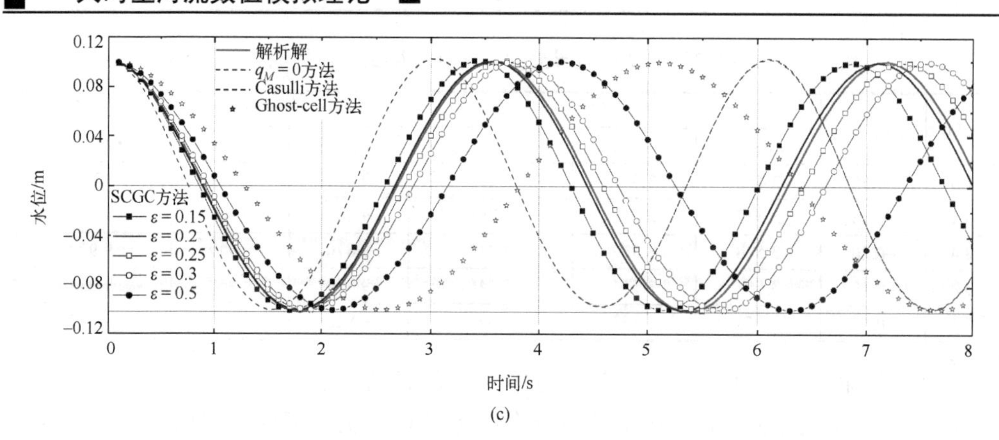

(c)

图 6.6　水面动压边界不同处理方法模拟的微幅波（$x=0$ 处的 η 的变化过程）：
(a) 高分辨率（$\Delta z=0.2$m）；(b) 中等分辨率（$\Delta z=0.5$m）；(c) 低分辨率（$\Delta z=5.0$m）

6.3.3　自率定虚拟单元（SCGC）方法

1．表层单元部分非静压的设想

微幅波测试表明，对于垂向交错网格非静压水动力模型，使用表层静压假定或完全非静压假定，不影响模拟的波幅，但对波周期和相位产生显著影响；而且，这两种假定产生的波相位误差的方向相反。对于垂向交错网格非静压水动力模型，无论假定表层处于完全静压状态还是完全非静压状态，都不足以对水面动压边界进行绝对准确的描述。据此推断，垂向网格表层应处于部分静压状态。

引入可调因子 ε，在垂向网格表层单元中定位零动水压强点（$P_{q=0}$）。如图 6.7，$P_{q=0}$ 点将表层单元分为非静压（下半部分）和静压部分（上半部分）。使用 $P_{q=0}$ 点计算 q 的垂向梯度，可建立垂向网格表层单元的动压耦合方程（$k=M$）：

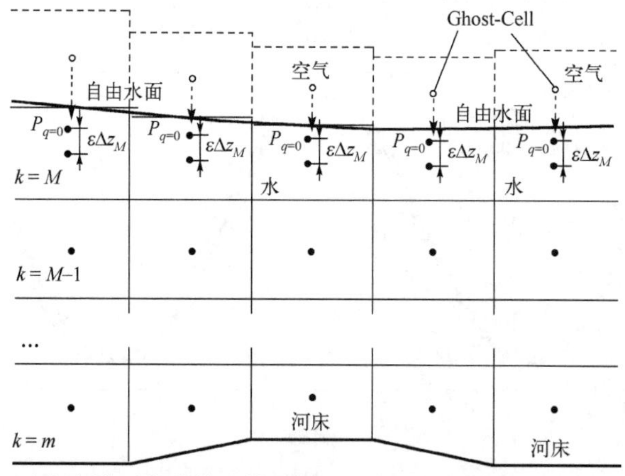

图 6.7　垂向交错网格非静压模型处理水面动压边界的 SCGC 方法原理

$$\theta_1\theta_2\Delta t^2\left[\sum_{l=1}^{i34(i)} L_{j(i,l)}\Delta z_{j(i,l),M}^n \frac{q_{i,k}^{n+1}-q_{ic(i,l),M}^{n+1}}{\delta_{j(i,l)}}+P_i\frac{q_{i,M}^{n+1}-q_{i,M-1}^{n+1}}{\Delta z_{i,M-1/2}^n}\right]+\frac{\theta_1\theta_2\Delta t^2 P_i}{\varepsilon\Delta z_{i,M}^n}q_{i,M}^{n+1}$$
$$=\theta_1\Delta t P_i(\tilde{w}_{i,M-1/2}^{n+1}-\tilde{w}_{i,M+1/2}^{n+1})-\theta_1\Delta t\sum_{l=1}^{i34(i)} s_{i,l}L_{j(i,l)}\Delta z_{j(i,l),k}^n \tilde{u}_{j(i,l),M}^{n+1} \tag{6.58}$$

式中，使用 $\varepsilon\Delta z_M$ 代替 $\Delta z_{i,M+1/2}^n$ 表示垂向网格表层单元中心与 $P_{q=0}$ 之间的距离。因为不再使用表层单元动水压强校正水面高度和垂向网格各层的动水压强，该方程组的解即为 t_{n+1} 时刻的最终解，所以代数方程中 q^{n+1} 不必添加临时标记"～"。

使用 $P_{q=0}$ 点计算垂向动水压力梯度来处理水面动压边界的方法(后文测试表明它具有参数自率定特性)，称为自率定虚拟单元(SCGC)方法。

式(6.55)可看作是式(6.58)在 $\varepsilon=1$ 时的一个特例，即常规的 Ghost-cell 方法就是 SCGC 方法令 $P_{q=0}$ 点位于水面之上的虚拟单元中心。对于 SCGC 方法，$\varepsilon=0.5$ 的物理含义是指 $P_{q=0}$ 点位于水-空气交界面(如图 6.7)。实际中，因为 $P_{q=0}$ 点不应高于水面，所以具有物理意义的 ε 的取值范围应为 0～0.5。

使用高分辨率垂向网格($\Delta z=0.2$m)和若干 ε 开展数值试验，以阐明 SCGC 方法的特性。当 $\varepsilon=1.0, 0.5, 0.1$ 时，模型算出的微幅波周期分别为 3.646, 3.602, 3.565s。这些结果表明，垂向网格表层单元中实际的 $P_{q=0}$ 点显著低于水面，即 ε 应小于 0.5，这进一步证实表层单元处于部分静压状态。此外，由上一小节可知，不同的水面动压边界处理方法仅对波动的相位(周期)产生影响，因而，相位误差可以作为率定 ε 时一个简单有效的量化衡量指标。进一步的数值试验表明，当 $\Delta z=0.1$～5.0m 时，获得与理论解最匹配的模拟结果的 $\varepsilon(\varepsilon_{\text{best}})$ 为 0.27～0.21，它远小于 0.5。

2．SCGC 方法的应用效果

使用若干 $\varepsilon(=0.15, 0.2, 0.25, 0.3, 0.5)$ 分别在高分辨率($\Delta z=0.2$m)、中等分辨率($\Delta z=0.5$m)和低分辨率($\Delta z=5.0$m)垂向网格上开展数值试验，进一步阐明 SCGC 方法的特性。计算的 $x=0$ 处 η 的变化过程如图 6.6(SCGC 方法)。使用 SCGC 方法和低分辨率垂向网格的计算结果，与使用 Casulli 方法和高分辨率垂向网格的计算结果，比较见图 6.8，二者计算精度十分接近。即便使用粗尺度垂向网格(2～3 层)，SCGC 方法依然可以准确地模拟微幅波的流场和动水压力场。

在高分辨率垂向网格条件下，当 $\varepsilon=0.15$～0.3 时模拟结果均与解析解吻合，且随 ε 的变化甚微。当采用低分辨率垂向网格时，$\varepsilon_{\text{best}}$ 约为 0.21。一个重要启示为，基于高分辨率垂向网格的数值模拟可在相当大的 ε 取值范围内取得准确的模拟结果(即准确的数值解对 ε 不敏感、容易获取)，它们可作为在进行低分辨率垂向网格模拟时率定 ε 的参考解，这称为 SCGC 方法的参数自率定特性。

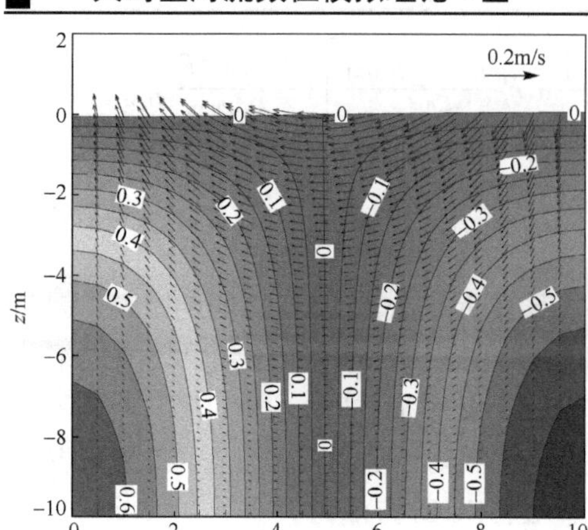

(a) 使用Casulli方法(Δz = 0.2 m)

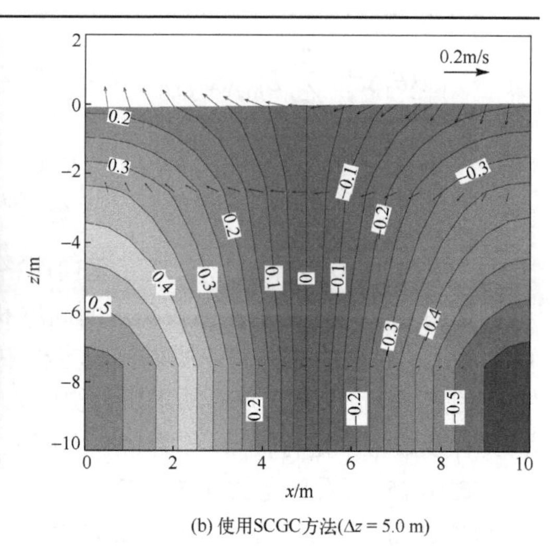

(b) 使用SCGC方法(Δz = 5.0 m)

图 6.8　不同的水面动压边界处理方法在不同垂向网格条件下模拟出的物理场(5T/8)

6.3.4　SCGC 水面动压处理方法的特性

真实世界中自由表面波浪通常是在不平坦的床面上传播，并具有变化的周期和振幅。这里通过模拟非线性波翻越海堤向海滩传播的水槽实验，来检验 SCGC 方法在模拟复杂波浪方面的性能。水槽长 30m，梯形海堤位于 6～17m 之间(图 6.9)。水槽左段的静水深度为 0.4m，在被淹没的海堤之上减少到 0.1m。振幅为 1cm、周期为 2.02s 的正弦波从水槽左端向右传播，翻越海堤，然后运动到右端的海滩斜面(1∶25，具有吸波特性)。实验中，在距水槽左端 2.0m、13.5m、15.7m、19.0m 的 A、B、C、D 点，分别记录波浪水面的变化过程。数值试验中，在水平方向默认使用尺度为 $\Delta x = 0.025$m 的均匀网格划分计算区域；在垂向上分别使用高分辨率($nv = 22$, $\Delta z = 0.02$m)和低分辨率($nv = 5$, $\Delta z \approx 0.1$m)网格。时间步长取 0.01s。

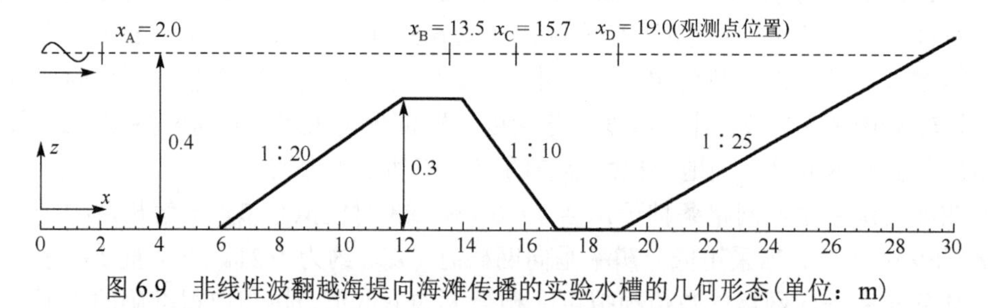

图 6.9　非线性波翻越海堤向海滩传播的实验水槽的几何形态(单位：m)

1．参数 ε 和水平网格尺度的敏感性研究

使用逐渐增大的 ε(ε = 0.1, 0.15, 0.2, 0.25, 0.5)进行测试，阐明 ε 的取值对 SCGC 方法性能的影响。算出的水位 η 的变化过程如图 6.10(以 C 点为例)。

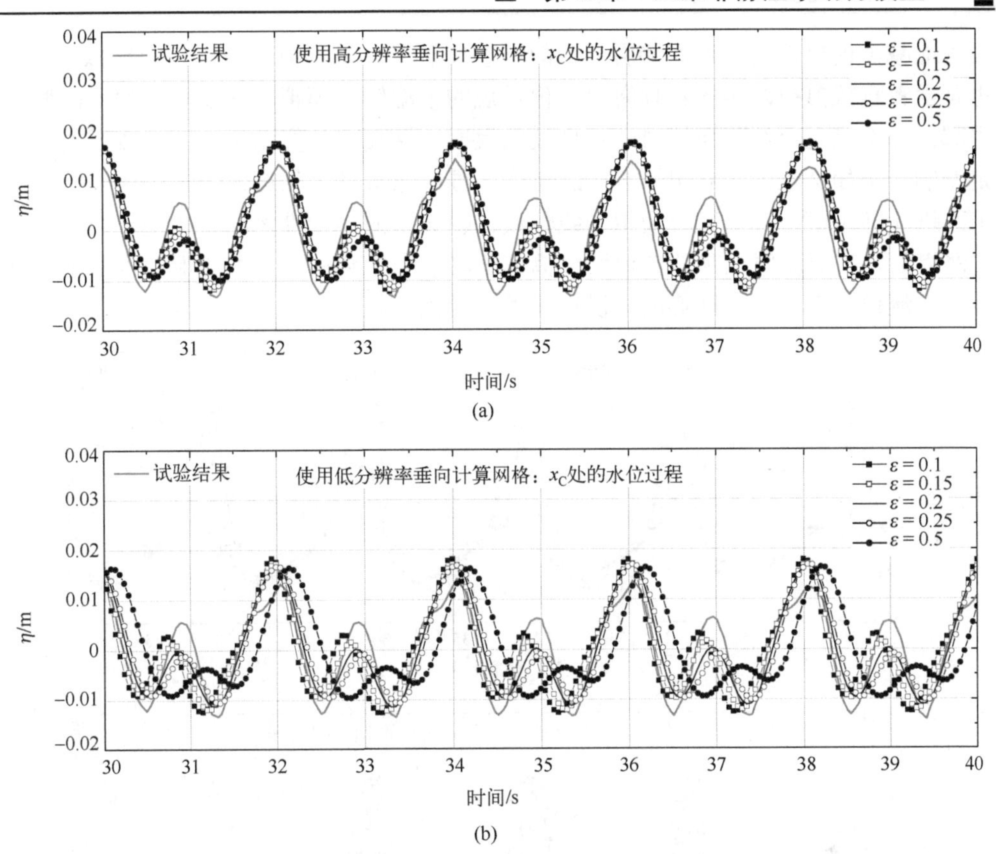

图 6.10　SCGC 方法的计算结果随 ε 的变化规律

在高分辨率垂向网格条件下，当 $\varepsilon = 0.1 \sim 0.25$ 时计算结果与实测结果符合较好，由于计算结果对 ε 的变化不敏感，获取准确的数值解较为容易。当使用低分辨率垂向网格代替高分辨率网格后，获得准确模拟结果的 ε 的取值范围变为 0.15～0.25，获得与实测资料最匹配模拟结果的 $\varepsilon(\varepsilon_{\text{best}})$ 约为 0.2。本算例数值试验结果进一步证实，SCGC 方法具有参数(ε)自率定特性而且在不同的算例中 ε 的最优取值范围十分接近和稳定。

使用尺度逐渐减小的均匀网格($\Delta x = 0.2\text{m}, 0.1\text{m}, 0.05\text{m}, 0.025\text{m}, 0.0125\text{m}$)测试 SCGC 方法，以建立与网格尺度无关的数值解。算出的水位 η 的变化过程如图 6.11(以 B 点为例)。网格尺度敏感性研究结果表明，$\Delta x \leqslant 0.05\text{m}$ 的水平网格可提供与网格尺度无关的数值解(此时波形的相位误差很小，结果较准确)。

本算例中，非线性波在水槽右端斜坡上的周期性运动伴随着频繁的干湿转换和波浪衰亡，十分复杂。为了避免复杂物理过程对数值计算的干扰，研究者常使用海绵层技术和辐射型开边界条件，代替模拟真实海滩(本例 $x \geqslant 19\text{m}$ 的部分)，以最大限度地减少模拟真实物理海滩所形成的波浪反射[49]，从而取得较准确的模拟结果。也有学者直接模拟真实的物理海滩，但常规的干湿转换模拟方法在与非静压模型联用时，并不能完全消除海滩对非线性波的反射，这使得计算结果与实测数据出现一定差别，例如文献[1]、[40]和本书的计算。可考虑研发更先进的干湿转换模拟方法来改进非静压模型，以充分模拟非线性波在斜坡上的周期性运动。此外，当波列穿过海堤后，在海堤背面形成的流动分离或紊动，它们会引起波浪变形。可考虑通过包含紊流模型来反映紊动影响，以提高模拟准确性。

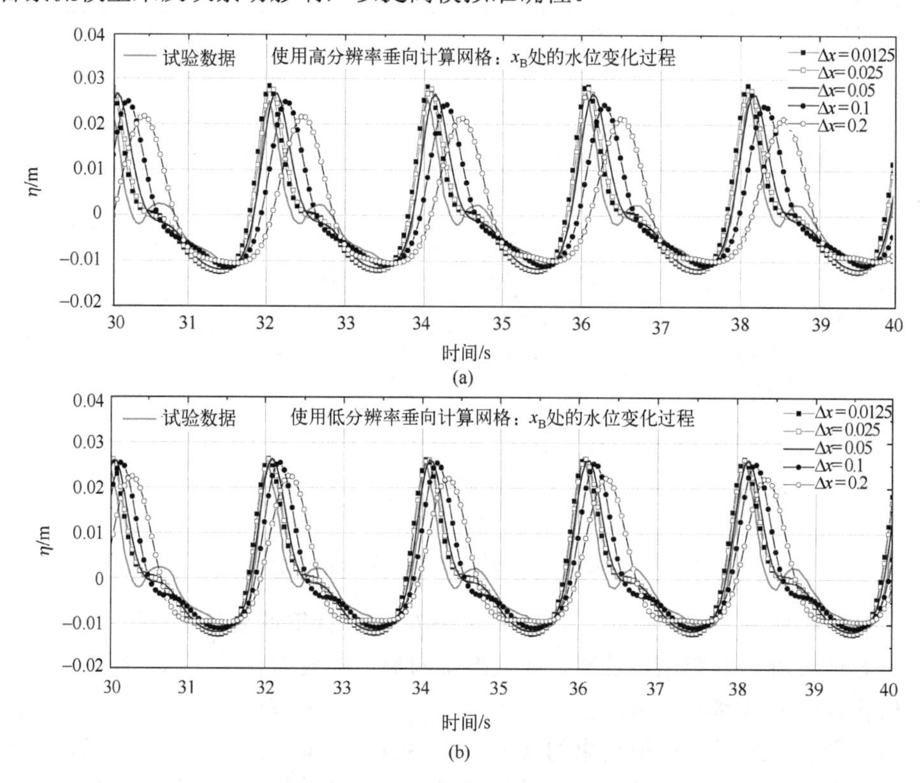

图 6.11　SCGC 方法的计算结果随 Δx 的变化规律

2．与已有的水面动压处理方法的比较

比较 SCGC 方法与 $q_M=0$、Casulli 方法的模拟结果，如图 6.12。$q_M=0$ 方法和 Casulli 方法，在同一分辨率垂向网格条件下的模拟结果总是十分接近，且它们的计算精度均随垂向网格分辨率的降低而显著降低。在高分辨率垂向网格条件下，小尺度表层单元的厚度占棱柱水深的比例很小，表层静压假定对模拟精度的影响可以忽略不计，因而 $q_M=0$ 方法和 Casulli 方法都取得了准确的结果。当使用低分辨率垂向网格时，大尺度表层单元的厚度占棱柱水深的比例很大，表层静压假定将产生重要影响，此时 $q_M=0$ 方法和 Casulli 方法均难以准确模拟非静压波浪。

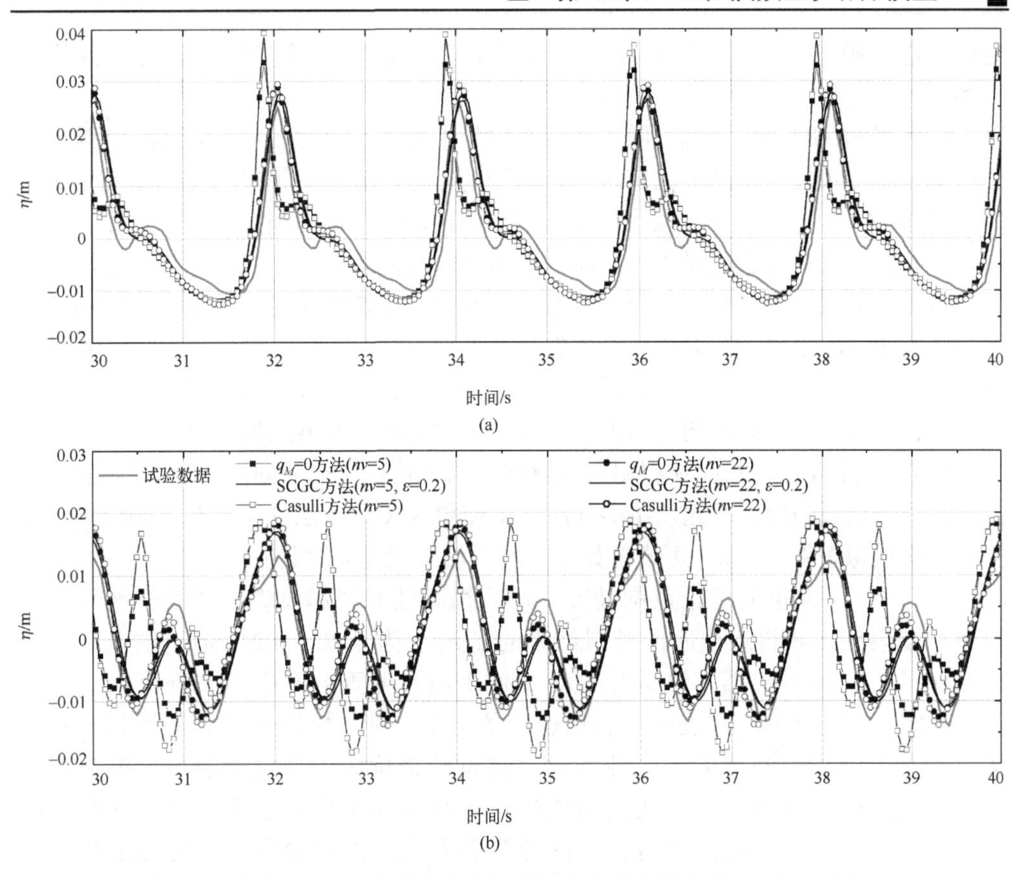

图 6.12 各种水面动压边界处理方法模拟的非线性波传播：(a) x_B; (b) x_C

相对于 $q_M = 0$ 方法和 Casulli 方法，SCGC 方法计算结果不受垂向网格分辨率的影响，在各种分辨率垂向网格条件下均可很好地包含表层动水压力的影响。在合理的 ε 取值下，SCGC 方法的计算结果几乎不随垂向网格分辨率的改变而变化。

3．关于 SCGC 方法的讨论

对于垂向同位网格非静压模型，水面动压边界问题可使用 Keller-box 等方法较好地处理；对于垂向交错网格非静压模型，这个问题一直尚未得到很好解决。微幅波数值试验结果表明，垂向交错网格非静压模型的垂向网格表层应处于部分静压状态。据此，本节引入一个可调因子 ε 定位垂向网格表层单元中的零动水压力点，并借助它处理垂向交错网格非静压模型的水面动压边界。所得的 SCGC 方法优点如下：①消除了垂向网格表层的静压假定，帮助构建一个完全的非静压模型；②使非静压模型只需使用粗尺度垂向网格即可实现非静压水流的准确模拟，显著减小了模型的计算量；③方法的执行十分简单直接，在原先使用表层静压假定的非静压模型框架下可以轻松实现模型重建，比 Yuan 和 Wu[49]的方法要简单很多。

在使用 SCGC 方法之前，需先确定其中的参数 ε。当使用高分辨率垂向网格时，表层单元厚度占棱柱水深的比例很小，水面动压边界处理对模拟精度的影响是极小的，因而 SCGC 方法在一个很大的 ε 取值范围内均可准确地模拟非静压水流，且数值解对 ε 的变化不敏感。例如，在高分辨率垂向网格条件下，使用 SCGC 方法模拟微幅波的结果在 $\varepsilon = 0.15$～0.3 时都与解析解吻合，模拟跨越海堤的非线性波的结果在 $\varepsilon = 0.15$～0.25 时都与实测结果符合较好。在一个给定的 ε 的取值区间内（$\varepsilon = 0.15$～0.25），使用高分辨率垂向网格的数值解是精确的，并且几乎不随 ε 变化。因此，在使用高分辨率垂向网格的模拟中，参数 ε 未知不再成为一个问题。

SCGC 方法，由于只需使用粗尺度垂向网格就可以实现非静压水流的准确模拟，而具有很强的吸引力。因此，在实际应用中使用 SCGC 方法的关键在于确定粗尺度垂向网格模拟条件下的 ε。可通过如下三种方法来确定 ε 的取值。

第一种，ε 取值的理论范围是 0～0.5。微幅波和跨越海堤的非线性波数值试验进一步表明，获得最佳匹配模拟结果的 ε（$\varepsilon_{\text{best}}$）为 0.20～0.21，$\varepsilon_{\text{best}}$ 的取值对测试算例的变化并不敏感。这意味着对于使用粗尺度垂向网格的非静压水动力模型，0.2 可用作 SCGC 方法中 ε 的默认取值。第二种，使用原型观测数据、实验数据和理论解析解作为参照，并通过率定试验来确定一个最佳的 ε。第三种，如果缺乏用作参照的分析解或实测数据，可利用 SCGC 方法的参数自率定特性来确定参数 ε。简言之，使用基于高分辨率垂向网格模型所得到的数值解作为参照，开展低分辨率垂向网格模型的率定试验，来确定后者当中 SCGC 方法的参数 ε。

6.4 垂向 σ 网格三维水动力模型

本节使用垂向 σ 网格，重建前述的垂向 z 网格三维非静压模型。采用 Berntsen[17] 建议的垂向 σ 坐标系下的简化控制方程作为基础，所建立的三维非静压模型的离散方程、模型结构、计算流程等均与原垂向 z 网格三维非静压模型十分相似。

6.4.1 垂向 σ 网格非静压模型的关键问题

根据是否分解压力（见第 1.5.1 节），非静压水动力模型可分为总压力模式（例如 SIMPLE 系列）和压力分裂模式两大类。表 6.4 给出了垂向 σ 网格三维非静压模型的几个实例（本书仅限于研讨 FDM 和 FVM 模型）。与总压力模式不同，压力分裂模式分步求解自由水面和动水压力作用，物理概念更加明确，计算效率更高。

表 6.4　使用垂向 σ 网格的三维非静压水动力模型实例

模型作者/年份	水平网格/变量布置	自由水面确定方法	代数方程系统类型/求解方法
Patankar[51] 1972	各种网格 交错网格、同位网格	求得总压力只后，再更新自由水面	SIMPLE 系列，有些使用显式迭代，有些构造矩阵求解
Young 等[52] 2007	直角网格 C 交错网格		构造 2 个块 7 对角矩阵 显式迭代
Lin 和 Li[16] 2002	直角网格 同位网格		构造 1 个 19 对角矩阵 Incomplete Cholesky CG (ICCG)
Mahadevan 等[41] 1996	曲线网格 同位网格	求解自由水面方程	不构造矩阵 多重网格加速法
Kocyigit 等[53] 2002	直角网格 C 交错网格		构造 1 个 7 对角矩阵 CG
Lee 等[7] 2006	曲线网格 同位网格		构造 1 个 19 对角非对称矩阵 GMRES
Hu 等[43] 2013	无结构网格 C-D 交错网格		构造 1 个非对称线性稀疏矩阵 BiCGSTAB
Kanarska 等[54] 2003	曲线网格 C 交错网格	模式分裂(在外模式中，通过平面二维水动力模型求解自由水面)	构造 1 个 15 对角矩阵 BiCG
Berntsen 等[17] 2006	曲线网格 C 交错网格		构造 1 个 7 对角矩阵 BiCGSTAB
Heggelund 等[55] 2004	曲线网格 C 交错网格		构造 1 个 7 对角矩阵 CG 结合显式迭代
Kanarska 等[56] 2007	曲线网格 C 交错网格	分步求解方法 显式算法	构造 1 个 15 对角矩阵 PFMG+GMRES
Li 和 Fleming[38] 2001	直角网格 C 交错网格	McCormack 方法 显式算法	不构造矩阵 多重网格加速法
Bradford[57] 2005	曲线网格 同位网格	预测-校正方法 显式算法	构造 1 个 19 对角矩阵 BiCG

相比于垂向 z 网格，垂向 σ 网格能较好地贴合床面与自由水面，并随着它们的变化而实时调整，在 Delft3D[2]、EFDC[4]、Mike3[6]、FVCOM[11]等三维模型中获得了广泛应用。然而，σ 坐标变换具有非正交性，产生许多附加项，这使得三维非静压模型 u-q 耦合的构造和求解均十分复杂。例如，Lin 和 Li[16]采用总压力模式，构造出一个具有对称正定 19 对角矩阵的线性系统(系数矩阵有 12 个对角线来源于 σ 坐标变换的附加项)；Lee 等[7]采用压力分裂模式，并使用 Jacobian 矩阵与向量的乘积代替 Jacobian 矩阵本身，构造出一个 19 对角矩阵的非对称线性系统；Hu 等[43]采用 σ 坐标变换改造 Casulli 等的水平无结构、垂向 z 网格模型[1]，构造出一个对角占优的非对称稀疏线性系统。求解这些复杂的代数方程系统，常常不能使用常规的 PCG，而需要更专业的求解器，例如求解非对称线性系统的 Bi-conjugate gradient(BiCG)方法。由此可知，垂向 σ 网格隐式三维非静压水动力模型 u-q 耦合代数方程组的构

造和求解均相当复杂。前人努力攻克或缓解由 σ 变换的复杂附加项所引起的在控制方程离散和求解方面的困难，主要进展如下。

1．垂向 σ 变换复杂附加项的处理方法

显式迭代法。SIMPLE 方法围绕“正确的压力场应该使计算得到的流速场满足连续性方程”这一思想[51]进行迭代求解，即先假定一个初始压力场和流速场，看它们是否满足连续性方程，若不满足就进行校正和再试算直到满足。在每个试算步，计算都是显式的，流速的改进值由压力和速度修正值两部分组成，一般认为前者的影响是主要的并忽略后者，因而试算结果只能是不断趋近于真解，并需要多次试算才能收敛。虽然 σ 坐标变换附加项的组成和形式均很复杂，但由于每个试算步的计算都是显式的，因而算法的执行并不困难。SIMPLE 方法借助显式迭代，避免了构造和求解复杂的流速-压力耦合代数方程组，可使垂向 σ 网格三维非静压模型的求解变得十分直接；显式迭代的代价为，时常需要执行大量迭代才能收敛[7]。

部分显式迭代法。Heggelund[55]将 u-q 耦合代数方程中由 σ 坐标变换引出的附加项全部移到方程组右侧并进行显式计算，在方程组左边剩下一个 7 对角线性系统。该方法介于 SIMPLE 显式迭代求解和全隐式 u-q 耦合求解之间，由于显式处理了 σ 坐标变换产生的附加项，模型结构大幅简化，但需一定数量的显式迭代。

直接去掉 σ 坐标变换附加项的方法。Mahadevan 等[41]在基于压力分裂模式构造 u-q 耦合方程时，直接忽略 σ 坐标变换引起的附加项，而得到一个简化的动压校正关系，它与 z 坐标系下的动压校正关系[式(6.44a,c)]具有相同的形式。与之类似，Berntsen 等[17]将动水压力直接看作 (x, y, σ, t) 的函数，所得的 σ 坐标系下的 u-q 耦合方程与 z 坐标系下的耦合方程具有相同的形式。在本质上，这类模型使用了式(6.22)～式(6.23)所描述的简化的控制方程，使 σ 坐标网格非静压模型 u-q 耦合代数方程组的构造和求解得到了大幅简化。从数学上讲，式(6.22)、式(6.23)与“将完整的含有动水压强的控制方程从 z 坐标系下转换到 σ 坐标系下所得到的方程”并不等同[17]，使用前者开展计算可能带来一定的精度损失。但实践应用表明[41, 17]，基于完整与简化控制方程的非静压模型的计算结果通常差别并不大。

半 σ 坐标变换方法。在进行 σ 坐标变换时，让水平动水压强梯度保留其在 z 坐标系下的形式，并通过由 $\sigma \to z$ 坐标系进行变量插值的方式计算[53]。由于未对该项进行 σ 变换，所以也不存在相关的附加项，与之相关的复杂构造与求解也随之消失。这类 σ 网格模型选择在 z 坐标系下进行 u-q 耦合，所得到的动压耦合方程是一个简单的 7 对角对称正定线性系统(在结构网格条件下)。不足之处在于，需要在 z、σ 坐标系之间不断进行变量插值，这可能带来一定的精度损失。该方法的构造思想与求解 σ 坐标下三维水动力模型中水平扩散项的半 σ 化方法[15]类似。

方向分裂方法。Yuan 和 Wu[49]基于方向分裂技术将三维空间 u-q 耦合代数方程系统，分解成一系列相互独立的立面二维子系统。Young 和 Wu [52]在 σ 坐标系下重建了文献[39]的垂向 z 网格模型，立面二维子系统由原来 z 坐标系下的三对角系统转化为 σ 坐标系下的七对角系统。在求解一个方向时其他方向全部采用显式计算，方向分裂大幅简化了三维 u-q 耦合构造与求解的复杂程度，计算成本也较低。但是，该方法在空间维度上的分裂解耦了控制方程，可能对计算精度造成不利影响。

2. 自由水面的更新方式

非静压模型可先求出流速与压力场，然后根据自由水面运动学条件来更新自由水面并实现其动态描述。也可通过耦合动量方程与自由水面方程[例如式(6.42)所描述的代入式耦合]或求解一个平面二维水动力问题，来确定自由水面。

模式分裂方法。有学者[17,54,55]改造基于模式分裂的静压三维海洋模型，得到它们的非静压版本。这类模型使用小时间步长求解外模式(沿水深积分的动量方程和连续性方程)获得自由水面，然后在已知的水位条件下求解 u-q 耦合。这类三维模型通过平面二维模型预先确定自由水面，这样一来，与快速表面重力波传播有关的稳定限制就不再形成对三维水动力计算时间步长的约束。但是，内模式和外模式中水平流速、床面阻力等的不一致可能影响计算稳定性和精度。

显式分步方法。有些三维非静压模型，采用小时间步长分步计算、预测校正等方法显式计算自由水面方程，这与自由水面的隐式计算方法(例如代入式 u-η 耦合)是不同的。Li 和 Fleming [38]先在保持水位不变的条件下完成压力和速度计算，然后使用运动学边界条件和 MacCormack 方法显式更新自由水面。在 Bradford[57]中，也是在求解压力场之后才更新自由水面。Kanarska 等[56]将区域海洋模型(ROM)改造成为非静压模型，并使用模式分裂和显式分步方法更新自由水面。显式分步方法计算效率并不高，因而并不是消除快速重力波的稳定限制的最佳方法。

虽然前人提出了许多处理 σ 变换附加项的方法，但在现阶段，全面考虑这些复杂的附加项仍会给三维非静压模型的研发和实用(计算效率)带来不小的困难。本节将介绍一种采用“直接去掉 σ 坐标变换附加项”方法的非静压模型。

6.4.2 控制方程、计算网格与控制变量布置

式(6.19)、式(6.20)、式(6.22)和式(6.23a)～式(6.23c)构成了水平无结构、垂向 σ 网格上三维非静压水动力模型的控制方程，控制变量为 u、v、w、ω、η 和 q。

采用水平方向和垂向分开布置的计算网格。水平面上的三角形/四边形单元将计算区域分割为若干全水深棱柱(简称棱柱)；垂向 σ 网格的等水深面将棱柱进一步分割为三维计算单元。垂向 z 网格每层的绝对厚度是相等的，垂向 σ 网格每层的水深比例是相等的。分别使用变量 ne、np、ns 表示水平网格单元、节点、

边的数量。垂向 σ 网格各层可采用不相等的厚度，使用 $k, k+1,\cdots$ 表示垂向网格层的中心，使用 $k-1/2$, $k+1/2,\cdots$ 表示垂向网格层的层面(垂向单元的上、下水平界面)。在水平网格单元中心、边中点、节点处的垂线上，$k=1$、$k=nv$ 分别表示垂向网格最底、最顶层垂向单元的编号。

由于水平和垂向网格分开布置，所以可分开进行控制变量在水平方向和垂向的空间布置。本节垂向 σ 网格三维非静压水动力模型，采用与第 6.2 节垂向 z 网格三维非静压水动力模型相同的控制变量空间布置方式，见图 1.5 和图 6.1b。在水平面中和垂向上，垂向 z、σ 坐标系下的垂向流速 w、ω 具有相同的空间位置。

6.4.3 动量方程的数值离散

与 6.2 节类似，使用算子分裂计算三维动量方程。采用半隐差分方法[1]离散自由水面梯度和动水压力梯度项；采用点式 ELM[33]求解对流项；使用全隐方法离散垂向扩散项；采用半 σ 显式差分方法[15]计算斜压项和水平扩散项。由于显式计算项对阐明模型框架不产生影响，为便于论述，在三个方向动量方程的离散方程中，将显式离散的斜压项与水平扩散项进行合并，并分别使用 EX、EY、EZ 表示。

1．水平法向动量方程的离散

分别使用 θ_1、θ_2 作为水位、动水压力梯度项半隐差分离散的隐式因子，以满足各项求解的稳定性对隐式因子的不同要求。在无结构网格单元边的局部坐标系上，水平法向动量方程式(6.23a)的离散方程为($k=nv, nv-1,\cdots, 1$)

$$
\begin{aligned}
&-\frac{\Delta t(K_{\mathrm{mv}})_{j,k+1/2}^{n}}{(D_j^n)^2\Delta\sigma_{k+1/2}^n}u_{j,k+1}^{n+1}+\left(\Delta\sigma_{j,k}^n+\frac{\Delta t(K_{\mathrm{mv}})_{j,k+1/2}^{n}}{(D_j^n)^2\Delta\sigma_{k+1/2}^n}+\frac{\Delta t(K_{\mathrm{mv}})_{j,k-1/2}^{n}}{(D_j^n)^2\Delta\sigma_{k-1/2}^n}\right)u_{j,k}^{n+1}-\frac{\Delta t(K_{\mathrm{mv}})_{j,k-1/2}^{n}}{(D_j^n)^2\Delta\sigma_{k-1/2}^n}u_{j,k-1}^{n+1}\\
&=\Delta\sigma_k^n u_{\mathrm{bt}\,j,k}^{\ n}+\Delta\sigma_k^n\Delta t f_j v_{\mathrm{bt}\,j,k}^{\ n}+\Delta\sigma_k^n\Delta t EX_{j,k}^n\\
&\quad-\Delta\sigma_k^n\Delta t g\left[(1-\theta_1)\frac{\eta_{is(j,2)}^n-\eta_{is(j,1)}^n}{\delta_j}+\theta_1\frac{\eta_{is(j,2)}^{n+1}-\eta_{is(j,1)}^{n+1}}{\delta_j}\right]\\
&\quad-\Delta\sigma_k^n\Delta t\left[(1-\theta_2)\frac{q_{i(j,2),k}^n-q_{i(j,1),k}^n}{\delta_j}+\theta_2\frac{q_{i(j,2),k}^{n+1}-q_{i(j,1),k}^{n+1}}{\delta_j}\right]
\end{aligned}
\tag{6.59}
$$

式中，u_{bt}、v_{bt} 为利用点式 ELM 显式求解对流项后得到的中间解；为了简化表达，合并斜压项和水平扩散项的离散式，并使用 EX 表示。

在水面边界，风应力边界条件计算式如下：

$$
\left.\frac{K_{\mathrm{mv}}}{D}\frac{\partial u}{\partial\sigma}\right|_{\mathrm{s}}=\frac{\rho_a}{\rho_0}C_{\mathrm{D}}|W|(W_n-u_{nv})
\tag{6.60}
$$

显式离散风应力边界条件，则此时式(6.59)左边变为($k=nv$)

$$0\times u_{j,k+1}^{n+1}+\left(\Delta\sigma_k+0+\frac{\Delta t(K_{\mathrm{mv}})_{j,k-1/2}^n}{D_j^{n^2}\Delta\sigma_{k-1/2}}+\right)u_{j,k}^{n+1}-\frac{\Delta t(K_{\mathrm{mv}})_{j,k-1/2}^n}{D_j^{n^2}\Delta\sigma_{k-1/2}}u_{j,k-1}^{n+1} \tag{6.61}$$

与式(6.61)中两项设零相对应，在式(6.59)右边加上 $\Delta tC_{\mathrm{D}}|W|(W_n-u_{nv})\rho_a/\rho_0$，并使用 $u_{\mathrm{bt},nv}$ 代替其中的中 u_{nv} 来考虑对流作用的影响、增强计算的稳定性。

在河床表面边界，河床阻力边界条件如下：

$$\left.\frac{K_{\mathrm{mv}}}{D}\frac{\partial u}{\partial\sigma}\right|_{\mathrm{b}}=C_{\mathrm{d}}\left|\sqrt{u_{\mathrm{b}}^2+v_{\mathrm{b}}^2}\right|u_{\mathrm{b}} \tag{6.62}$$

式中，使用 $u_{\mathrm{bt},1}$、$v_{\mathrm{bt},1}$ 计算“|…|”内的合流速以考虑对流作用的影响；使用底层待求的流速 u^{n+1} 代表式中其它流速变量以增强计算的稳定性。河床边界处理不改变式(6.59)右边，在方程左边进行“1 项设零 1 项替换”（$k = 1$），如下：

$$-\frac{\Delta t(K_{\mathrm{mv}})_{j,k+1/2}^n}{(D_j^n)^2\Delta\sigma_{k+1/2}}u_{j,k+1}^{n+1}+\left(\Delta\sigma_k+\frac{\Delta t(K_{\mathrm{mv}})_{j,k+1/2}^n}{(D_j^n)^2\Delta\sigma_{k+1/2}}+\Delta tC_{\mathrm{d}}\left|\sqrt{u_{\mathrm{bt},1}^2+v_{\mathrm{bt},1}^2}\right|\right)u_{j,k}^{n+1}-0\times u_{j,k-1}^{n+1} \tag{6.63}$$

在水平无结构网格每条边中点的垂线上，按式(6.59)写出每个垂向单元($k = nv, nv-1,\cdots,1$)的离散方程并应用水面、河床边界条件，可形成一个关于水平法向流速的线性方程组。它具有对称正定的三对角矩阵，可使用追赶法直接求解。

2．水平切向动量方程的离散

在无结构网格单元边局部坐标系下，水平切向动量方程式(6.23b)的离散方法与水平法向动量方程式(6.23a)类似，离散方程为($k = nv, nv-1,\cdots,1$)

$$\begin{aligned}&-\frac{\Delta t(K_{\mathrm{mv}})_{j,k+1/2}^n}{(D_j^n)^2\Delta\sigma_{k+1/2}^n}v_{j,k+1}^{n+1}+\left(\Delta\sigma_{j,k}^n+\frac{\Delta t(K_{\mathrm{mv}})_{j,k+1/2}^n}{(D_j^n)^2\Delta\sigma_{k+1/2}^n}+\frac{\Delta t(K_{\mathrm{mv}})_{j,k-1/2}^n}{(D_j^n)^2\Delta\sigma_{k-1/2}^n}\right)v_{j,k}^{n+1}-\frac{\Delta t(K_{\mathrm{mv}})_{j,k-1/2}^n}{(D_j^n)^2\Delta\sigma_{k-1/2}^n}v_{j,k-1}^{n+1}\\&=\Delta\sigma_k^n v_{\mathrm{bt}\,j,k}^{\ n}-\Delta\sigma_k^n\Delta tf_j u_{\mathrm{bt}\,j,k}^{\ n}+\Delta\sigma_k^n\Delta tEY_{j,k}^n\\&-\Delta\sigma_k^n\Delta tg\left[(1-\theta_1)\frac{\eta_{ip(j,2)}^n-\eta_{ip(j,1)}^n}{L_j}+\theta_1\frac{\eta_{ip(j,2)}^{n+1}-\eta_{ip(j,1)}^{n+1}}{L_j}\right]\\&-\Delta\sigma_k^n\Delta t\left[(1-\theta_2)\frac{q_{ip(j,2),k}^n-q_{ip(j,1),k}^n}{L_j}+\theta_2\frac{q_{ip(j,2),k}^{n+1}-q_{ip(j,1),k}^{n+1}}{L_j}\right]\end{aligned} \tag{6.64}$$

式中，边界条件的离散形式可参考水平法向动量方程写出；为了简化表达，合并斜压项和水平扩散项的离散式并使用 EY 表示；节点变量插值方法可参考式(4.6)。

3．垂向动量方程的离散

先通过插值得到位于水平网格单元中心、垂向网格单元中心处的 K_{mv}，然后，垂向动量方程式(6.23c)的离散形式为($k = nv+1/2, nv-1/2,\cdots, 1+1/2$)

$$-\frac{\Delta t(K_{\mathrm{mv}})_{i,k+1}^{n}}{(D_i^n)^2\Delta\sigma_{k+1}^n}w_{i,k+3/2}^{n+1}+\left[\Delta\sigma_{i,k+1/2}^n+\frac{\Delta t(K_{\mathrm{mv}})_{i,k+1}^{n}}{(D_i^n)^2\Delta\sigma_{k+1}^n}+\frac{\Delta t(K_{\mathrm{mv}})_{i,k}^{n}}{(D_i^n)^2\Delta\sigma_{k}^n}\right]w_{i,k+1/2}^{n+1}-\frac{\Delta t(K_{\mathrm{mv}})_{i,k}^{n}}{(D_i^n)^2\Delta\sigma_{k}^n}w_{i,k-1/2}^{n+1}$$
$$=\Delta\sigma_{k+1/2}^n w_{\mathrm{bt}i,k+1/2}^{n}+\Delta\sigma_{k+1/2}^n\Delta tEZ_{i,k+1/2}^n-\left[(1-\theta_2)\frac{\Delta t}{D_i^n}(q_{i,k+1}^n-q_{i,k}^n)+\theta_2\frac{\Delta t}{D_i^n}(q_{i,k+1}^{n+1}-q_{i,k}^{n+1})\right]$$

(6.65)

4．对流项与扩散项的计算

由垂向 z 坐标系→σ 坐标系，三维点式 ELM 方法的执行流程和插值方法并未发生本质性变化。在 σ 变换之后，模型计算转化为在一个固定的盒式区域内(垂向范围为 $\sigma\in[-1,0]$)进行。因此，在 σ 坐标系下，执行 ELM 追踪应使用 σ 坐标系下的 ω 而不是 z 坐标系下的 w，同时在水平方向上仍使用水平流速分量 u、v。

由水平扩散项的 σ 变换衍生出的附加项又多又复杂，给求解带来困难。如果忽略其中部分附加项，可能使模拟出的物理场偏离真实情况[58]。Huang 和 Spaulding[15] 提出将垂向 σ 网格模型中的水平扩散项放到 z 坐标系下计算的方法：首先基于垂向 σ 网格上的三维物理场，插值得到物理场中同一高度处的变量值(称为同 z 变量)；然后，使用同 z 变量计算水平扩散项。这种方法称为半 σ 方法，优点是可使用 z 坐标系下形式简单的物理量水平梯度项的表达式进行计算。

如图 6.13，在三条垂线上的三个点 $P_1(i-1,\sigma_\xi)$、$P(i,\sigma_k)$、$P_2(i+1,\sigma_\eta)$ 位于同一高度(同 z)。这三条垂线可分别位于边的中点及边两侧单元的中心，亦可分别位于边的中点及边的两个端点。垂向 σ 坐标系下的静水一致性条件[14]定义为

$$\left|\frac{\sigma}{H}\frac{\partial H}{\partial x}\right|\Delta x\leqslant\Delta\sigma \quad 或 \quad \begin{cases}\sigma_{k-1}<\sigma_\xi<\sigma_{k+1}\\ \sigma_{k-1}<\sigma_\eta<\sigma_{k+1}\end{cases} \tag{6.66}$$

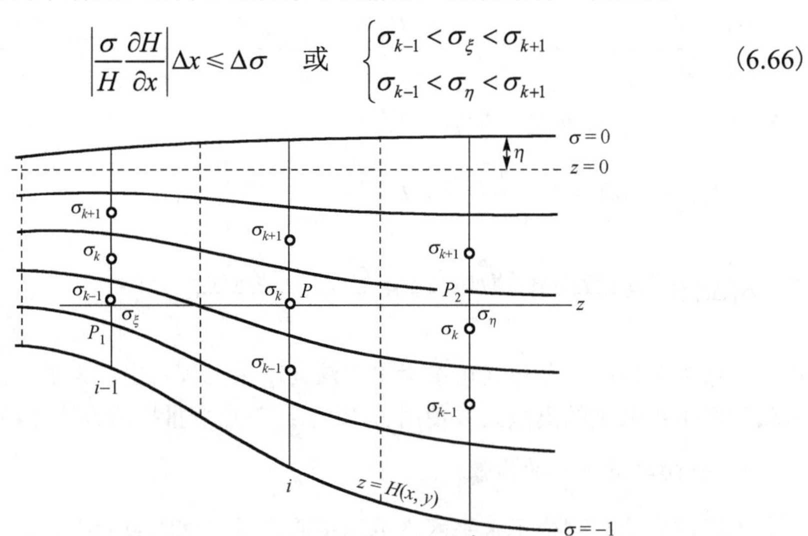

图 6.13　半 σ 化方法求解水平扩散项的示意图

使用 σ 坐标系下的三维物理场插值获取同 z 变量，两种方法如下。其一，在不满足静水一致性时，使用一阶分段线性插值；其二，在满足静水一致性时(在垂向插值范围内存在三个有效的基础数据点)，可选用高阶的 Lagrangian 插值。如图 6.13，当计算垂线 i 第 k 层中心(P 点)变量 S 的水平扩散项时，先插值获得在垂线 i−1、i+1 上与 P 点处于同一高度处 P_1、P_2 点的变量 S。满足静水一致性时(例如 P_2 点)，可以在该点所在垂线上使用 Lagrangian 插值。

在获得 P_1、P_2 点的变量 S 的值之后，使用下式计算水平扩散项：

$$Q_{xx} = K_{\text{mh}} \frac{S_{i+1}(\sigma_\eta) - 2S_i(\sigma_k) + S_{i-1}(\sigma_\xi)}{\Delta x^2} \tag{6.67}$$

式中，计算水平扩散系数 K_{mh} 可使用 Samagorinsky 方法[28]。

当 P_1 或 P_2 点位于床面以下(或水面以上)时，扩散项的计算可近似如下：

$$Q_{xx} = \begin{cases} -K_{\text{mh}} \dfrac{S_{i+1}(\sigma_k) - S_i(\sigma_\xi)}{\Delta x^2}, & \sigma_\eta < -1, \sigma_\eta > 0 \\ K_{\text{mh}} \dfrac{S_{i+1}(\sigma_\eta) - S_i(\sigma_k)}{\Delta x^2}, & \sigma_\xi < -1, \sigma_\xi > 0 \end{cases} \tag{6.68}$$

5. 动量方程离散小结

将三个方向动量方程离散方程中的显式离散项进行合并和整理，可得

$$\boldsymbol{A}_j^n \boldsymbol{U}_j^{n+1} = G_j^n - (\Delta t / \delta_j)\theta_1 g(\eta_{is(j,2)}^{n+1} - \eta_{is(j,1)}^{n+1})\Delta \boldsymbol{S}_j^n - (\Delta t / \delta_j)\theta_2 \Delta Q_x^{n+1} \Delta \boldsymbol{S}_j^n \tag{6.69a}$$

$$\boldsymbol{A}_j^n \boldsymbol{V}_j^{n+1} = F_j^n - (\Delta t / L_j)\theta_1 g(\eta_{ip(j,2)}^{n+1} - \eta_{ip(j,1)}^{n+1})\Delta \boldsymbol{S}_j^n - (\Delta t / L_j)\theta_2 \Delta Q_y^{n+1} \Delta \boldsymbol{S}_j^n \tag{6.69b}$$

$$\boldsymbol{B}_i^n \boldsymbol{W}_i^{n+1} = E_i^n - \theta_2 (\Delta t / D_i^n)\Delta Q_z^{n+1} \tag{6.69c}$$

式中，$\boldsymbol{U}_j^{n+1} = \begin{bmatrix} u_{j,nv}^{n+1} \\ u_{j,nv-1}^{n+1} \\ \cdots \\ u_{j,1}^{n+1} \end{bmatrix}$，$\boldsymbol{V}_j^{n+1} = \begin{bmatrix} v_{j,nv}^{n+1} \\ v_{j,nv-1}^{n+1} \\ \cdots \\ v_{j,1}^{n+1} \end{bmatrix}$，$\boldsymbol{W}_i^{n+1} = \begin{bmatrix} w_{i,nv+1/2}^{n+1} \\ w_{i,nv-1/2}^{n+1} \\ \cdots \\ w_{i,1+1/2}^{n+1} \end{bmatrix}$，$\Delta \boldsymbol{S}_j^n = \begin{bmatrix} \Delta\sigma_{j,nv}^n \\ \Delta\sigma_{j,nv-1}^n \\ \cdots \\ \Delta\sigma_{j,1}^n \end{bmatrix}$；水平法向和切向动量方程的离散方程具有相同的系数矩阵($\boldsymbol{A}_j$)，垂向动量方程对应的系数矩阵表示为 $\boldsymbol{B}_i$；G_j^n、F_j^n、E_i^n 分别是 x、y、z 方向动量方程的显式计算项之和；ΔQ_x^{n+1}、ΔQ_y^{n+1} 为关于动水压强水平差异的一对角矩阵；ΔQ_z^{n+1} 为关于动水压强垂向差异的向量。

与 6.2 节类似，垂向 σ 网格三维非静压模型分步求解的步骤为：先计算显式离散项获得中间解，在此基础上依次进行 u-η 耦合(静压耦合步)和 u-q 耦合(动压耦合步)计算，进而求解整个水流控制方程。这两个步骤的计算流程如下。

6.4.4 流速-压力耦合的求解

1．静压耦合步计算

在静压耦合步，忽略式(6.69a)～式(6.69c)中的动水压力梯度项的隐式离散部分，因而，算出的流速和水位均为中间解，仍使用“～”表示，例如$\tilde{u}^{n+1}$、$\tilde{v}^{n+1}$、$\tilde{w}^{n+1}$和$\tilde{\eta}^{n+1}$。去掉动水压力梯度项隐式离散部分后，动量方程离散式缩减为静压校正关系：

$$\tilde{\boldsymbol{U}}_j^{n+1}=[\boldsymbol{A}_j^n]^{-1}G_j^n-\theta_1 g\Delta t\frac{\tilde{\eta}_{i(j,2)}^{n+1}-\tilde{\eta}_{i(j,1)}^{n+1}}{\delta_j}[\boldsymbol{A}_j^n]^{-1}\Delta\boldsymbol{S}_j^n \tag{6.70a}$$

$$\tilde{\boldsymbol{V}}_j^{n+1}=[\boldsymbol{A}_j^n]^{-1}F_j^n-\theta_1 g\Delta t\frac{\tilde{\eta}_{ip(j,2)}^{n+1}-\tilde{\eta}_{ip(j,1)}^{n+1}}{L_j}[\boldsymbol{A}_j^n]^{-1}\Delta\boldsymbol{S}_j^n \tag{6.70b}$$

$$\tilde{\boldsymbol{W}}_i^{n+1}=[\boldsymbol{B}_i^n]^{-1}E_i^n \tag{6.70c}$$

与水平动量方程中水位梯度项离散相对应，采用 θ 方法离散自由水面方程式(6.20)，离散方程为(为对应的变量/向量添加“～”来表示中间解)

$$P_i\tilde{\eta}_i^{n+1}=P_i\eta_i^n-\theta_1\Delta t\sum_{l=1}^{i34(i)}s_{i,l}L_{j(i,l)}D_{j(i,l)}^n[\Delta\boldsymbol{S}_{j(i,l)}^n]^{\mathrm{T}}\tilde{\boldsymbol{U}}_{j(i,l)}^{n+1}$$
$$-(1-\theta_1)\Delta t\sum_{l=1}^{i34(i)}s_{i,l}L_{j(i,l)}D_{j(i,l)}^n[\Delta\boldsymbol{S}_{j(i,l)}^n]^{\mathrm{T}}\boldsymbol{U}_{j(i,l)}^n \tag{6.71}$$

将式(6.70a)代入到式(6.71)中实施 u-η 耦合，得到一个描述水流传播的代数方程。利用无结构网格的拓扑关系去掉方向函数，转换细节参考第 4.1.3 节。在化简和移项之后，可得到如下形式的静压耦合方程(棱柱 i)：

$$P_i\tilde{\eta}_i^{n+1}+g\theta_1^2\Delta t^2\sum_{l=1}^{i34(i)}\frac{L_{j(i,l)}}{\delta_j}D_{j(i,l)}^n[\Delta\boldsymbol{S}_{j(i,l)}^n]^{\mathrm{T}}[\boldsymbol{A}_{j(i,l)}^n]^{-1}\Delta\boldsymbol{S}_{j(i,l)}^n(\tilde{\eta}_i^{n+1}-\tilde{\eta}_{ic(i,l)}^{n+1})$$
$$=P_i\eta_i^n-\theta_1\Delta t\sum_{l=1}^{i34(i)}s_{i,l}L_{j(i,l)}D_{j(i,l)}^n[\Delta\boldsymbol{S}_{j(i,l)}^n]^{\mathrm{T}}[\boldsymbol{A}_{j(i,l)}^n]^{-1}G_{j(i,l)}^n$$
$$-(1-\theta_1)\Delta t\sum_{l=1}^{i34(i)}s_{i,l}L_{j(i,l)}D_{j(i,l)}^n[\Delta\boldsymbol{S}_{j(i,l)}^n]^{\mathrm{T}}\boldsymbol{U}_{j(i,l)}^n \tag{6.72}$$

按照该式写出 $i=1, 2,\cdots, ne$ 共计 ne 个棱柱的静压耦合代数方程，它们构成一个关于$\tilde{\eta}^{n+1}$的线性方程组。在无结构网格上，代数方程组具有一个对称正定且对角占优的稀疏矩阵。该代数方程组具有唯一解，可采用 PCG 进行迭代求解。

在求得水平网格单元中心的$\tilde{\eta}^{n+1}$后，插值获得节点水位。进而将这些水位回代到动量方程式(6.70a)、式(6.70b)，计算得到各水层的流速中间解$\tilde{u}^{n+1}$、$\tilde{v}^{n+1}$。

本节三维非静压水动力模型亦可作为静压模型使用。此时，不再计算垂向动量方程，也不继续开展后续的动压耦合步计算，而是将在静压耦合步解出的 $\tilde{\eta}^{n+1}$ 和 $\tilde{u}^{n+1}$、$\tilde{v}^{n+1}$ 作为最终计算结果，并根据连续性方程式(6.19)的离散式算出垂向流速。垂向流速的计算式为(该方法可严格保证质量守恒)

$$\tilde{\omega}_{i,k+1/2}^{n+1}=\tilde{\omega}_{i,k-1/2}^{n+1}-\frac{\Delta\sigma_k}{D_i^{n+1}}\left(\frac{\tilde{\eta}_i^{n+1}-\eta_i^n}{\Delta t}-\frac{1}{P_i}\sum_{l=1}^{i34(i)}s_{i,l}L_{j(i,l)}D_{j(i,l)}^{n+1}\tilde{u}_{j(i,l),k}^{n+1}\right) \tag{6.73}$$

式中，在当作静压模型使用时中间解就是最终结果，可将式中所有“～”去掉。

当将数学模型作为三维非静压水动力模型使用时，则需要使用式(6.70c)计算垂向动量方程并获得中间解 $\tilde{w}^{n+1}$，并进一步开展下面的动压耦合步计算。

2. 动压耦合步计算

静压耦合步计算已求出 t_{n+1} 时刻的流速中间解(静压解) $\tilde{u}^{n+1}$、$\tilde{v}^{n+1}$、$\tilde{w}^{n+1}$。将这些中间解代入式(6.70a)～式(6.70c)之后，动量方程的离散可以转化为

$$u_{j,k}^{n+1}=\tilde{u}_{j,k}^{n+1}-\theta_2\Delta t\frac{q_{i(j,2),k}^{n+1}-q_{i(j,1),k}^{n+1}}{\delta_j} \tag{6.74a}$$

$$v_{j,k}^{n+1}=\tilde{v}_{j,k}^{n+1}-\theta_2\Delta t\frac{q_{ip(j,2),k}^{n+1}-q_{ip(j,1),k}^{n+1}}{L_j} \tag{6.74b}$$

$$w_{i,k+1/2}^{n+1}=\tilde{w}_{i,k+1/2}^{n+1}-\theta_2\Delta t\frac{q_{i,k+1}^{n+1}-q_{i,k}^{n+1}}{D_i^n\Delta\sigma_{k+1/2}} \tag{6.74c}$$

式(6.74a)～式(6.74c)描述了 t_{n+1} 时刻流速、流速静压解、动水压力梯度项隐式离散部分这三者之间的连接关系，统称为动压校正关系。由此可知，当忽略了由 σ 变换所引起的动水压力项附加项后，垂向 σ、z 坐标系下的动压校正关系具有相同的形式，均十分简单。式(6.74a)、式(6.74c)应与同样简化的(去掉 σ 坐标变换附加项)的连续性方程匹配使用，即式(6.22)。对水域中的各个水层，三维连续性方程式(6.22)的 FVM 离散方程为($k=nv, nv-1,\cdots,1$)：

$$\Delta\sigma_k D_i\sum_{l=1}^{i34(i)}s_{i,l}L_j u_{j,k}-P(w_{i,k+1/2}-w_{i,k-1/2})=0 \tag{6.75}$$

垂向 σ 网格三维模型可选用前述各种水面动压边界处理方法。为简单起见，这里假定垂向网格表层单元服从静压假定(令 $q_{nv}=0$)。由于 q_{nv} 已知，表层单元的 u-q 耦合就不存在了。将式(6.74a)、式(6.74c)中 $u_{j,k}^{n+1}$、$w_{j,k}^{n+1}$ 的表达式代入式(6.75)，得到动压耦合代数方程($k=nv-1, nv-2,\cdots,1$)：

$$\theta_2 \Delta t\left[\Delta\sigma_k D_i^n \sum_{l=1}^{i34(i)} L_j \frac{q_{i,k}^{n+1} - q_{ic(i,1),k}^{n+1}}{\delta_j} + P_i\left(\frac{q_{i,k}^{n+1} - q_{i,k+1}^{n+1}}{D_i^n \Delta\sigma_{i,k+1/2}} + \frac{q_{i,k}^{n+1} - q_{i,k-1}^{n+1}}{D_i^n \Delta\sigma_{i,k-1/2}}\right)\right]$$

$$= P_i(\tilde{w}_{i,k-1/2}^{n+1} - \tilde{w}_{i,k+1/2}^{n+1}) - \Delta\sigma_k D_i^n \sum_{l=1}^{i34(i)} s_{i,l} L_j \tilde{u}_{j,k}^{n+1} \tag{6.76}$$

按照式(6.76)写出 $i=1, 2,\cdots, ne$ 和 $k=nv-1, nv-2,\cdots ,1$ 每个三维单元的动压耦合代数方程，它们构成一个关于 q 的代数方程组，维度为 $ne\times(nv-1)$。在无结构网格条件下，方程组具有一个对称正定且对角占优的稀疏矩阵。因此，该代数方程组具有唯一解，可采用 PCG 进行迭代求解。

在求得 t_{n+1} 时刻单元中心的 q^{n+1} 之后，可通过空间插值获得各个网格层各个节点的动水压强。将这些动水压强代入式(6.74a)和式(6.74b)，可计算出最终的水平流速；然后，选择使用连续性方程或垂向动量方程(任选其一)，计算垂向流速。

与第 6.2 节垂向 z 网格三维非静压模型相同，这里的垂向 σ 网格三维非静压模型也采用了压力分裂模式，求解同样分为静压耦合步和动压耦合步。这两个模型具有相同的求解流程。此外，它们还具有相同的水量守恒性、数值稳定性等特性。

6.4.5 双方程紊流模型的数值计算

对式(6.24)、式(6.25)方程右端第 1 项稍作变换，即可得到 σ 坐标系下 GLSM 双方程紊流模型的控制方程。由于关于紊动动能 K、紊动尺度变量 ψ 的输运方程均不含有对流项，可将它们作为垂向一维问题(垂向扩散问题)进行求解。

K、ψ 定义在边中点的垂线上(图 1.5)。它们在垂线上必须与 u、ρ 等交错排列以便开展计算，因而在垂向上将 K、ψ 布置在网格层面(k–1/2, k+1/2,⋯)，如图 6.1b。ELcirc 和 GTOM 在垂向上均采取上述 K、ψ 布置方式。ELcirc 在求解 K、ψ 输运方程时，先将 K^n、ψ^n 插值到垂向网格中心(k–1, k, k+1,⋯)并求解获得 t_{n+1} 时刻该位置的 K^{n+1}、ψ^{n+1}，再将它们插值到垂向网格层面处计算扩散系数；在计算 M^2、N^2 项时，需要将位于垂向网格中心的 u、ρ 插值到垂向网格层面上，再计算它们在垂向网格中心处的梯度，存在着床面的 u、ρ 值难以准确确定的问题。GTOM 直接使用交错布置在垂向上的 K、ψ 与 u、ρ 等开展计算，避免了反复插值和确定底面 u、ρ 等问题。在变量布置和双方程求解方面，这里采取 GTOM 的设计思路。

1. K 方程的离散

仿照水平动量方程中垂向扩散项的求解方法，隐式离散 K、ψ 输运方程中的垂向扩散项。紊动动能 K 的输运方程的离散形式为

$$\Delta\sigma_{k+1/2}(K_{j,k+1/2}^{n+1} - K_{\mathrm{bt}\,j,k+1/2}^{\;n}) = \frac{\Delta t}{D_j^n}\left[(\nu_K)_{j,k+1}^n \frac{K_{j,k+3/2}^{n+1} - K_{j,k+1/2}^{n+1}}{D_j^n \Delta\sigma_{k+1}} - (\nu_K)_{j,k}^n \frac{K_{j,k+1/2}^{n+1} - K_{j,k-1/2}^{n+1}}{D_j^n \Delta\sigma_k}\right]$$

$$+\Delta t\Delta\sigma_{k+1/2}[(K_{\mathrm{mv}}M^2+K_{\mathrm{hv}}N^2)/K]_{j,k+1/2}^{n}K_{j,k+1/2}^{*}-\Delta t\Delta\sigma_{k+1/2}(\varepsilon/K)_{j,k+1/2}^{n}K_{j,k+1/2}^{n+1} \quad (6.77)$$

令 $A=(K_{\mathrm{mv}}M^2+K_{\mathrm{hv}}N^2)_{j,k+1/2}^{n}$、$L=-\dfrac{\Delta t(\nu_K)_{j,k+1}^{n}}{D_j^n\Delta\sigma_{k+1}}$、$R=-\dfrac{\Delta t(\nu_K)_{j,k}^{n}}{D_j^n\Delta\sigma_k}$，则上式可写为

$$L\times K_{j,k+3/2}^{n+1}+[\Delta\sigma_{j,k+1/2}^{n}-L-R+\Delta t\Delta\sigma_{k+1/2}(\varepsilon/k)_{j,k+1/2}^{n}]K_{j,k+1/2}^{n+1}+R\times K_{j,k-1/2}^{n+1}$$
$$=\Delta\sigma_{k+1/2}K_{j,k+1/2}^{n}+\Delta t\Delta\sigma_{k+1/2}[A/K_{j,k+1/2}^{n}]K_{j,k+1/2}^{*} \quad (6.78)$$

参考 ELcirc[5]，当 $A\leqslant 0$ 时，方程右端第二项用隐式离散，$K_{j,k+1/2}^{*}=K_{j,k+1/2}^{n+1}$；当 $A>0$ 时，方程右端第二项用显式离散，$K_{j,k+1/2}^{*}=K_{j,k+1/2}^{n}$。水面和底面的边界条件分别为：$(\nu_K/D)(\partial K/\partial\sigma)|_{\mathrm{s}}=0$，$(\nu_K/D)(\partial K/\partial\sigma)|_{\mathrm{b}}=0$。

2. *ψ 方程的离散*

同理，令 $A=(c_{\psi1}K_{\mathrm{mv}}M^2+c_{\psi3}K_{\mathrm{hv}}N^2)_{j,k+1/2}^{n}$，$L=-\dfrac{\Delta t(\nu_\psi)_{j,k+1}^{n}}{D_j^n\Delta\sigma_{k+1}}$，$R=-\dfrac{\Delta t(\nu_\psi)_{j,k}^{n}}{D_j^n\Delta\sigma_k}$，关于紊动尺度变量 ψ 的输运方程的离散方程为

$$L\times\psi_{j,k+3/2}^{n+1}+[\Delta\sigma_{j,k+1/2}^{n}-L-R+\Delta t\Delta z_{j,k+1/2}^{n}(c_{\psi2}F_{\mathrm{w}}\varepsilon/K)_{j,k+1/2}^{n}]\psi_{j,k+1/2}^{n+1}+R\times\psi_{j,k-1/2}^{n+1}$$
$$=\Delta\sigma_{j,k+1/2}^{n}\psi_{j,k+1/2}^{n}+\Delta t\Delta\sigma_{j,k+1/2}^{n}[A/K_{j,k+1/2}^{n}]\psi_{j,k+1/2}^{*} \quad (6.79)$$

参考 ELcirc[5]，当 $A\leqslant 0$ 时，方程右端第二项用隐式离散，$\psi_{j,k+1/2}^{*}=\psi_{j,k+1/2}^{n+1}$；当 $A>0$ 时，方程右端第二项用显式离散，$\psi_{j,k+1/2}^{*}=\psi_{j,k+1/2}^{n}$。水面和底面的边界条件分别为[22]：$(\nu_\psi/D)(\partial\psi/\partial\sigma)|_{\mathrm{s}}=-\kappa n\nu_\psi\psi_s/l_s$，$(\nu_\psi/D)(\partial\psi/\partial\sigma)|_{\mathrm{b}}=\kappa n\nu_\psi\psi_b/l_b$。

6.5 C-D 网格三维水动力模型的特性

本节使用科氏力作用下风生流算例和盐水密度流算例，分析本章所建立的 C-D 交错网格三维非静压模型的计算精度和稳定性。

6.5.1 水平 C-D 网格模型的精度

1. *C 网格的流场噪音问题*

如图 1.4(c)所示，C 网格在单元边(控制体界面)中点仅布置水平法向流速变量，基于它的模型采用插值代替求解切向动量方程来计算水平切向流速。通过使用 MIT 海洋模型开展科氏力作用下风生流的模拟，Adcroft 等[59]指出，C 网格三维模型在某些计算工况下会产生存在噪音的计算结果。他们的模拟场景为：一个深 $H_0=400\mathrm{m}$、边长 $L=4000\mathrm{km}$ 的正方形平底容器，四周为固壁，水流在表面风应力和科氏力共同

作用下运动。定义 Rossby 曲率半径 $L_\rho = \sqrt{g'H}/f$，式中，g'为消减的重力加速度(为 0.01m/s^2)，H 为水深，f 为科氏力系数。可使用 L_ρ 与水平计算网格尺度 Δx 的比值 r 界定计算工况。基于 C 网格三维静压模型的测试，他们发现：在 $\Delta x = 200$km 时($r<1$)的低精度模拟中，计算结果存在噪音；在 $\Delta x = 20$km 时($r>1$)的高精度模拟中，计算结果无噪音。随后，Weijer 等[60]和 Ham 等[61]也报道了 C 网格的噪音问题。

C 网格三维模型产生噪音的原因：当 Δx 的尺度过大使计算网格不足以分辨 Rossby 曲率半径时，通过插值方式获得水平切向流速将在流场计算结果中产生噪音，水平网格分辨率越低，计算结果中的噪音越显著。Adcroft 等提出在 C 网格基础上增加一组 D 网格变量布置，构成 C-D 网格(图 1.4(b))，来解决 C 网格模型的噪音问题。C-D 网格的特点为：在单元边中点同时定义控制变量 u、v，通过插值获得节点压力进而求解水平切向动量方程获得切向流速。相比之下，在 C-D 网格上用于计算切向流速的切向动量方程只有部分项是由插值得到的，而在 C 网格上边中点处的切向流速直接就是由插值得到的。

2. C-D 网格模型的应用效果

使用科氏力作用下风生流算例，测试 C-D 网格三维非静压水动力模型的计算精度。为了反映动水压力可能存在的影响，计算区域大小与水深分别缩减为 $L = 400$km 和 $H_0 = 50$m，并提高网格分辨率。规定 x、y 方向分别沿纬线、经线方向，计算区域中心在 y 方向上位于北纬 45°。当地的科氏力系数 f 可近似表示为 y 的函数：

$$f = 2\mu \sin\left(\frac{\pi}{180^\circ}45^\circ + \frac{y - y_c}{R}\right) \tag{6.80}$$

式中，$\mu = 7.29\times10^{-5}$rad/s 为地球自转角速度；R 为地球半径(6357km)；y_c为区域中心的位置，由上式可算得 y_c 处的科氏力系数，$f_0 = 1.03\times10^{-4}$。

计算条件：$\Delta x = 8$km，表层 $\Delta z = 0.5$m 且往下逐层递增，$\Delta t = 5$min；在计算区域上空加载 10m/s 的正北向风；忽略床面阻力、对流及水平扩散作用，垂向涡黏性系数取 10^{-4}m^2/s；初始时刻水体静止；固壁处应用可滑移边界条件。$L_\rho = 6.86$km，$r = 2L_\rho/\Delta x = 1.71$，属于高精度模拟。分别使用 C、C-D 网格三维非静压模型开展数值试验，在计算 24 天后，两个模型的流场结果分别如图 6.14(a)、(b)。

当使用非静压模型时，即便使用高分辨率网格($\Delta x = 8$km, $r = 1.71$)，C 网格模型的计算结果仍存在噪音(表现为流速大小与方向混乱)，与前人使用静压模型所得到的结论(在高分辨率网格条件下无噪音)[59]略有不同。图 6.14(b)中周期性的规则的平面流场模拟结果表明，使用 C-D 网格代替 C 网格(使用求解切向动量方程代替插值方法计算切向流速)之后，三维非静压模型计算结果中不再含有噪音。

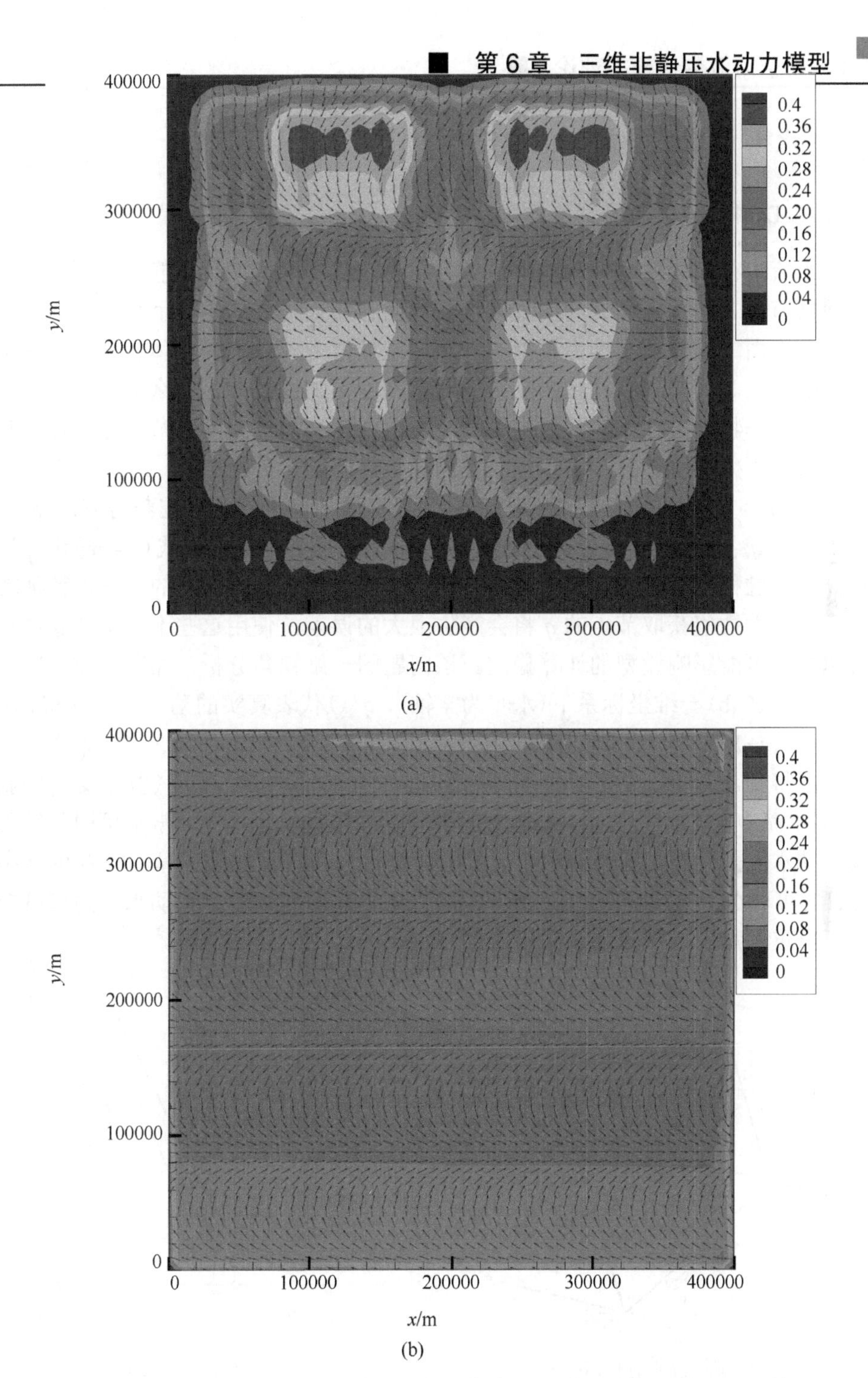

图 6.14　C、C-D 网格上水平流速分布计算结果：(a) C 网格；(b) C-D 网格
（图中的流速矢均仅表示方向，流速大小由色彩体现，单位为 m/s）

6.5.2 水平 C-D 网格模型的稳定性

1. C-D 网格模型的稳定性问题

当水流中存在强非线性的动水压力分布时，C-D 网格三维非静压模型由于需要进行网格节点 q 的插值和切向动量方程计算而容易失稳。在曾流行的 Godunov 类方法一维、平面二维显式水动力模型中，可通过插值方式重构控制体界面状态变量来构建二阶算法。如果对重构状态变量的插值梯度不加以限制，那么建立的二阶算法就可能产生非物理振荡，甚至引起失稳。在 C-D 网格上进行网格节点 q 的插值和边的切向动水压力梯度计算，亦存在类似的稳定性问题，分析如下。

如图 6.15，使用 x-y、虚线分别表示全局、边局部坐标系。在获得节点 P_1、P_2 的动水压强 $q_{P1,k}$、$q_{P2,k}$ 后，可算出边 S_0 的切向动水压力梯度并按式(6.44b)进行流速校正。这个过程一般是可行和稳定的。但当水流中动水压力分布的非线性特征较强时，通过线性插值获取节点的 q 将会产生很大的误差，使用这些不准确的 q 进行切向流速校正可能影响模型的计算稳定。该问题的一维视角分析，如图 6.15(b)。

在图 6.15(b)一维坐标系下(水平为 x 轴)，$q(x)$代表真实的动水压强分布。单元中心(i–1, i, i+1,…)的 q 由动压耦合方程组解出，节点(i–1/2, i+1/2,…)的 q 由单元中心值插值得到。基于 $q_{i-1/2}$、$q_{i+1/2}$ 可算出 x_i 位置处的动水压力梯度(由直线 l_A 的斜率代表)。水流中存在的物理量(流速、压力、浓度等)的物理间断，常常可引起较强的非线性动水压力分布。在水流中，$q(x)$的非线性分布特征越强，算出的 l_A 的斜率与 x_i 处的真实动水压力梯度(l_B 的斜率)差别就较大，就可能出现“动水压力过度校正或校正严重不足”等现象，产生丧失物理意义的切向流速数值解。

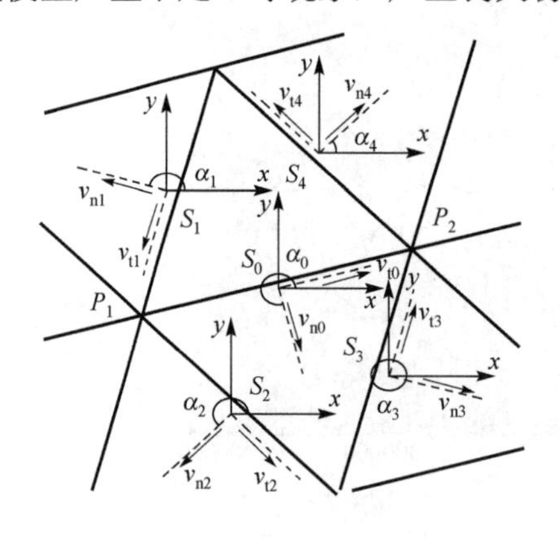

(a) 无结构网格上节点动水压强插值

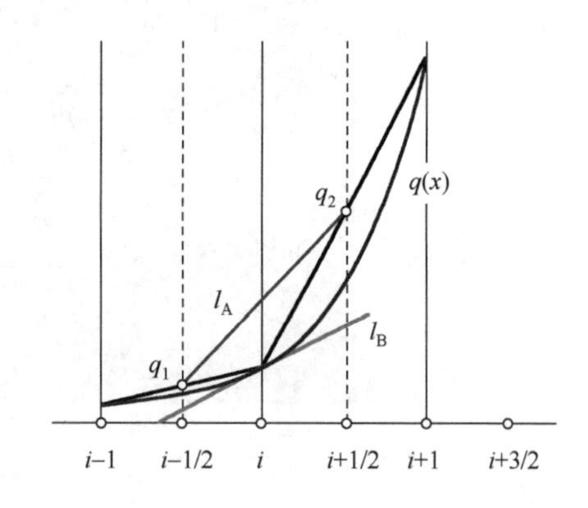

(b) 不稳定问题的一维分析

图 6.15 C-D 网格上动水压力三维水动力模型的稳定性分析

2. C-D 网格插值的稳定性限制器

与 C-D 网格模型相比，C 网格三维非静压模型不求解切向动量方程，虽然容易产生噪声，但并不存在 C-D 网格模型的稳定性问题。C 网格模型中，可采用如下方法插值边的切向流速。如图 6.15(a)，边 S_0 两侧单元还拥有边 S_1、S_2、S_3、S_4，所有这些边的法向流速均由法向动量方程解出。C 网格上，可假定边 S_0 周围流场均匀分布，以边 S_0～S_4 的法向流速为基础分别插值得到边 S_0 的切向流速(v_{t0})。C 网格上边的切向流速插值不受其他变量分布的影响，是直接和稳定的；同时，在插值时来考虑边周围流场非均匀性的影响，这也限制了边的切向流速的插值精度。

C 网格三维非静压模型计算精度较差但稳定性较好，C-D 网格模型则与之相反。以图 6.15(a)为例，根据流场的连续变化原则，边 S_0 的水平流速应界于其周围边(S_1～S_4)的水平流速之间。分别基于边 S_1～S_4 的数据进行插值可获得边 S_0 的切向流速序列，其中的最大、最小流速值分别使用 $v_{t0,\max}$、$v_{t0,\min}$ 表示。使用 $v_{t0,\max}$、$v_{t0,\min}$ 作为 C-D 网格模型切向流速的限制器，即可克服 C-D 网格模型前述的不稳定问题。

$$v_{t0} = \min[\max(v_{t0}, v_{t0,\min}), v_{t0,\max}] \tag{6.81}$$

在遇到强非线性的动水压力分布时，式(6.81)的限制可使 C-D 网格模型切向流速的计算结果自动降低到 C 网格模型的计算精度，从而保证计算稳定。

3. 稳定性限制器的应用效果

使用开闸式盐水密度流试验，对加载稳定限制器后的 C-D 网格三维非静压模型进行测试。初始时刻，两种不同密度的液体被挡板隔开，一旦挡板被撤离，两种液体将夹着一个等浓度界面分别在表层和底层相向运动，称为开闸式密度流。这里使用两种具有相同温度(3.98°C，纯水密度约 1.0×10^3kg/m^3)和不同盐度(左边 $S = 37.7$，右边 $S = 0$)的水体。将它们盛放在长 2m 的方形容器中，水深 0.3m，在中间用挡板相隔。由国际海水状态方程 EOS80[5]可知，含盐水体相对密度为 1.0299。

采用 $\Delta x = \Delta y = 0.02$m、$\Delta z = 0.01$m 的网格剖分计算区域，$\Delta t = 0.01$s。初始时刻全水域静止，水面平坦。忽略床面阻力、对流、扩散等作用的影响。计算得到 $t = 4$s 时的密度流纵剖面及流动空间中的流场分别见图 6.16 和图 6.17。

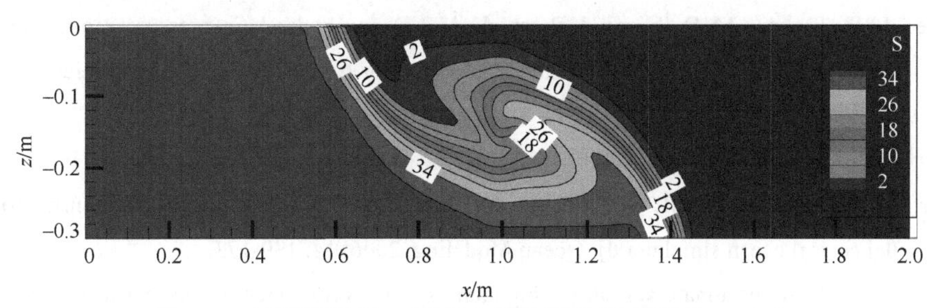

图 6.16 密度流运行 4s 时刻盐度纵剖面(盐度单位：g/kg)

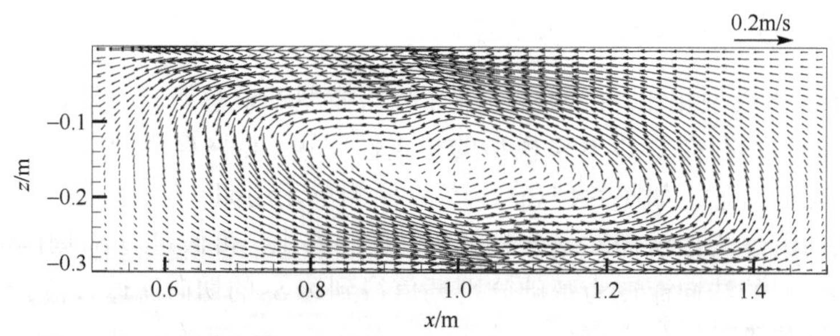

图 6.17　密度流运行 4s 时刻纵剖面内的流场结构($x = 0.5\sim1.5$m)

本例中的密度流运动虽然不存在解析解，但其流动特征(头部形态和运行速度)常被用来分析或检验数学模型的模拟能力。模拟的 $t = 4$s 时的盐度 $S = 1$ 的等值线与底板相交于 1.465m 处，异重流头部呈圆形，这与文献[1]三维非静压模型的模拟结果基本相同(从该文献插图中量出的异重流底部前行距离约为 0.47m)。

参考文献

[1] Casulli V, Zanolli P. Semi-implicit numerical modeling of nonhydrostatic free-surface flows for environmental problems[J]. Mathematical and computer modeling, 2002, 36(9-10): 1131-1149.

[2] WL|Delft Hydraulics. Delft3D-FLOW User Manual, Version 3.13[M]. Delft, 2006: 638.

[3] Blumberg A F. A Primer for ECOMSED[M]. United States: Technical Report of Hydroqual, 2002, 1-188.

[4] Tetra Tech, Inc. Theoretical and computational aspects of sediment and contaminant transport in EFDC[J]. A report to the U. S. Environmental Protection Agency, Fairfax, VA, 2002.

[5] Zhang Y L, Baptista A M, Myers E P. A cross-scale model for 3D baroclinic circulation in estuary-plume-shelf systems: I. Formulation and skill assessment[J]. Continental Shelf Research, 2004, 24(18): 2187-2214.

[6] Pietrzak J, Jakobson J B, Burchard H, et al. A three-dimensional hydrostatic model for coastal and ocean modelling using a generalised topography following coordinate system[J]. Ocean Modelling, 2002, 4: 173-205.

[7] Lee J W, Teubner M D, Nixon J B, et al. A 3-D non-hydrostatic pressure model for small amplitude free surface flows[J]. International Journal for Numerical Methods in Fluids, 2006, 50: 649-672.

[8] 李炜. 水力学[M]. 武汉: 武汉水利电力大学出版社, 2000.

[9] Fringer O B, Gerritsen M, Street R L. An unstructured-grid, finite-volume, non-hydrostatic, parallel coastal ocean simulator[J]. Ocean Modeling, 2006, 14: 139-173.

[10] Phillips N A. A coordinate system having some special advantages for numerical forecasting[J].

Journal of Meteorology, 1957, 14: 184 - 185.

[11] Chen C S, Liu H D, Robert C, et al. An unstructured grid, finite-volume, three-dimensional, primitive equations ocean model: application to coastal ocean and estuaries[J]. Journal of Atmospheric and Oceanic Technology, 2003, 20: 159-186.

[12] Haney R L. On the pressure gradient force over steep topography in sigma-coordinate ocean models[J]. Journal of Physical Oceanography, 1991, 21: 610-619.

[13] Mellor G L, Ezer T, Oey L Y. The pressure gradient conundrum of sigma coordinate ocean models[J]. Journal of Atmospheric and Oceanic Technology, 1994, 11(4): 1126-1134.

[14] Beckmann A, Haidvogel D B. Numerical simulation of flow around a tall isolated seamount. Part I: Problem formulation and model accuracy[J]. Journal of Physical Oceanography, 1993, 23: 1736-1753.

[15] Huang W, Spaulding M. Reducing horizontal diffusion errors in sigma-coordinate coastal ocean models with a second order Lagrangian-interpolation finite-difference scheme[J]. Ocean Engineering, 2002, 29(5): 495-512.

[16] Lin P, Li C W. A σ-coordinate three-dimensional numerical model for surface wave propagation[J]. International Journal for Numerical Methods in Fluids, 2002, 38(11): 1045-1068.

[17] Berntsen J, Xing J, Alendal G. Assessment of non-hydrostatic ocean models using laboratory scale problems[J]. Continental Shelf Research, 2006, 26: 1433-1447.

[18] Mellor G L, Yamada T. A hierarchy of turbulence closure models for planetary boundary layers[J]. Journal of the Atmospheric Sciences, 1974, 31: 1791-1806.

[19] Jones W P, Launder B E. The prediction of laminarization with a two-equation model of turbulence[J]. International Journal of Heat and Mass Transfer, 1972, 15: 301-314.

[20] Kolmogorov A N. Equations of turbulent motion of an incompressible fluid[J]. Doklady Akademii Nauk Sssr, 1941, 30(6): 299-303.

[21] Umlauf L, Burchard H. A generic length-scale equation for geophysical turbulence models[J]. Journal of Marine Research, 2003, 6 (12): 235-265.

[22] Warner J C, Sherwood C R, Arango H G, et al. Performance of four turbulence closure models implemented using a generic length scale method[J]. Ocean Modeling, 2005, 8: 81-113.

[23] Kantha L H, Clayson C A. An improved mixed layer model for geophysical applications[J]. Journal of Geophysical Research, 1994, 99: 25235-25266.

[24] Galperin B, Kantha L H, Hassid S, et al. A quasi-equilibrium turbulent energy model for geophysical flows[J]. Journal of the Atmospheric Sciences, 1988, 45: 55-62.

[25] Mellor G L, Yamada T. Development of a turbulence closure model for geophysical fluid problems[J]. Review of Geophysics: Space Physics, 1982, 20: 851-875.

[26] Canuto V M, Howard A, Cheng Y, et al. Ocean turbulence I: one-point closure model -

Momentum and heat vertical diffusivities[J]. Journal of Physical Oceanography, 2001, 31: 1413-1426.

[27] Pacanowski R C, Philander S G H. Parameterization of vertical mixing in numerical models of tropical oceans[J]. Journal of Physical Oceanography, 1981, 11: 1443-1451.

[28] Smagorinsky J. General circulation experiments with the primitive equations I : The basic experiment[J]. Monthly Weather Review, 1963, 91: 99-164.

[29] Ouillon S, Dartus D. Three-dimensional computation of flow around groyne[J]. Journal of Hydraulic Engineering, 1997, 123(11): 962-970.

[30] Deponti A, Pennat V, Biase L E. A fully 3D finite volume method for incompressible Navier-Stokes equations[J]. International Journal of Numerical Methods in Fluids, 2006, 52: 617-638.

[31] Yuan H L, Wu C H. A two-dimensional vertical non-hydrostatic model with an implicit method for free-surface flows[J]. International Journal of Numerical Methods in Fluids, 2004, 44: 811-835.

[32] Choi S U, Garcia M H. k-ε turbulence modeling of density currents developing two dimensionally on a slope[J]. Journal of Hydraulic Engineering, 2002, 128 (1): 55-63.

[33] Dimou K. 3-D hybrid Eulerian-Lagrangian/particle tracking model for simulating mass transport in coastal water bodies[D]. Cambridge, MA: Massachusetts Institute of Technology, 1992.

[34] Hu D C, Zhang H W, Zhong D Y. Properties of the Eulerian-Lagrangian method using linear interpolators in a three dimensional shallow water model using z-level coordinates[J]. International Journal of Computational Fluid Dynamic, 2009, 23(3): 271-284.

[35] Casulli V, Stelling G S. Numerical simulation of 3D quasi-hydrostatic, free-surface flows[J]. Journal of Hydraulic Engineering, 1998: 124(7): 678-686.

[36] Marshall J, Hill C, Perelman L, et al. Hydrostatic, quasi-hydrostatic, and nonhydrostatic ocean modeling[J]. Journal of Geophysical Research, 1997, 102: 5733-5752.

[37] Jankowski J A. A non-hydrostatic model for free surface flows[D]. Hannover: Hannover University, 1999.

[38] Li B, Fleming C A. Three-dimensional model of Navier-Stokes equations for water waves[J]. Journal of Waterway, Port, Coastal and Ocean Engineering, 2001, 127 (1): 16-25.

[39] Namin M M, Lin B, Falconer R A. An implicit numerical algorithm for solving non-hydrostatic free-surface flow problems[J]. International Journal for Numerical Methods in Fluids, 2001, 35(3): 341-356.

[40] Chen X. A fully hydrodynamic model for three-dimensional, free-surface flows[J]. International Journal for Numerical Methods in Fluids, 2003, 42(9): 929-952.

[41] Mahadevan A, Oliger J, Street R. A nonhydrostatic mesoscale ocean model. Part II: numerical

implementation[J]. Journal of Physical Oceanography, 1996, 26(9): 1881-1900.

[42] Wu C H, Yuan H L. Efficient non-hydrostatic modelling of surface waves interacting with structures[J]. Applied Mathematical Modelling, 2007, 31: 687-699.

[43] Hu D C, Zhong D Y, Wang G Q, et al. A semi-implicit three-dimensional numerical model for non-hydrostatic pressure free-surface flows on an unstructured, sigma grid[J]. International Journal of Sediment Research, 2013, 28(1): 77-89.

[44] Stelling G S, Zijlema M. An accurate and efficient finite-difference algorithm for non-hydrostatic free-surface flow with application to wave propagation[J]. International Journal for Numerical Methods in Fluids, 2003, 43: 1-23.

[45] Zijlema M, Stelling G, Smit P. SWASH: An operational public domain code for simulating wave fields and rapidly varied flows in coastal waters[J]. Coastal Engineering, 2011, 58(10): 992-1012.

[46] Cui H, Pietrzak J, Stelling G. Improved efficiency of a non-hydrostatic, unstructured grid, finite volume model[J]. Ocean Modelling, 2012, 54: 55-67.

[47] Bai Y, Cheung K F. Dispersion and nonlinearity of multi-layer non-hydrostatic free-surface flow[J]. Journal of Fluid Mechanics, 2013, 726: 226-260.

[48] Pan W, Kramer S C, Piggott M D. A σ-coordinate non-hydrostatic discontinuous finite element coastal ocean model[J]. Ocean Modelling, 2021, 157: 101732.

[49] Yuan H L, Wu C H. An implicit 3D fully non-hydrostatic model for free-surface flows[J]. International Journal for Numerical Methods in Fluids, 2004, 46: 709-733.

[50] 吴宋仁. 海岸动力学[M]. 北京: 人民交通出版社, 2000.

[51] 陶文铨. 数值传热学[M]. 2 版. 西安: 西安交通大学出版社, 2001.

[52] Young C C, Wu C H, Kuo J T, et al. A higher-order sigma-coordinate non-hydrostatic model for nonlinear surface waves[J]. Ocean Engineering, 2007, 34: 1357-1370.

[53] Kocyigit M B, Falconer R A, Lin B. Three-dimensional numerical modelling of free surface flows with non-hydrostatic pressure[J]. International Journal for Numerical Methods in Fluids, 2002, 40(9): 1145-1162.

[54] Kanarska Y, Maderich V. A non-hydrostatic numerical model for calculating free-surface stratified flows[J]. Ocean Dynamics, 2003, 53: 176-185.

[55] Heggelund Y, Vikeb F, Berntsen J, et al. Hydrostatic and non-hydrostatic studies of gravitational adjustment over a slope[J]. Continental Shelf Research, 2004, 24(18): 2133-2148.

[56] Kanarska Y, Shchepetkin A, McWilliams J C. Algorithm for non-hydrostatic dynamics in the Regional Oceanic Modeling System[J]. Ocean Modelling, 2007, 18: 143-174.

[57] Bradford S F. Godunov-based model for nonhydrostatic wave dynamics[J]. Journal of Waterway, Port, Coastal and Ocean Engineering, 2005, 131(5): 226-238.

[58] Mellor G L, Blumberg A F. Modeling vertical and horizontal diffusivities with the sigma

coordinate system[J]. Monthly Weather Review, 1985, 113: 1379-1383.

[59] Adcroft A, Hill C, Marshall J. A new treatment of the Coriolis terms in C-grid models at both high and low resolution[J]. Monthly Weather Review, 1999, 127: 1928-1936.

[60] Weijer W, Dijkstra H A, Oksuzoglu H, et al. A fully-implicit model of the global ocean circulation[J]. Journal of Computational Physics, 2003, 192: 452-470.

[61] Ham D A, Pietrzak J, Stelling G S. A scalable unstructured grid 3-dimensional finite volume model for the shallow water equations[J]. Ocean Modelling, 2005, 10: 153-169.

第 7 章　三维河流数学模型及数值试验

在上一章三维水动力模型基础上，探究用于求解三维物质输运的通量式 ELM 算法，进而建立三维河流数学模型并开展数值模拟试验。试验结果表明，所研发的模型能准确模拟急流爬坡、趋孔水流、丁坝扰流、弯道环流等强三维性自由表面水流及典型的河流过程(河道纵横断面泥沙浓度场、异重流、局部河床冲刷等)。高分辨率网格江湖河网模型模拟 1 年的非恒定水流及物质输运过程耗时 3～6 天，标志着大型浅水流动系统整体精细三维数值模拟已初步达到可实用化的水平。

7.1　大时间步长三维物质输运模型

迄今为止，对于大型浅水流动系统内溶解质、泥沙等的非恒定输移及伴随过程，开展整体精细三维数值模拟还鲜有报道。源于三维对流物质输运解法在性能上的限制，是导致该领域发展缓慢的主要原因之一。本节介绍垂向 z、σ 网格三维物质输运模型的控制方程、模型架构和几种常用的大时间步长对流物质输运解法。

7.1.1　三维物质输运方程与边界条件

与一、二维模型类似，三维物质输运模型的控制方程仍为带源项的对流-扩散方程，它可被用于描述地表水流中温度、盐度、污染物、泥沙等的输移。

1. 垂向 z 坐标系三维物质输运方程

在笛卡儿坐标系(x^*, y^*, z^*, t^*)下，守恒形式三维物质输运方程为

$$\frac{\partial C}{\partial t^*}+\frac{\partial(uC)}{\partial x^*}+\frac{\partial(vC)}{\partial y^*}+\frac{\partial[(w-w_s)C]}{\partial z^*}=\frac{\partial}{\partial z^*}\left(K_v\frac{\partial C}{\partial z^*}\right)+K_h\left(\frac{\partial^2 C}{\partial x^{*2}}+\frac{\partial^2 C}{\partial y^{*2}}\right)+S_0 \tag{7.1}$$

式中，u、v、w 分别为水平 x^*、y^*和垂向 z^*方向上的流速分量，m/s；C 为物质浓度，kg/m^3；w_s 为水流中物质的沉速，m/s，溶解质的 w_s 一般为 0；K_v、K_h 分别为垂向和水平扩散系数，m^2/s；S_0 为描述物质生产或消亡的源项，$kg/(m^2s)$。

在河流输沙过程中，水流与河床之间不断发生泥沙交换，这是泥沙输运方程中源项的本质。河床冲刷时产生正的源项，泥沙从水流中沉降到河床上时产生负的源项。三维泥沙输移计算特殊之处在于：源项体现在水-河床交界处的河床边界条件之中，而不是像水环境模拟中的物理化学反应发生在三维水域空间内部。

一般认为水流与河床的悬移质交换，发生在床面推移质运动层(厚度用 δ 表示)的顶面。在那里，垂向紊动扩散、泥沙沉降引起穿过床面的净通量(E_b–D_b)[1-4]。根据通量平衡关系，三维悬移质泥沙输运方程的河床边界条件可表达为

$$\left[K_v\frac{\partial C}{\partial z^*}+w_s C\right]_b=E_b-D_b \tag{7.2}$$

式中，D_b、E_b 分别表示从水流中沉降到河床上、从河床侵蚀上扬的泥沙通量。穿过水流与河床交界面的净通量 $E_b-D_b>0$ 时，表示河床冲刷、水体浓度增加。

2. *垂向 σ 坐标系三维物质输运方程*

在 σ 坐标系下 (x, y, σ, t)，三维物质输运方程为(水平扩散项未展开)

$$\frac{\partial C}{\partial t}+\frac{\partial (uC)}{\partial x}+\frac{\partial (vC)}{\partial y}+\frac{\partial[(\omega-\omega_s)C]}{\partial \sigma}=\frac{1}{D}\frac{\partial}{\partial \sigma}\left(\frac{K_v}{D}\frac{\partial C}{\partial \sigma}\right)+K_h\left(\frac{\partial^2 C}{\partial x^{*2}}+\frac{\partial^2 C}{\partial y^{*2}}\right)+S_0 \tag{7.3}$$

式中，ω_s 为 σ 坐标系下物质的沉速。对于温度、盐度、污染物等溶解质，$\omega_s=0$，穿过水面、床面的通量均为 0，输运方程在水面、河床的边界条件分别为

$$\left[\frac{K_v}{D}\frac{\partial C}{\partial \sigma}+\omega_s C\right]_{水面}=0, \quad \left[\frac{K_v}{D}\frac{\partial C}{\partial \sigma}+\omega_s C\right]_{床面}=0 \tag{7.4}$$

在泥沙输移计算中，$\omega_s \neq 0$。如果采用分组法描述非均匀沙，对于每一分组泥沙均需求解一个带源项的对流-扩散方程，来描述它们在水流中的输运过程。第 ks 组泥沙的输运方程为($ks=1, 2,\cdots, N_s$，其中为 N_s 泥沙分组数量)

$$\frac{\partial C_{ks}}{\partial t}+u\frac{\partial C_{ks}}{\partial x}+v\frac{\partial C_{ks}}{\partial y}+(\omega-\omega_{s,ks})\frac{\partial C_{ks}}{\partial \sigma}=\frac{1}{D}\frac{\partial}{\partial \sigma}\left(\frac{K_v}{D}\frac{\partial C_{ks}}{\partial \sigma}\right)+K_h\left(\frac{\partial^2 C_{ks}}{\partial x^{*2}}+\frac{\partial^2 C_{ks}}{\partial y^{*2}}\right) \tag{7.5}$$

式中，C_{ks} 为第 ks 分组泥沙的浓度，kg/m^3；$\omega_{s,ks}$ 为 σ 坐标系下第 ks 分组泥沙的动水沉速。非均匀沙输运方程的河床边界条件为

$$\left[K_v\frac{1}{D}\frac{\partial C_{ks}}{\partial \sigma}+D\omega_{s,ks}C_{ks}\right]_{床面}=E_{b,ks}-D_{b,ks} \tag{7.6}$$

3. *分层积分的对流方程*(laryer integrated advection equation，LIAE)

物质输运模型的性能与对流项解法密切相关。浅水流动系统中，垂向对流运动尺度与水平相比一般很小，与垂向对流有关的 CFL 稳定限制可以忽略。依据对流物质输运的水平、垂向尺度不同，可采用水平和垂向分开的方式来计算对流项，以最大限度地达到稳定、准确和高效。垂向 σ 网格能较好地贴合不平坦且不断变化的自由水面与河床，非常适合于三维河流数值模拟，尤其是河床演变模拟。在此背景下，σ 坐标系下分层积分形式的三维对流输运方程获得了广泛的应用[5]。

将对流输运方程在 σ 坐标系下的一个分层范围$[\sigma_{k-1/2}, \sigma_{k+1/2}]$进行积分，得到

$$\int_{\sigma_{k-1/2}}^{\sigma_{k+1/2}}\left(\frac{\partial C}{\partial t}\right)\mathrm{d}\sigma+\int_{\sigma_{k-1/2}}^{\sigma_{k+1/2}}\left(\frac{\partial uC}{\partial x}\right)\mathrm{d}\sigma+\int_{\sigma_{k-1/2}}^{\sigma_{k+1/2}}\left(\frac{\partial vC}{\partial y}\right)\mathrm{d}\sigma+[\omega C]_{\sigma_{k+1/2}}-[\omega C]_{\sigma_{k-1/2}}=0 \tag{7.7}$$

使用 Leibniz 定理[5]变换式(7.7)中各物理项的微分和积分的次序，可得

$$\int_{\sigma_{k-1/2}}^{\sigma_{k+1/2}}\left(\frac{\partial C}{\partial t}\right)\mathrm{d}\sigma=\frac{\partial}{\partial t}\int_{\sigma_{k-1/2}}^{\sigma_{k+1/2}}C\mathrm{d}\sigma-\left[C\frac{\partial\sigma}{\partial t}\right]_{\sigma_{k+1/2}}+\left[C\frac{\partial\sigma}{\partial t}\right]_{\sigma_{k-1/2}} \tag{7.8a}$$

$$\int_{\sigma_{k-1/2}}^{\sigma_{k+1/2}}\left(\frac{\partial uC}{\partial x}\right)\mathrm{d}\sigma=\frac{\partial}{\partial x}\int_{\sigma_{k-1/2}}^{\sigma_{k+1/2}}uC\mathrm{d}\sigma-\left[uC\frac{\partial\sigma}{\partial x}\right]_{\sigma_{k+1/2}}+\left[uC\frac{\partial\sigma}{\partial x}\right]_{\sigma_{k-1/2}} \tag{7.8b}$$

$$\int_{\sigma_{k-1/2}}^{\sigma_{k+1/2}}\left(\frac{\partial vC}{\partial y}\right)\mathrm{d}\sigma=\frac{\partial}{\partial y}\int_{\sigma_{k-1/2}}^{\sigma_{k+1/2}}vC\mathrm{d}\sigma-\left[vC\frac{\partial\sigma}{\partial y}\right]_{\sigma_{k+1/2}}+\left[vC\frac{\partial\sigma}{\partial y}\right]_{\sigma_{k-1/2}} \tag{7.8c}$$

应用式(7.8)及式(6.16)，即可得到分层积分的对流方程(LIAE)[5]：

$$\frac{\partial}{\partial t}\int_{\sigma_{k-1/2}}^{\sigma_{k+1/2}}C\mathrm{d}\sigma+\frac{\partial}{\partial x}\int_{\sigma_{k-1/2}}^{\sigma_{k+1/2}}uC\mathrm{d}\sigma+\frac{\partial}{\partial y}\int_{\sigma_{k-1/2}}^{\sigma_{k+1/2}}vC\mathrm{d}\sigma+\left[\frac{wC}{D}\right]_{\sigma_{k+1/2}}-\left[\frac{wC}{D}\right]_{\sigma_{k-1/2}}=0 \tag{7.9}$$

7.1.2　垂向 z 网格三维物质输运模型

使用水平无结构、垂向 z 网格剖分三维计算区域。控制变量布置如图 1.5 和图 6.1，物质浓度控制变量 C 在水平方向和在垂向上均定义在单元中心。这里介绍一种垂向 z 网格三维物质输运模型，它采用亚循环有限体积法(SCFVM)和亚网格技术(可描述不平坦河床、水面及其变化)进行数值离散和求解。

1．三维物质输运模型的 SCFVM 解法

SCFVM[3]引入亚循环分步求解物质输运方程，使得物质输运模型允许 CFL>1 的大时间步长。在亚循环中，Δt 被等分为 N 个时长为 $\Delta\tau$ 的小段(N 一般取决于对流作用的强弱)。将第 $k\tau$ 分步的起始、终止时刻分别表示为 $t1=(k\tau-1)\Delta\tau$、$t2=k\tau\Delta\tau$，$k\tau=1, 2,\cdots, N$。将定义在单元 i,k(控制体 i,k)中心的物质浓度控制变量表示为 $C_{i,k}$；将位于控制体各界面中心的物质浓度表示为 $C_{i,k\pm1/2}$、$C_{j(i,l),k}$，可使用界面两侧单元中心的物质浓度和迎风插值方法，获得控制体界面的物质浓度。

在亚循环的第 $k\tau$ 分步，物质输运方程的离散形式为($k=m, m+1,\cdots, M$)

$$\begin{aligned}&\Delta z_{i,k}^{n+t2/\Delta t}C_{i,k}^{n+t2/\Delta t}-\Delta\tau\left[w_{\mathrm{s}}C_{i,k+1/2}^{n+t2/\Delta t}+(K_{\mathrm{v}})_{i,k+1/2}^{n}\frac{C_{i,k+1}^{n+t2/\Delta t}-C_{i,k}^{n+t2/\Delta t}}{\Delta z_{i,k+1/2}^{n+t1/\Delta t}}\right]\\&+\Delta\tau\left[w_{s}C_{i,k-1/2}^{n+t2/\Delta t}+(K_{\mathrm{v}})_{i,k-1/2}^{n}\frac{C_{i,k}^{n+t2/\Delta t}-C_{i,k-1}^{n+t2/\Delta t}}{\Delta z_{i,k-1/2}^{n+t1/\Delta t}}\right]\\&=\Delta z_{i,k}^{n+t1/\Delta t}C_{i,k}^{n+t1/\Delta t}-\Delta\tau[w_{i,k+1/2}^{n+t1/\Delta t}C_{i,k+1/2}^{n+t1/\Delta t}-w_{i,k-1/2}^{n+t1/\Delta t}C_{i,k-1/2}^{n+t1/\Delta t}]\end{aligned}$$

$$+\frac{\Delta\tau}{P_i}\sum_{l=1}^{i34(i)}\left\{s_{i,l}L_{j(i,l)}\Delta z_{j(i,l),k}^{n+t1/\Delta t}\left[\left[K_{\mathrm{h}}\right]_{j(i,l),k}^{n}\frac{C_{i[j(i,l),2],k}^{n+t1/\Delta t}-C_{i[j(i,l),1],k}^{n+t1/\Delta t}}{\delta_{j(i,l)}}-u_{j(i,l),k}^{n+t1/\Delta t}C_{j(i,l),k}^{n+t1/\Delta t}\right]\right\} \tag{7.10}$$

式中，方程左边 $t2$ 时刻的 $C_{i,k\pm1/2}$ 使用 $t1$ 时刻的变量和迎风插值获取(在表面和床面使用边界条件替换中括号离散式)；方程右边的 C 均为分步初始($t1$ 时刻)的已知变量值。在亚循环的每个分步，类比于动量方程垂向扩散项的计算方法，上述离散的物质输运方程在重线上也可整理成一个具有三对角矩阵的线性方程组。

在水流与物质输运的非耦合求解方式下，单个 Δt 内物质输运模型求解在水流模型求解之后，前者在后者已求出的水流信息基础上进行。在物质输运模型亚循环的每个分步，首先，通过迎风插值获得单元(i,k)各个界面的物质浓度；然后，使用式(7.10)更新单元中心的物质浓度；接着，重复前两步计算直到亚循环结束；最终，获得 t_{n+1} 时刻单元中心的物质浓度。上述三维 SCFVM 具有守恒、迎风等特点，其中的亚循环能有效地缓解 CFL 稳定条件对计算时间步长的限制。

2．垂向 z 网格的亚网格处理技术

如第 6.2.1 节，对于水面与床面附近的半湿垂向单元，传统 z 网格通常定义一个临界水层厚度并用它来界定整个垂向单元的干湿状态及是否参加模型计算。使用亚网格的 z 网格[9]，在半湿垂向单元内部，将有水部分定义为一个湿的亚网格，并让它参加模型计算。传统 z 网格的缺点是只对整个垂向单元进行干湿标记(非干即湿)，所描述的地形常呈台阶形态而失真，这将对计算产生较大扰动并使其精度不高；在用于河床冲淤模拟时，不能实时反映真实河床的位置及其变化对水沙输运的影响，如图 7.1(a)。采用高分辨率垂向网格[8]固然可改善网格贴合地形的程度，但将大幅增加计算量。使用亚网格实时记录水域表层和底层单元的编号 M、m 及厚度(图 7.1(b))，使 z 网格能够描述水面和床面的真实位置、实时贴合变化的垂向水域、反映河床冲淤对水沙输运的影响，具有较高的计算精度。

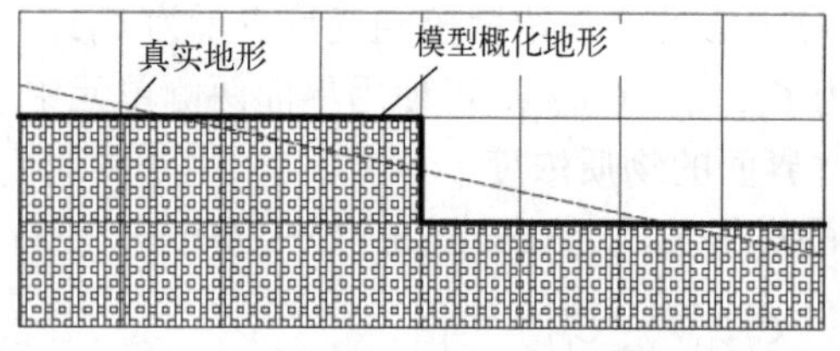

(a) 传统的z网格

(b) 基于亚网格的z网格

图 7.1　两种 z 坐标网格所代表的地形

然而，当使用亚网格跟踪河床升降时，用于实时追踪垂向河床边界的最底层亚网格将可能变成一个垂向尺度极小的单元，如图 7.1(b)。亚网格尺度过小将极易引起对流项、床面泥沙源项等的计算失稳，进而限制物质输运模型的时间步长。下面的网格融合技术可解决由极小亚网格所引起的计算失稳问题。

当水平方向与垂向网格分开布置时，同一水柱中垂向各层的单元在平面上的形状和大小是完全相同的。当水柱 i 最底层单元 m 的垂向尺度小于一个给定的临界值时，将单元 m 与其上的单元 $m+1$ 进行融合，所得到的单元使用“⊕”标识。单元⊕的垂向厚度等于单元 m 与 $m+1$ 之和，按二者的垂向厚度进行加权平均得到单元⊕的平均泥沙浓度及其侧面的流速、泥沙浓度等。对于最底层单元⊕，泥沙输运方程的离散形式可由式(7.10)类推得到(已应用泥沙床面边界条件)：

$$
\begin{aligned}
&\Delta z_{i,\oplus}^{n+t2/\Delta t} C_{i,\oplus}^{n+t2/\Delta t} - \Delta\tau\left[w_{\mathrm{s}} C_{i,m+3/2}^{n+t2/\Delta t} + (K_{\mathrm{v}})_{i,m+3/2}^{n} \frac{C_{i,m+2}^{n+t2/\Delta t} - C_{i,\oplus}^{n+t2/\Delta t}}{0.5\times(\Delta z_{i,\oplus}^{n+t1/\Delta t} + \Delta z_{i,m+2}^{n+t1/\Delta t})} \right] \\
&+ \Delta\tau[(E_{\mathrm{b}} - D_{\mathrm{b}})_i^{n+t1/\Delta t}] \\
&= \Delta z_{i,\oplus}^{n+t1/\Delta t} C_{i,\oplus}^{n+t1/\Delta t} - \Delta\tau\left[w_{i,m+3/2}^{n+t1/\Delta t} C_{i,m+3/2}^{n+t1/\Delta t} - w_{i,m-1/2}^{n+t1/\Delta t} C_{i,m-1/2}^{n+t1/\Delta t} \right] \\
&+ \frac{\Delta\tau}{P_i} \sum_{l=1}^{i34(i)} \left\{ s_{i,l} L_{j(i,l)} \Delta z_{j(i,l),\oplus}^{n+t1/\Delta t} \left[(K_h)_{j(i,l),\oplus}^{n} \frac{C_{i[j(i,l),2],\oplus}^{n+t1/\Delta t} - C_{i[j(i,l),1],\oplus}^{n+t1/\Delta t}}{\delta_{j(i,l)}} - u_{j(i,l),\oplus}^{n+t1/\Delta t} C_{j(i,l),\oplus}^{n+t1/\Delta t} \right] \right\}
\end{aligned} \tag{7.11}
$$

在完成物质输运模型求解后，可根据物质浓度场和 $\rho=\rho(C)$ 关系更新水体的密度场，它是水动力模型计算斜压项(单流体模型能够模拟异重流)的基础。

7.1.3 垂向 σ 网格三维物质输运模型

使用水平无结构、垂向 σ 网格剖分三维计算区域。控制变量布置如图 1.5 和图 6.1，物质浓度 C 在水平方向上定义在单元中心，在垂向上定义在分层中心。这里将介绍一种显式的垂向 σ 网格三维物质输运模型，它采用水流与物质输运的非耦合求解方式；同时，也介绍两种经典的能使用大时间步长的显式对流物质输运算法，包括亚循环有限体积法(SCFVM)和点式 ELM(简称 ELM)。

1．*物质输运模型在时间轴上的时步推进*

仿照动量方程的数值求解，亦可采用算子分裂分步求解物质输运方程，将单个时步计算分为两步。第一步，显式地计算对流项，获得物质浓度的中间解。第二步，分别使用全隐、全显方法求解垂向、水平扩散项。因为显式计算项对阐明模型框架不产生影响，所以为便于论述，不再展开显式离散的水平扩散项，并且使用 E_C 表示它的离散表达式。物质输运方程的离散形式为 $(k=nv, nv-1,\cdots,1)$

$$
\begin{aligned}
&-\frac{\Delta t(K_{\mathrm{sv}})_{i,k+1/2}^{n}}{D_i^n D_i^n \Delta\sigma_{k+1/2}} C_{i,k+1}^{n+1} + \left[\Delta\sigma_k + \frac{\Delta t(K_{\mathrm{sv}})_{i,k+1/2}^{n}}{D_i^n D_i^n \Delta\sigma_{k+1/2}} + \frac{\Delta t(K_{\mathrm{sv}})_{i,k-1/2}^{n}}{D_i^n D_i^n \Delta\sigma_{k-1/2}} \right] C_{i,k}^{n+1} - \frac{\Delta t(K_{\mathrm{sv}})_{i,k-1/2}^{n}}{D_i^n D_i^n \Delta\sigma_{k-1/2}} C_{i,k-1}^{n+1} \\
&= \Delta\sigma_k C_{*,i,k}^{n+1} + \Delta t \Delta\sigma_k E_{\mathrm{C}i,k}^{n}
\end{aligned} \tag{7.12}
$$

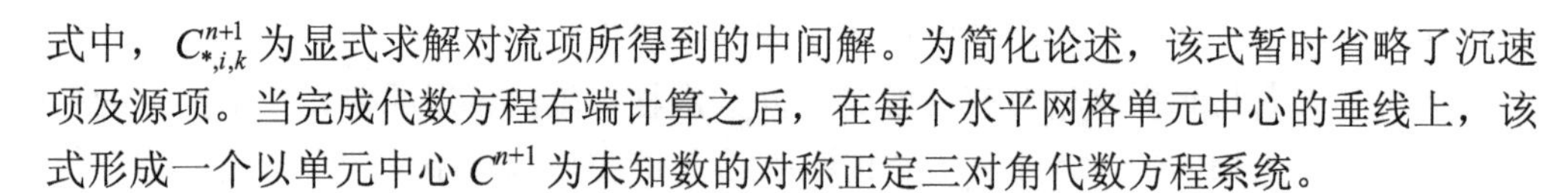

式中，$C_{*,i,k}^{n+1}$ 为显式求解对流项所得到的中间解。为简化论述，该式暂时省略了沉速项及源项。当完成代数方程右端计算之后，在每个水平网格单元中心的垂线上，该式形成一个以单元中心 C^{n+1} 为未知数的对称正定三对角代数方程系统。

2．三维对流项的亚循环算法(SCFVM)

在浅水流动系统中，垂向对流作用通常是次要的，由它引起的稳定性限制十分微弱，求解垂向对流一般不必使用亚循环。因此，可采用水平和垂向分开计算的方式构造三维 SCFVM，进而求解 LIAE。在求解水平对流作用时，引入一个亚循环以缓解稳定限制；在求解垂向对流时，仍使用常规的单步欧拉类方法。

基于亚循环求解 LIAE 的水平部分，离散方程如下：

$$\tilde{C}_{\mathrm{scfvm},i,k}^{n+t2/\Delta t} = \frac{1}{P_i D_i^{n+t2/\Delta t}} \left\{ P_i D_i^{n+t1/\Delta t} \tilde{C}_{\mathrm{scfvm},i,k}^{n+t1/N} - \frac{1}{\Delta\sigma_k} \sum_{l=1}^{i34(i)} [s_{i,l} S_{j(i,l),k}^{n+t1/\Delta t}] \right\} \tag{7.13}$$

式中，$S_{j(i,l),k}^{n+t1/\Delta t} = \Delta\tau L_{j(i,l)} D_{j(i,l)}^{n+t1/\Delta t} \Delta\sigma_k u_{j(i,l),k}^{n+t1/\Delta t} C_{j(i,l),k}^{n+t1/\Delta t}$；$C_{\cdots,i,k}$、$C_{j,k}$ 分别为单元 i,k 和单元侧面 j,k 的物质浓度。第 $k\tau$ 分步的起始、终止时刻分别表示为 $t1=(k\tau\text{-}1)\Delta\tau$、$t2=k\tau\Delta\tau$，$k\tau=1, 2,\cdots, N$。一阶迎风方法通常具有较强的数值黏性[10]，而中心差分又容易引起非物理振荡。下文将基于迎风、中心插值得到控制体界面变量的 SCFVM 分别表示为 SCFVM-U、SCFVM-C。

在亚循环每个分步，首先，根据上一个分步的计算结果(单元中心浓度)插值得到当前分步初始时刻单元界面的浓度 $C_{j,k}$；然后，使用 $C_{j,k}$ 和基于时间插值的单元界面流速，计算在当前分步穿过单元界面 j,k 的物质通量；最后，使用式(7.13)完成单元浓度更新。重复这三个步骤直到亚循环结束，最终解表示为 $\tilde{C}_{\mathrm{scfvm},i,k}^{n+1}$。

比较式(7.10)、(7.13)的亚循环方法可发现，前者描述的是整个物质输运方程的亚循环求解，后者仅描述了水平对流亚方程的亚循环求解。

以 LIAE 水平部分的计算结果为基础，使用单步欧拉类对流算法求解 LIAE 的垂向部分。在计算三维控制体顶面/底面的垂向对流物质通量时，一般可使用迎风插值方式获得控制体顶面/底面的浓度($C_{i,k\pm1/2}$)。在 $t_n \to t_{n+1}$ 时段内，单元 i、k 的 LIAE 的垂向部分可按下式进行求解(可任选 t_n 或 t_{n+1} 时刻的垂向流速支撑计算)：

$$C_{\mathrm{scfvm},i,k}^{n+1} = \tilde{C}_{\mathrm{scfvm},i,k}^{n+1} - \frac{\Delta t}{D_i^{n+1}\Delta\sigma_k}(w_{i,k+1/2}^n C_{i,k+1/2}^n - w_{i,k-1/2}^n C_{i,k-1/2}^n) \tag{7.14}$$

式中，$C_{i,k\pm1/2}$ 为三维单元上、下表面($\sigma_{k\pm1/2}$)处的物质浓度。

3．三维对流项的点式 ELM 算法

当使用点式 ELM 求解对流物质输运时，对流方程须写成全导数形式：

$$\frac{\partial C}{\partial t}+u\frac{\partial C}{\partial x}+v\frac{\partial C}{\partial y}+\omega\frac{\partial C}{\partial \sigma}=0 \tag{7.15}$$

可使用多步欧拉追踪技术，直接逆向追踪位于单元中心的流体质点。在 ELM 运动轨迹线根部，插值得到物质浓度并将其记作 $C_{\mathrm{elm},i,k}^{n+1}$。然后，使用 $C_{\mathrm{elm},i,k}^{n+1}$ 更新待求单元中心的浓度，意味着三维对流物质输运方程得到求解。

7.1.4 三维对流物质输运的通量式 ELM

鉴于 SCFVM 难以并行化、点式 ELM 计算不守恒等问题，这里介绍一种允许大时间步长的三维对流物质输运解法，即三维通量式 ELM(简称 FFELM)。

1．三维通量式 ELM 算法

采用水平和垂向分开计算的方式构造三维 FFELM。使用平面二维 FFELM(见第 5.3 节)求解 LIAE 的水平部分，并使用欧拉类方法求解它的垂向部分。水平方向和垂向的对流物质求解，各对应一次单元浓度更新。

求解 LIAE 的水平部分。首先，将 Δt 等分为 N 个 $\Delta\tau$ 片段，采用多步欧拉方法逆向追踪单元各侧面中心的质点，获得轨迹线上各追踪点的浓度。若求解泥沙输运，在追踪过程中还应考虑泥沙沉降产生的垂向位移。然后，使用单元侧面的时间插值流速和对应追踪点的浓度，显式计算各分步的对流物质通量。最后，对所有分步的通量进行求和，得到在 Δt 内穿过单元侧面的物质通量。在 $t_n \to t_{n+1}$ 时段内，穿过单元侧面 j,k 的(边 j 垂向上从 $\sigma_{k-1/2}$ 延伸到 $\sigma_{k+1/2}$)总的水平对流物质通量为

$$S_{j,k}^{n+1}=\alpha_{j,k}\Delta\tau L_j D_j^n\sum_{k\tau=1}^{N}[\Delta\sigma_k(u_{j,k,k\tau}^{\theta})C_{j,k,k\tau}^{n}] \tag{7.16}$$

式中，$k\tau=1, 2,\cdots, N$ 为分步索引，N 是分步数量；$C_{j,k,k\tau}$ 是单元侧面 j,k 中心流体质点的第 $k\tau$ 个追踪点的物质浓度；$u_{j,k,k\tau}^{\theta}$ 为单元侧面 j,k 在第 $k\tau$ 分步的代表流速：

$$u_{j,k,k\tau}^{\theta}=(1-\theta)u_{j,k}^{n+(k\tau-1)/N}+\theta u_{j,k}^{n+k\tau/N} \tag{7.17}$$

式中，$u_{j,k}^{n+k\tau/N}=\dfrac{N-k\tau}{N}u_{j,k}^{n}+\dfrac{k\tau}{N}u_{j,k}^{n+1}$，为单元侧面 j,k 在第 $k\tau$ 分步末的流速。

式(7.16)中的 $\alpha_{j,k}$ 是一个引入的因子，用于保证“单元界面处单位物质通量等于水通量”，以控制求解时可能出现的非物理振荡，其计算式为

$$\alpha_{j,k}=N[(1-\theta)u_{j,k}^{n}+\theta u_{j,k}^{n+1}]\Big/\left[(1-\theta)u_{j,k}^{n}+\frac{N-1}{2}(u_{j,k}^{n}+u_{j.k}^{n+1})+\theta u_{j,k}^{n+1}\right] \tag{7.18}$$

使用式(7.16)的 $S_{j,k}$ 和通量式单元浓度更新，LIAE 的水平部分可按下式计算：

$$\tilde{C}_{\text{ffelm},i,k}^{n+1} = \frac{1}{P_i D_i^{n+1}} \left\{ P_i D_i^n C_{i,k}^n - \frac{1}{\Delta\sigma_k} \sum_{l=1}^{i34(i)} [s_{i,l} S_{j(i,k),k}^{n+1}] \right\} \tag{7.19}$$

式中，$\tilde{C}_{\text{ffelm},i,k}^{n+1}$ 为求解 LIAE 水平部分之后得到的中间解。

求解 LIAE 的垂向部分。与三维 SCFVM 类似，使用单步欧拉类对流算法求解 LIAE 的垂向部分。在计算三维控制体顶面/底面的垂向物质通量时，使用迎风插值获得控制体顶面/底面的浓度($C_{i,k\pm1/2}$)。在 $t_n \to t_{n+1}$ 时段内，以 LIAE 水平部分的计算结果为基础，LIAE 垂向部分可按下式进行求解(对于单元 i,k)：

$$C_{\text{ffelm},i,k}^{n+1} = \tilde{C}_{\text{ffelm},i,k}^{n+1} - \frac{\Delta t}{D_i^{n+1} \Delta\sigma_k} (w_{i,k+1/2}^n C_{i,k+1/2}^n - w_{i,k-1/2}^n C_{i,k-1/2}^n) \tag{7.20}$$

式中，$C_{i,k\pm1/2}$ 为三维单元上、下表面($\sigma_{k\pm1/2}$)处的物质浓度。

2．三维 FFELM 的特性

三维 FFELM 仍保持着前述低维 FFELM 计算守恒、大时间步长、无振荡、显式计算、可并行、多种物质速解等诸多优点。在特定水动力模型架构下，即当水动力模型也使用轨迹线追踪类对流算法并且其追踪的起始点、追踪方法等与物质输运模型均相同时，三维 FFELM 还具有可嵌入到水动力模型执行的特性。

第 6.4 节垂向 σ 网格三维水动力模型采用了点式 ELM，并采用多步欧拉法进行三维控制体侧面中心处质点运动轨迹线的逆向追踪，正好可为三维 FFELM(计算 LIAE 水平部分)提供嵌入式执行的条件。因此，三维 FFELM 不必再进行一次轨迹线追踪，大幅减少了启动计算量。嵌入执行的三维 FFELM(记作 FFELM-N)在一个时间步长内的执行流程见图 7.2。在三维水动力模型的点式 ELM 的逆向追踪过程中，插值并储存每个追踪点处的物质浓度；在计算控制体侧面对流物质通量时，三维 FFELM 可将已储存的各个追踪点的浓度取出使用，即可避免再次追踪。

在三维 FFELM 中，亦可使用轨迹线追踪方法求解 LIAE 垂向部分，这将带来两方面影响：①对于三维单元顶面和底面，需要引入额外的 $ne \times nv$ 条轨迹线追踪计算，使求解 LIAE 垂向部分的计算成本大幅增加；②当三维水动力模型不追踪单元顶面或底面中心的质点轨迹线时，FFELM 的嵌入执行也将无处生根。

在大时间步长下，受到可能不准确的单元界面通量的影响，显式的通量式单元更新存在诱发虚假振荡的风险[11]，采用高阶方法计算界面通量会增加风险，真实河流复杂条件所引起的不准确计算也将进一步增加风险。FFELM 虽然具有很高的稳定性，但在本质上仍可被视作一种高阶精度的显式 FVM，因而也存在一定的产生虚假振荡的可能。一般可使用局部空间非线性过滤器[10, 12]，消除浓度场中可能存在的浓度奇点及潜在的非物理振荡。使用过滤器增强 FFELM 物质输运模型的稳定性亦是可行的。一种简单的过滤器为：如果在一个单元中出现了负的物质浓度，则使用浓度为正的邻单元在质量守恒约束下对负浓度单元进行平衡性校正。

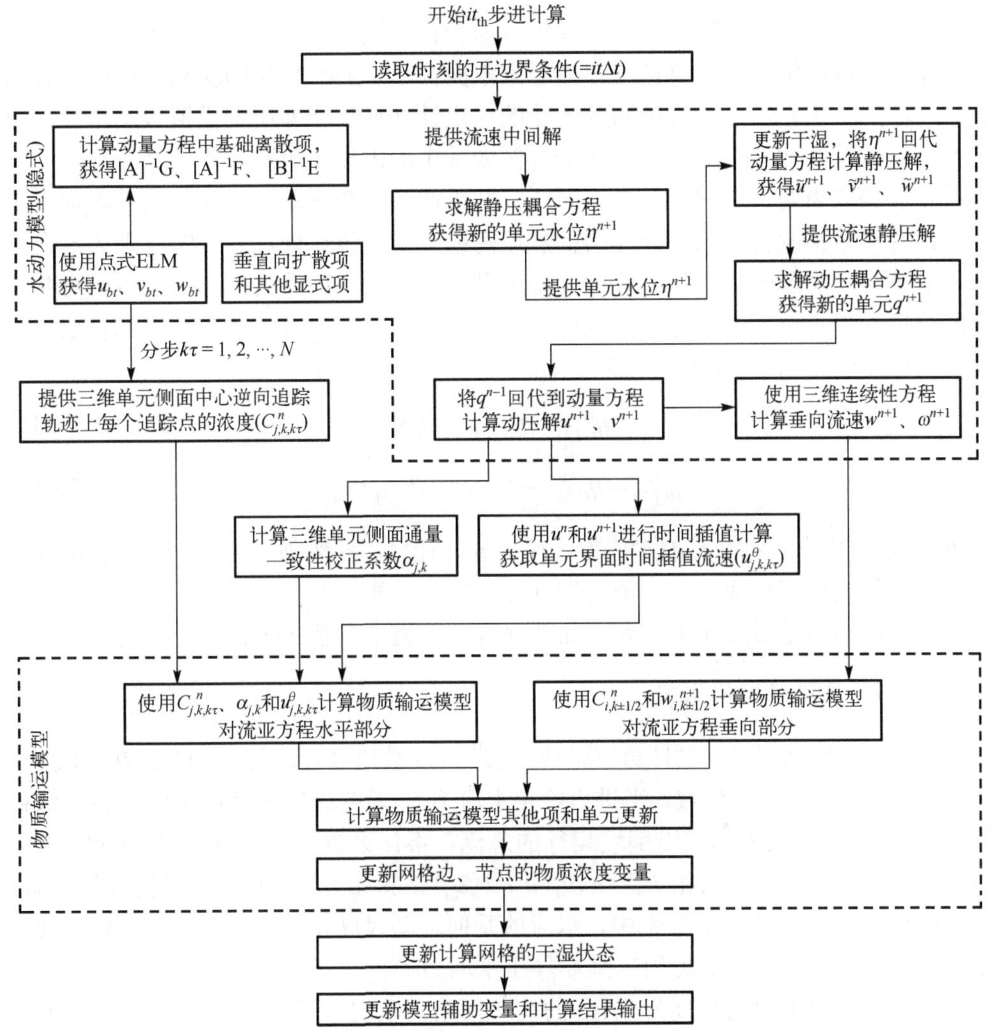

图 7.2 一个计算时间步长中三维 FFELM 的嵌入执行流程

7.2 三维水动力模型的数值实验

使用急流爬坡、趋孔水流、丁坝扰流、弯道环流等典型算例，开展三维水动力模型的数值实验，检验模型模拟强三维水流的能力。

7.2.1 急流爬坡的模拟

1. 增强自由水面计算稳定性的简易方法

由自由水面运动学条件导出的自由水面方程不具备任何耗散性。基于求解自由水面方程的标高函数法特点为：当模拟水面变化较慢、变幅较小的常规水流时，能保持稳定并取得很高的计算精度；当遇到水面快速、剧烈变化的极端水流时，容易失稳。添加人工黏性可增强标高函数法的稳定性并使其能够用于模拟极端水流，但这类处理方法的数学运算一般较复杂，例如其中的大规模矩阵运算法[6]。

作者探究表明，通过给自由水面计算结果增加一个简单的后处理也可添加人工黏性，并有效抑制自由水面计算的剧烈振荡或失稳。该后处理方法的原理为：在求解 u-η 耦合代数方程组并得到新的水位(η^{n+1})后，引入一个耗散强度因子 r，对共边的两个单元的水位差 $\Delta\eta$ 进行缩减性平滑，借此即可添加人工耗散并增强自由水面计算的稳定性。以边 j 为例，上述后处理方法的计算式为

$$\eta_{i(j,1)}^{n+1} = \eta_{i(j,1)}^{n+1} - \Delta\eta \times r \tag{7.21a}$$

$$\eta_{i(j,2)}^{n+1} = \eta_{i(j,2)}^{n+1} + \Delta\eta \times r \times P_{i(j,1)} / P_{i(j,2)} \tag{7.21b}$$

式中，$\Delta\eta$ 为共边的两单元的水位差，使用 η^{n+1} 计算；耗散强度因子 r 的大小可视水位变化的快慢和幅度而定，一般可取 0.1，若不足再加大。该方法简单、实用，并在理论上严格满足质量守恒，人工黏性强度亦可通过调整 r 值而灵活调整。

2．明渠急流爬坡的模拟

使用矩形断面明渠无黏性急流爬坡算例[6]开展数值试验。明渠长 15m，在中段 7～8m 之间有一个 1∶5 的倒坡。当进口给定水深 1m、单宽流量 6m^2/s 的入流时(佛汝德数 $Fr = 1.92$)，明渠内形成沿倒坡爬行的急流。不计渠道阻力，根据 Bernoulli 方程和连续性方程，水头损失由 $h_w = \alpha(u_1 - u_2)^2/(2g)$ 估算(α 取 1.0)，可求得渠道出口段水深的理论解为 1.103m。算例中，水流的垂向运动尺度相对于水平不可忽略，此时浅水方程不再适用，而需使用三维非静压水动力模型开展模拟。

在水平方向上使用尺度为 0.1m 的均匀网格，垂向 z 网格 $\Delta z = 0.1$m。在入流开边界处，设定单宽流量 6m^2/s、水深 1m，并令动水压强为 0；在出口，对各物理量应用 Newman 边界条件，以形成无反射自由出流。在初始时刻，整个计算区域水位设为 0m，x 方向初始流速设为 3.5m/s。隐式因子 $\theta_1 = 0.6$，$\theta_2 = 1.0$，时间步长 $\Delta t = 0.05$s。急流在发展至稳定的过程中，自由水面和动水压强发生剧烈变化，如图 7.3 所示。

在初始阶段，由于入流开边界突然加载的流速比水域初始流速大很多，所以在渠首形成一个水面很陡的激波，如图 7.3(a)；图 7.3(b) 为激波翻越倒坡并继续向前传播的情形。然后，所形成的激波一个接一个地离开出口。随时间推移，渠道前段水流的流速逐渐增加至与入流开边界条件相适应，这使得在渠道前段，新产生的激波的幅度逐步减小，水面慢慢稳定；在倒坡段，水流惯性与动压支撑水流翻越倒坡并继续向前行进；随后，在出口段水流也逐渐稳定下来(图 7.4)。

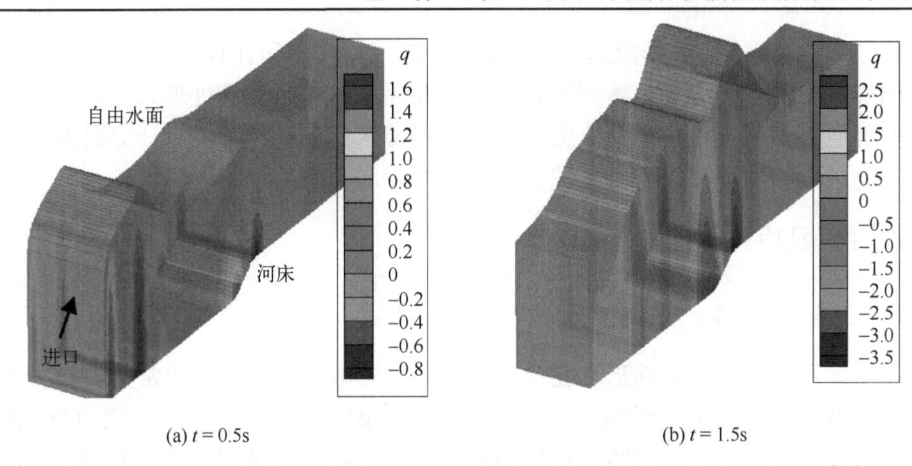

图 7.3　急流在逐步稳定过程中自由水面变化、动水压强分布(压力单位：m^2/s^2)

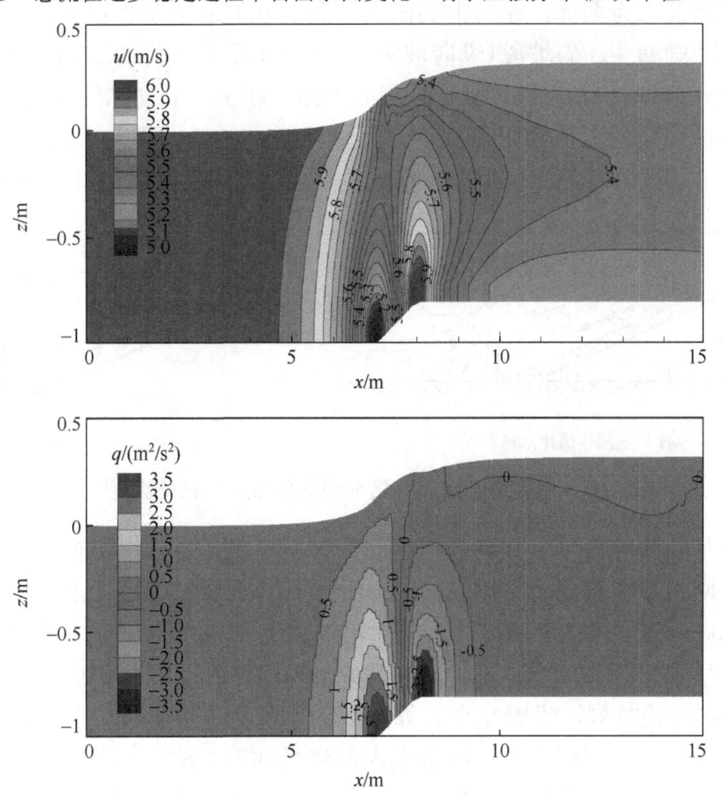

图 7.4　急流稳定状况下流速、动水压强的分布(t = 32.0s)

依据图 7.4，算得的明渠出口水深为 1.118m，与理论解的相对误差为 1.43%。算得的出流断面的单宽流量为 5.9955m^2/s，相对于入流，守恒误差为 0.075%。考虑到垂向 z 网格难以完全贴合河床与自由水面所带来的负面影响，这里取得的模拟精度是相当高的。此外，根据流速、所使用的计算网格尺度和计算时间步长进行估算，本算例最大 CFL 约等于 3。本例测试表明，前述的自由水面后处理方法，可以保证三维非静压模型稳定地模拟急流爬倒坡这个极端水流问题，不会对计算时间步长产生额外的限制，并支撑模型具有较高的计算精度和良好的水量守恒性。

7.2.2 闸/坝趋孔水流的模拟

1. 水库坝前趋孔水流模拟

在水库坝前，受复杂地形和孔口出流边界的影响，趋孔水流通常具有较大的垂向运动尺度和伴生的垂向环流，三维特性显著。金腊华[13]在长 30m、宽 0.5m 的玻璃水槽中开展了趋孔水流试验。水槽的基本情况为：在水槽后半段(图 7.5(a))，安装一块竖直挡板作为坝体，在其中央凿出一条高 0.05m 的水平泄流缝；在坝前构造出一个概化冲刷漏斗，斜坡段(纵向坡角为 α)的水平长度为 0.56m，紧邻坝体的水平段长 0.06m。试验包括两组，分别使用 $\alpha = 23°$ 和 $11°$，文献[13]仅提供第一组试验资料：采用恒定的入流和出流条件，入流流量 7.6L/s，坝前水深控制在 0.3m，图 7.5(b)给出了试验时的流场形态。根据文献数据，可反算出孔口流量系数为 0.18。

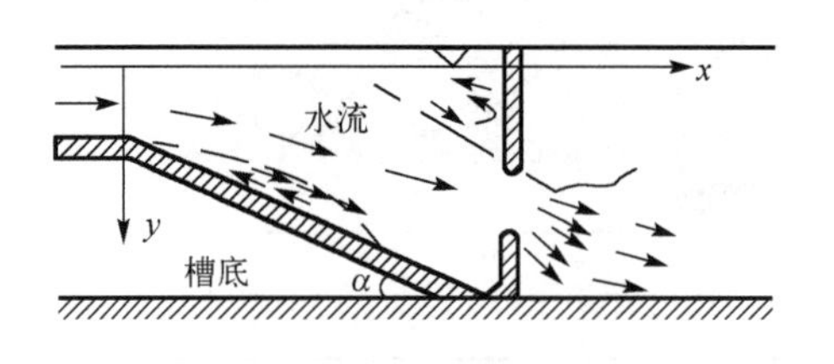

(a) 水库冲刷漏斗概化水槽布置

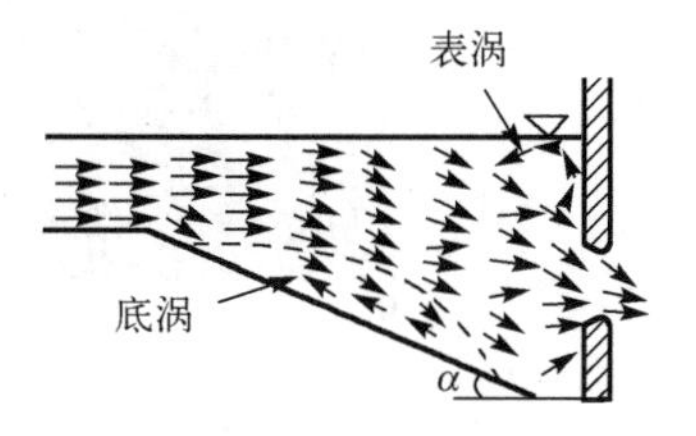

(b) $\alpha = 23°$时的试验流场形态

图 7.5 水库冲刷漏斗概化水槽整体布置与试验流场[13]

选取漏斗及其坡顶以上 0.44m 范围作为计算区域。在水平方向上采用 0.01m 尺度的四边形网格，在垂向上采用 $\Delta z = 0.01\text{m}$ 的均匀网格，$\Delta t = 0.1\text{s}$。垂向涡黏性系数取 $1.0\times10^{-6}\text{m}^2/\text{s}$，忽略水平扩散。床面粗糙高度 $k_s = 0.001\text{m}$，在壅水条件下水面线对床面阻力的变化不再敏感，但后者会影响漏斗纵坡前段水流的底部分离层(底涡段)的厚度[13]。在初始时刻，设置整个计算区域的水位为 $z = 0.3\text{m}$，且水体处于静止状态。待模拟的水流达到恒定后，纵剖面内的流场如图 7.6。

在漏斗纵坡上游拐点处，河床纵比降突变加大，惯性使来流趋向于水平运动而不是紧贴斜坡行进，进而在斜坡段发生水流与床面分离。同时，上层来流对底流产生顺时针剪切，使分离区水体发生旋转，促进形成底涡。纵向主流必须沿程降低以逐步向孔口逼近，当它行进至孔口前时，在主流带上方水域内形成一个滞流区。这个滞流区的水体在主流区水流的摩擦带动下，形成逆时针旋转的表涡。

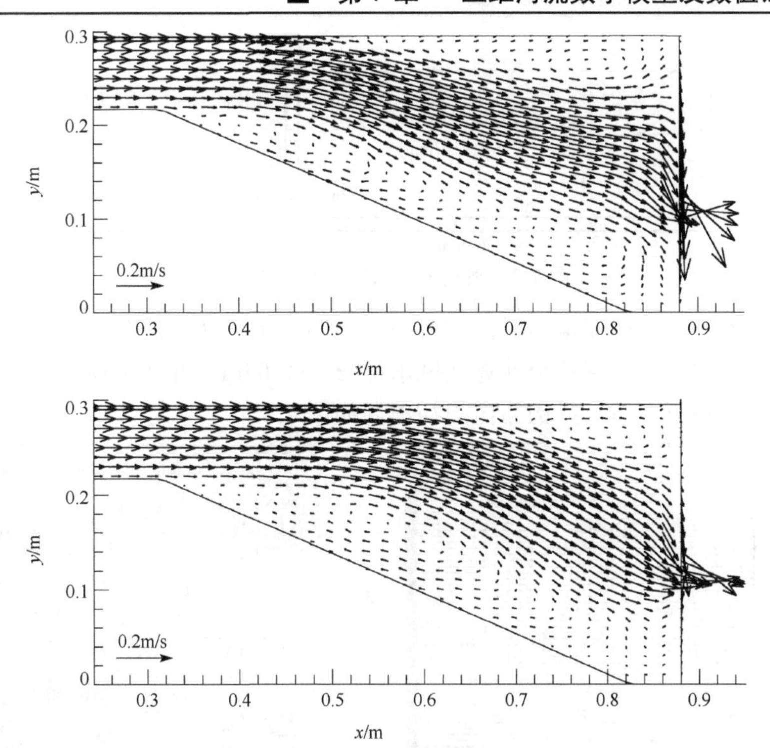

图7.6　计算恒定后纵剖面流场图(上：使用静压模型；下：使用非静压模型)

由图7.6可知，算得的流场与图7.5(b)的试验观测结果在表观上是相同的。此外，比较使用三维静压和非静压水动力模型的计算结果可知：①三维静压模型也可以定性模拟出漏斗区域的底涡和顶涡，但是，由于未求解 u-q 耦合问题，静压模型算出的流场的均匀性与平顺过渡性显著不如非静压模型；②三维静压模型未求解垂向动量方程，基于连续性方程解出的垂向流速在孔口附近异常偏大。

2．闸孔出流的模拟

使用文献[14]的闸孔出流水槽试验开展数学模型测试。矩形断面玻璃水槽底面水平，宽 $B = 0.2\text{m}$，高 $H = 0.2\text{m}$，长 $L = 2.4\text{m}$。在水槽中段装配一个竖直闸门(图7.7)，厚度2mm。实验条件：上游来流流量 $Q = 0.0021\text{m}^3/\text{s}$，行进水流水深 $h = 0.107\text{m}$；闸门下沿距离床面的高度(闸门开度 a) = 0.012m，闸门下游收缩水深 $h_c = 0.0088\text{m}$，收缩系数 $C_c = h_c/a = 0.73$；来流平均流速 $u = Q/(Bh) = 0.0981\text{m/s}$，水力半径 $R = 0.0517\text{m}$；水流的佛汝德数 $Fr = u/(gh)^{1/2} = 0.096$，雷诺数 $Re = 4uR/v = 19450$，其中 v 为运动黏度。使用PIV透过玻璃水槽的侧壁，观测流速的垂线分布。

选取闸前0.218m的范围(闸门处 $x = 0.218\text{m}$)作为计算区域。在水平方向上使用0.002m尺度的四边形网格进行剖分，垂向 z 网格 $\Delta z = 0.001\text{m}$。$\Delta t = 0.01\text{s}$。使用 K-ε 双方程模型计算紊流的垂向涡黏性系数，忽略水平扩散。床面粗糙高度 $k_s = 0.002\text{m}$。

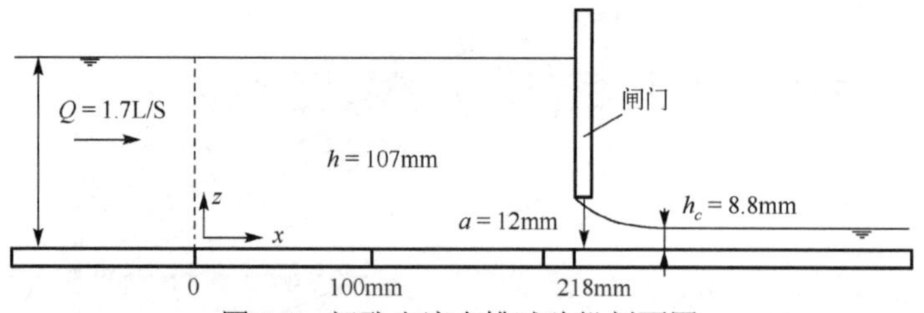

图 7.7 闸孔出流水槽试验纵剖面图

在入流开边界，令垂向流速为零，并按照实测的水平流速垂线分布分配各个水层的流量。在初始时刻，设置整个计算区域水位 $z = 0.107\text{m}$，并让水体处于静止状态。模拟的水流达到恒定后，纵剖面内的物理场如图 7.8。

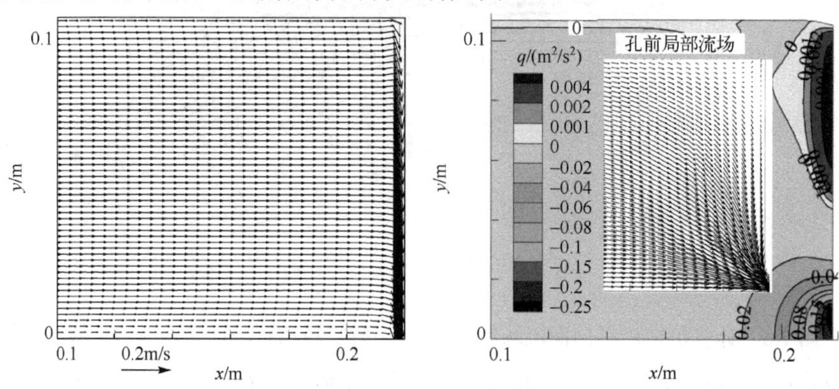

(a) 使用静压模型得到的剖面流场　　(b) 使用非静压模型算得的物理场

图 7.8 使用静压和非静压水动力模型算出的闸孔前的物理场

比较三维静压和非静压模型的计算结果可知：在动水压力作用下，在孔前范围内，水流逐步向底孔汇聚，并形成平顺变化的流场(图 7.8(b))；在由静压模型算出的流场中，由于缺乏动水压力的驱动，在水域内流向几乎全部水平，仅在孔前极短区域内突然出现急剧增大的垂向流速(图 7.8(a))，数值解与真实情况不符。闸前不同纵向位置处的水平流速垂线分布的计算值与实测值的比较见图 7.9。

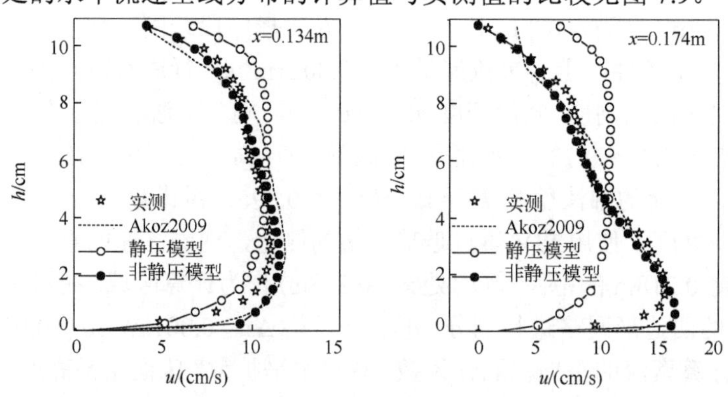

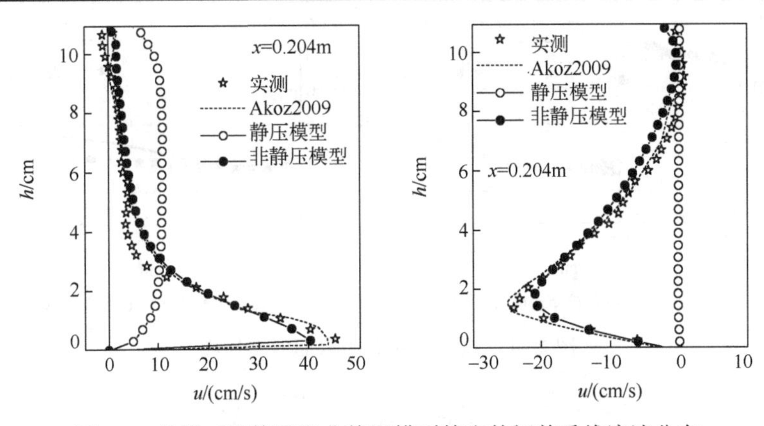

图 7.9　使用三维静压和非静压模型算出的闸前垂线流速分布

7.2.3　丁坝绕流的模拟

使用文献[15]中的丁坝绕流水槽试验开展数值试验，检验三维非静压水动力模型模拟工程建筑物周围水流形态的能力。水槽长 2.4m、宽 0.4cm、高 0.4cm，底坡 1/2500。在水槽纵向位置 $x = 100\text{cm}$ 处安装一长 10cm、高 10cm、厚 1.5cm 的不透水上挑丁坝，它与上游槽壁夹角为 60°（图 7.10）。水槽进口流量 $0.015\text{m}^3/\text{s}$，平均水深为 10cm。试验水深与丁坝高度接近，坝顶过流不大，因而在丁坝建模时可忽略坝顶过流并按非淹没丁坝处理，以简化数学模型的固体边界条件。

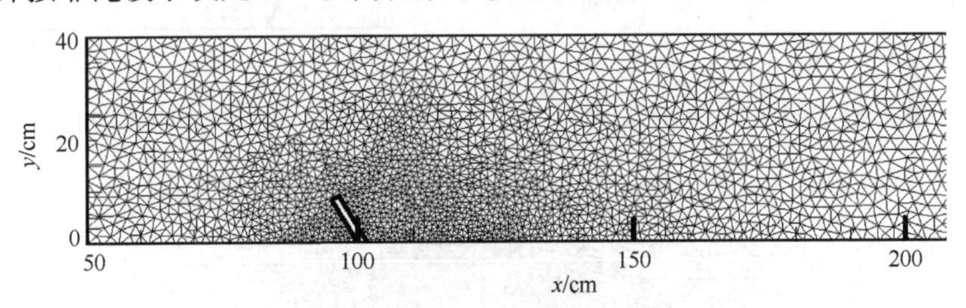

图 7.10　丁坝布置及计算网格布置图

选取 $x = 50\sim240\text{cm}$ 水槽段作为计算区域。采用渐变的三角网格剖分水平计算区域，网格尺度从丁坝附近的 1cm 向外围递增至 3cm。在垂向上采用非均匀的 z 网格，Δz 从底层的 1cm 逐渐递增到表层的 2cm。$\Delta t = 0.1\text{s}$，C_d 取 0.006，垂向涡黏性系数取 $2.0\times10^{-5}\text{m}^2/\text{s}$。待计算的水流稳定之后，将算出的 $y = 4\text{cm}$ 纵断面、$x = 110\text{cm}$ 横断面的水面线与实测值进行比较，二者符合较好(图 7.11)。丁坝附近水平面、纵剖面内的流场模拟结果如图 7.12，其中特殊水流形态的形成机理分析如下。

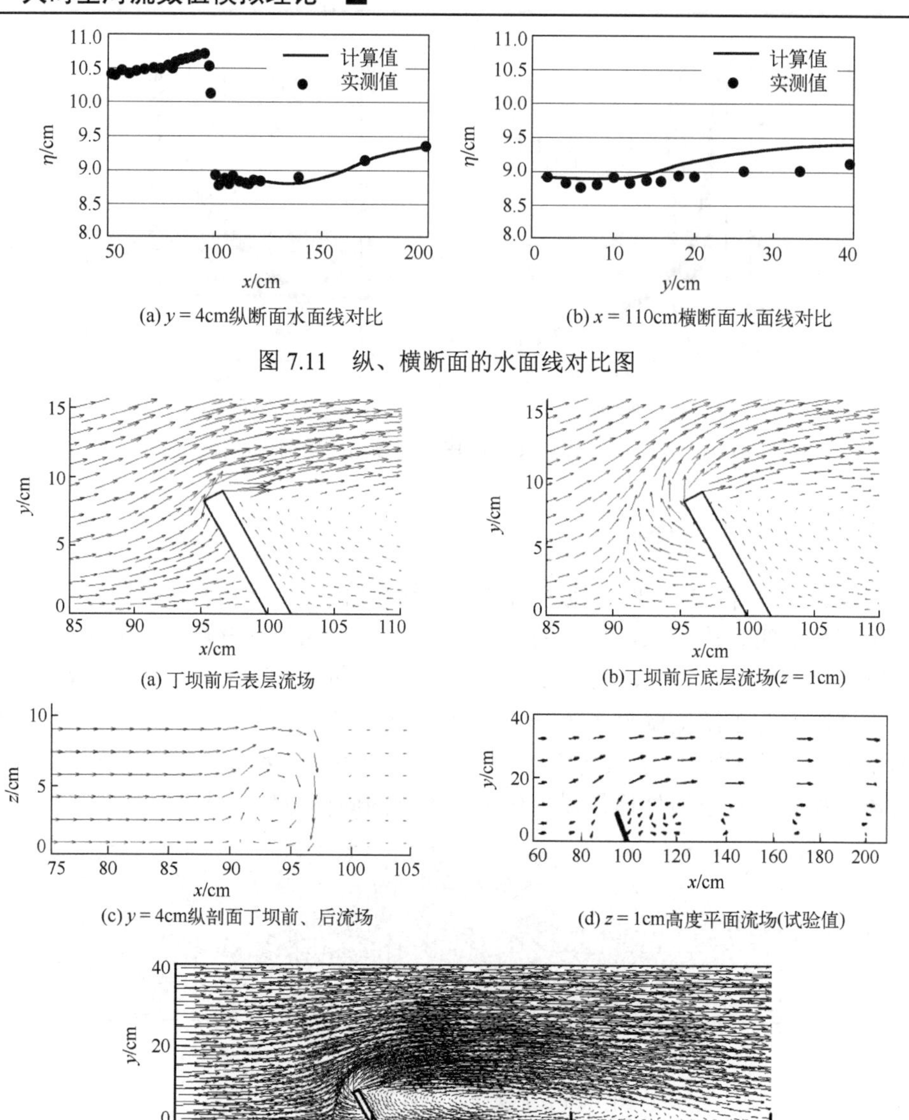

(a) $y = 4$cm纵断面水面线对比　(b) $x = 110$cm横断面水面线对比

图 7.11　纵、横断面的水面线对比图

(a) 丁坝前后表层流场　(b)丁坝前后底层流场($z = 1$cm)

(c) $y = 4$cm纵剖面丁坝前、后流场　(d) $z = 1$cm高度平面流场(试验值)

(e) $z = 1$cm高度平面流场

图 7.12　丁坝前后流场计算结果

由于受到丁坝阻挡，上游来流在坝前形成堆积和壅水，壅水所产生的局部压力使得水流在坝前底部被反向压出。因此，坝前表层和底层流场是不同的，如图 7.12(a)、(b)。受到坝体壅水影响，坝前表层水流的流速逐渐放缓；同时，底层行进水流与被反向压出的水流汇合形成横向流动。这样的表层和底层流场，预示着在坝前纵剖面内必然存在着垂向环流结构。$y = 4$cm 纵剖面内的流场计算结果如

图 7.12(c)，证实了上述的分析和猜想。水流流线在丁坝局部发生弯曲，并在丁坝下游形成回流区和水平环流结构。图 7.12(e)给出了在 $z = 1\text{cm}$ 高度处水平流场的模拟结果，与试验观测到的流场(图 7.12(d))十分接近，回流长度均在 0.85m 左右。

7.2.4　弯道环流的模拟

能否准确模拟弯道环流，是检验三维水动力模型性能的基础性标准之一。选用 Chang 的连续弯道水槽试验[16]，对三维非静压模型模拟弯道环流的能力进行检验。矩形断面水槽长 35.356m、宽 2.334m。水槽包括两个相同的 90°弯道(中心线转弯半径为 8.53m)，由 4.27m 的顺直过渡段连接。试验的水流条件：当水槽中水流达到稳定后，平均纵向水平流速 $U_0 = 0.366\text{m/s}$、平均水深 $H_0 = 0.115\text{m}$；水面近似平行于床面，纵向水面比降为 0.00035。流速观测布置的细节见图 5.17。

在水平方向上使用均匀三角形网格剖分计算区域，单元总数 6440；在垂向上采用均匀的 σ 坐标网格，分 10 层。$\Delta t = 0.1\text{s}$，床面和侧壁阻力系数 C_d 均取 0.0025，选用 k-ε 紊流闭合模式计算垂向涡黏性系数。在恒定的开边界条件下，计算直到模拟的水流达到稳定。以第二个弯道 π/4 断面为例，比较纵向与横向水平流速垂线分布的计算值与实测值，如图 7.13(12 条垂线在断面上的相对起点距依次为 0.049、0.088、0.184、0.261、0.348、0.446、0.554、0.652、0.739、0.826、0.912、0.935)。

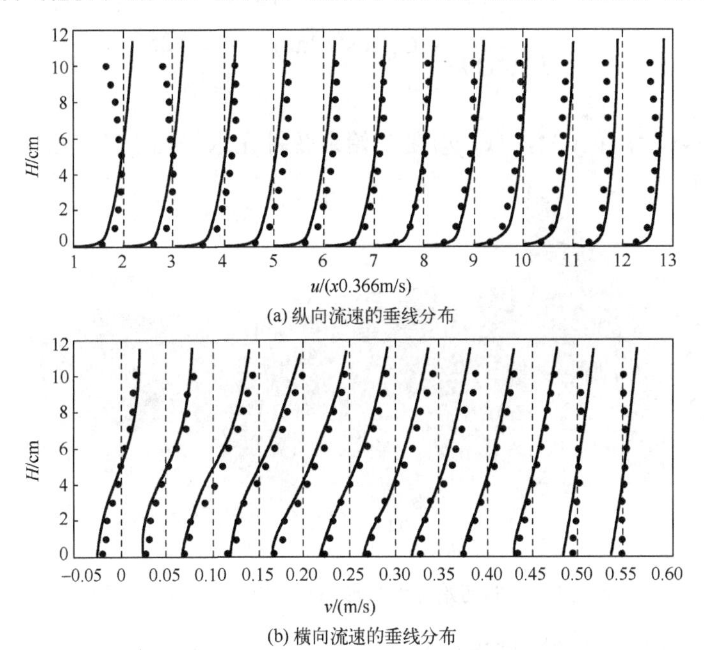

(a) 纵向流速的垂线分布

(b) 横向流速的垂线分布

图 7.13　π/4 断面流速沿垂向分布的验证

(“•”实测值，“—”计算值，流速分布曲线的水平坐标减去相应虚线位置的水平坐标即为流速值)

由图 7.13 可知，三维模型的计算结果可准确反映弯道环流的旋转及其强度；同时，在凹岸附近计算结果与实测数据存在一定偏差，这与文献[17]的模拟结果是类似的，可能是由于紊流闭合模式不完善所致。计算得到的 π/4 断面的水面横比降为 0.00155，与经典经验公式[18]的计算值 $J = 0.366^2/(9.8\times8.53) = 0.0016$ 接近。

7.3 三维物质输运模型的数值实验

以垂向 σ 网格三维河流数学模型为例，使用三维刚体云和真实大型浅水流动系统实例开展数值实验。研究三维 FFELM 对计算网格尺度、时间步长、拉格朗日追踪分辨率等参数的敏感性，并比较三维 FFELM 与传统算法的性能。

7.3.1 刚体旋转振动的模拟

通过模拟三维刚体云旋转与振动，检验三维 FFELM 求解纯对流物质输运问题的能力。所选用的刚体云在水平面上具有余弦钟浓度分布(图 7.14)，它所处的三维空间具有复合流场特征。从水平方向看，是具有恒定角速度 ω_h 的旋转流场[19]；从垂向看，是具有周期性正弦变化特征的均匀流场(ω_v)[20]。这个问题的初始条件之一，即刚体云在水平面上的物质浓度分布 $C_0(x, y)$，在数学上可定义为

$$C_0(x,y)=\begin{cases}C_m\cos^2(2\pi r), & r\leqslant 0.25\\ 0, & \text{其他}\end{cases} \tag{7.22}$$

式中，$r^2 = (x-x_c)^2+(y-y_c)^2$，$(x_c, y_c)$是初始余弦钟在水平面上的中心。

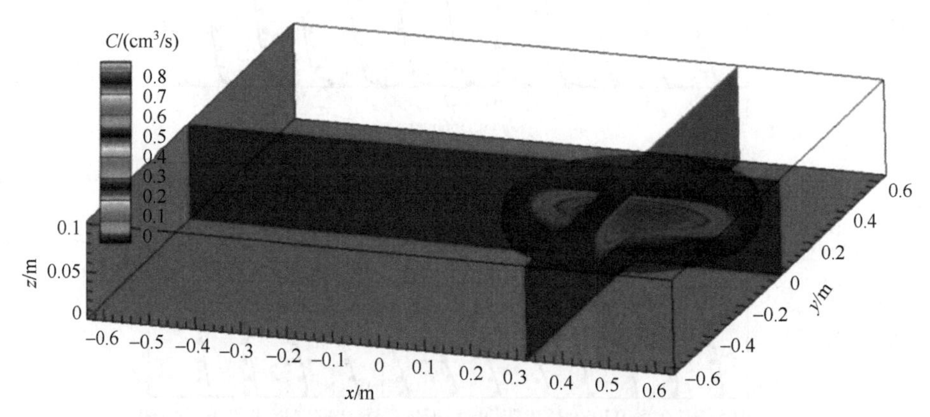

图 7.14 刚体云的初始位置与形态(物质浓度的 3D 等值线图)

在水平方向上，计算区域为(−0.64m, −0.64m)～(0.64m, 0.64m)，使用 $\omega = 2\pi$ 定义旋转流速场，有 $u = -\omega y$ 和 $v = \omega x$。在垂向上，计算区域为(0.0m, 0.1m)，具有正弦变化特征的均匀流场定义为 $\omega_v = 2\pi A\sin(2\pi t)$，式中 A 表示垂向流速变幅系数

(设为 0.01)。初始时刻，刚体云物质浓度峰值 $C_m = 1\text{kg/m}^3$，它的水平中心位于 $x_c = 0.32\text{m}$ 和 $y_c = 0\text{m}$，它在垂向上所处范围从 0.04m 延伸到 0.06m。使用式(7.22)算出各三维单元中心的物质浓度，并使用它们进行浓度场的初始化。

在上述流场条件下，刚体云在水平面内完成一圈旋转和在垂向上完成一个正弦周期振荡所需要的时间相等，均为 1.0s(定义为刚体云的旋转振荡周期 T)。由于不考虑扩散作用，所以这个刚体云对流输运问题具有理论解。刚体云在完成若干个周期的水平旋转和垂向振动之后，物质浓度的空间分布与初始分布相同。

算例具有如下特点：①水平方向上浓度梯度可达 $6.27\text{kg/m}^3/\text{m}$，比真实水环境模拟中的浓度水平梯度要大得多；②初始时刻，在 0.04～0.06m 两个高度之间的水层中嵌入刚体云，这些水层的上下空间都是清水，因而物质浓度的垂向分布在 $z = 0.04\text{m}$ 和 $z = 0.06\text{m}$ 高度处具有不连续分布特征，以余弦钟中心的浓度物理间断特性最强。水平方向上的大浓度梯度和垂向的浓度物理间断，使本算例颇具挑战性。

如表 7.1，使用 5 种水平四边形计算网格(均匀，$\Delta x = \Delta y$)开展数值试验，阐明三维 FFELM(默认双线性插值)的稳定性和精度。同时，使用 SCFVM-U、SCFVM-C、ELM 开展计算，比较它们与 FFELM 的性能差别。

表 7.1　使用不同计算网格和对流算法完成一个完整周期模拟之后的 C_{max}($\Delta t = 0.001\text{s}$)

计算网格	计算网格尺度	计算单元数量	SCFVM-U	SCFVM-C	FFELM	ELM
Quad 1	0.04m	1024	0.19	0.690	0.681	0.036
Quad 2	0.02m	4096	0.245	0.828	0.822	0.070
Quad 3	0.01m	16384	0.386	0.835	0.828	0.145
Quad 4	0.005m	65536	0.537	0.839	0.829	0.418
Quad 5	0.0025m	262144	0.660	0.840	0.830	0.692

1. 网格敏感性研究(无关性测试)

使用尺度递减的水平计算网格(Quad 1～5)测试 FFELM，以便建立与网格尺度无关的数值解。使用均匀的 σ 网格将垂向计算区域分为 10 层，每层厚度 0.01m。初始时刻，刚体云处于计算网格的第 5 和第 6 层；第 1～4 和 7～10 层充满着物质浓度为 0 的清水。为了排除单元浓度更新的时间分辨率和逆向追踪的精度对模拟结果的影响，将 Δt 设为 0.001s，并将一个 Δt 内逆向追踪的分步数量(N_{bt})设为 32。三维刚体云一个完整周期旋转振动的模拟，需要 1000 个时间步长。

完成一个完整周期的模拟后，算得的浓度峰值 C_{max} 见表 7.1。FFELM 模型的数值解在粗网格上具有较强的耗散性，其特征是 C_{max} 被显著低估。随着网格尺度减小，计算结果逐渐趋近于一个稳定值。在 FFELM 中(SCFVM 类似)用于求解垂向对流项的一阶迎风方法，虽然可稳定地处理垂向浓度分布的物理间断，但同时也引入了一定的数值黏性。因此，由 FFELM 算出的 C_{max} 稳定在 0.83kg/m^3 左右，而不是理论解。测试结果表明，小于等于 0.01m(Quad 3)的水平网格尺度可提供与网格尺度无关的数值解。使用 Quad 3 算出的刚体云(浓度等值面)见图 7.15(c)。

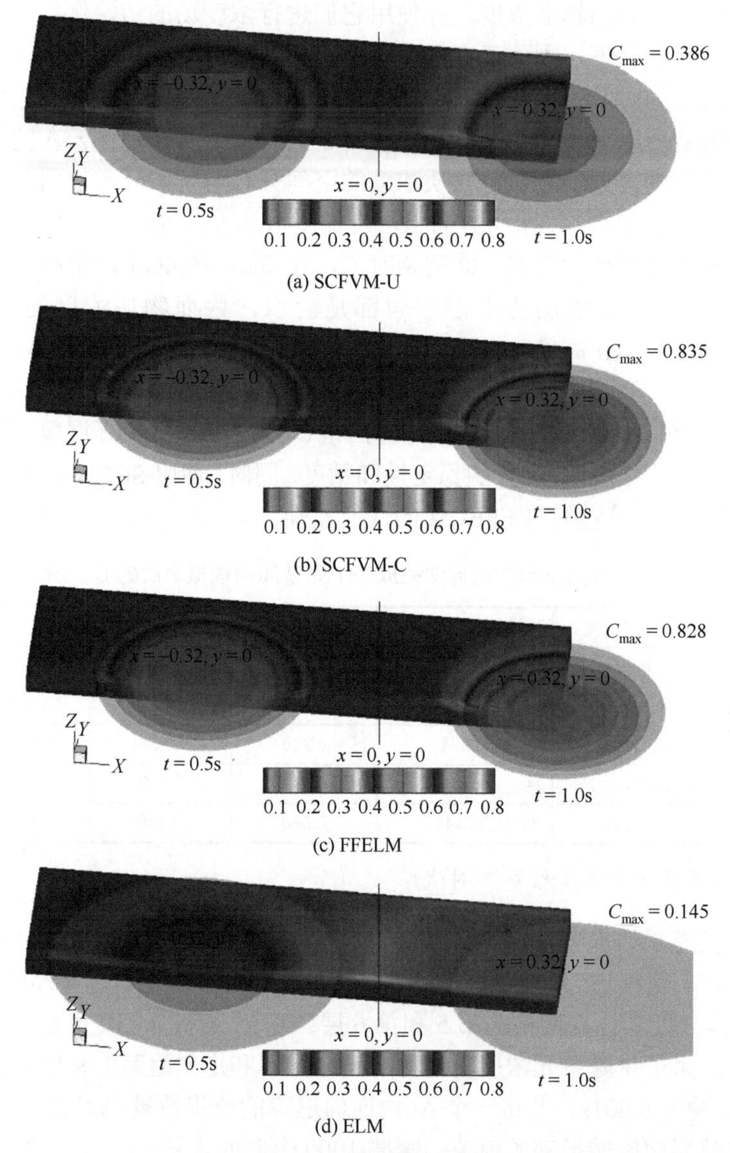

图 7.15　使用 Quad 3 和不同的对流物质输运算法模拟得到的浓度等值面图：(a) 使用 SCFVM-U；(b) 使用 SCFVM-C；(c) 使用 FFELM；(d) 使用点式 ELM

进一步的测试结果表明(见表 7.1 和图 7.15)：与 FFELM 相比，SCFVM-C 在相同的网格尺度条件下也可取得与计算网格尺度无关的数值解；由于耗散性太强，ELM 在 Quad 1～5 条件下不能取得与计算网格尺度无关的数值解。

2．计算稳定性和准确性的测试

在 Quad 3～5 上(满足网格无关性)进一步开展数值试验，研究 FFELM 在不同 CFL 水平下的稳定性和精度。使用 6 种时间步长($\Delta t = 0.001$s, 0.002s, 0.005s, 0.01s, 0.02s, 0.04s)进行测试，令 $N_{bt} = 32$。水平方向上的最大 CFL 定义为 $CFL_h = V_h \Delta t / \Delta x$，式中 V_h 选用最大水平流速(4.02m/s)。垂向的最大 CFL 定义为 $CFL_v = V_v \Delta t / \Delta z$，式中 V_v 选用最大垂向流速(0.063m/s)。同步开展 SCFVM-U 和 SCFVM-C 的数值试验，相应地，亚循环分步数量也设为 32。三种算法的计算结果见表 7.2。

表 7.2　使用不同对流算法和 Δt 开展刚体云数值试验得到的 C_{max}　(单位：kg/m³)

计算网格	Δt/s	CFL		C_{max}		
		CFL_h	CFL_v	SCFVM-U	SCFVM-C	FFELM
Quad 3	0.001	0.4	0.006	0.386	0.835	0.828
	0.002	0.8	0.013	0.387	0.840	0.826
	0.005	2	0.031	0.390	0.854	0.812
	0.01	4	0.063	0.395	不稳定	0.791
	0.02	8	0.126	0.406	不稳定	0.756
	0.04	16.1	0.251	不稳定	不稳定	0.713
Quad 4	0.001	0.8	0.006	0.537	0.839	0.829
	0.002	1.6	0.013	0.539	0.845	0.826
	0.005	4	0.031	0.545	不稳定	0.813
	0.01	8	0.063	0.555	不稳定	0.795
	0.02	16.1	0.126	0.579	不稳定	0.764
	0.04	32.2	0.251	不稳定	不稳定	不稳定
Quad 5	0.001	1.6	0.006	0.660	0.840	0.830
	0.002	3.2	0.013	0.663	不稳定	0.826
	0.005	8	0.031	0.672	不稳定	0.814
	0.01	16.1	0.063	0.688	不稳定	0.796
	0.02	32.2	0.126	不稳定	不稳定	不稳定
	0.04	64.3	0.251	不稳定	不稳定	不稳定

一方面，SCFVM-C 可准确模拟刚体云的尖锐浓度梯度和 C_{max}，且算出的 C_{max} 随 Δt 的增加会略有增加，这是因为当使用较大的 Δt 时，一个完整刚体运动周期的模拟所需的时步数量、亚循环分步总数量就会减少，从而减少了单元界面变量插值和单元浓度更新的次数，从而减小了耗散的引入次数。如图 7.15，由 FFELM 与 SCFVM-C 计算得到的刚体云几乎相同。如果将 SCFVM-C 视作一种二阶精度的三维对流算法，那么 FFELM 也同样具有二阶精度。相对于 FFELM 和 SCFVM-C，SCFVM-U 由于耗散性太强而无法充分保持刚体云的浓度峰值与几何形态。

另一方面，SCFVM 由于引入亚循环而允许使用 CFL>1 的时间步长。测试结果表明，当使用不同方法插值单元界面浓度时，SCFVM 具有不同的稳定性。使用低阶迎风插值的 SCFVM-U，在 CFL≥16 的超大 Δt 条件下仍可保持稳定计算。使用高阶中心插值的 SCFVM-C，在 CFL>3 的 Δt 条件下开始失稳。结果还表明，FFELM 的稳定性略高于 SCFVM-U。对流占优物质输运的数值求解，长期以来一直存在数值黏性衰减过大与计算失稳的矛盾。这里 SCFVM-C 和 SCFVM-U 的测试结果较好地阐明这个窘境，数值实验也同时证实了 FFELM 可以消除这一矛盾。

综上所述，FFELM 可取得与二阶对流格式 SCFVM-C 几乎相同的计算精度，同时具有与 SCFVM-U 相同的稳定性(允许使用 $\mathrm{CFL_h} \gg 1$ 的超大时间步长)。

7.3.2 真实大型浅水流动系统的模拟

使用荆江–洞庭湖(JDT)系统，开展三维水动力与物质输运模型的数值试验。JDT 系统是一个强耦合的大型浅水流动系统，水域面积达 3900km^2，包括荆江、洞庭湖和荆南河网三大部分。JDT 系统的详细介绍见第 1.1 节及附录 3。

在水平方向上，采用第 4.5.1 节的高分辨率非结构网格，它拥有 327820 个单元；在垂向上使用 10 个 σ 分层。采用三维水动力模型的静压计算模式，隐式因子 $\theta_1 = 0.6$。$\Delta t = 60\mathrm{s}$，并将它等分为 6 个分步进行点式 ELM 的逆向追踪。干湿转换的临界水深 $h_0 = 0.01\mathrm{m}$。在水平方向上，将计算区域分为 64 个分区，使用 PCM 求解由静压耦合(u-η 耦合)产生的代数方程组，设置 $\varepsilon_0 = 5\times10^{-3}$。三维物质输运模型使用与水流模型相同的时间步长，在三维 FFELM 中用于逆向追踪的分步数量也设为 6。使用 OpenMP 技术实现三维模型的并行化。

1. 三维水动力模型的率定和验证

使用实测平滩流量水流条件，率定河床粗糙高度 k_s。率定结果为在荆江、荆南河网和洞庭湖区，从上游到下游 k_s 分别为 1.2～0.3cm、1.2～0.3cm 和 0.4～0.3cm。基于这些参数，采用恒定和非恒定水流条件开展模型的验证计算。

其一，使用 2012 年非恒定流过程验证模型的计算精度。模型算出的断面流量和水位过程均与实测数据符合良好。水位的平均绝对误差一般小于 0.15m，流量误差分析如下。选取受降雨影响较小的荆江干流水文站(M2、M5、M10、M13)和三口分流洪道水文站(D1～D5)断面进行分析，同时，为了回避季节性过流汊道中河道断流和小流量对计算流量相对误差的干扰，将断面流量过程在时间轴上进行积分得到断面的年水通量并根据它评估模型精度。与实测数据相比，算得的断面年水通量的相对误差在 5.81%以内(表 7.3)。水量守恒误差定义为全年系统总入流量和总出流量之差，模型计算产生的水量守恒误差为 0.098%。

表 7.3　断面年径流量的计算值与实测值的比较

位置	水文站	实测径流量/10^8m^3	计算径流量/10^8m^3	误差/%
M2	ZC	4716.77	4716.57	0.00
M5	SS	4224.00	4221.79	–0.05
M10	JL	4045.78	4075.88	0.74
M13	LS	6928.50	6526.16	–5.81
D1	XJK	314.01	307.61	–2.04
D2	SDG	76.07	78.13	2.71
D3	MTS	114.41	108.70	–4.99
D4	KJG	6.43	6.77	5.31
D5	GJP	142.48	138.51	–2.79

其二，选取洪峰、平滩、枯季等水流条件开展数值试验。分别选取荆江沿程的代表性断面及 J174 附近的连续断面(见附录 3)，提取和分析模型算出的立面环流，如图 7.16(以枯季水流条件为例)。由图 7.16 可定性判断(暂缺流速三维空间分布实测资料)，三维水动力模型具有模拟河道横向环流及滩槽水体交换的能力。

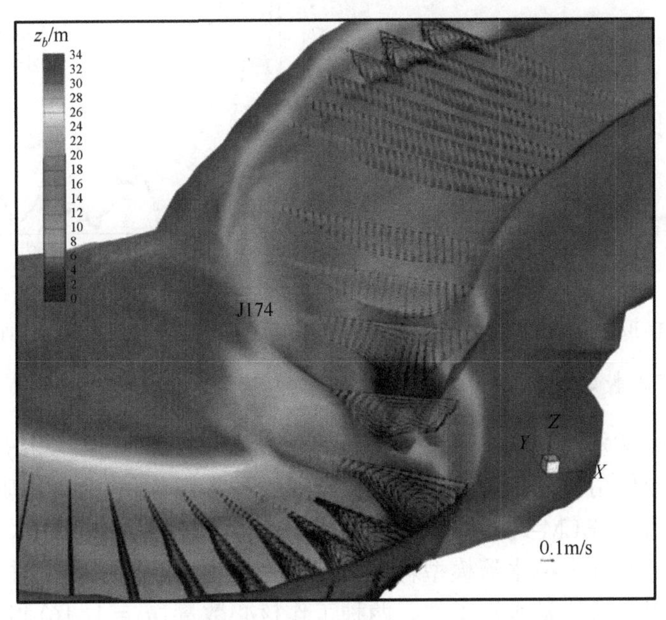

图 7.16　三维水动力模型算出的横断面环流(枯季条件，断面 J174 附近)

2．三维物质输运模型的精度测试

使用 2012 年实测水文资料，进行 JDT 系统非恒定水流和物质运输过程的模拟。为便于分析，将各入流开边界的物质浓度均设为 1.0kg/m^3 并保持恒定。在计算过程中，记录各水文站断面的流量(Q)和物质输运率(QC_{cs})。在所模拟的非恒定流物质输运的任意时刻，QC_{cs}的理论数值应等于Q。QC_{cs}的平均绝对相对误差表示为E_{QC}，断面物质通量的相对误差表示为E_S。

对于垂向运动尺度不大的水流，可根据三维单元侧面中心的水平流速定义CFL，即$\mathrm{CFL}_{j,k}=\mathrm{Max}(|u_{j,k}|/\delta_j, |v_{j,k}|/L_j)$，式中$u_{j,k}$、$v_{j,k}$分别为侧面$(j,k)$的法向和切向水平流速。测试结果表明，在前述条件下FFELM可以稳定计算并给出合理的模拟结果。据统计，模拟JDT系统2012年非恒定过程的CFL水平为：最大的$\mathrm{CFL}_{j,k}=3\sim5$。

算出的各水文站断面的Q和QC_{cs}的年变化过程如图7.17(以小河嘴为例，每天采样一次)。由图可知，QC_{cs}与Q的年变化过程几乎完全重合，与所有入流开边界物质浓度均设为1.0kg/m^{3}相对应。断面物质通量的相对误差E_S为0.21%～0.72%，其主要来源为非恒定流传播过程中所伴随的复杂而又频繁的河床干湿转换、在统计Q和QC_{cs}时所引入的插值误差。物质守恒误差定义为总入流物质数量和总出流物质数量之差，2012年非恒定过程模拟的物质守恒误差为0.46%。

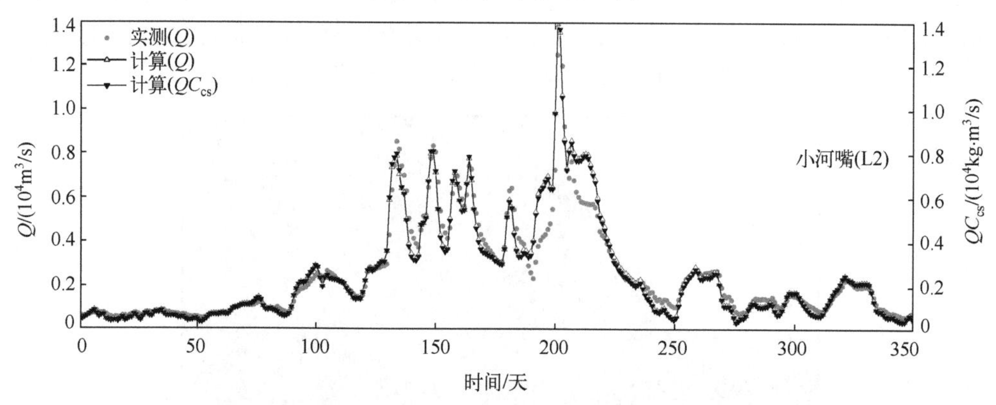

图7.17 模拟得到的断面流量(Q)和物质输运率(QC_{cs})的变化过程(以小河嘴为例)

3. 三维河流数学模型的效率测试

计算效率测试采用一颗16核CPU(Intel Xeon E5-2697a v4)，使用n_c表示工作核心的数量。当使用FFELM时，可直接记录模型各部分(水流、物质输运和其他)的耗时。当使用FVELM-N时，物质输运模型的部分计算是嵌入在水流模型中执行的，需使用总耗时减去纯水流模型耗时，方可得到物质输运模型耗时。

其一，使用平滩流量水流条件、两种工作核心数量($n_c=1, 16$)和一种物质种类数量($n=1$)，测试模型的并行加速性能。先使用$n_c=1$、16分别开展0.1天的纯水流模拟，记录耗时作为参考；然后，开展物质输运模型测试。表7.4比较了FFELM和FFELM-N模型中各个模块的耗时。串行和并行测试均表明，FFELM-N物质输运模型的耗时约为FFELM物质输运模型的1/3(表7.4中t_{ST})。动量方程和自由水面方

程的耗时记作 t_{HD}，$n_c = 16$ 时的加速比为 10.2。基于 FFELM 和 FFELM-N 的物质输运模型均具有良好的可并行性，$n_c = 16$ 时的加速比分别为 10.0 和 9.7。

表 7.4　三维数学模型进行 144 时步计算的耗时　（单位：s）

模型	n_c	t_{HD}	t_{TC}	t_{ST}	t_{others}	总耗时
使用 FFELM	1	797.68	199.81	906.43	86.70	1990.61
	16	78.18	25.33	90.60	16.80	210.91
使用 FFELM-N	1	798.04	188.53	315.83	86.43	1388.83
	16	78.31	25.32	32.69	16.79	153.11

注: t_{HD} 为动量方程和自由水面方程求解耗时；t_{TC} 为紊流闭合计算耗时；t_{ST} 为物质输运计算耗时。

其二，使用 $n_c = 16$ 模拟 JDT 系统 2012 年非恒定水流和物质输运过程，阐明三维模型进行长时段模拟时的绝对计算效率。水流模型耗时为 4.74 天。在使用 FFELM 和 FFELM-N 时，物质输运模型耗时分别为 3.48 天和 1.28 天。在 $n_c = 16$ 并行条件下，FFELM-N 物质输运模型计算速度是 FFELM 物质输运模型的 2.72 倍。

对于长江流域各个大型浅水流动系统，不同维度水动力模型计算效率的汇总见表 7.5。物质输运模型耗时可按其占水动力模型耗时的比例进行近似估算，例如，1D 模型（4 种物质）、2D 模型（4 种物质）、3D 模型（1 种物质）的换算比例分别为 0.68、0.92、0.73（使用 FFELM）和 0.56、0.55、0.27（使用 FFELM-N）。

表 7.5　不同维度模型模拟一年非恒定水流过程的耗时的比较

模型	计算区域	CPU（工作核心）	Δt/s	网格数	耗时
1D	荆江-洞庭湖	Xeon 2697（16 核）	900	2382 断面（11.4 万子断面）	10.73s（PCM）
	长江中下游至河口	Xeon 8280（28 核）	300	4183 断面（24.3 万子断面）	59.8s（PCM）
2D	三峡水库	Xeon 2697（16 核）	60	213363	16.86h（PCM）
	荆江-洞庭湖	Xeon 2697（16 核）	60	327820	10.76h（PCM）
	长江-鄱阳湖	Xeon 2697（16 核）	60	330000	—
	大通-长江口	Xeon 2697（16 核）	90	199310	9.42h（ILP）
3D	荆江-洞庭湖	Xeon 2697（16 核）	60	327820，10 层	4.74d（PCM）
		Xeon 8280（28 核）	60	327820，10 层	2.4d（PCM）

7.4　三维泥沙数学模型的数值试验

选择泥沙输移这一河流过程的模拟研究作为应用背景，建立三维数学模型。在此基础上，使用河道纵横断面物质浓度场、异重流、局部河床冲刷等典型水沙输移现象，开展三维数学模型实验，检验模型模拟强三维性河流过程的能力。

7.4.1 典型泥沙浓度场的模拟

使用规则水槽净冲刷、净淤积资料及复式明渠水槽水沙输移资料开展数值试验，检验三维数学模型(以垂向 z 网格模型为例)模拟泥沙浓度场的能力。

1. 净冲刷水槽试验的模拟

van Rijn[21]于 1981 年在矩形断面直水槽中开展了清水冲刷松散泥沙床面的试验。水槽长 30m、宽 0.5m、高 0.7m。试验水深为 0.25m，水深平均流速为 0.67m/s。水槽中床沙的特征粒径 $d_{50}=0.23$mm，$d_{90}=0.32$mm，十分均匀。床沙在水流作用下冲刷上扬，直至形成稳定的浓度场，如图 7.18。该试验资料常被用于检验三维水沙模型的模拟性能[1,17,22,23]。已有的模拟研究一般将河床物质视作均匀沙，并使用 d_{50} 作为代表粒径，相应的沉速约为 0.022m/s，床面粗糙高度 $k_s=0.01$m。

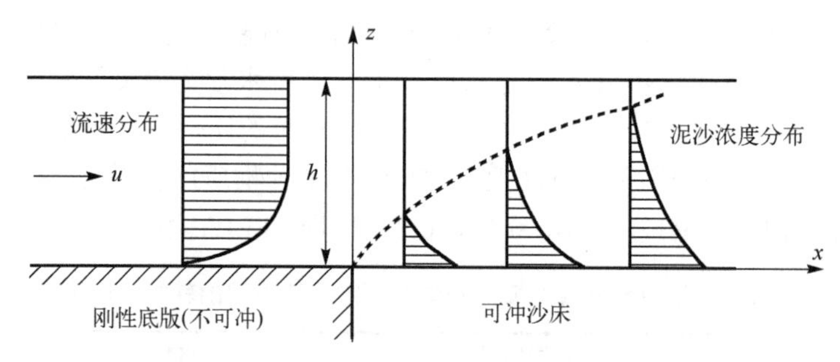

图 7.18 单一水槽清水冲刷床面试验的示意图

选取全水槽作为计算区域，在水平方向上采用尺度为 0.1m 的四边形网格；在垂向上，Δz 从底部的 0.01m 逐渐增加到水面附近的 0.02m。$\Delta t=0.5$s。选用 k-ε 紊流闭合方式计算垂向涡黏性系数。在水槽进口(图 7.18 左)设定流量，并按流速的垂线对数分布分配流量，含沙量设为 0；在出口设定水位，并对含沙量使用“0 水平梯度”开边界条件。初始条件：在整个计算区域，初始水深设为 0.25m，初始流速设为 0。在水槽内，将上游 10m 范围的计算单元属性设置为不可冲刷(对应于刚性底板)，其下游的计算单元属性均设置为可冲刷(对应于松散泥沙床面)。

开展模型计算，直到算得的水沙物理场趋于稳定。计算得到的纵剖面泥沙浓度场如图 7.19。由图可知，三维水沙数学模型可以较好地模拟床面泥沙被冲刷上扬、水体中含沙量由 0 逐渐增加到平衡浓度剖面的过程。图 7.20 给出了可冲水槽段不同纵向位置处含沙量垂线分布的计算值与实测数据的比较，二者符合较好。

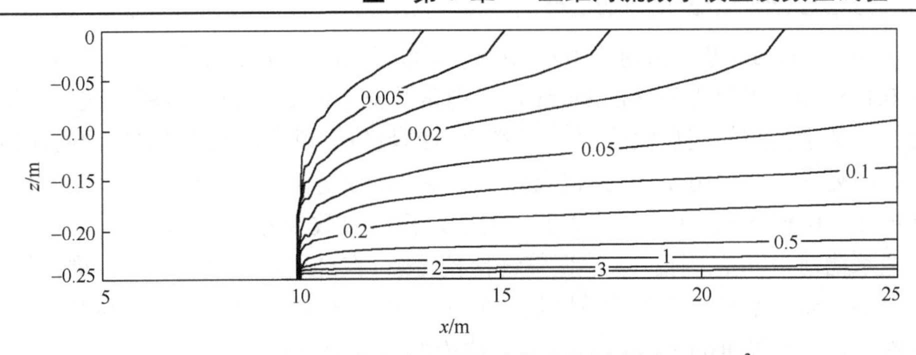

图 7.19　计算的含沙量在纵剖面内的分布图(单位：kg/m³)

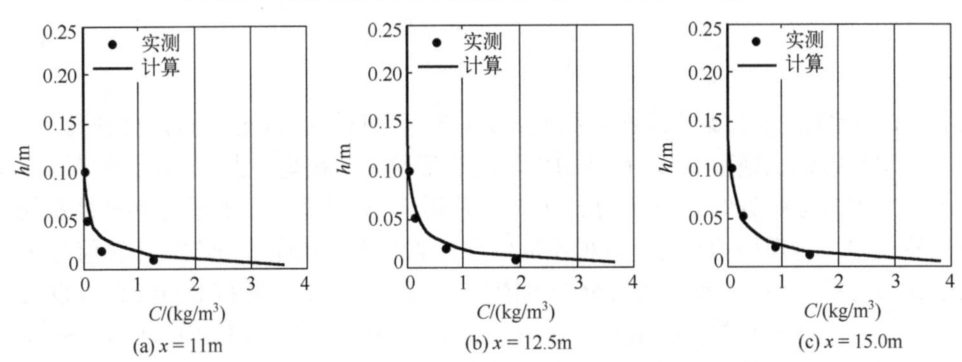

图 7.20　净冲刷条件下含沙量垂线分布的计算结果与试验值的比较

2．净淤积水槽试验的模拟

Wang 和 Ribberink[24]于 1990 年通过矩形断面直水槽试验，测量了纯淤积条件下的泥沙浓度分布。水槽长 30m，宽 0.5m。如图 7.21，在水槽前部加沙搅拌，形成充分混合的含沙水流。经过长 10m 的无底孔水槽段调整后，挟沙水流进入长 16m 的有底孔水槽段。在有底孔水槽段，沉降到床面的颗粒穿过底孔进入收集箱中，不会引起河床淤积变形，且床面也不会形成泥沙上扬通量。试验水深为 0.215m，水深平

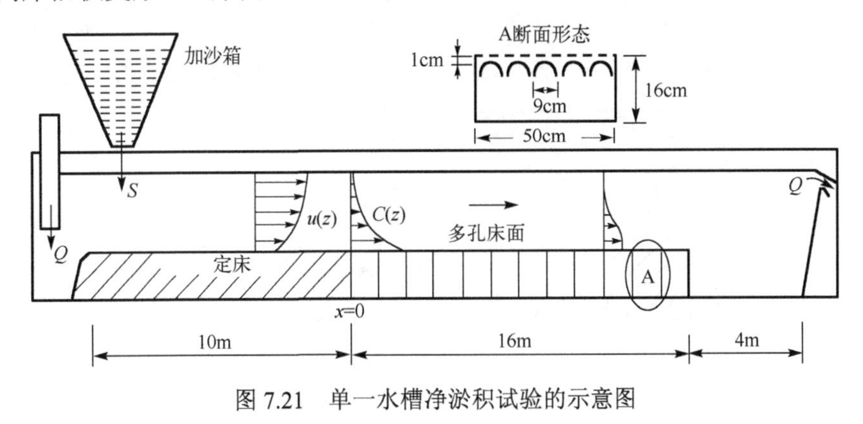

图 7.21　单一水槽净淤积试验的示意图

均流速为 0.56m/s，摩阻流速为 0.033m/s；泥沙的 $d_{10}=0.075\text{mm}$，$d_{50}=0.095\text{mm}$，$d_{90}=0.105\text{mm}$，干容重为 2650kg/m^3，卡门常数 $\kappa=0.4$。该试验资料常被用于检验三维水沙数学模型的模拟性能[1,22,23]。在已有的数值模拟中，一般将水流中的泥沙作为均匀沙处理，并使用 d_{50} 作为代表粒径，泥沙的沉速取 0.0065m/s，床面的有效粗糙高度 $k_s=0.0025\text{m}$。在这里的数值试验中，模型参数参考他们的取值。

在水槽前 10m 范围内，水沙调整过程较复杂。在开展数值试验时适当进行简化，仅选取多孔床面水槽段作为计算区域。同时，使用试验实测资料设定数学模型进口的含沙量，并借助 Rouse 公式[25]设定泥沙浓度的垂线分布：

$$\frac{S}{S_a}=\left[\frac{h/y-1}{h/a-1}\right]^{\frac{\omega}{\kappa u_*}} \tag{7.23}$$

式中，h 为水深；y 为距离床面的高度；a 为参考高度；$\omega/(\kappa u_*)$ 为悬浮指标。

在水平方向上使用 0.1m 尺度的均匀四边形网格；在垂向上 Δz 从底部的 0.01m 逐渐增加到水面附近的 0.02m。$\Delta t=0.5\text{s}$。使用 k-ε 紊流模型计算垂向涡黏性系数。待计算的水沙物理场稳定后，水槽不同纵向位置处含沙量垂线分布的计算值与实测值的比较见图 7.22，纵剖面浓度分布见图 7.23。图 7.22(a) 表明按 Rouse 公式设定的入口含沙量垂线分布与实测值是一致的，图 7.22(b)、(c) 证实算出的含沙量垂线分布与实测数据符合较好。图 7.23 反映了水流中泥沙沿程下沉直至达到平衡的过程。

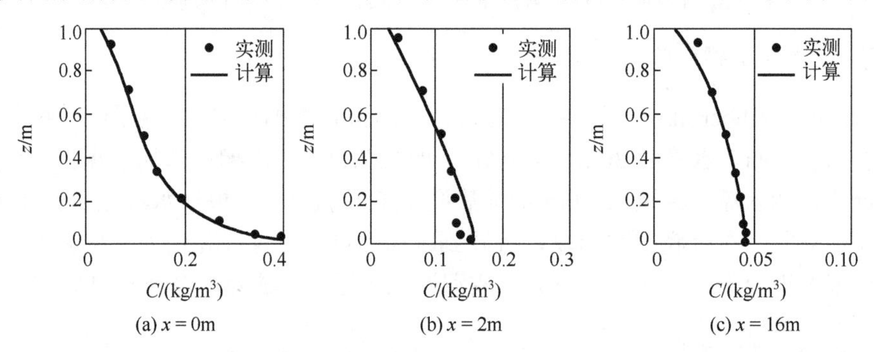

图 7.22　净淤积条件下含沙量(S)垂线分布的计算结果与试验数据的比较

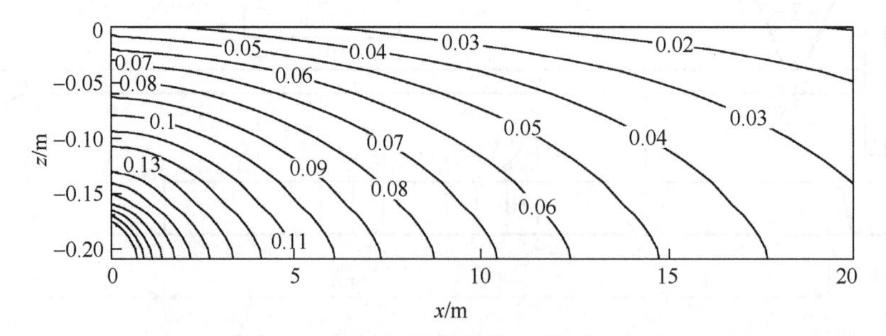

图 7.23　计算的含沙量在纵剖面内的分布图(单位：kg/m^3)

3．复式明渠水槽试验的模拟

复式明渠主槽和滩地在流速、含沙量等方面的差异，使得滩槽水沙交换频繁。因此，复式明渠的水沙输移三维特性显著，模拟它是三维水沙数学模型的基本功能之一。选用复式明渠直水槽实验资料[26]开展数值试验。水槽长30m，纵坡为1‰，内置顺直型复式河道，主槽宽0.3m、深0.06m，主槽两侧分别为宽0.35m的滩地，主槽和滩地糙率分别为0.011和0.013。在入口给定流量17.63L/s、含沙量15kg/m^3($d_{50}=0.014$mm、比重2.1)；在出口处控制水深为9cm。水槽中形成恒定均匀流，距进口18m处的实测断面泥沙浓度分布如图7.24。

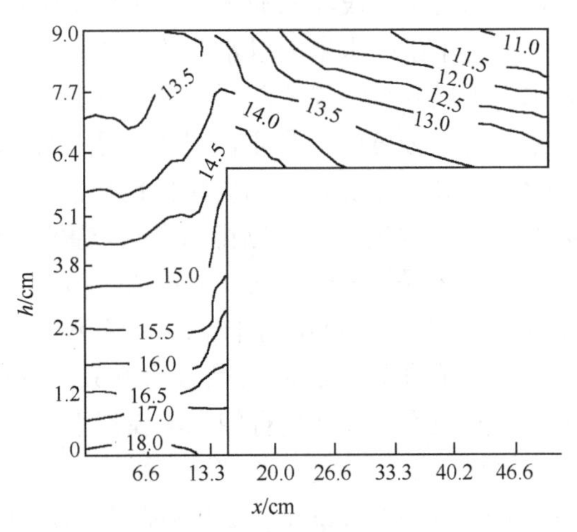

图7.24　实测断面泥沙浓度场

选取全水槽作为计算区域，在水平方向上采用尺度为0.2m的四边形网格；在垂向上，Δz从底部的0.01m逐渐减小到水面附近的0.006m。$\Delta t=0.5$s。使用k-ε紊流闭合方式计算垂向涡黏性系数。悬移质泥沙分为6组，进口泥沙级配为：分组代表粒径$D=0.002$m的颗粒占10%，$D=0.008$m, 0.012m, 0.016m, 0.023m的颗粒各占20%，$D=0.042$m的颗粒占10%。进口泥沙浓度垂线分布按照Rouse公式设定。

待模拟的水沙物理场稳定后，距进口18m处横断面的泥沙浓度分布如图7.25(a)，与试验数据接近，基本可以反映复式明渠滩槽水沙分布与交换的特征。该剖面的计算网格如图7.25(b)，使用亚网格的垂向z网格能较好地贴合床面和自由

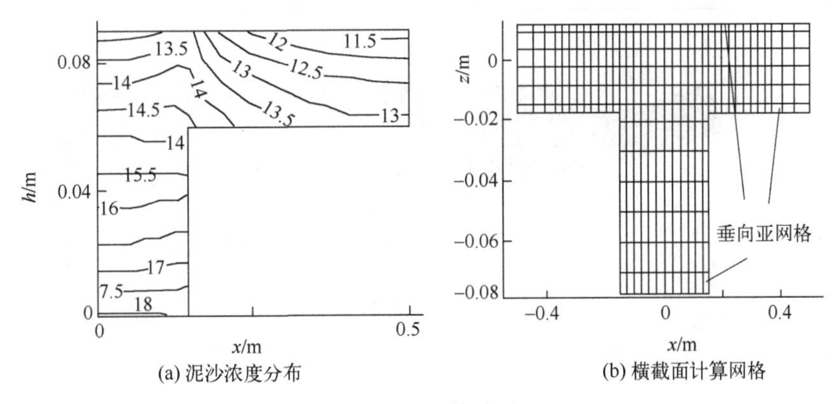

图7.25　计算结果

水面，同时也能较好地适应滩槽交界处的水下直壁(间断性地形)。由于在滩槽交界处水深具有二值性，以水深为基础进行坐标变换的垂向 σ 网格在此处不适用。

7.4.2 泥沙异重流潜入的模拟

文献[27]使用黄河花园口淤泥($d_{50}=0.0038$mm，$w_s=0.00039$m/s)进行了异重流潜入的水槽试验。水槽长 63.8m、宽 1.2m、深 0.62m，尾门距离进口 60.9m。试验前，在水槽下游段注入清水。由于水槽纵坡很陡，高浓度浑水在水槽上游段形成急流，并与下游回水末端以水跃的形式衔接；在水跃点下游，随着水深增加，浑水潜入水底形成异重流继续前行；当异重流头部到达尾门时，开启闸门将其放出。当降低来流泥沙浓度时，异重流潜入所需的水深将增大。数值试验所选用的条件为(第A4 组)：水槽底坡 1.575%，尾门前控制水深为 37.8cm，进口流量 36.12L/s，含沙量 49.5kg/m^3，水流稳定后测得的水跃位置位于距离进口 40.3m 附近。

计算区域与水槽相同，采用 $\Delta x=0.1$m、$\Delta z=0.01$m 的均匀网格剖分计算区域。$\Delta t=0.5$s，$C_d=0.005$，垂向涡黏性系数取 0.5×10^{-4}m^2/s。按均匀沙方式计算泥沙输移，经调试将泥沙 Schmit 数设为 0.5。数值试验分为两步：先假设来流为清水，在恒定的开边界条件下进行纯水流模拟直至水流稳定，并保存计算结果；然后，在第一步计算结果基础上，考虑进口来流含沙(含沙量分别为 44.69kg/m^3、40.22kg/m^3、33.67kg/m^3、30.66kg/m^3、28.6kg/m^3、27.10kg/m^3、26.89kg/m^3、26.17kg/m^3)进一步开展水沙同步模拟，分析和记录异重流的潜入水深。

图 7.26 为第一步纯水流的模拟结果，在 $x=40.5$m 附近上游急流与下游回水以水跃的形式相衔接，与试验情景一致。水跃形成一种层层推进的流态，表层流速较大。在第二步计算中(以 30.66kg/m^3 工况为例)，水跃点附近上层水流为主输沙通道。当挟沙水流继续向前推进时，其一，随着水深不断加大，下游壅水使水平流速在垂

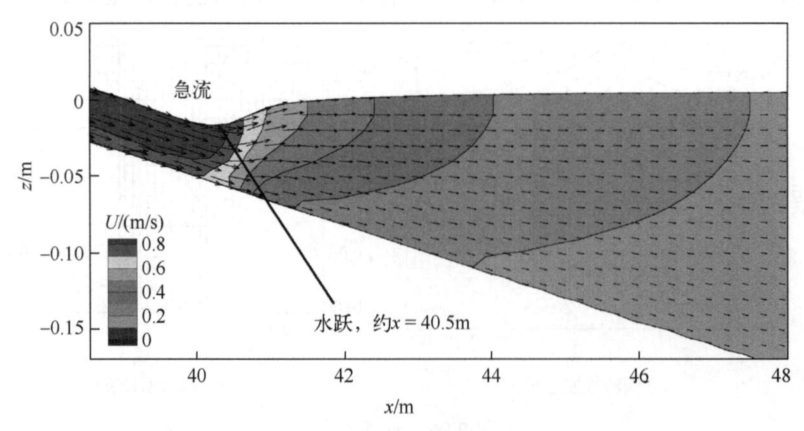

图 7.26 水跃附近的流场分布

线上逐步趋于均匀；其二，泥沙的扩散和沉降使得下层水流泥沙浓度增大，含沙量的垂线分布也趋于均匀。在清浑水交界面逐渐变得竖直的过程中，浑水侧底层水体的含沙量不断加大并积聚斜压力；当交界面两侧斜压差超过某一临界值时发生异重流潜入，如图 7.27(a)。若以 10kg/m^3 浓度等值线作为界定异重流潜入的参照，可估算本工况下异重流的潜入水深约为 25.5cm，与试验值 25.08cm 接近。异重流潜入后继续在水底行进，当发展到一定规模且离水跃点较远之后，它在挤压下游水体的同时对其上层的水体产生水平剪切，促进形成逆时针环流，如图 7.27(b)。

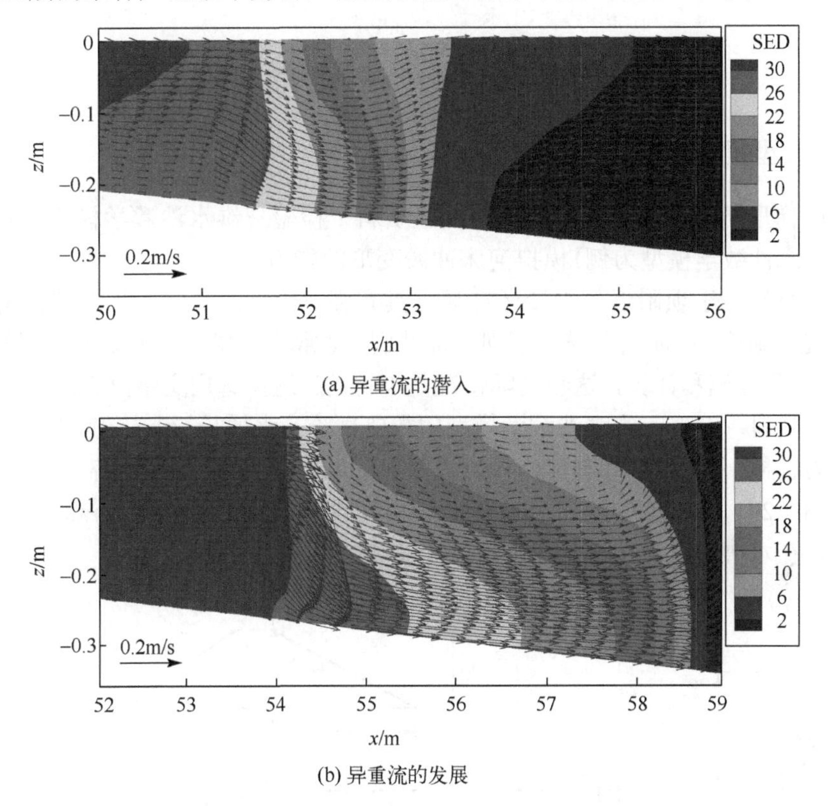

(a) 异重流的潜入

(b) 异重流的发展

图 7.27 数模计算得到的异重流的形成、发展过程

由上述分析可知，在清浑水相遇初期，水跃所产生的层层推进流态，对异重流的潜入是不利的。其一，使得水跃点附近上层水流成为主输沙通道，导致泥沙浓度在表层大、底层小，不利于在底层形成较高浓度挟沙水流，抑制了清浑交界面两侧斜压差的产生。其二，压制了异重流伴生环流的形成，对异重流潜入产生附加阻力。此外，各种入流含沙量工况下模型算出的异重流潜入水深与试验值的比较如图 7.28，二者十分接近。

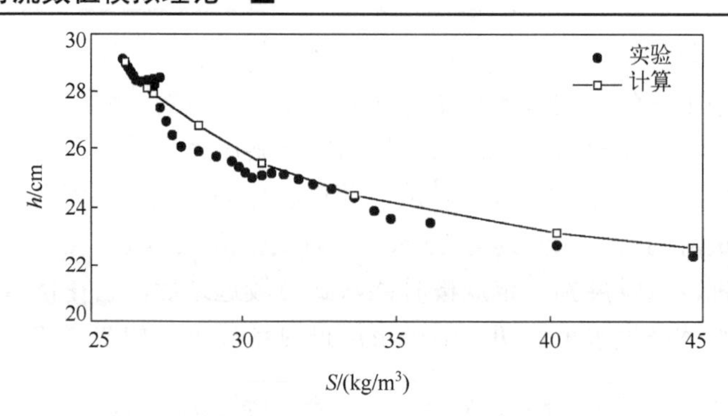

图 7.28 计算的异重流潜入水深与试验值的比较

7.4.3 典型河床演变的模拟

使用梯形断面丁坝局部冲刷水槽试验资料，检验三维水沙数学模型(以垂向 σ 网格三维水沙数学模型为例)模拟河床冲淤变形的能力。

由于绕流，丁坝附近的水沙运动通常具有强三维性。真实丁坝一般具有 1∶2 甚至更缓的侧坡。但前人在模拟丁坝局部冲刷时，常将丁坝概化为矩形横剖面(边壁竖直)以简化建模和计算，这与实际情况是不符的。这里选用文献[28]梯形剖面丁坝水槽实验资料，开展三维水沙数学模型的数值试验。水槽长 30m、宽 2m；所采用的丁坝为正挑丁坝(坝轴线与河岸垂直)，坝顶长 50cm、宽 5cm，坝高 10cm，坝体结构如图 7.29。在水槽中段长 15m 的范围内铺设厚 0.3m、d_{50} = 0.18mm 的试验沙。试验时，在水槽进口给定流量 38.7L/s，出口控制水深为 10cm。

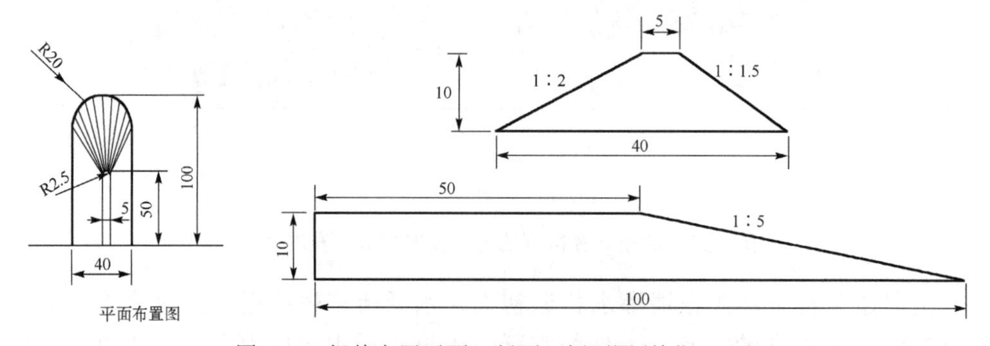

图 7.29 坝体布置平面、断面、侧面图(单位：cm)

为了适应梯形断面丁坝侧坡，提高丁坝及其附近区域的网格分辨率，采用联合计算网格布置策略。在水平方向上，联合使用规则网格(用于丁坝侧坡)和非结构网格(坝脚之外)剖分计算区域，得到四边形单元 4619 个，最小水平网格尺度为 0.75cm，丁坝及附近区域的网格如图 7.30。在垂向上，使用 8 个 σ 网格分层。计算时，k_s = 0.18mm，Δt = 0.05s，使用 k-ε 紊流闭合方式，开展模拟计算，直到丁坝头附近的河床冲刷达到平衡。冲刷平衡时丁坝头附近河床地形如图 7.31，算得的丁坝头附近的最大河床冲刷深度为 16.5cm，与实测值(17.1cm)十分接近。

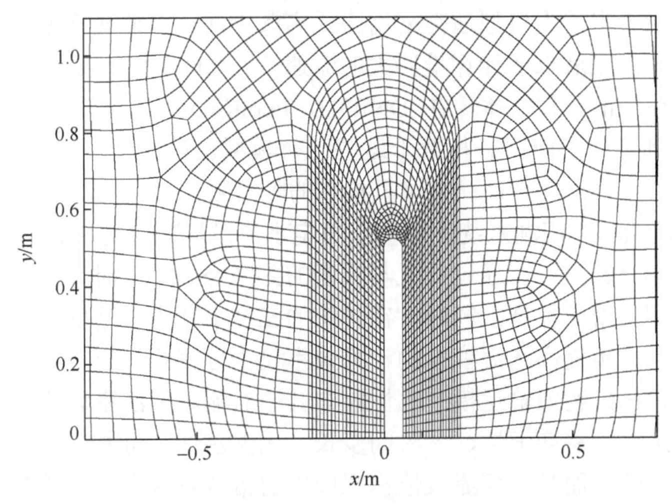

图 7.30　在水平方向上丁坝侧坡及其附近区域的计算网格

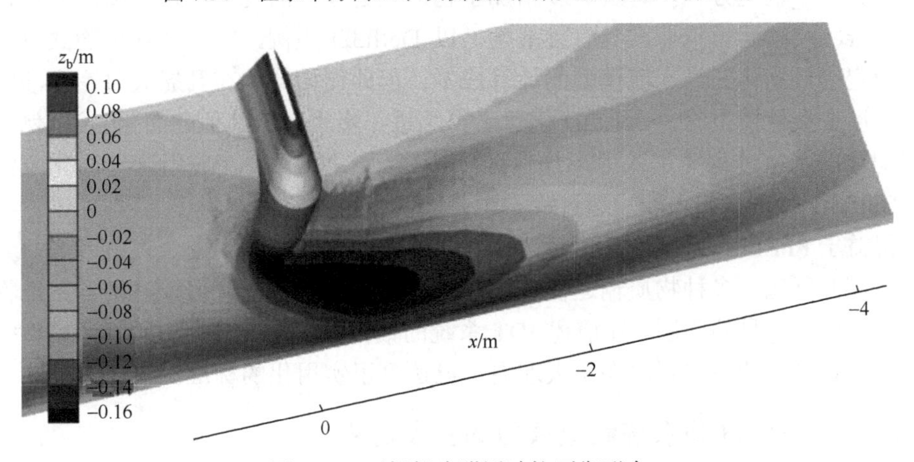

图 7.31　丁坝坝头附近冲坑平衡形态

7.5　三维河流数学模型理论发展的讨论

7.5.1　大时空三维河流数值模拟研究进展

大时空水环境或水沙三维数值模拟，尤其是后者，常常需要模拟数十年的非恒定水流、物质输运及其伴随过程，由于计算量巨大而难以实用。提高计算效率是大时空三维河流数值模拟方法走向实用化的唯一途径，可从模型的单步计算量、时间步长、可并行性等方面着手，改善模型的性能。下面从水动力和物质输运模型两个方面，分析制约大时空三维河流数值模拟实用化的瓶颈性问题。

一方面，三维水动力模型通常采用隐式离散方法，以便允许使用大时间步长，同时使用静压假定回避求解计算量巨大的流速-动水压力耦合。这两项策略大幅降低了三维水动力模型的计算成本，在 Delft3D、Ecomsed、EFDC、Mike3 等三维河流海洋模型中得到了广泛应用。相对于这些已有模型，作者使用隐式方法、ELM 、PCM 等所建立的三维水动力模型(这里指它的静压版本)具有更高的效率。数值试验表明，新模型模拟真实江湖系统 1 年的非恒定水流过程耗时约 2.4～4.7 天(32.8×10 万单元，16～28 核并行)。通过前人与作者的共同努力，大时空三维水流模拟研究手段已基本达到实用化标准。同时，在传统的三维水动力模型框架下，单纯通过改进数值方法来进一步提高水流模拟的计算效率已十分困难。

另一方面，三维物质输运模型的性能与其中对流项解法密切相关。然而，在求解对流物质输运时，将守恒性、大时间步长、无振荡性、可并行化等优势特性统一起来是十分困难的。而且，河流数值模拟应用通常涉及数十种物质，对于每种物质均需求解一个输运方程，这进一步增加了物质输运模型的耗时。这些情况，使得大时空三维物质输运模拟非常具有挑战性。以 Delft3D 为例，它已经使用隐式算法和静压假定来最小化三维水流模型的计算成本。但即便如此，在开展大时空水沙输运及河床演变数值模拟时，Delft3D 仍然不得不进一步求助于其他的简化方法(例如，使用均化的水文过程并引入地形加速因子计算河床冲淤)。在应用这些简化方法之后，Delft3D 所模拟的水沙输运过程不再是真实发生的非恒定物理过程。

得益于 FFELM，三维物质输运模型实现了守恒性、准确性、大时间步长、无振荡性、可并行化、多种物质输运快速求解等诸多优点的统一，有效解决了三维物质输运计算效率不足的问题。在前述 JDT 系统的数值试验中，三维物质输运模型完成一年非恒定过程的模拟耗时在 1 天左右，已达到了实用化的标准。

7.5.2 荆江-洞庭湖系统数值模拟的发展历程

计算精度与效率的矛盾，使得精细高维数学模型难实用于大时空河流数值模拟。自 20 世纪 70 年代河流数学模型诞生以来，一维数学模型统治大时空河流数值模拟领域已长达 40 多年[29]。JDT 系统数值模拟就是该领域中一个鲜活的典型。

由于在防洪、水资源利用、水环境保护等方面的重要性，以及三峡工程(TGR)带来的扰动，JDT 系统的河床演变及江湖关系变化引起了广泛的社会关注。国内许多研究机构，例如长科院、中国水科院等，均采用一维水沙数学模型预测了 JDT 系统江湖关系的发展趋势。以国家“九五”期间(1996～2000)成果为例，一维数学模型研究取得的主要认识为：在 TGR 拦沙之后，长江中下游河道将经历持续的河床冲刷下切与河势调整；同时，荆江分流口门(松滋口、太平口和藕池口)的水位将大幅降低，并导致分流洪道分流能力的显著降低。然而，2003～2013实测水文数据表明，荆江三口分流比几乎没有发生变化[30]。由此可知，一维数学模型由于控制方程过于简化、无法反映水沙因子空间分布、沿断面分配冲淤量存在困难等缺点，计算精度不高，也未能准确预测JDT系统江湖关系的变化趋势。

学者们不断研发新模型，例如一二维嵌套模型[31]和全二维模型[32]，来改善河流模拟效果。高分辨率平面二维模型可直接解出水沙因子的平面分布，获得关于河床演变的直观认识。然而，在大型浅水流动系统中广泛存在着弯曲、分汊、滩槽复式断面等复杂河势形态，由它们引起的二次流、滩槽水沙交换等在河流演变过程中扮演着重要角色。平面二维模型无法直接模拟出这些三维水沙运动特性，此时，需使用三维模型模拟和深入研究大型浅水流动系统的水沙运动及河床演变规律。

在本章中，借助静压假定、点式ELM、PCM和三维FFELM，三维河流数学模型的性能在本质上得到了改善，例如允许使用CFL≫1的超大时间步长、具有良好的可并行性、可充分利用现代多核计算机的强大运算能力。在JDT系统的三维数值实验中，高分辨率三维数学模型模拟一年的非恒定水流与物质输运过程耗时为3～6天，大时空三维河流数值模拟研究手段已初具实用价值。

如前所述，本书在1D、2D、3D河流数学模型三个方面均开展了研发工作。至此，关于JDT系统水动力与物质输运的模拟，1D、2D、3D数学模型的计算效率分别已经达到“实时化、实用化、可使用化”的应用水平。

参考文献

[1] Wu W M, Rodi W, Wenka T. 3D numerical model for suspended sediment transport in channels[J]. Journal of Hydraulic Engineering, 2000, 126(1): 4-15.

[2] Fang H W, Wang G Q. Three-dimensional mathematical model of suspended sediment transport[J]. Journal of Hydraulic Engineering, 2000, 126 (8): 578-592.

[3] Casulli V, Zanolli P. Semi-implicit numerical modeling of nonhydrostatic free-surface flows for environmental problems[J]. Mathematical and Computer Modeling, 2002, 36(9-10): 1131-1149.

[4] 韩其为, 何明民. 论非均匀悬移质二维不平衡输沙方程及其边界条件[J]. 水利学报, 1997(1): 1-10.

[5] Pietrzak J, Jakobson J B, Burchard H, et al. A three-dimensional hydrostatic model for coastal and ocean modelling using a generalised topography following co-ordinate system[J]. Ocean Modelling, 2002, 4: 173-205.

[6] Jankowski J A. A non-hydrostatic model for free surface flows[D]. Hannover: Hannover University, 1999.

[7] 吴修广, 沈永明, 等. 非正交曲线坐标下三维弯曲河流湍流数学模型[J]. 水力发电学报, 2005,

24(4): 36-42.

[8] 王晓松，陈璧宏. 挑流冲坑三维紊流场的数值模拟[J]. 水力发电学报, 1999, 3: 53-61.

[9] Zhang Y L, Baptista A M, Myers E P. A cross-scale model for 3D baroclinic circulation in estuary-plume-shelf systems: I. Formulation and skill assessment[J]. Continental Shelf Research, 2004, 24(18): 2187-2214.

[10] Gross E S, Casulli V, Bonaventura L, et al. A semi-implicit method for vertical transport in multidimensional models[J]. International Journal for Numerical Methods in Fluids, 1998, 28(1): 157-186.

[11] Kaas E, Nielsen J R. A Mass-Conserving Quasi-Monotonic Filter for Use in Semi-Lagrangian Models[J]. Monthly Weather Review, 2010, 138(5): 1858-1876.

[12] Oliveira A, Fortunato A B. Toward an oscillation-free, mass conservative, Eulerian-Lagrangian transport model[J]. Journal of Computational Physics, 2002, 183(1): 142-164.

[13] 金腊华. 趋孔水流运动与冲刷漏斗的成因研究[J]. 江西水利科技, 1992, 18(1): 53-59.

[14] Akoz M S, Kirkgoz M S, Oner A A. Experimental and numerical modeling of a sluice gate flow[J]. Journal of Hydraulic Research, 2009, 47(2): 167-176.

[15] 周宜林，道上正规. 非淹没丁坝附近三维水流运动特性的研究[J]. 水利学报, 2004, 8: 1-10.

[16] Chang Y C. Lateral mixing in meandering channels[D]. Iowa City: University of Iowa, 1971.

[17] 黄国鲜. 弯曲和分汊河道水沙输运及其演变的三维数值模拟研究[D]. 北京：清华大学, 2006.

[18] 张红武，吕昕. 弯道水力学[M]. 北京：水利电力出版社, 1993.

[19] Budgell W P, Oliveira A, Skogen M D. Scalar advection schemes for ocean modeling on unstructured triangular grids[J]. Ocean Dynamics, 2007, 57(4): 339-361.

[20] Dimou K. 3-D hybrid Eulerian-Lagrangian/particle tracking model for simulating mass transport in coastal water bodies[D]. Cambridge, MA: Massachusetts Institute of Technology, 1992.

[21] van Rijn L C. Entrainment of fine sediment particles; development of concentration profiles in a steady, uniform flow without initial sediment load. Rep. No. M1531, Part II[M]. Delft: Delft Hydraulic Laboratory, 1981.

[22] Lin B L, Falconer A R. Numerical modeling of three-dimensional suspended sediment for estuarine and coastal waters[J]. Journal of Hydraulic Research, 1996, 34(4): 435-456.

[23] 冯小香. 水库坝前冲刷漏斗形态数值模拟研究[D]. 武汉：武汉大学, 2006.

[24] Wang Z B, Ribberink J S. The validity of a depth-integrated model[J]. Journal of Hydraulic Engineering, 1990, 116(10): 1270-1288.

[25] 张瑞瑾，等. 河流泥沙动力学[M]. 2 版. 北京：中国水利水电出版社, 1998.

[26] 胡春宏，吉祖稳. 复式断面非均匀沙滩槽交换规律研究[R]. 北京：中国水利水电科学研究院, 1997.

[27] 姚鹏，王兴奎. 异重流潜入规律研究[J]. 水利学报, 1996, 8: 77-83.

[28] 王平义, 等. 长江中游航道整治建筑物稳定性关键技术研究[D]. 重庆: 重庆交通大学, 2006.

[29] Huang G X, Zhou J J, Lin B L, et al. Modelling flow in the middle and lower Yangtze River, China[J]. Proceedings of the Institution of Civil Engineers-Water Management, 2017, 170(6): 298-309.

[30] 许全喜, 朱玲玲, 袁晶. 长江中下游水沙与河床冲淤变化特性研究[J]. 人民长江, 2013, 44(23): 16-21.

[31] Yu K, Chen Y C, Zhu D J, et al. Development and performance of a 1D-2D coupled shallow water model for large river and lake networks[J]. Journal of Hydraulic Research, 2019, 57(6): 852-865.

[32] Hu D C, Zhong D Y, Zhu Y H, et al. Prediction-correction method for parallelizing implicit 2D hydrodynamic models. II: Application[J]. Journal of Hydraulic Engineering, 2015, 141(8): 06015008.

第 8 章　多维耦合水动力模型

在模拟特殊水流或当计算区域庞大时，可通过耦合不同维度模型实现多维联算，以最大限度地在模型性能方面取得最优。多维耦合分为垂向与水平耦合两种，前者一般使用模式分裂将不同维度的模型耦合在一起模拟同一个水域，使用低维和高维模型分别计算水流在不同层次的特征；后者使用不同维度的模型计算不同的水域。这两类模型在大时空河流数值模拟中均具有重要的意义。

8.1　多维垂向耦合非静压水动力模型

溃坝水流是一种特殊水流，它的间断物理特性对数值解法提出了特殊的要求。以溃坝水流为背景，本节介绍多维垂向耦合非静压水动力模型的构建方法。

8.1.1　非静压溃坝水流模型的自由水面问题

溃坝水流特征为：在溃坝发生初期和在溃坝波锋面处，水流的垂向运动均十分显著，并且具有不连续的(即间断的)水面(压力的一个组成部分)和流速分布。自 1990 年前后，人们就开始使用非静压水动力模型研究溃坝水流，主要包括两大类模型：①在沿水深平均的浅水方程中插入附加项，间接地包含动水压力的影响[1-3]；②直接求解完整的时均 NS 方程[4-15]。动水压力在溃坝流中的作用、浅水方程是否适用于描述溃坝水流等问题是讨论的热点，已取得的认识为：忽略垂向加速度和动水压力，一般只影响模型捕捉溃坝水流发生初期的和溃坝波锋面处的流体动力学特征[6,10,11,13,16]；当坝体上下游已形成稳定的溃坝水流后，静压分布与水平流速沿垂线均匀分布的假定是基本成立的[11,13]。同时，溃坝水流的机理性认识还有待深入。

对于三维或立面二维水动力模型，原始控制方程并未显式地包含水深(或水位)变量，需要借助附加计算来确定自由水面。由于溃坝问题较为特殊，在三维或立面二维空间内定位溃坝水流的自由水面，具有较大的挑战性。

一方面，近年来计算流体力学的发展为追踪溃坝水流自由水面提供了多种途径，例如 MAC[13,15]、VOF[4-8,14]、level-set[9,12]、SPH[17]等，这些方法推动了溃坝水流非静压水动力模型的发展；同时，它们的局限性也限制了溃坝水流模型的计算效率和实用性。例如，MAC 方法需满足严格的稳定限制条件(一个将计算时间步长与空间离散、自由表面波速度等关联起来的表达式)且计算量巨大[15]，这使得该方法的计算效率常常仅能支撑立面二维模型。VOF 和 level-set 方法均包含一个附加的关于自由水面标识函数的对流输运方程，它的求解给模型计算时间步长增加了额外的限制。SPH 方法为无网格方法，它使用一组随流运动的粒子来描述溃坝水流，一般需要追踪大量流体质点才能实现流体运动的准确描述，因而计算量巨大。由此可知，追踪溃坝水流的间断自由水面，已有的方法大多较复杂或十分耗时。

另一方面，实践表明：基于水深平均浅水方程的水动力模型虽然可能丢失一些瞬时或局部的水动力细节[4,15,18]，但能够准确模拟溃坝水流演进及其主要特征[6,16,19]，成功案例甚多[16,20-23]。而且，使用 VOF 方法模型代替浅水方程模型开展溃坝水流模拟，所带来的效果改进(例如水位分布特征等)也并不显著[14]。也就是说，使用浅水方程模型计算提供自由水面，代替使用 MAC、VOF、level-set 等高级方法来追踪自由水面，不会对溃坝水流的计算结果产生显著的不利影响。

本节以立面二维情况为例，介绍一种简单的非静压溃坝水流模型架构，它使用传统海洋模型中的模式分裂技术[24]作为桥梁，将水深平均浅水方程模型(外模式)与非静压水动力模型(内模式)耦合起来，开展溃坝水流模拟。内、外模式分别使用独立的控制方程和不同的数值算法。外模式使用 Godunov 类有限体积法求解一维水深平均的浅水方程，以捕捉可能存在的不连续自由水面并模拟溃坝水流的演进；在外模式提供的水面条件下，内模式使用基于压力分裂的立面二维时均 NS 方程，通过求解 *u*-*q* 耦合获得在立面空间内的流场和动水压力分布。

8.1.2 非静压溃坝水流模型的外模式

选取等宽明渠作为模拟对象，用于描述其中自由表面水流的一维水深平均浅水方程为(简便起见，暂时省略河床阻力与紊动扩散作用)

$$\frac{\partial \boldsymbol{U}}{\partial t}+\frac{\partial \boldsymbol{F}}{\partial x}=\boldsymbol{S}_0 \tag{8.1}$$

式中，$\boldsymbol{U}=(h,\ h\bar{u})^{\mathrm{T}}$，为守恒变量向量；$\boldsymbol{F}=(h\bar{u},\ h\bar{u}^2+0.5gh^2)^{\mathrm{T}}$，为通量向量；$\boldsymbol{S}_0=(0,\ -gh\mathrm{d}z_{\mathrm{b}}/\mathrm{d}x)^{\mathrm{T}}$，为源项；$h(x,t)$ 表示水深，m；$\bar{u}(x,t)$ 为水深平均的水平流速，m/s；t 为时间，s；g 为重力加速度，m/s^2；z_{b} 为河床高程，m。

将明渠划分为一组不重叠的一维计算单元。使用同位网格控制变量布置方式，h 和 $\bar{u}$ 均定义在单元(控制体)中心。使用 FVM 求解控制方程。如图 8.1，假定 U 在单元 j 内均匀分布，在区域 $(x_{j-1/2}, x_{j+1/2})$ 上对式(8.1)进行积分得到

$$\Delta x_j\frac{\partial \boldsymbol{U}_j}{\partial t}=-[\boldsymbol{F}_{j+1/2}-\boldsymbol{F}_{j-1/2}]+\int_{x_{j-1/2}}^{x_{j+1/2}}\boldsymbol{S}_0\mathrm{d}x \tag{8.2}$$

对于一个给定的单元界面(边)，例如 j+1/2，分别使用 L、R 表示界面左、右两侧。基于单元界面两侧的状态变量(h 和 $h\bar{u}$)和黎曼解求解器，计算穿过单元界面的数值通量。对于一维单元 j 的界面 j−1/2 和 j+1/2，可分别算得数值通量 $\boldsymbol{F}_{j-1/2}$ 和 $\boldsymbol{F}_{j+1/2}$。

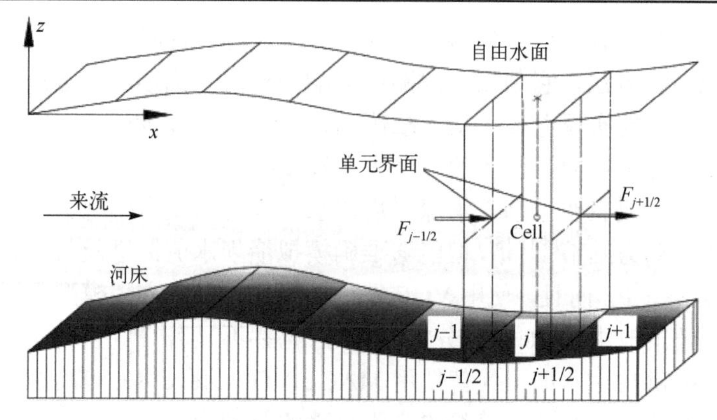

图 8.1　外模式符号变量定义

当使用界面两侧单元的平均状态作为 L、R 状态变量时，用于计算单元界面通量的近似黎曼解求解器只具有一阶空间离散精度。可通过重构界面两侧的状态变量，来建立具有二阶精度的黎曼解求解器[25]。重构单元界面状态变量的步骤为：①将已知的 t_n 时刻单元中心的状态变量插值到网格节点(一维情况下与边重合)，获得节点处的辅助变量 h 和 $h\bar{u}$；②使用单元节点的变量值，计算变量在单元内的梯度；③构造非线性限制器，对各种变量在单元内的变化梯度加以限制；④使用单元中心处的变量值及变量在单元内的变化梯度，构造单元界面(本单元侧)的状态变量。

若使用 Roe 格式[26]构建近似黎曼解求解器，则穿过边 $j+1/2$ 的通量为

$$\boldsymbol{F}_{j+1/2}=\boldsymbol{F}_{\mathrm{LR}}(\boldsymbol{U}_{\mathrm{L}},\boldsymbol{U}_{\mathrm{R}})=\frac{1}{2}[\boldsymbol{F}(\boldsymbol{U}_{\mathrm{L}})+\boldsymbol{F}(\boldsymbol{U}_{\mathrm{R}})-|\tilde{\boldsymbol{J}}|(\boldsymbol{U}_{\mathrm{R}}-\boldsymbol{U}_{\mathrm{L}})] \tag{8.3}$$

式中，$\tilde{\boldsymbol{J}}$ 表示线性化的 Jacobian 矩阵(附录 6)。在 Roe 格式中，使用界面两侧已知的状态变量 $\boldsymbol{U}_L$、$\boldsymbol{U}_R$ 进行均化计算(称为 Roe 平均)，得到界面处的平均水深、流速和波速，并使用它们构造 $\tilde{\boldsymbol{J}}$，以完成控制方程的线性化。实际中，一般将 $\tilde{\boldsymbol{J}}$ 表示为它的特征值与特征向量的线性组合，以便开展显式计算。

可选用迎风特征分解方法离散由地形起伏带来的地形底坡源项[27,28]，它可以保证在静水条件下界面处 $\boldsymbol{F}$ 与 $\boldsymbol{S}_0$ 所代表的通量达到平衡(*C*-property)。将 $\boldsymbol{F}$ 与 $\boldsymbol{S}_0$ 所代表的数值通量之和表示为 $\boldsymbol{F}^{1\mathrm{d}}$。使用半隐方法[25]进行控制方程的时间积分可得

$$\Delta x_j\frac{\boldsymbol{U}_j^{n+1}-\boldsymbol{U}_j^n}{\Delta t}=(1-\theta_1)[-(\boldsymbol{F}_{j+1/2}^{1\mathrm{d}}-\boldsymbol{F}_{j-1/2}^{1\mathrm{d}})]^n+\theta_1[-(\boldsymbol{F}_{j+1/2}^{1\mathrm{d}}-\boldsymbol{F}_{j-1/2}^{1\mathrm{d}})]^{n+1} \tag{8.4}$$

式中，θ_1 为一维控制方程时间离散的隐式因子，当它不为 0 时需迭代求解。

在完成外模式求解之后，可获得单元中心水位、单元界面数值通量等水流信息，储存它们作为求解内模式的基础。需注意，式(8.4)在更新单元中心水力变量时，并没有改变穿过单元侧面的水通量($\boldsymbol{F}^{1\mathrm{d}}|_h$)或动量通量($\boldsymbol{F}^{1\mathrm{d}}|_u$)。

8.1.3 非静压溃坝水流模型的内模式

1．内模式的控制方程与求解思路

与外模式相对应，内模式也暂不考虑河床阻力与水流黏性作用。在垂向 z 坐标系 (x, z, t) 下，矩形断面明渠水流的立面时均 NS 方程为(已使用压力分裂)

$$\frac{\partial u}{\partial x}+\frac{\partial w}{\partial z}=0 \tag{8.5}$$

$$\frac{\partial u}{\partial t}+u\frac{\partial u}{\partial x}+w\frac{\partial u}{\partial z}=-g\frac{\partial \eta}{\partial x}-\frac{\partial q}{\partial x} \tag{8.6}$$

$$\frac{\partial w}{\partial t}+u\frac{\partial w}{\partial x}+w\frac{\partial w}{\partial z}=-\frac{\partial q}{\partial z} \tag{8.7}$$

式中，$u(x, z, t)$、$w(x, z, t)$ 分别为水平 x 和垂向 z 方向上的流速，m/s；η 为以某一水平面高度 H_{R} 为参考高度的水位，m；q 为动水压强，$\mathrm{m^2/s^2}$。

内模式在水平方向上使用与外模式相同的计算网格，在立面上使用垂向 z 网格，见图 6.1 和图 8.2。在垂向上水域占据范围由 m 至 M 的分层，使用 z_k, z_{k+1} 和 $z_{k-1/2}$, $z_{k+1/2}$…分别代表垂向单元的中心和界面。分开进行水平方向和垂向上控制变量的空间布置，均采用交错网格布置方式。在水平方向上，u 定义在单元界面(边)中心，w 和 η 位于单元中心；在垂向上，u 定义在单元中心，w 位于单元界面。

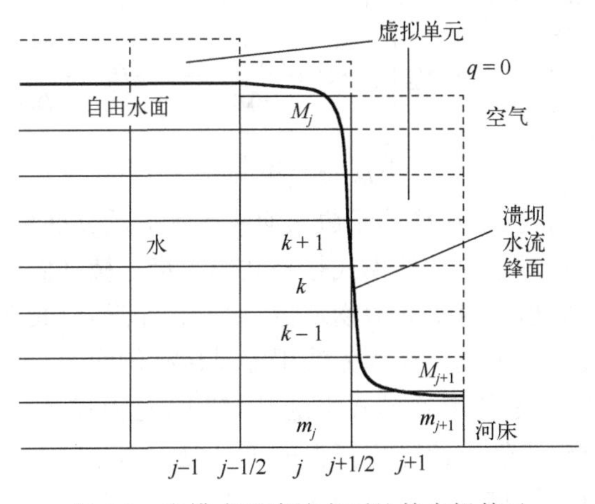

图 8.2 内模式不连续水面处的虚拟单元

第 6 章非静压水动力模型的求解包括静压和动压耦合两步。与之不同，这里的内模式直接使用外模式算得的自由水面，代替 u-η 耦合，并开展流场中间解计算(称为静压计算步)。由于不受自由水面方程的约束，内模式静压计算步使用外模式水位开展计算并不能保证质量守恒，且由此解出的水平流速垂线分布的平均状态与外模式解出的水深平均流速也可能不一致，这可能引发内模式计算失稳或结果不准确。为了保证质量守恒并消除内外模式计算结果的不一致，可使用外模式的数值解对内模式静压计算步的数值解进行校正，将内、外模式计算耦合成一个有机整体。因此，内模式求解一共包括三步：静压计算步、校正步、动压耦合步。

2. 内模式的数值离散与求解过程

立面二维动量方程的算子分裂分步求解：采用半隐差分法离散自由水面梯度；采用点式 ELM 求解对流项；使用全隐差分法离散动水压力梯度项。在单元边 j+1/2 的垂线上，水平动量方程式(8.6)可离散为($k = M, M-1,\cdots, m$)

$$u_{j+1/2,k}^{n+1} = u_{\mathrm{bt}\,j+1/2,k}^{\ n} - \Delta tg\left[(1-\theta_2)\frac{\eta_{j+1}^n - \eta_j^n}{\Delta x_{j+1/2}} + \theta_2\frac{\eta_{j+1}^{n+1} - \eta_j^{n+1}}{\Delta x_{j+1/2}}\right] - \Delta t\frac{q_{j+1,k}^{n+1} - q_{j,k}^{n+1}}{\Delta x_{j+1/2}} \tag{8.8}$$

式中，u_{bt}为显式求解对流项得到的中间解；θ_2为离散水位梯度项的隐式因子。

对于单元 i，垂向动量方程式(8.7)可离散为($k = M+1/2, M-1/2,\cdots, m+1/2$)

$$w_{j,k+1/2}^{n+1} = w_{\mathrm{bt}\,j,k+1/2}^{\ n} - \Delta t\frac{q_{j,k+1}^{n+1} - q_{j,k}^{n+1}}{\Delta z_{j,k+1/2}^{n}} \tag{8.9}$$

式中，w_{bt}为显式求解对流项得到的中间解。

第一步，静压计算步。在暂时去掉动水压力项后，式(8.8)、式(8.9)变成了纯显式计算。使用外模式算得的水位($\eta^{1\mathrm{d}}$)，内模式静压计算步的中间解为

$$\hat{u}_{j+1/2,k}^{n+1} = u_{\mathrm{bt}\,j+1/2,k}^{\ n} - \Delta tg\left[(1-\theta_2)\frac{\eta_{j+1}^{1\mathrm{d},n} - \eta_j^{1\mathrm{d},n}}{\Delta x_{j+1/2}} + \theta_2\frac{\eta_{j+1}^{1\mathrm{d},n+1} - \eta_j^{1\mathrm{d},n+1}}{\Delta x_{j+1/2}}\right] \tag{8.10}$$

$$\hat{w}_{j,k+1/2}^{n+1} = w_{\mathrm{bt}\,j,k+1/2}^{\ n} \tag{8.11}$$

第二步，校正步。将位于水平单元边从河底到水面的立面称为全水深棱柱(简称棱柱)侧面(图 8.1)，它对于内、外模式是公共的。穿过棱柱侧面的数值通量包括质量和动量两种。水量守恒相对于其他物理量(动量、能量等)具有更高的优先级，它也是水流最基本的属性。因此，须优先选用穿过棱柱侧面的水量通量开展内、外模式的一致性校正。也就是使用外模式水通量($F^{1\mathrm{d}}|_h$)与内模式静压计算步的水通量($F^{2\mathrm{d}}|_h$)之比，缩放内模式静压计算步算得的棱柱侧面水平流速垂线分布($\hat{u}^{n+1}$)，从而给内模式静压计算步添加一个额外的质量守恒约束。校正步骤如下。

首先，在外模式中，由近似黎曼解求解器已算得穿过棱柱侧面的水通量($F^{1\mathrm{d}}|_h$)，此时将储存的结果取出。

其次，将内模式静压计算步中式(8.10)算出的中间解($\hat{u}^{n+1}$)在棱柱侧面整个水深范围上进行积分，可得到穿过棱柱侧面的水通量($F^{2\mathrm{d}}|_h$)。对于边 j+1/2 全水深棱柱侧面，该积分的离散形式如下：

$$F_{j+1/2}^{2\text{d}}\Big|_h = \sum_{k=m}^{M} \Delta z_{j+1/2,k}^{n+1} \hat{u}_{j+1/2,k}^{n+1} \tag{8.12}$$

最后，在边 j+1/2 棱柱侧面，进行内模式静压计算步数值解的校正：

$$\tilde{u}_{j+1/2,k}^{n+1} = F_{j+1/2}^{1\text{d}}\Big|_h \Big/ F_{j+1/2}^{2\text{d}}\Big|_h \hat{u}_{j+1/2,k}^{n+1} \tag{8.13}$$

由于只有水平流速才会引起穿过棱柱侧面的水通量，所以只需校正水平流速的中间解($\hat{u}^{n+1}$)即可，校正步的垂向流速解依然保持为中间解：

$$\tilde{w}_{j,k+1/2}^{n+1} = w_{\text{bt}\,j,k+1/2}^{n} \tag{8.14}$$

第三步，动压耦合步。将 $\tilde{u}^{n+1}$ 和 $\tilde{w}^{n+1}$ 分别代入式(8.8)和式(8.9)，可得到流速最终解、流速校正解与动水压力之间的校正关系：

$$u_{j+1/2,k}^{n+1} = \tilde{u}_{j+1/2,k}^{n+1} - \Delta t \frac{q_{j+1,k}^{n+1} - q_{j,k}^{n+1}}{\Delta x_{j+1/2}} \tag{8.15}$$

$$w_{j,k+1/2}^{n+1} = \tilde{w}_{j,k+1/2}^{n+1} - \Delta t \frac{q_{j,k+1}^{n+1} - q_{j,k}^{n+1}}{\Delta z_{j,k+1/2}^{n}} \tag{8.16}$$

使用 FVM 离散连续性方程式(8.5)，可得如下离散方程(单元 j, k)：

$$(\Delta z_{j+1/2,k}^{n} u_{j+1/2,k}^{n+1} - \Delta z_{j-1/2,k}^{n} u_{j-1/2,k}^{n+1}) + \Delta x_j (w_{j,k+1/2}^{n+1} - w_{j,k-1/2}^{n+1}) = 0 \tag{8.17}$$

将式(8.15)和式(8.16)所描述的 u^{n+1} 和 w^{n+1} 分别代入式(8.17)，可得到一个关于动水压力的代数方程($k = m, m$+1,$\cdots$, M)：

$$\Delta t \left[\Delta z_{j+1/2,k}^{n} \frac{q_{j,k}^{n+1} - q_{j+1,k}^{n+1}}{\Delta x_{j+1/2}} + \Delta z_{j-1/2,k}^{n} \frac{q_{j,k}^{n+1} - q_{j-1,k}^{n+1}}{\Delta x_{j-1/2}} + \Delta x_j \left(\frac{q_{j,k}^{n+1} - q_{j,k+1}^{n+1}}{\Delta z_{j,k+1/2}^{n}} + \frac{q_{j,k}^{n+1} - q_{j,k-1}^{n+1}}{\Delta z_{j,k-1/2}^{n}} \right) \right]$$

$$= \Delta x_j (\tilde{w}_{j,k-1/2}^{n+1} - \tilde{w}_{j,k+1/2}^{n+1}) - (\Delta z_{j+1/2,k}^{n} \tilde{u}_{j+1/2,k}^{n+1} - \Delta z_{j-1/2,k}^{n} \tilde{u}_{j-1/2,k}^{n+1}) \tag{8.18}$$

基于式(8.18)所构造出的线性系统具有对称正定且对角占优的系数矩阵，可使用 PCG 进行迭代求解。一旦求得各单元的 q^{n+1}，就可以将它们带入式(8.15)计算 u^{n+1}。然后，使用连续性方程计算 w^{n+1}。由此可见，内模式计算仅给出流速和动水压力的空间分布和物理场，但不再更新自由水面高度。

3. 处理不连续自由水面的虚拟网格技术

内模式可使用河床高程和外模式提供的水位检查立面空间中计算区域的干湿状态，并使用第 6.2.1 节的临界水深法模拟计算网格的干湿转换。更新垂向网格中水域底层和表层的索引 m 和 M，计算垂向上各层单元的厚度及相邻单元中心的距离。中间层($m<k<M$)的厚度等于垂向 z 网格划分的层厚。由于采用亚网格对床面与水面进行了动态跟踪，所以第 m、M 层的层厚可能小于垂向 z 网格划分的层厚。

溃坝水流的间断水面例如溃坝推进波的锋面，在理论上是竖直的。当使用垂向 z 网格剖分立面空间时，这种间断水面可能使相邻棱柱具有不连续的顶层单元索引 M。在内模式中，可采用如下的虚拟网格技术处理这种不连续问题。如图 8.2，在水平单元 j 和 $j+1$ 之上是共享侧面 $j+1/2$ 的两个棱柱，使用 (m_j, M_j) 和 (m_{j+1}, M_{j+1}) 分别代表两棱柱水域底层和表层的索引。在边 $j+1/2$ 的侧面上，当间断的(竖直的)部分水面被垂向 z 网格划分后，当 $M_j \neq M_{j+1}$ 时，在垂向范围 $M_{j+1}<k \leqslant M_j$ 内可得到多个分层，将它们定义为溃坝水流间断水面的不连续水层。

与常规水域内空间点一样，在间断水面处也必须计算动水压力梯度，以封闭关于 q 的代数方程组式(8.18)。间断水面本质上是水-气交界面。如图 8.2，对于边 $j+1/2$，间断水面的空气一侧 $q=0$；在另一侧，棱柱 j 的 $M_{j+1}<k \leqslant M_j$ 垂向范围内的单元均被水充满。首先，在棱柱 $j+1$ 的 $M_{j+1}<k \leqslant M_j$ 垂向范围内对称地(对应于另一侧的有水单元)生成虚拟单元。然后，对棱柱 $j+1$ 内的虚拟单元应用 Dirichlet 边界条件($q=0$)，进而计算跨越间断水面的动水压力水平梯度。类似地，亦可使用虚拟单元法处理常规(非间断)水面处的动压边界，此时为计算动水压强的垂向梯度。

本节使用模式分裂，将经典浅水方程模型与非静压模型耦合起来，构建出一种可用于模拟溃坝水流的非静压水动力模型。在该模型中，外模式所采用的 Roe 格式求解器，可被替换为其它任意的近似黎曼解求解器[29,30]。同时，内模式所采用的 u-q 耦合求解内核，也可被替换为其他的内核[31,32]。此外，在实际应用中，内、外模式还需计算河床阻力。当非静压内核使用交错网格控制变量布置方式时(水平方向上流速定义在边的位置)，河床阻力计算也对应地发生在边的位置。此时，外模式原则上也需在单元边的位置计算河床阻力项，以保持内、外模式求解的一致性。

8.2 非静压溃坝水流的数值模拟

使用理想溃坝水流、河床上具有障碍物的溃坝水流实例，开展多维垂向耦合的非静压水动力模型的数值实验，检验模型模拟溃坝水流的性能。

8.2.1 理想溃坝水流模拟

考虑发生在矩形断面顺直平底明渠中的无黏性溃坝水流[33,34]。初始时刻，一个竖直的薄板坝位于 $x=0\text{m}$ 位置，隔开上下游的两个静止水域，其数学描述为

$$u(x,t=0)=0, \quad h(x,t=0)=\begin{cases} h_1, & x \leqslant 0 \\ h_2, & x>0 \end{cases} \tag{8.19}$$

式中，h_1 和 h_2 分别为坝体上、下游的水深。在本算例中，一维计算区域选为(−100m, 100m)；此外，初始条件为 $h_1=10\text{m}$，$h_2=5\text{m}$。

在薄板坝抽起瞬间，坝上水体崩塌而下形成一个向下游的激波和一个向上游的

逆行波。一方面，尽管本例溃坝水流已十分简单，但其中动水压力和流速空间分布的解析解目前仍不存在[9,16]。另一方面，如果假定溃坝水流服从静压分布和水平流速垂线均匀分布，则可导出上述溃坝水流的低维解析解[35]。文献[34]详细论述该溃坝水流的低维解析解，可使用它来检验多维垂向耦合模型外模式的性能。

使用尺度逐渐减小的均匀计算网格(Mesh 1～5 尺度依次为 1.0、0.5、0.25、0.125、0.1m，$\Delta x = \Delta z$)和内外模式相同的 Δt(0.001s)开展数值试验，以建立与网格尺度无关的数值解(内、外模式)。根据溃坝 5s 后的模拟结果分析模型性能。

由外模式算出的水面纵向分布见图 8.3，$\Delta x \leqslant 0.25$m 的计算网格可提供与网格尺度无关的计算结果。须指出，本例使用一阶精度的黎曼近似解求解器计算穿过控制体侧面的数值通量，因而外模式的数值解存在一定的耗散。对于内模式，取得与网格尺度无关计算结果的临界网格尺度仍是 0.25m，图 8.4 给出了 $\Delta x = 0.25$m 时内模式算出的激波附近的流速场和动水压力的等值线分布。溃坝波锋面附近的(以 $x = 45$m, 47m 处的垂线为例)水平流速和垂向流速的垂线分布见图 8.5。

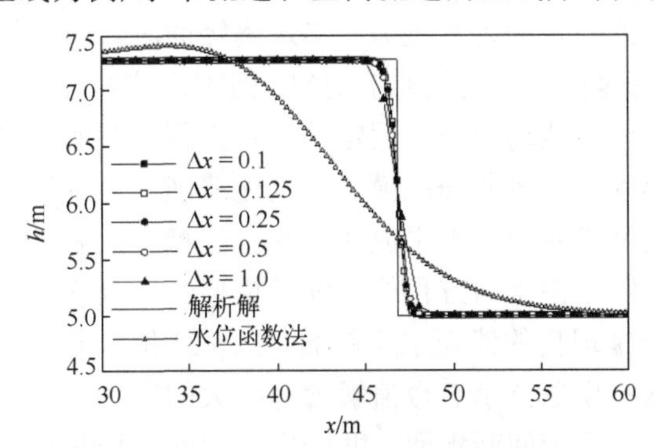

图 8.3 算得的理想溃坝水流的纵向水面

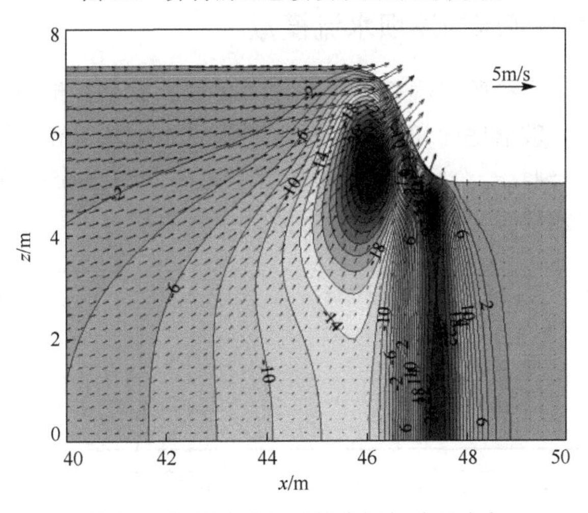

图 8.4 推进波锋面处的流场与动压分布

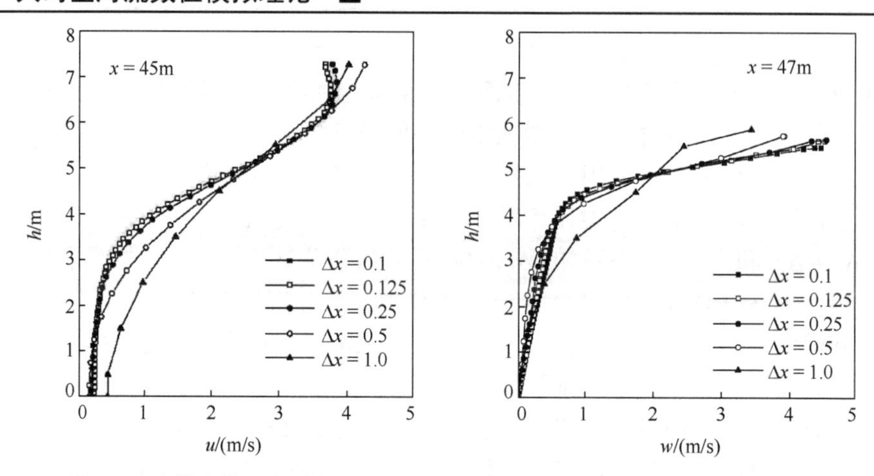

图 8.5 内模式算得的溃坝波锋面附近的水平流速和垂向流速的垂线分布

由图 8.4 可知，在锋面附近，可观察到显著的垂向运动和不均匀流场，锋面上、下游水域分别出现负的、正的动水压力；当远离锋面时，压力趋近于服从静压分布(q 趋近于 0)，水平流速在垂线上也趋于均匀。溃坝水流锋面处的水动力特征，是基于静压分布与水平流速垂线均匀分布假定的浅水方程模型所不能模拟的。

同时，也使用第 6 章传统非静压模型对上述溃坝水流进行计算。该模型不同之处在于采用求解垂向网格各层的水平流速和水位的耦合，来模拟自由水面变动。计算结果表明，基于求解自由水面方程的非静压模型难以准确捕捉溃坝水流的间断自由表面。它模拟出一个坦化的溃坝水流锋面(图 8.3)和一个具有强均匀化特征的流场与动水压力场，这些现象预示着数值解含有很大的数值黏性。相比之下，多维垂向耦合模型可捕捉溃坝水流间断水面，并给出合理的流场和动水压力场。

8.2.2 具有障碍物河床的溃坝水流模拟

使用试验资料[36]，检验多维垂向耦合模型模拟具有不平坦河床与干湿转换特征的溃坝水流的能力。玻璃底面和侧壁的矩形断面直水槽长 9m、宽 0.3m、高 0.34m(图 8.6)。在初始时刻，一个竖直挡板被放置在距离入口 4.65m 处，以保持上游深 $h_1 = 0.25$m 的水体处于静止状态。挡板下游处于无水状态，一个梯形台阶布置在挡

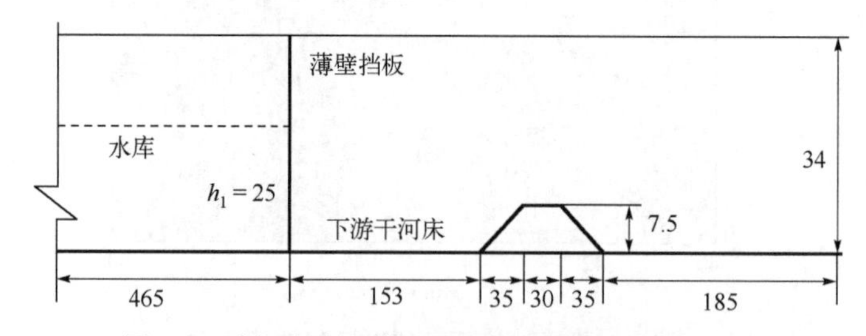

图 8.6 溃坝水流水槽试验的纵剖面图(单位：cm)

板坝下游1.53m处，水槽下游为自由出流。将竖直挡板突然移除，形成的溃坝水流首先穿过下游的平底干河床，再翻越梯形台阶。这个试验的资料曾被用于测试FLOW-3D商业模型包[37]和一个基于VOF方法的三维水动力模型(3D-VOF)[6]，这里将这两个已存在的数值试验分别标识为"OC&K"和"M&W"。

使用$\Delta x = 1\text{cm}$、$\Delta z = 0.5\text{cm}$的均匀计算网格剖分立面二维区域，与OC&K和M&W数值试验的网格尺度相同或接近。内、外模式时间步长均设为0.001s。为了便于比较，分别使用一阶、二阶近似黎曼解求解器开展外模式计算。将多维垂向耦合模型在$t = 1.9\text{s}$、2.8s、3.68s、6.68s时刻水面纵向分布的计算结果与实验数据、前人模拟结果进行比较(图8.7)。由于OC&K和M&W的三维数值模拟结果十分接近，图中仅给出M&W的三维模型和OC&K的浅水方程模型的计算结果。

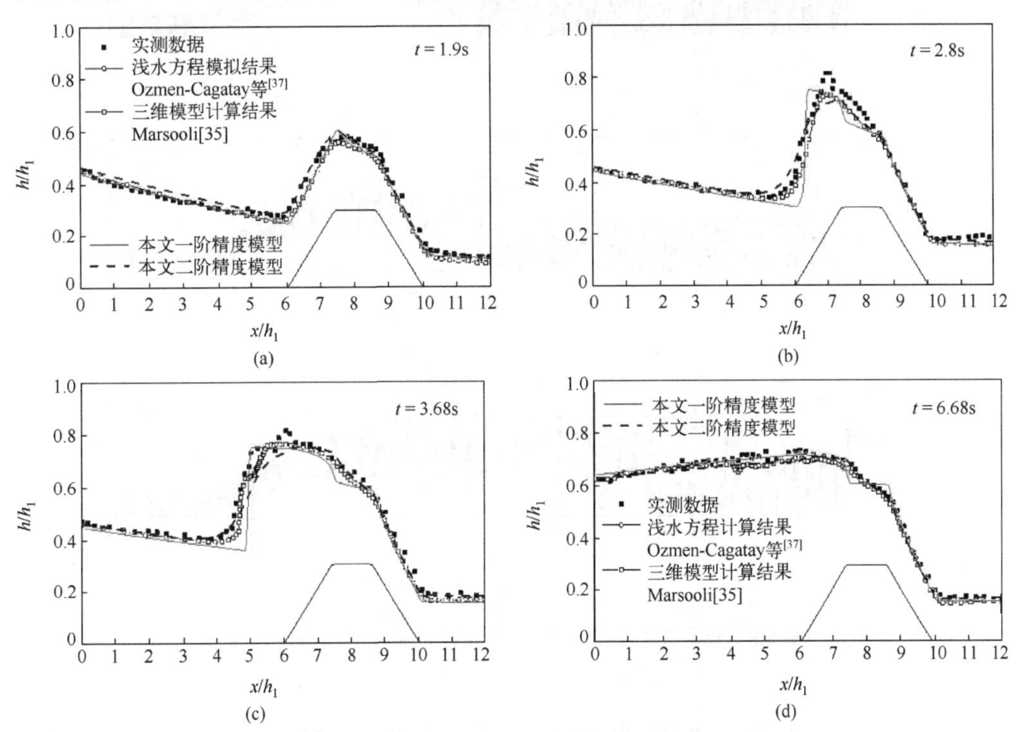

图8.7 不同方法计算得到的自由水面纵向分布与实验数据的比较

实测数据显示，溃坝水流在抵达梯形障碍物后被分为两部分：一部分翻越障碍物继续前行，另一部分形成一个向上游传播的具有水跃形态的逆行波。当外模式使用一阶求解器时，模型在大多数时段内均能很好地模拟水面纵剖面，但模拟的$t = 2.8 \sim 4.74\text{s}$时段的逆行波水面具有间断特征，与观测资料不符。文献[37]指出，这种失真可能是由于FLOW-3D中浅水方程模型使用了非守恒形式的控制方程所致。本小节的计算结果表明：即便使用守恒形式的控制方程，浅水方程模型在使用一阶求解器时的计算结果仍与 OC&K 浅水方程模型类似；若使用二阶求解器代替一阶求解器，可消除逆行波的间断水面(图 8.7)。因此，在浅水方程模型计算结果中，逆行波的间断水面是由低阶数值算法引起，且使用二阶求解器可消除。

比较二阶求解器算出的水面与 3D-VOF 模型的结果，可发现 VOF 方法带来的改进并不明显，这一点与文献[14]的认识一致。当使用二阶求解器时，流场随时间的演化过程见图 8.8($t=2.5$s, 3.26s, 5.0s)。多维垂向耦合模型的计算结果与实验拍摄到的照片[36]一致，并且与 OC&K 所报道的三维数值模拟结果十分接近。

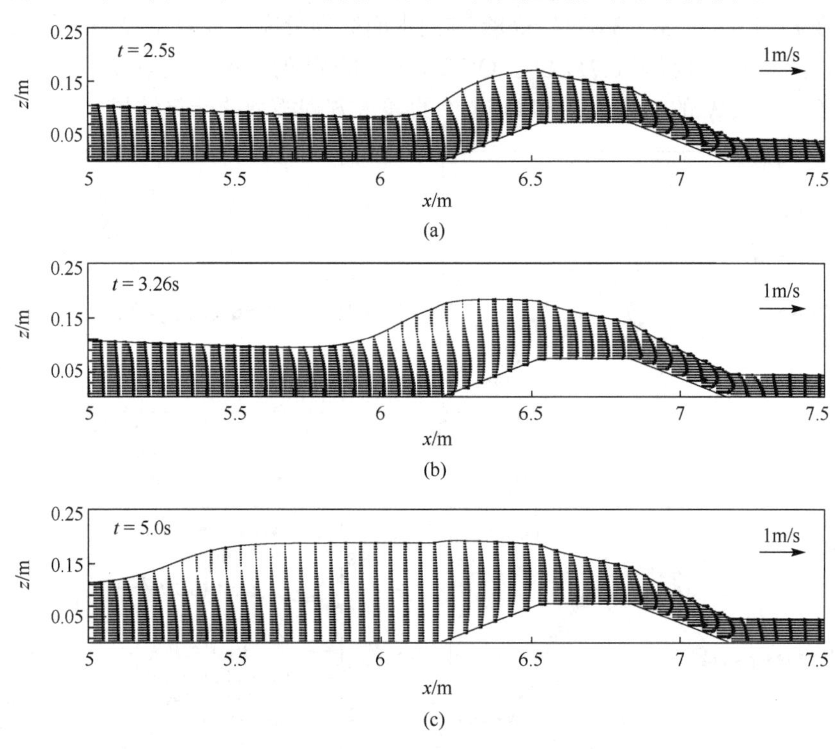

图 8.8　计算得到的水平流速垂线分布随时间的演化过程

8.3　多维水平耦合隐式水动力模型

多维水平耦合模型使用不同维度模型计算不同水域，例如使用一维模型计算河道并使用平面二维模型计算湖泊、海湾等大面积水域。本节介绍一、二维分区的“降维”连接方法，以及一、二维隐式水动力模型的深度耦合计算方法。

8.3.1　一、二维水动力模型耦合计算的方法

大型浅水流动系统时常同时包含江河干流、河网和大面积平面水域(湖泊、河口、

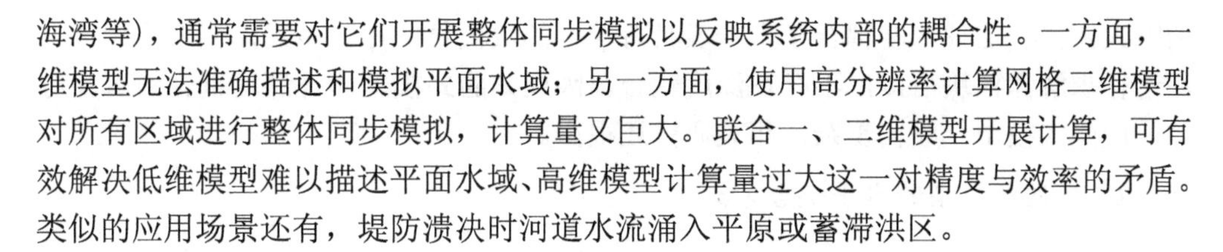

海湾等)，通常需要对它们开展整体同步模拟以反映系统内部的耦合性。一方面，一维模型无法准确描述和模拟平面水域；另一方面，使用高分辨率计算网格二维模型对所有区域进行整体同步模拟，计算量又巨大。联合一、二维模型开展计算，可有效解决低维模型难以描述平面水域、高维模型计算量过大这一对精度与效率的矛盾。类似的应用场景还有，堤防溃决时河道水流涌入平原或蓄滞洪区。

1. 多维耦合计算的层次

在多维水平耦合模型内，不同维模块一般是相互独立的，它们在控制方程、计算网格类型与尺度、控制变量及其布置、数值解法、模型参数等方面均有可能是不同的。从模块间的耦合程度来看，多维水平耦合计算分为如下三个层次。

浅度耦合计算。工程中时常使用一维模型独立开展大范围模拟，将特定断面的流量、水位等随时间的变化过程保存下来。然后，高维模型使用这些信息作为边界条件，对所关注的区域独立开展精细模拟以获取高维计算结果。这就是浅度耦合计算，其特点为：高维模型的计算精度在宏观上受一维模型控制；在选取高维模型开边界位置时一般要求避开分汊、流态复杂、存在往复流的水域。

中度耦合计算。以各模块上一时步计算结果作为不同维分区界面处的边界值，通过互提边界条件的方式实现不同维模块的同步计算，也常被称为“嵌套模型”。例如，谭维炎等[38]率先建立荆江-洞庭湖的一、二维嵌套模型，两个维度模块均采用显式的 FVM 进行求解，并通过显式衔接方式进行连接。为了缓解显式计算时间步长小的缺点，胡四一等[39]采用四点隐式差分法和三级解法来求解河网，进而改进了该嵌套模型，但模块之间仍为显式衔接。文献[40]、[41]使用三级解法和 DSI、ADI 算法建立了珠三角河网与伶仃洋的一、二维嵌套模型，采用交错显式衔接：二维模块给一维模块提供水位边界条件，后者同时给前者提供流量边界条件。

嵌套模型存在如下缺点。①在不同维分区界面处，互相提供的信息仅用作分区的边界条件，并未使用它们像在单个分区内部那样全面开展的动量方程物理项计算。②不同维模块之间为显式衔接，以时间步长为间隔互相提供一次边界条件，并未实现不同维分区在时步内的实时数据交换与互馈计算。③在不同维分区界面处，一般使用类型固化的水位或流量边界条件，对衔接处的流向变化缺乏考虑(较合理的做法是先判断流向，由出流分区提供流量，由入流分区提供水位)，使耦合模型常常难以模拟衔接处可能存在的往复流。因此，嵌套模型一般仅实现了松散耦合，其中的不同维计算并未真正融合成一个有机整体，导致计算精度不高或容易失稳。

深度耦合计算。与中度耦合相比，深度耦合进一步跨越不同维分区界面开展控制方程计算。深度耦合模型一般要求，不同维模块使用相互兼容的控制变量、变量布置、控制方程离散方法等，以便于在不同维分区衔接处求解控制方程中的关键物理项，并在单个时步内进行不同维分区的实时数据交换与互馈计算，实现模块之间的隐式衔接。这种深度耦合模型一般具有较好的数值稳定性。显式模型采用显式方法进行求解和模块衔接，不存在深度耦合。因此，隐式模型才是深度耦合的研究对象，而隐式模型一般较复杂，相关研究还很少。

2．不同维模型的水平耦合方式

不同维模块之间的数据交换与同步计算方法是多维耦合计算的关键。据 Steinebach 等[42]所述，一、二维模块可以通过源项、边界条件、状态变量等多种媒介实现耦合计算。其中，互相提供边界条件是实现一、二维模块耦合计算最直接的方法，已被广泛应用于耦合模型之中[43]。该方法的优点是每个分区均为独立计算，通过一个外循环实现分区之间的耦合[44]。在互相提供边界条件的框架下，耦合显式一、二维模块相对较容易，成功案例如文献[38]、[45]等；相比之下，由于涉及代数方程组的迭代求解，耦合隐式一、二维模块的求解是较困难的。

早期的隐式一、二维耦合模型，在计算之前需要预先通过实测资料明确一、二维分区界面处的流向和水流类型[42]，这使它们难以适用于具有未知流态和流向的一般性水域。Chen 等[46]通过在不同维分区界面处定义耦合单元、采用水力连接条件(匹配条件)、研发局部求解技术等，使隐式一、二维耦合模型的实用性得到了改善。其中，水力连接条件是基于质量和能量守恒导出的，其形式与一维河网模型中汊点的水力连接条件[47]类似。然而，水力连接条件只是水流控制方程的一个极简化版本，导出它们所使用的假定(耦合单元周围的分区网格元素具有相同的水位，忽略衔接处的对流作用等)时常可能偏离实际情况。据作者所知，深度耦合的隐式一、二维模型(跨越一、二维分区界面完整求解水流控制方程)还鲜有文献报道。

预测-校正分块解法(PCM)可为深度耦合隐式一维和二维水动力模型计算提供一个通用且简单的(只需对已有模型进行少量修改即可建立耦合模型)基础框架。本节将介绍一种基于 PCM 的隐式一、二维深度耦合水动力模型。

8.3.2 多维空间连接与融合降维

1．不同维分区的耦合界面与连接方式

在形式上将不同维分区的计算网格连接起来，是实现不同维模块水平耦合计算的基础。将不同维分区的交界面(例如一维河道与二维水域的交界面)称为“耦合界面”，它穿过两个分区边界单元的边界边。当一维和二维模块采用互相提供边界条件的方式进行耦合时，耦合界面处的数据交换一般仅限于分区边界处的水位或断面流量。因而，耦合界面可被简单地视作一维/二维模块的开边界。

耦合界面处的开边界(简称耦合开边界)，总是成对出现的，其信息应同时存储于不同维的两个模块之中。还应建立一维和二维模块之间关于耦合开边界的相互映射，便于不同维模块之间的通信。例如，在一维模块中，为第 i 条耦合开边界定义一个指向变量 Pointer(i)，用于储存它所对应的二维模块耦合开边界的索引。在二维模块中，也同样需要为第 j 条耦合开边界定义一个指向变量 Pointer(j)，用于储存它所对应的一维模块耦合开边界的索引。这样就形成了不同维模块在同一耦合界面的对应关系。在模块的执行过程中，先通过遍历找到本模块的耦合开边界，然后通过 Pointer 找到与之对应的不同维模块的耦合开边界，进而形成一一对应的连接。

二维分区连接到一维分区(河段)有两种方式：①正向连接，二维分区连接到一维河段的端点单元(图 8.9(a))；②侧向连接，二维分区连接到一维河段内部单元(图 8.9(b))。河道溃堤洪水涌入宽阔的平面区域，就会在一维与二维分区之间形成侧向连接。例如，图 8.9(b)中 River2 在 CS386 处发生溃决，引起洪水从 River2 涌入 Region1。当一维单元 CS386 和 Region 1 直接相连时，必须为单元 CS386 添加一个额外的单元边并用它来实现这个连接。因此，侧向连接在原本简单的单一河道中造出了一个具有三条边的汊点单元，并且需要开展该汊点单元与二维计算区域的 u-η 耦合计算，从而使得一二维耦合计算问题变得十分复杂。

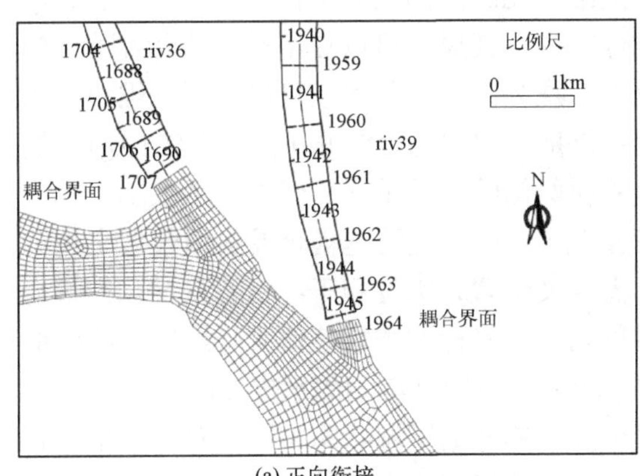

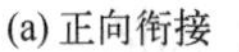

(a) 正向衔接

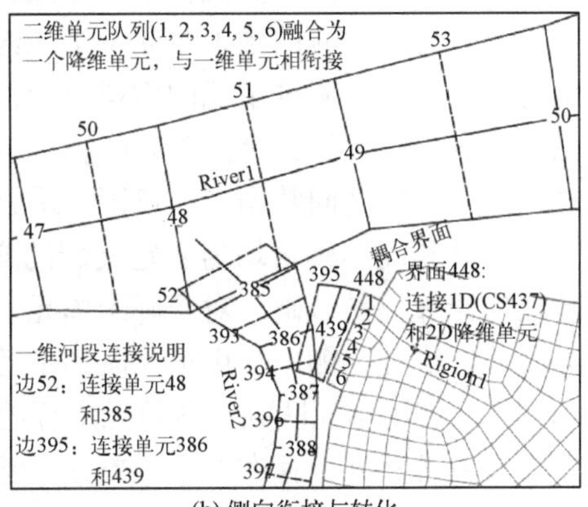

(b) 侧向衔接与转化

图 8.9 一维分区、二维分区的两种衔接方式

可借助“辅助断面法”回避侧向连接，即在一维河段与二维分区之间插入一个辅助断面，将潜在的侧向连接转换为正向连接。如图 8.9(b)，作为一个插入的辅助断面，CS439 单元独自形成了一条过渡河段，承接 River2 的破堤水流。借助这个河段，River2 与 Rigion1 之间原本的侧向连接，就被转化为正向连接。同时，在 CS439 和 Rigion1 之间形成了一个耦合界面(与溃堤水流方向垂直)。辅助断面法的优点：它可为具有变化地形特征的一维断面提供一个简便的输入接口，通过不断更换辅助断面的地形(由试验或经验参数模型获得)，即可模拟溃堤及对应的分流过程。

2. 降维单元与虚拟单元技术

对于一个耦合界面，在一维分区侧仅有一个一维单元，而在二维分区侧一般有多个二维单元。耦合界面两侧不同维度和数量的计算网格，阻碍了一维与二维模块进行数据交换和计算结果互馈。可采用“融合多个二维单元”的方法对耦合界面处的二维单元进行“降维”预处理，以实现一维和二维分区的连接。

在耦合界面的二维分区侧，生成一排齐整的四边形单元是比较容易的，它们形成了一个单元队列(例如图 8.9(b))。在耦合界面两侧一维和二维分区的数据交换方式简述如下。在一维分区侧，位于河段端点的一维单元提供一个断面平均变量，且一维分区代数方程系统的求解也只需分区外的一个变量作为边界条件；在二维分区侧，与耦合界面相邻的每个二维单元均可提供一个变量，且二维分区代数方程系统的求解也需要分区外的多个变量作为支撑。为了克服一维与二维分区的差异，可将耦合界面处的二维单元队列合并为一个“降维”单元，并将它与耦合界面另一侧的一维单元对应起来，以实现一维与二维分区的数据交换。沿着耦合界面对二维单元队列中的单元信息进行平均，并使用平均值代表降维单元的变量值。

借助虚拟单元，实现耦合界面处不同维单元之间的数据交换。在耦合界面处，一维分区边界单元的虚拟单元位于二维分区中，其属性可以使用对应的降维单元的信息进行设置；降维单元的虚拟单元位于一维分区中，其属性可以使用一维边界单元的信息进行设置。虚拟单元的属性主要包括干湿状态(DWE_G)和水位(ETA_G)。这样一来，分区之间数据交换仅限于耦合界面两侧的边界单元，管理开销很小。

一维和二维模块均需要定义新的变量(表 8.1)，为跨越耦合界面的数据交换和物理项计算提供基础。对于降维单元，需定义位置、水位和干湿状态变量。在耦合界面处二维分区侧，使用单元队列中各单元中心坐标的平均值作为降维单元的坐标(X, Y)，使用单元队列中各单元水位的平均值代表降维单元的水位 ETA，并规定只要二维单元队列中存在一个湿单元，那么降维单元的干湿状态为湿。对于一个耦合界面，使用一维单元中心与降维单元中心坐标计算它们之间的距离，且该参数对于一维与二维模块是公共的。由于耦合界面被视作一种特殊的开边界，总体上，可为各模块每个开边界定义表 8.1 的变量，它们只在耦合界面处被激活和使用。

表 8.1　在耦合界面处交换数据时需新定义的变量

变量名	变量含义	一维模块	二维模块
X, Y	降维单元中心坐标		√
DWE	降维单元干湿标志		√
ETA	降维单元水位		√
DEL	跨越耦合界面的一维单元、降维单元中心的距离	√	√
Q_{2D}	耦合界面处二维分区侧的边界边流量积分		√

续表

变量名	变量含义	一维模块	二维模块
R_{12D}	耦合界面处的水通量校正系数	√	√
DWE_G	耦合界面外虚拟单元的干湿状态	√	√
ETA_G	耦合界面外虚拟单元的水位	√	√

8.3.3　耦合界面处的数值离散

表 8.2 比较了所选用的一维与二维水动力模型(见第 2、4 章)，前者在本质上是后者的低维版本。两个模型在数值算法、模型特性等方面是一致的，这为它们的深度耦合提供了条件。不同维模型深度耦合求解的难点在于，跨越耦合界面的变量梯度项的隐式计算(显式计算通常较简单)。表 8.2 的一维与二维模型中，除水位梯度项外，其他项均采用显格式计算。因此，这里的一维与二维模块深度耦合求解的关键在于，合理地开展跨越耦合界面的水位梯度的隐式计算。

表 8.2　所选用的一维与二维水动力模型在控制方程、数值算法、特性等方面的比较

	一维水动力模型	二维水动力模型
控制方程 (均为 非守恒形式)	$B\frac{\partial \eta}{\partial t}+\frac{\partial (Au)}{\partial x}=q$ $\frac{\partial u}{\partial t}+u\frac{\partial u}{\partial x}=-g\frac{\partial \eta}{\partial x}-gS_f$	$\frac{\partial \eta}{\partial t}+\frac{\partial (hu)}{\partial x}+\frac{\partial (hv)}{\partial y}=0$ $\frac{\partial u}{\partial t}+u\frac{\partial u}{\partial x}+v\frac{\partial u}{\partial y}=-g\frac{\partial \eta}{\partial x}-gS_{f,x}+$扩散 $\frac{\partial v}{\partial t}+u\frac{\partial v}{\partial x}+v\frac{\partial v}{\partial y}=-g\frac{\partial \eta}{\partial y}-gS_{f,y}+$扩散
计算网格	断面地形与间距，交错网格布置	无结构网格，交错网格布置
控制变量	断面平均值	垂线平均值
动量方程离散	算子分裂法，有限差分法	算子分裂法，有限差分法
连续方程离散	有限体积法	有限体积法
水位梯度计算	θ 半隐方法	θ 半隐方法
对流项计算	一维点式 ELM	二维点式 ELM
水平扩散计算	一般忽略扩散项	采用显式中心差分方法离散
流速-压力耦合	三对角线性方程组，追赶法直接求解	对称正定稀疏矩阵线性系统，PCG 迭代求解
分区并行策略	预测-校正分块解法分河段并行	预测-校正分块解法分区并行求解

在耦合界面处，使用降维单元和虚拟单元技术来克服一维、二维分区之间的差异，实现数据交换。使用一维边界单元(或降维单元)及其虚拟单元，以及这两个单元中心之间的距离(DEL)，即可计算跨越耦合界面的变量的梯度。此时，一维、二维模块中，动量方程的离散在耦合界面处均将呈现出新的形式。下面介绍跨越耦合界面的水位梯度的计算，并重点关注与之相关的速度-压力耦合计算。

1. 耦合界面处一维模块的求解

对于耦合界面 IB 处的一维单元 i，将它的边界边表示为 $i-1/2$，将它的虚拟单元编号为 $IG(IB)$，简写为 IG。当使用跨越耦合界面的长度 DEL_{IB} 代替 $\Delta x_{i-1/2}$ 后，耦合界面上的边 $i-1/2$ 的动量方程离散式（式(2.45)）转化为（i 增加的方向为正方向）

$$u_{i-1/2}^{n+1}=u_{IB}^{n+1}=\frac{G_{i-1/2}^{n}}{\Gamma_{i-1/2}^{n}}-\frac{\theta\Delta tg}{\Gamma_{i-1/2}^{n}\mathrm{DEL}_{IB}}[\eta_{i}^{n+1}-\eta_{IG}^{n+1}] \tag{8.20}$$

式中，$G_{i-1/2}^{n}=u_{\mathrm{bt},i-1/2}^{n}-(1-\theta)g\Delta t\dfrac{\eta_{i}^{n}-\eta_{IG}^{n}}{\mathrm{DEL}_{IB}}$。

对于耦合界面处的一维单元，连续性方程的 FVM 离散，式(2.48)仍然适用。对于耦合界面 IB 处的一维单元 i，将单元左右两条边在 t_{n+1} 时刻的流速表达式代入离散的连续性方程之中进行 u-η 耦合，也就是将式(8.20)、式(2.44)代入式(2.48)之中，即可得到关于单元 i 的 u-η 耦合代数方程：

$$\begin{aligned}&-\frac{g\theta^{2}\Delta t^{2}A_{i-1/2}^{n}}{\Gamma_{i-1/2}^{n}\mathrm{DEL}_{IB}}\eta_{IG}^{n+1}+\left(B_{i}^{n}\Delta x_{i}+\frac{g\theta^{2}\Delta t^{2}A_{i-1/2}^{n}}{\Gamma_{i-1/2}^{n}\mathrm{DEL}_{IB}}+\frac{g\theta^{2}\Delta t^{2}A_{i+1/2}^{n}}{\Gamma_{i+1/2}^{n}\Delta x_{i+1/2}}\right)\eta_{i}^{n+1}-\frac{g\theta^{2}\Delta t^{2}A_{i+1/2}^{n}}{\Gamma_{i+1/2}^{n}\Delta x_{i+1/2}}\eta_{i+1}^{n+1}\\&=B_{i}^{n}\Delta x_{i}\eta_{i}^{n}-(1-\theta)\Delta t(A_{i+1/2}^{n}u_{i+1/2}^{n}-A_{i-1/2}^{n}u_{IB}^{n})-\theta\Delta t\left(A_{i+1/2}^{n}\frac{G_{i+1/2}^{n}}{\Gamma_{i+1/2}^{n}}-A_{i-1/2}^{n}\frac{G_{i-1/2}^{n}}{\Gamma_{i-1/2}^{n}}\right)\end{aligned} \tag{8.21}$$

耦合界面处一维单元的 u-η 耦合代数方程，也是该单元所在河段的代数方程系统的组成部分。在耦合界面处，对式(8.21)应用 Dirichlet 水位边界条件，虚拟单元的 η_{IG}^{n+1} 由 η_{IG}^{n} 或 $\tilde{\eta}_{IG}^{n+1}$ 代替，即可封闭单元 i 的 u-η 耦合代数方程。

对式(8.21)的右端中穿过一维端点单元边界边 $i-1/2$（即耦合界面 IB）进行水通量的平衡性分析。该分析的前提：一维与二维模块在上一时步末（t_n 时刻）的数值解已满足水量守恒原则，即在耦合界面处一个分区的入流/出流水量，等于到另一个分区的出流/入流水量。在这个前提下，如果两个模块在本时步中的中间解（例如 $G_{i-1/2}^{n}/\Gamma_{i-1/2}^{n}$）也满足穿过耦合界面水通量平衡性的要求，不同维模块在耦合界面处将具有水通量一致性，从而保证耦合计算的水量守恒性。

然而，式(8.21)在计算穿过耦合界面的水通量时，并不存在任何机制可保证由一维、二维模块的中间解所代表的穿过耦合界面的水通量是相等的。为了保证耦合界面处不同维模块的水通量具有一致性，这里引入校正系数(R_{12D})给数值解附加一个额外约束。之后，端点单元 i 的 u-η 耦合代数方程转化为

$$(B_{i}^{n}\Delta x_{i}-C_{i}^{a}-C_{i}^{c})\eta_{i}^{n+1}+C_{i}^{c}\eta_{i+1}^{n+1}=B_{i}^{n}\Delta x_{i}\eta_{i}^{n}+r_{i}^{n}-C_{i}^{a}\eta_{IG}^{n+1} \tag{8.22}$$

式中，$r_{i}^{n}=-(1-\theta)\Delta t(A_{i+1/2}^{n}u_{i+1/2}^{n}-A_{i-1/2}^{n}u_{IB}^{n})-\theta\Delta t\left(A_{i+1/2}^{n}\dfrac{G_{i+1/2}^{n}}{\Gamma_{i+1/2}^{n}}-R_{12D,IB}{}^{n}A_{i-1/2}^{n}\dfrac{G_{i-1/2}^{n}}{\Gamma_{i-1/2}^{n}}\right)$，$C_{i}^{a}=$

$-\dfrac{g\theta^2\Delta t^2 A_{i-1/2}^n}{\Gamma_{i-1/2}^n \Delta x_{i-1/2}}$，$C_i^c = -\dfrac{g\theta^2\Delta t^2 A_{i+1/2}^n}{\Gamma_{i+1/2}^n \mathrm{DEL}_{iB}}$。在PCM的预测和校正步，分别使用$\eta_{IG}^n$或$\tilde{\eta}_{IG}^{n+1}$代替式中的$\eta_{IG}^{n+1}$开展计算。

2. 耦合界面处二维模块的求解

一维模型仅能解出单元界面上的法向流速。与之对应，需强制性地将位于耦合界面上的二维分区单元边的切向流速设为0。因此，对位于耦合界面上的单元边(即二维单元的边界边)，二维模块不再求解它们的切向动量方程。

耦合界面IB处的二维单元i,它是二维单元队列(用于构造降维单元)的一部分。假设单元i的边界边在单元内的局部索引为l_0，则边的全局编号为$j(i,l_0)$。单元队列中的每个单元对应同一个虚拟单元，将其表示为$IG(IB)$，简写为IG。对于耦合界面IB处单元i的边界边j，使用跨越耦合界面的长度DEL_{IB}代替δ_j。在忽略水平扩散项后，位于耦合界面上的边j的动量方程的离散式为

$$u_j^{n+1} = u_{IB}^{n+1} = \frac{G_j^n}{\Gamma_j^n} + \frac{\theta g\Delta t}{\Gamma_j^n \mathrm{DEL}_{IB}}[\eta_{IG}^{n+1} - \eta_{i(j,1)}^{n+1}] \tag{8.23}$$

式中，$G_j^n = u_{\mathrm{bt},j}^{\ n} - (1-\theta)g\Delta t\dfrac{\eta_{IG}^n - \eta_{i(j,1)}^n}{\mathrm{DEL}_{IB}}$。

对于耦合界面处的二维单元，连续性方程的FVM离散式(4.9)仍然适用。对于耦合界面IB处的二维单元i，将其各边在t_{n+1}时刻的水平法向流速表达式代入连续性方程进行u-η耦合，可得到关于二维边界单元i的u-η耦合代数方程：

$$\begin{aligned}&P_i\eta_i^{n+1} + g\theta^2\Delta t^2 \sum_{l=1}^{i34(i),l\neq l_0} \frac{L_{j(i,l)}h_{j(i,l)}^n}{\Gamma_{j(i,l)}^n \delta_{j(i,l)}}[\eta_i^{n+1} - \eta_{ic3(i,l)}^{n+1}] + g\theta^2\Delta t^2 \frac{L_{j(i,l_0)}h_{j(i,l_0)}^n}{\Gamma_{j(i,l_0)}^n \delta_{j(i,l)}}[\eta_i^{n+1} - \eta_{IG}^{n+1}]\\&= P_i\eta_i^n - (1-\theta)\Delta t\sum_{l=1}^{i34(i)} s_{i,l}L_{j(i,l)}h_{j(i,l)}^n u_{j(i,l)}^n - \theta\Delta t\sum_{l=1}^{i34(i)} s_{i,l}L_{j(i,l)}h_{j(i,l)}^n G_{j(i,l)}^n \big/ \Gamma_{j(i,l)}^n\end{aligned} \tag{8.24}$$

耦合界面处二维单元的u-η耦合代数方程，也是该单元所处二维分区代数方程系统的一部分。在耦合界面处，对式(8.24)应用Dirichlet水位边界条件。在求解时，由虚拟单元提供η_{IG}^n或$\tilde{\eta}_{IG}^{n+1}$代替η_{IG}^{n+1}，以封闭二维边界单元的u-η耦合代数方程。与一维模块相对应，引入水通量校正系数$R_{12\mathrm{D}}$形成一个额外的约束，以消除耦合界面处一维与二维模块之间可能存在的水通量的差异。经过上述两方面考虑，二维边界单元i的u-η耦合代数方程可转换为

$$\begin{aligned}&P_i\eta_i^{n+1} + g\theta^2\Delta t^2 \sum_{l=1}^{i34(i)} \frac{L_{j(i,l)}h_{j(i,l)}^n}{\Gamma_{j(i,l)}^n \delta_{j(i,l)}}\eta_i^{n+1} - g\theta^2\Delta t^2 \sum_{l=1}^{i34(i),l\neq l_0} \frac{L_{j(i,l)}h_{j(i,l)}^n}{\Gamma_{j(i,l)}^n \delta_{j(i,l)}}\eta_{ic3(i,l)}^{n+1}\\&= P_i\eta_i^n + r_i^n + g\theta^2\Delta t^2 \frac{L_{j(i,l_0)}h_{j(i,l_0)}^n}{\Gamma_{j(i,l_0)}^n \delta_{j(i,l_0)}}\eta_{IG}^n\end{aligned} \tag{8.25}$$

式中，$r_i^n = -(1-\theta)\Delta t \sum_{l=1}^{i34(i)} s_{i,l} L_{j(i,l)} h_{j(i,l)}^n u_{j(i,l)}^n - \theta \Delta t \sum_{l=1}^{i34(i),l\neq l_0} s_{i,l} L_{j(i,l)} h_{j(i,l)}^n \frac{G_{j(i,l)}^n}{\Gamma_{j(i,l)}^n} - R_{12\mathrm{D},IB}^{\ \ n} \theta \Delta t L_{j(i,l_0)}$
$h_{j(i,l_0)}^n \frac{G_{j(i,l_0)}^n}{\Gamma_{j(i,l_0)}^n}$，在 PCM 的预测和校正步，分别使用 η_{IG}^n 或 $\tilde{\eta}_{IG}^{n+1}$ 代替 η_{IG}^{n+1} 开展计算。

8.3.4 一、二维模块的耦合计算

1．耦合求解的流程

PCM 同时适用于隐式一维和二维水动力模型，为多维水平耦合提供了一个基础框架。PCM 采用相同的方式处理一维和二维分区，因而在 PCM 框架下进行多维水平耦合计算无需区分分区的维度。在耦合求解时，PCM 只需一维、二维分区互相提供耦合界面处的水位，以封闭各分区的代数方程组系统，不需要交换其他变量。而且，在方程组求解过程中，相邻的一维、二维分区只需进行一次数据交换，即可保证跨越耦合界面的洪水波的传播得到准确求解。各种分区的数据交换分析如下。

在两个一维分区的耦合界面处，两个三对角线性系统交换一维单元的水位。在两个二维分区的耦合界面处，两个对称正定稀疏矩阵代数方程系统交换对应的二维单元的水位。在一维和二维分区的耦合界面处，三对角线性系统(使用一维单元)与稀疏矩阵线性系统(使用降维单元)交换单元水位。

基于 PCM 的一、二维深度耦合水动力模型的计算流程见图 8.10。一维、二维模块的耦合计算主要体现在两个模块中的 u-η 耦合计算，分为预测和校正两步。在预测步，使用 η_{IG}^n 分别闭合一维河段对应的三对角线性系统与二维分区对应的稀疏矩阵线性系统，求解获得预测解 $\tilde{\eta}^{n+1}$ 。在校正步，预测步构造的代数方程系统仍适用，但改用 $\tilde{\eta}_{IG}^{n+1}$ 来封闭这些代数方程系统，求解获得最终解 η^{n+1}。

残差传递问题。用于求解一维分区三对角代数方程组的追赶法可直接得到精确解，而用于求解二维分区稀疏矩阵线性系统的 PCG 由于是一种迭代解法而存在收敛残差。迭代解法一般使用一个初始残差作为参照，来检测代数方程组的迭代求解是否收敛。在二维分区代数方程系统的预测和校正求解步骤中，参照残差应统一为预测步的初始残差。由图 8.10 显而易见，预测和校正计算分别被封装在两个阶段中执行，因而需要将预测步初始残差储存下来并传递给校正步。若将校正步的初始残差作为参照残差(已经很小)，则迭代求解可能难达收敛甚至出错。

2．关键问题的处理与计算

其一，水通量校正系数 $R_{12\mathrm{D}}$。一维分区的三对角系统、二维分区的稀疏矩阵线性系统是在两个模块中分开计算的。为了保证不同维模块在耦合界面处水通量具有一致性，在两种维度模块的 u-η 耦合代数方程右端项中，引入 $R_{12\mathrm{D}}$ 来缩放耦合界面

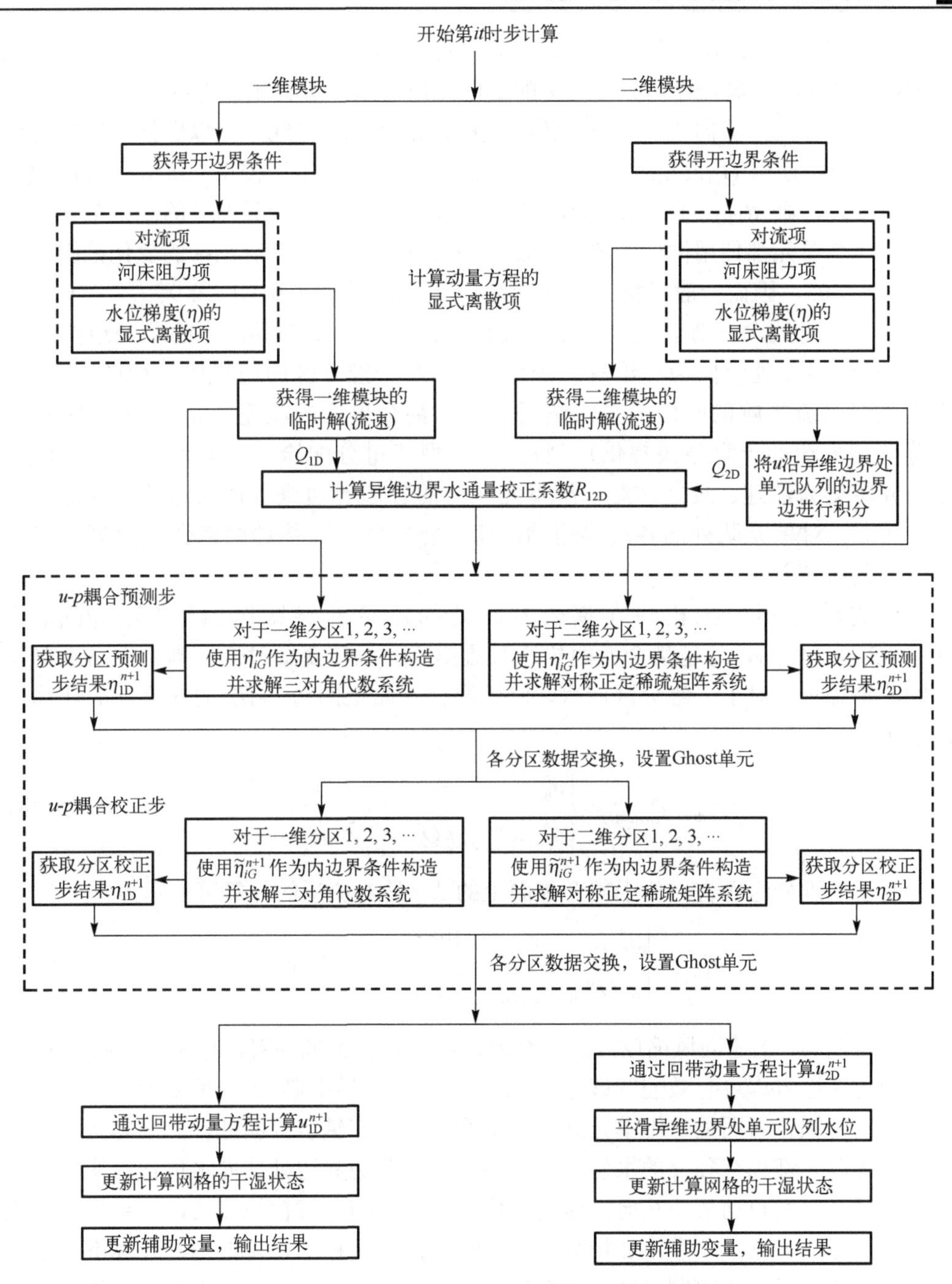

图 8.10　一、二维深度耦合水动力模型的流程图

处不同维分区出/入流的水通量，将它们强制统一。为了充分反映来流方向信息的影响，可根据耦合界面处的流向采用迎风方法计算 R_{12D}。在耦合界面处，规定：一维

分区出/入流的流量 Q_{1D}，等于位于端点单元的边界边的流量；二维分区出/入流的流量 Q_{2D}，通过沿着耦合界面将单元边的法向流速与水深进行积分得到。

当耦合界面处流向为一维→二维分区时，则令 $R_{12D}(1D)=1$ 以保护来流方向信息 Q_{1D}，同时使用 Q_{1D}/Q_{2D} 作为二维模块的 $R_{12D}(2D)$，用于校正二维分区入流的水通量。反之，则 $R_{12D}(1D)=Q_{2D}/Q_{1D}$ 且 $R_{12D}(2D)=1$。耦合界面处的二维单元队列中的每一个单元都使用同一个 $R_{12D}(2D)$。真实河流测试表明，R_{12D} 的变化范围通常在 0.95～1.05，因而一般可将 R_{12D} 的上限、下限分别设置为 1.1、0.9。

其二，对流项计算。可使用点式 ELM 计算位于耦合界面上的单元边的对流项。当耦合界面处流向为一维→二维分区时，对一维分区的边界边执行逆向追踪，得到包含对流影响的断面流量；然后，根据耦合界面的流速分布(由上一时步二维分区边界边的计算结果提供)，将一维模型流量分配给二维单元队列的各边界边，并转化为流速。反之，对二维单元队列的各边界边进行逆向追踪，求得二维解；然后，对单元队列的各边界边的流量进行求和，并传递给耦合界面另一侧一维单元的边界边。

可先使用不同维模块在耦合界面处的流量计算比例因子($Q_{2D,bt}/Q_{1D}$ 或 $Q_{1D,bt}/Q_{2D}$)。然后，跨越耦合界面传递对流影响，就转变成对位于耦合界面上单元边的流速缩放。对于一维分区而言，位于耦合界面上的边 $i-1/2$ 的对流项的计算可表示为

$$u_{\mathrm{adv},i-1/2}^{n}=\begin{cases}u_{\mathrm{bt},i-1/2}^{n}, & \text{出流}\\ u_{i-1/2}^{n}Q_{\mathrm{2D,bt}}^{n}/Q_{\mathrm{1D}}^{n}, & \text{入流}\end{cases}\tag{8.26}$$

对于二维分区而言，位于耦合界面上的边 j 的对流项的计算可表示为

$$u_{\mathrm{adv},j}^{n}=\begin{cases}u_{\mathrm{bt},j}^{n}, & \text{出流}\\ u_{j}^{n}Q_{\mathrm{1D,bt}}^{n}/Q_{\mathrm{2D}}^{n}, & \text{入流}\end{cases}\quad \text{且}\quad v_{\mathrm{adv},j}^{n}=0\tag{8.27}$$

实践证实，上述迎风缩放方法可有效传递耦合界面处的对流作用，且采用 FVM 离散的连续性方程可有效控制该方法(不具备任何守恒机制)的守恒误差。

其三，耦合界面处二维单元队列的水面平滑。在耦合界面处，二维单元队列中每个二维单元都拥有独立的水位 η，这使得在每条边界边处法向水位梯度均不同，进而沿耦合界面自动形成法向流速的非均匀分布。与一维模块相比，二维模块沿耦合界面的流速分布是一个附加特征，同时它也是不受控的，可能诱发计算不稳定。因此，应施加额外的限制来减少耦合界面上二维单元边界边纵向水位梯度的差异。在通过求解二维分区代数方程系统获得 η^{n+1} 后，可以通过平滑(即均匀化)的方式减小二维单元队列中各单元之间水位的差别。这种平滑处理，相当于在耦合界面处给二维单元的横向水面分布添加了一个柔性约束。

其四，耦合界面处的干湿转换模拟。跨越耦合界面的计算(例如变量梯度等)，均需以预先了解耦合界面两侧单元的干湿状态作为前提。常规的临界水深法同时适用于一、二维模型。可联合使用虚拟单元与临界水深法，开展跨越耦合界面的网格干湿转换分析与模拟，其具体实施需注意两个方面：在分析耦合界面处二维单元由干→湿的状态转换时，需增加使用耦合界面另一侧虚拟单元(由一维单元设置)作为参照的判断与分析；在分析耦合界面处一维单元由干→湿的状态转换时，需增加使用另一侧虚拟单元(由降维单元设置)作为参照的判断与分析。

本节的一、二维深度耦合水动力模型，在不同维分区之间采用“降维”连接，使用 PCM 实现不同维分区隐式耦合求解，形成一种适应能力极强的用于深度耦合求解不同维 u-η 耦合代数方程组的策略。得益于 PCM，一维、二维分区在单个时步中只需进行一次水位信息交换，使耦合模型具有良好的可并行性。此外，该耦合模型还具有守恒性、大时间步长(CFL $\gg$ 1)、简单等优点。

8.4 一、二维耦合模型的数值试验

使用荆江-洞庭湖(JDT)系统对隐式一、二维深度耦合水动力模型进行测试，阐明它在模拟大型浅水流体系统非恒定流时的适用性、准确性和计算效率。

8.4.1 大型江湖河网一、二维耦合模型

JDT 系统的计算区域包括一维(荆江和荆南河网)和二维部分(洞庭湖)，如图 8.11。在荆江、荆南河网中分别使用 1～2km、0.2～0.5km 尺度的一维计算网格。一维区域被剖分为 46 个河段和 2115 个单元，包括 175157 个子断面。

使用滩槽优化的非结构网格(10.4 万个四边形单元)划分洞庭湖区域，一维与二维计算网格示例见图 8.12。在每个耦合界面处，生成排列整齐的二维单元以形成单元队列。在耦合模型计算时，为了兼顾二维模块的计算稳定性，一维与二维模块均令$\Delta t = 60$s，并将其等分为 6 份进行点式 ELM 的轨迹线追踪。

其一，计算精度测试。使用 2012 年 1 月 1 日～12 月 31 日的实测水文数据率定 n_m。经试算，n_m 在荆江和荆南河网区域从上游往下游的数值为 0.029～0.020，洞庭湖为 0.022～0.018。计算得到的断面流量(Q)和水位(Z)的变化过程与实测数据符合较好。与前述章节中 JDT 系统水动力模拟结果相比，耦合模型中的一维、二维模块分别取得了与单一维度(一维或二维)模型几乎相同的计算结果。

其二，计算效率测试。一维、二维模块耦合计算并不影响它们各自的可并行性，但耦合计算将需要一定的管理开销耗时。使用 OpenMP 技术并行耦合模型中的一维、二维模块，并使用具有一颗 28 核处理器(Intel Xeon 8280)构建共

享内存的并行计算硬件环境。耦合模型完成 2012 年非恒定流过程模拟的耗时为 1.77h，相对于纯二维模拟的运行时间大幅减少，如表 8.3。如果换算为使用相同的计算网格和计算机，新的 JDT 系统耦合模型的运行速度可比现存大多数耦合模型(见文献[43]与[46])快 1～2 个数量级。

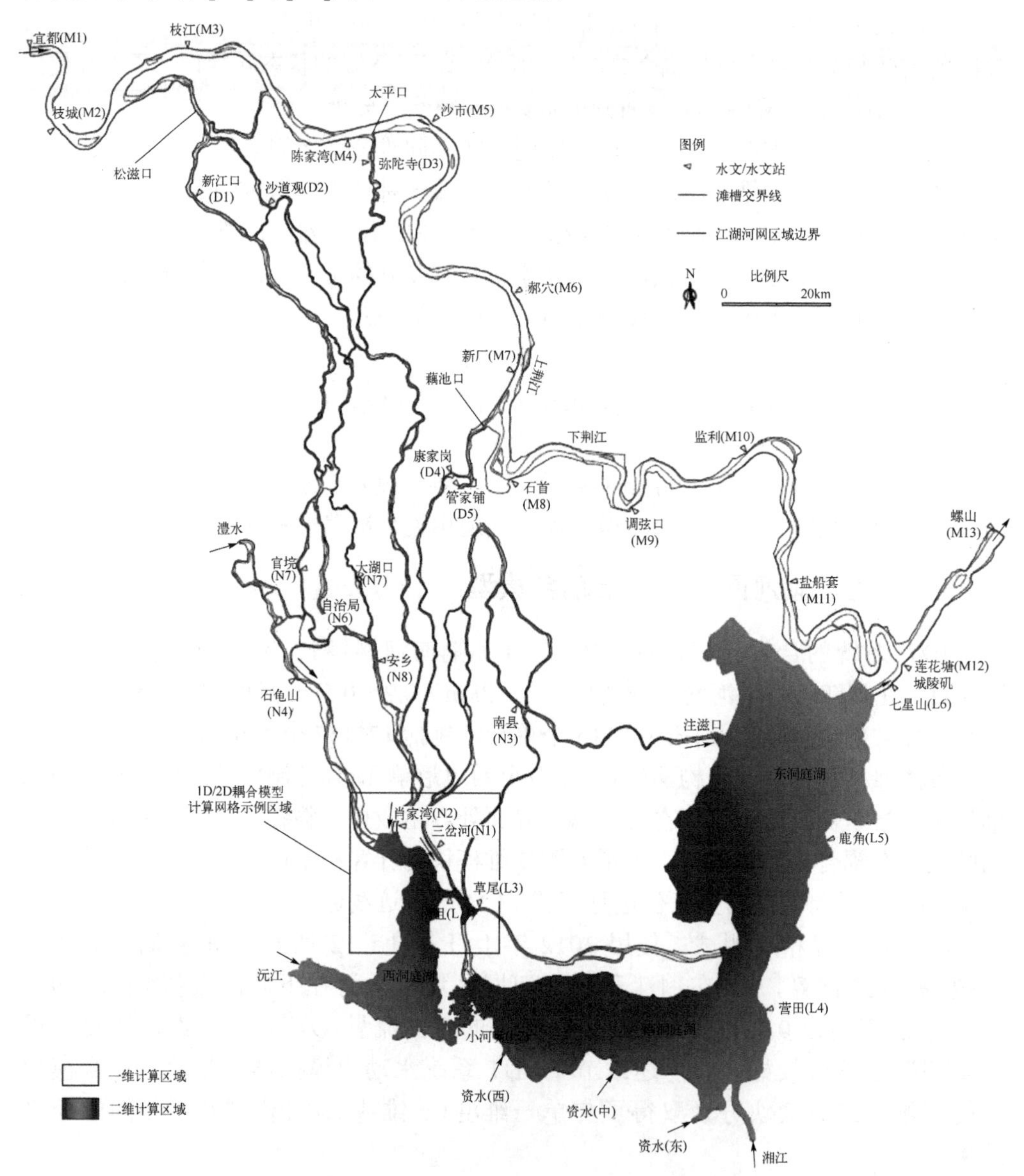

图 8.11　荆江-洞庭湖一、二维耦合水动力模型的计算区域划分

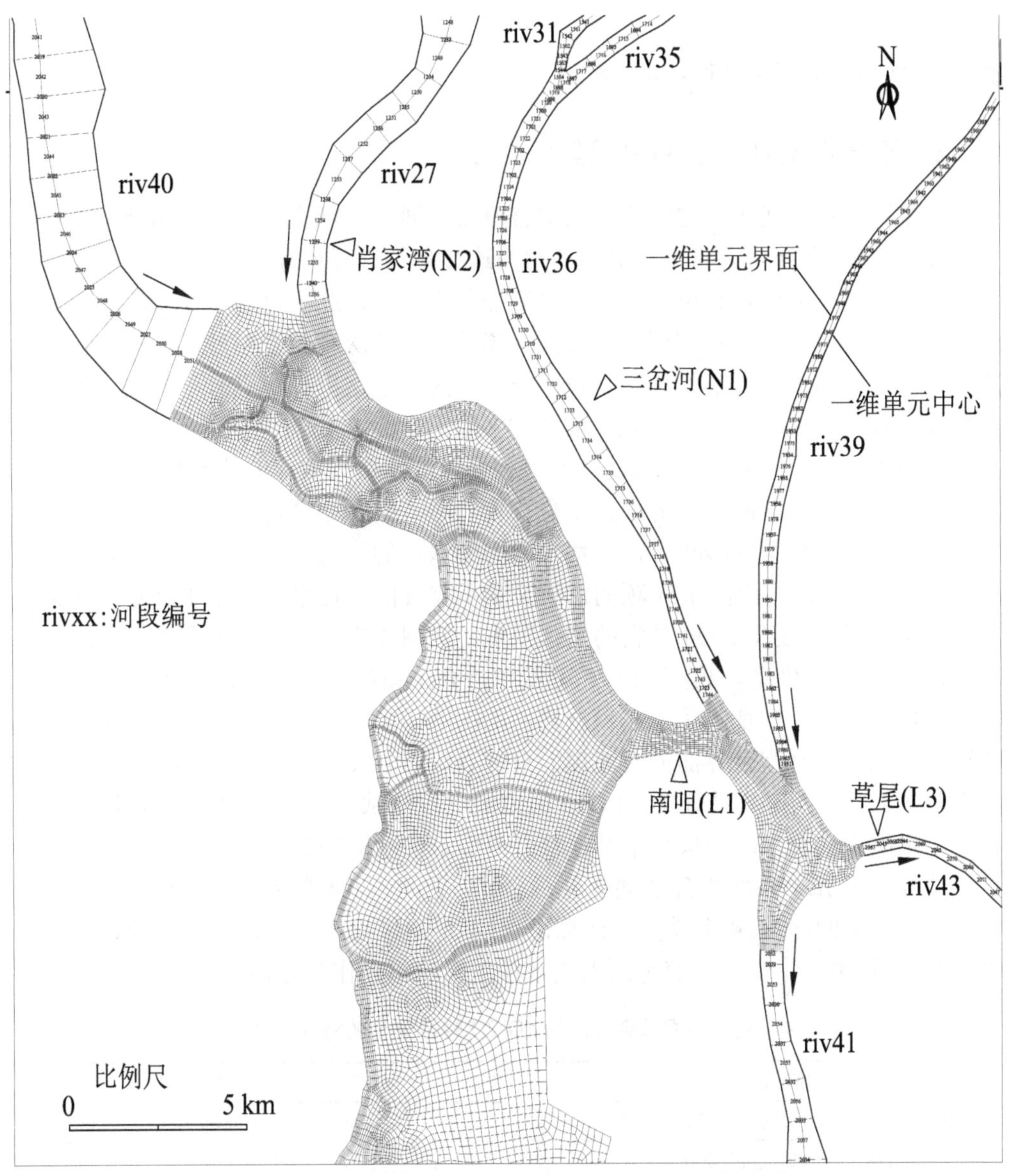

图 8.12　耦合模型中一维、二维计算网格及它们的衔接

表 8.3　JDT 系统不同类别水动力模型计算效率的比较

模型	一维单元数量	二维单元数量	所采用的 CPU	模拟时长/月	计算耗时/h
一维	2382	—	Intel Xeon 8280	12	0.044
二维	—	327820	Intel Xeon 8280	12	5.425
耦合	2115	103841	Intel Xeon 8280	12	1.770
耦合[46]	2140	3394	Intel Core 2	2	1.5
耦合[43]	2140	3394	Intel i7-4770K	7	≈5.0

8.4.2 不同程度耦合水动力模型的比较

文献中使用隐式 1D、2D 模块的耦合模型，通常在耦合界面处忽略动量方程中物理项的求解(取而代之常采用简化的水力连接条件进行处理)。第 8.3 节深度耦合模型，跨越耦合界面较完整地求解了水流控制方程，以此改进耦合模型的稳定性、精度和健壮性。然而，对应用于真实浅水流动系统的深度耦合模型，从理论上分析耦合界面处各物理项求解的作用是较困难的。因此，这里列举具有不同耦合程度的 4 种 1D-2D 耦合模型(模型 1～4)，比较它们在理论和性能方面的差别。

在模型 1 中，相邻的 1D、2D 分区互相提供水位作为彼此的边界条件，称为 η-η 型数据交换，此时跨越耦合界面的水位梯度项($\partial\eta/\partial x$)的计算是必须的。同时，对于大多数中度耦合模型(Level-1)，在耦合界面处水量的一致性校正并不是必须的，因而在常规 Level-1 模型中$\partial\eta/\partial x$ 项的求解又是不充分的。这里的模型 1 就是一种典型的 Level-1 模型，模型 2～4 是它的增强版本。模型 4 为深度耦合模型(Level-2)，直接采用第 8.3 节模型。模型 2～3 可看作是介于模型 1 和 4 之间的过渡型模型(Level-1.5)。模型 2 增加了跨越耦合界面的$\partial\eta/\partial x$ 项的充分求解(标识为“u-η”)，模型 3 增加了跨越耦合界面的对流项的求解(标识为“adv”)。模型 1～4 的主要特征见表 8.4。使用 JDT 系统 2012 年非恒定流过程测试模型 1～4 的性能，通过定量比较，阐明在耦合水动力模型中跨越耦合界面求解水流控制方程物理项的作用。

选取位于 JDT 系统中各个耦合界面上游、之间、下游的水文站断面，分别开展模型计算结果的比较。4 个模型的计算误差(年水通量相对误差、平均绝对水位误差)见表 8.4。使用一年中总出流与总入流水量之间的差别作为守恒误差。

表 8.4 具有不同耦合程度的 1D-2D 耦合模型的特征与计算精度

模型名称		模型 1	模型 2	模型 3	模型 4
耦合程度(Level-1、2 分别为中、深度耦合)		Level-1	Level-1.5	Level-1.5	Level-2
穿过耦合界面的“η-η”型数据交换		√	√	√	√
穿过耦合界面充分求解$\partial\eta/\partial x$ 项及相关问题		×	√	×	√
穿过耦合界面求解对流项		×	×	√	√
年水通量相对误差/%	石龟山(SGS)	−5.28	−5.10	−5.04	−4.81
	小河嘴(XHZ)	−12.53	−3.88	1.38	1.15
	七里山(QLS)	−26.21	−11.29	−3.50	−1.66
平均绝对水位误差/m	石龟山(SGS)	0.29	0.18	0.17	0.15
	小河嘴(XHZ)	0.37	0.14	0.11	0.12
	七里山(QLS)	0.15	0.12	0.08	0.10
守恒误差/%	出流 − 入流	−10.12	−3.88	−1.62	−0.07

模型 1 的年水通量误差为 5.28%～26.21 %，平均绝对水位误差为 0.15～0.37m(与实测资料相比)。模型 1～4 算出的断面流量随时间的变化过程如图 8.13(仅给出了部分断面结果)。忽略耦合界面处物理项的影响，与河湖断面相对于耦合界面的方位、距离以及洪水的量级等均有关。对于耦合界面之间及下游的断面(例如小河嘴、七里山等)，模型 1 显著低估了流量过程；对于耦合界面上游的断面(例如石龟山等)，由于分区突变性衔接对流量的影响不向上游传播，模型 1～4 算出的流量过程几乎是相同的。此外，计算结果还表明，流量计算误差自上而下是不断累积的，当水流穿过了多个耦合界面之后将变得越来越大。其一，在水流从 1D/2D 分区向 2D/1D 分区传输的过程中，模型 1 并不具备保证水量守恒的机制。其二，在模型 1 中，在耦合界面处动量方程的物理项要么被忽略要么未得到充分求解。受这些因素影响，动量方程主要物理作用(对流、水面梯度、河床阻力)之间的平衡，在耦合界

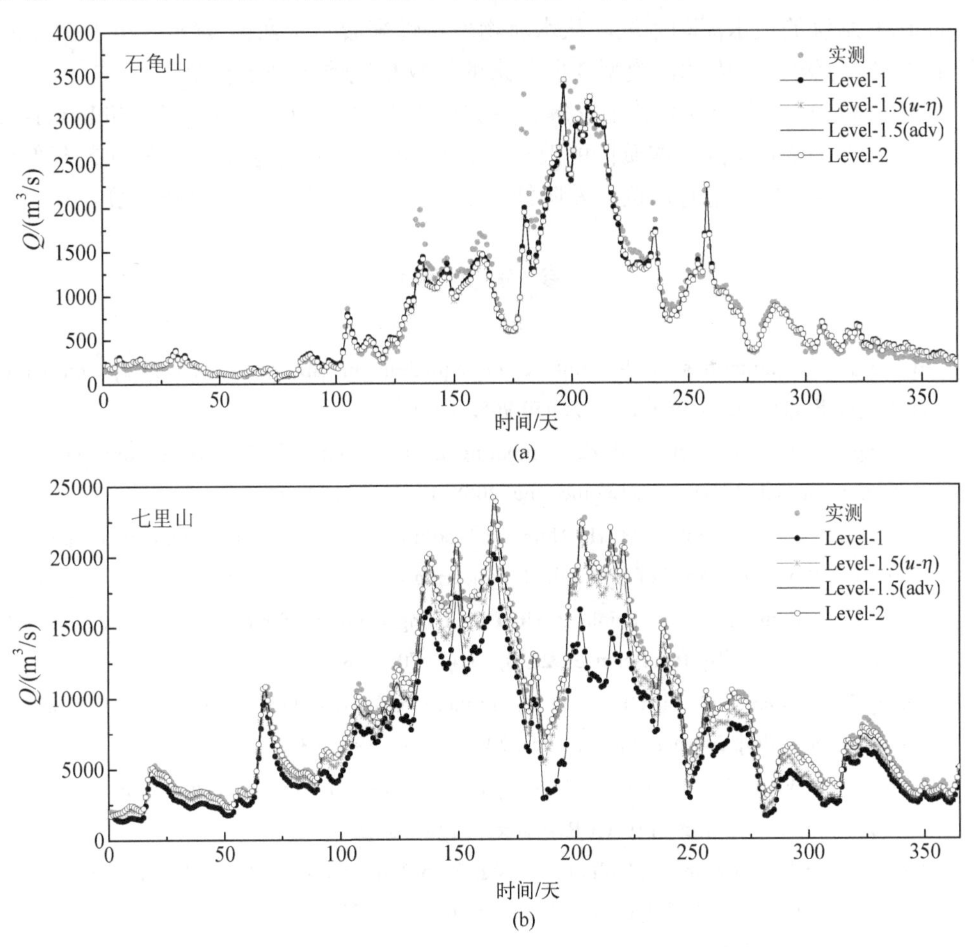

图 8.13　使用不同耦合模型计算得到的河湖断面的流量过程

面附近处于一种不可控状态。这两方面劣势，成为了 Level-1 耦合模型计算失稳的潜在诱因，同时也是模型 1 计算结果不准确和守恒误差较大(10.12%)的主要原因。

虽然模型 2 和 3 通过在耦合界面处增加部分物理项的求解，均显著改善了计算精度(相对于模型 1)，但这种不完整求解并未彻底改变在耦合界面处各种物理作用的不平衡状态。其不利影响为：在耦合界面处，用于求解对流项的缩放因子、用于求解 u-η 耦合的水量校正系数频繁到达它们的上下限，使得校正不充分并引起显著的守恒误差。模型 3 使用迎风缩放方法求解耦合界面处的对流项，计算具有守恒性。在一些 Level-1 模型中，相邻的 1D、2D 分区交错使用水位、流量作为彼此的边界条件，称为 Q-η 型数据交换。根据模型 3 跨越耦合界面求解对流作用的方式，事实上可将模型 3 近似看作一种增强的 Q-η 型 Level-1 模型，增强之处在于：在耦合界面处增加了对流向的预先判断，并自动对入流分区应用流量边界条件。此外，对于诸如 JDT 系统的浅水流动系统，从水流物理特性来看，水面梯度(一般小于 10^{-4})的作用通常小于对流。因此，模型 3 所带来的计算精度改进高于模型 2。

模型 4 在耦合界面处完整地求解了各关键物理项，并相对于 Level-1 和 Level-1.5 模型在计算精度上取得了本质性的改善。模型 4 的断面年水通量计算误差降低到 1.15%～4.81%，平均绝对水位误差降低到 0.10～0.15 m(与实测资料相比)。

参 考 文 献

[1] Basco D R. Limitations of de saint venant equations in dam-break analysis[J]. Journal of Hydraulic Engineering, 1989, 115(7): 950-965.

[2] Denlinger R P, O'Connell D R H. Computing nonhydrostatic shallow-water flow over steep terrain[J]. Journal of Hydraulic Engineering, 2008, 134(11): 1590-1602.

[3] Mohapatra P K, Chaudhry M H. Numerical solution of boussinesq equations to simulate dam-break flows[J]. Journal of Hydraulic Engineering, 2004, 130(2): 156-159.

[4] Biscarini C, Francesco S, Manciola P. CFD modeling approach for dam break flow studies[J]. Hydrology and Earth System Sciences, 2010, 14(4): 705-718.

[5] Chang W Y, Lee L C, Lien H C, et al. Simulations of dam-break flows using free surface capturing method[J]. Journal of Mechanics, 2008, 24(4): 391-403.

[6] Marsooli R, Wu W M. 3-D finite-volume model of dam-break flow over uneven beds based on VOF method[J]. Advances in Water Resources, 2014, 70: 104-117.

[7] Mohapatra P K, Eswaran V, Bhallamudi S M. Two-dimensional analysis of dam-break flow in vertical plane[J]. Journal of Hydraulic Engineering, 1999, 125(2): 183-192.

[8] Oertel M, Bung D B. Initial stage of two-dimensional dam-break waves: laboratory versus VOF[J]. Journal of Hydraulic Engineering, 2012, 50(1): 89-97.

[9] Quecedo M, Pastor M, Herreros M I, et al. Comparison of two mathematical models for solving the dam break problem using the FEM method[J]. Computer Methods in Applied Mechanics and Engineering, 2005, 194(36-38): 3984-4005.

[10] Shigematsu T, Liu P L-F, Oda K. Numerical modeling of the initial stages of dam-break waves[J]. Journal of Hydraulic Research, 2004, 42(2): 183-195.

[11] Stansby P K, Chegini A, Barnes T C D. The initial stages of dam-break flow[J]. Journal of Fluid Mechanics, 1998, 374: 407-424.

[12] 陶建华, 谢伟松. 用 LEVEL SET 方法计算溃坝波的传播过程[J]. 水利学报, 1999, 10: 17-22.

[13] 杨小亭. 二维溃坝水波 MAC 方法数值模拟[J]. 武汉水利电力大学学报, 1997, 30(2): 54-58.

[14] Yang C, Lin B L, Jiang C B, et al. Predicting near-field dam-break flow and impact force using a 3D model[J]. Journal of Hydraulic Research, 2010, 48(6): 784-792.

[15] Zima P. Two-dimensional vertical analysis of dam-break flow[J]. Task Quarter, 2007, 11(4): 315-328.

[16] Aureli F, Maranzoni A, Mignosa P, et al. Dambreak flows: Acquisition of experimental data through an imaging technique and 2D numerical modeling[J]. Journal of Hydraulic Engineering, 2008, 134(8): 1089-1101.

[17] Crespo A J C, Gomez-Gesteira M, Dalrymple R A. Modeling dam break behavior over a wet bed by a SPH technique[J]. Journal of Waterway, Port, Coastal and Ocean Engineering, 2008, 134(6): 313-320.

[18] Fraccarollo L, Toro E F. Experimental and numerical assessment of the shallow water model for two-dimensional dam-break problems[J]. Journal of Hydraulic Research, 1995, 33(6): 843-864.

[19] DeMaio A, Savi F, Sclafani L. Three-dimensional mathematical simulation of dambreak flow[J]. Proceedings of the IASTED International Conference, Environmental Modelling and Simulation, 2004: 171-174.

[20] Begnudelli L, Sanders B F. Simulation of the St. Francis dam-break flood[J]. Journal of Engineering Mechanics, 2007, 133(11): 1200-1212.

[21] Hervouet J M, Petitjean A. Malpasset dam-break revisited with two-dimensional computation[J]. Journal of Hydraulic Research, 1999, 37(6): 777-788.

[22] Marco P, Andrea M, Massimo T, et al. 1923 Gleno dam break: case study and numerical modeling[J]. Journal of Hydraulic Engineering, 2011, 137(4): 480-492.

[23] Valiani A, Caleffi V, Zanni A. Case study: Malpasset dam-break simulation using a two-dimensional finite volume method[J]. Journal of Hydraulic Engineering, 2002, 128(5): 460-472.

[24] Blumberg A F, Mellor G L. A description of a three-dimensional coastal ocean circulation model. In: three-dimensional coastal ocean models[M]. American Geophys. Union: N. Heaps, Ed., 1987:

1-16.

[25] Anastasiou K, Chan C T. Solution of the 2D shallow water equations using the finite volume method on unstructured triangular meshes[J]. International Journal for Numerical Methods in Fluids, 1997, 24(11): 1225-1245.

[26] Roe P L. Approximate riemann solvers, parameter vectors and difference schemes[J]. Journal of Computational Physics, 1981, 43: 357-372.

[27] Bermudez A, Vazquez M E. Upwind methods for hyperbolic conservation laws with source terms[J]. Computers & Fluids, 1994, 8: 1049-1071.

[28] Brufau P, Vazquez-Cendon M E, Garcia-Navarro P. A numerical model for the flooding and drying of irregular domains[J]. International Journal for Numerical Methods in Fluids, 2002, 39(3): 247-275.

[29] Zhao D H, Shen H W, Tabios G Q, et al. Finite-volume two-dimensional unsteady-flow model for river basins[J]. Journal of Hydraulic Engineering, 1994, 120(7): 863-883.

[30] LeVeque R J. Finite volume methods for hyperbolic problems[M]. the Pitt Building, Trumpington Street, Cambridge, United Kingdom: Press syndicate of the University of Cambridge, 2002.

[31] Bradford S F. Godunov-based model for nonhydrostatic wave dynamics[J]. Journal of Waterway, Port, Coastal and Ocean Engineering, 2005, 131(5): 226-238.

[32] Fringer O B, Gerritsen M, Street R L. An unstructured-grid, finite-volume, non-hydrostatic, parallel coastal ocean simulator[J]. Ocean Modelling, 2006, 14: 139-173.

[33] Garcia-Navarro P, Alcrudo F, Saviron J M. 1-D open channel flow simulation using TVD-McCormack scheme[J]. Journal of Hydraulic Engineering, 1992, 118(10): 1359-1372.

[34] Zoppou C, Roberts S. Explicit schemes for dam-break simulations[J]. Journal of Hydraulic Engineering, 2002, 129(1): 11-34.

[35] Wu C, Huang G, Zheng Y. Theoretical solution of dambreak shock wave[J]. Journal of Hydraulic Engineering, 1999, 125(11): 1210-1215.

[36] Kocaman S. Experimental and theoretical investigation of dam-break problem[D]. Adana, Turkey: University of Cukurova, 2007.

[37] Ozmen-Cagatay H, Kocaman S. Dam-break flow in the presence of obstacle: experiment and CFD simulation[J]. Engineering Application of Computational Fluid Mechanics, 2011, 5(4): 541-552.

[38] 谭维炎, 胡四一, 王银堂, 等. 长江中游洞庭湖防洪系统水流模拟 I 建模思路和基本算法[J]. 水科学进展, 1996(12): 336-334.

[39] 胡四一, 施勇, 王银堂, 等. 长江中下游河湖洪水演进的数值模拟[J]. 水科学进展, 2002, 13(3): 278-286.

[40] 诸裕良, 严以新, 李瑞杰, 等. 河网海湾水动力联网数学模型[J]. 水科学进展, 2003, 114(12): 131-135.

[41] 张蔚，严以新，郑金海，等. 珠江河网与河口一、二维水沙嵌套数学模型研究[J]. 泥沙研究，2006, 6: 11-17.

[42] Steinebach G, Rademacher S, Rentrop P, et al. Mechanisms of coupling in river flow simulation systems [J]. Journal of Computational and Applied Mathematics, 2004, 168 (1-2): 459-470.

[43] Yu K, Chen Y C, Zhu D J, et al. Development and performance of a 1D-2D coupled shallow water model for large river and lake networks[J]. Journal of Hydraulic Research, 2019, 57 (6): 852-865.

[44] Kubler R, Schiehlen W. Two methods of simulator coupling[J]. Mathematics and Computers Modelling of Dynamic Systems, 2000, 6: 93-113.

[45] Fernández-Nieto E D, Marin J, Monnier J. Coupling superposed 1D and 2D shallow-water models: Source terms in finite volume schemes[J]. Computers & Fluids, 2010, 39: 1070-1082.

[46] Chen Y, Wang Z, Liu Z, et al. 1D-2D coupled numerical model for shallow water flows [J]. Journal of Hydraulic Engineering, 2012, 138 (2): 122-132.

[47] Zhu D J, Chen Y C, Wang Z Y, et al. Simple, robust, and efficient algorithm for gradually varied subcritical flow simulation in general channel networks[J]. Journal of Hydraulic Engineering, 2011, 137 (7): 766-774.

附录 1　书中常用缩写、名词解释等

经常使用的缩写：

ADI	alternative direction implicit，交错方向隐式方法
BiCG	bi-conjugate gradient，双共轭梯度法
CFL	Courant、Friedrichs、Lewy 共同提出的计算稳定性判定条件和指标变量(也被称为 Courant 数)，主要分为对流 CFL[计算式 $CFL_1 = u\Delta t/\Delta x$]和综合 CFL [计算式 $CFL_2 = (u+\sqrt{gh})\Delta t/\Delta x$]，未做说明时本书 CFL 默认为 CFL_1；大 CFL 率是指具有 $CFL_1>1$ 特征的计算网格元素数量占计算网格元素总数量的百分比
CIPM	constrained interpolation profile Eulerian-Lagrangian method，约束性插值函数的 ELM
CIRM	cell-integration and remapping Eulerian-Lagrangian method，基于单元追踪和积分的 ELM
ELM	Eulerian-Lagrangian method，欧拉-拉格朗日方法，默认指点式 ELM
FDM	finite difference method，有限差分法
FEM	finite element method，有限元法
FFM	flux-form Eulerian-Lagrangian method，通量式 ELM
FFELM	flux-form Eulerian-Lagrangian method，通量式 ELM，FVELM-N 表示其嵌入水动力模型执行的版本
FVM	finite volume method，有限体积法
FVELM	finite volume Eulerian-Lagrangian method，有限体积 ELM，FVELM-N 表示其嵌入水动力模型执行的版本
GLSM	generic length scale model，一般紊动尺度变量紊流双方程模型
GLS	global linear system，全局线性系统(河网解法)
GNS	global nonlinear system，全局非线性系统(河网解法)
HDM	hydrodynamic model，水动力模型
ILP	inner-loop parallelization，并行执行迭代步内部循环语句的方法
IRM	incremental remapping method，增量重映射方法，一种守恒型 ELM
JCG	Jacobian conjugate gradient，雅可比预处理共轭梯度法
JDT	Jing River and Dongting Lake，荆江-洞庭湖系统
MAC	marker and cell，一种自由水面追踪方法
LAM	localized adjoint Eulerian-Lagrangian method，局部伴随 ELM
LBM	lattice Boltzmann method，一种无网格数值解法
LIAE	laryer integrted adection equation，分层积分的对流方程
LLS	local linear system，局部线性子系统(河网解法)
LNS	local nonlinear system，局部非线性子系统(河网解法)
LS	level-set，一种自由水面追踪方法

续表

NS	Navier-Stokes，指 Navier-Stokes 方程
OpenMP	open multi-processing，共享内存的并行计算技术
QUICKEST	quadratic upwin interpolation of convective kinematics，一种高阶欧拉类对流算法
PCG	preconditioned conjugate gradient，预处理共轭梯度法
PCM	precdiction-correction method，预测-校正分块解法
PCP	PCM 的并行版本
PCS	posteriori correction strategy，后处理校正策略
PGF	pressure gradient force，大地形梯度下垂向 σ 网格的一种误差
SCFVM	sub-cycling finite volume method，亚循环有限体积法，SCFVM-U、SCFVM-C 分别表示采用迎风、中心插值得到控制体界面变量的亚类算法
SCGC	self-calibration ghost-cell，处理水面动压边界的自率定虚拟单元法
SIMPLE	semi-implicit method for pressure linked equations，用于求解流速-压力耦合问题的半隐迭代方法，SIMPLER、SIMPLEC 均是它的改进版本
SPH	smoothed particle hydrodynamics，一种无网格数值解法
STM	scalar transport model，物质输运模型
SWSDP	sum of interpolation weights from all the surrounding departure points，一个网格点给周围所有分离点分配物质的插值权重之和
VOF	volume of fluid，一种自由水面追踪方法
WBM	weight balancing Eulerian-Lagrangian method，插值权重平衡的 ELM

提及的商业软件或开源代码：

BOM	Bergen ocean model，伯根海洋模型
CE-QUAL-RIV1	美国陆军工程建设兵团一维水质模型
Delft3D	代尔夫特三维模型
ECOM	estuarine and coastal ocean model，河口海洋模型
ELcirc	Eulerian-Lagrangian circulation model，欧拉-拉格朗日环流模型
FVCOM	finite volume coastal ocean model，有限体积河口海洋模型
GTOM	general ocean turbulence model，一般海洋紊流模型
Hec-ras	美国工程水文中心水动力水质免费软件
ITpack	线性方程组迭代算法开源软件包
MASCARET	一维明渠河网水动力水质模型
Mike	指 DHI 公司的 Mike11、Mike21、Mike3
POM	Princeton ocean model，普林斯顿海洋模型
SUNTANS	Stanford unstructured nonhydrostatic terrain-following adaptive Navier-Stokes simulater，斯坦福非结构非静压三维模型
SWMM	storm water management model，暴雨洪水管理模型
UnTRIM	tidal residual and intertidal mudflat，无结构网格潮流泥沙模型

附录 2　一维河网连接形式与线性方程组的矩阵结构

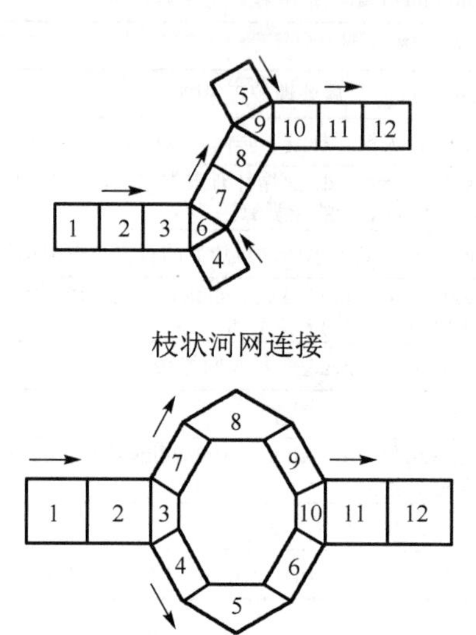

枝状河网连接

环状河网连接

(1)枝状河网对应的系数矩阵(无连接两单元的交换系数为 0，省略)

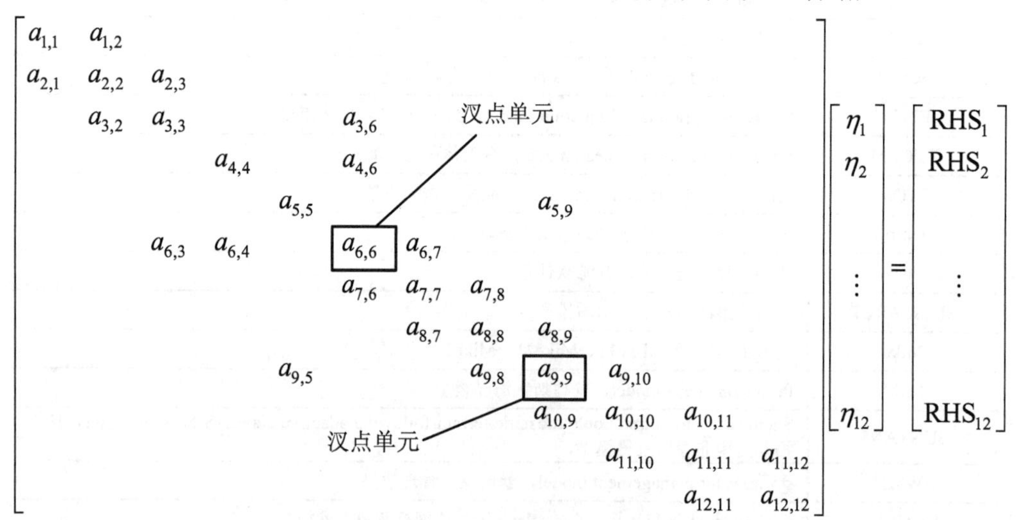

$$\begin{bmatrix} a_{1,1} & a_{1,2} \\ a_{2,1} & a_{2,2} & a_{2,3} \\ & a_{3,2} & a_{3,3} & & & a_{3,6} \\ & & & a_{4,4} & & a_{4,6} \\ & & & & a_{5,5} & & & & a_{5,9} \\ & & a_{6,3} & a_{6,4} & & a_{6,6} & a_{6,7} \\ & & & & & a_{7,6} & a_{7,7} & a_{7,8} \\ & & & & & & a_{8,7} & a_{8,8} & a_{8,9} \\ & & & & a_{9,5} & & & a_{9,8} & a_{9,9} & a_{9,10} \\ & & & & & & & & a_{10,9} & a_{10,10} & a_{10,11} \\ & & & & & & & & & a_{11,10} & a_{11,11} & a_{11,12} \\ & & & & & & & & & & a_{12,11} & a_{12,12} \end{bmatrix} \begin{bmatrix} \eta_1 \\ \eta_2 \\ \vdots \\ \eta_{12} \end{bmatrix} = \begin{bmatrix} \mathrm{RHS}_1 \\ \mathrm{RHS}_2 \\ \vdots \\ \mathrm{RHS}_{12} \end{bmatrix}$$

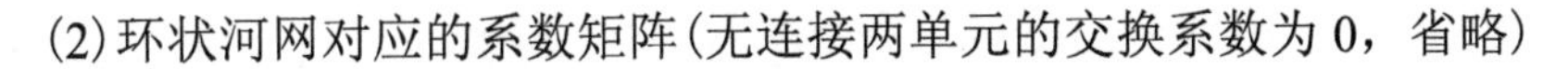

(2)环状河网对应的系数矩阵(无连接两单元的交换系数为0，省略)

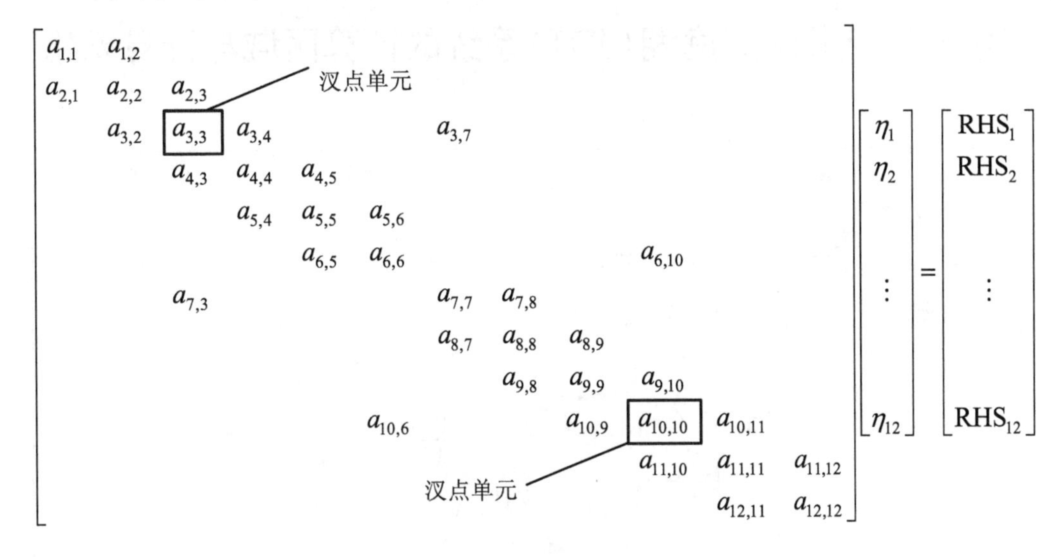

附录 3　荆江-洞庭湖(JDT)系统的计算区域与计算网格

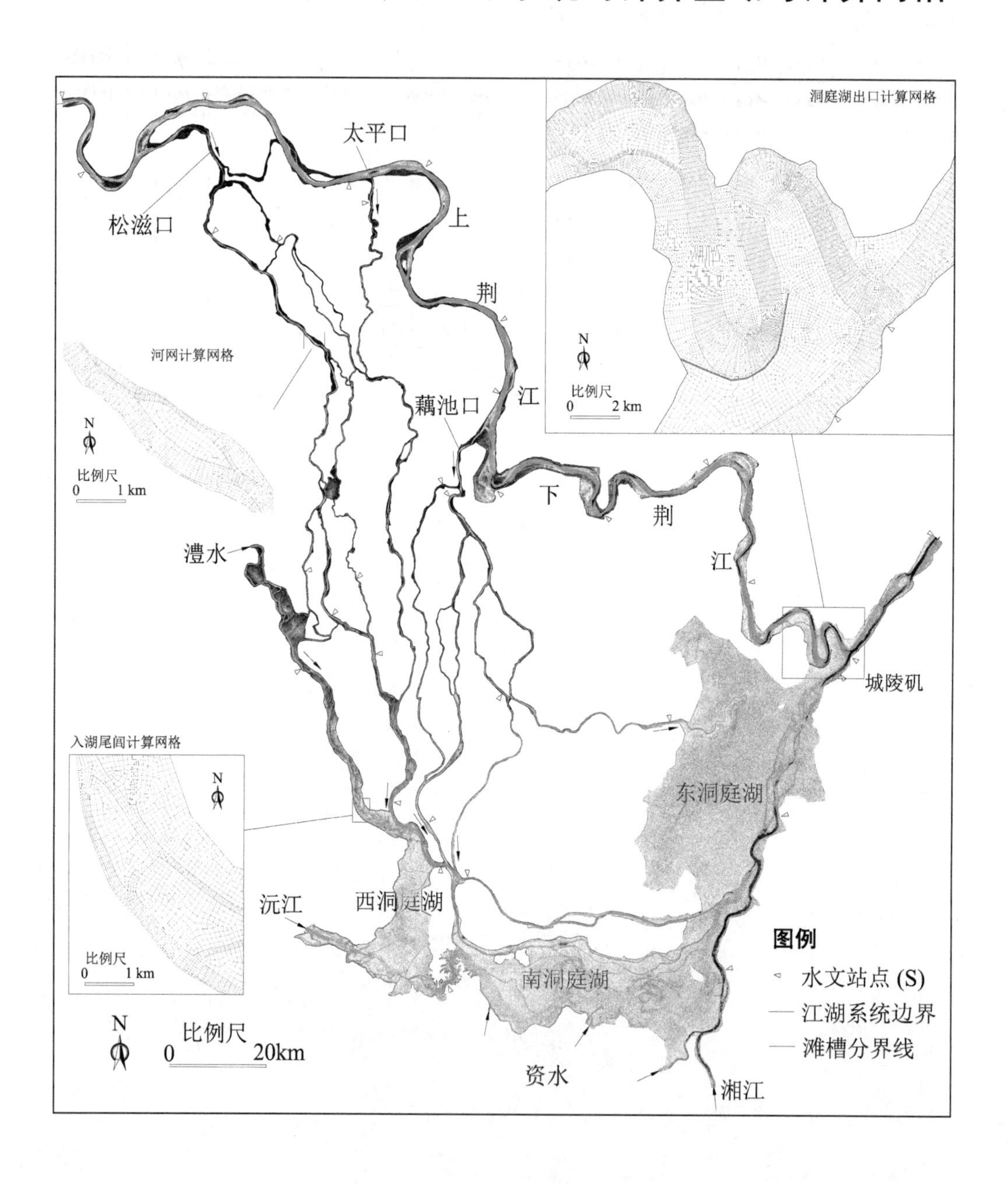

附录 4　河流数学模型测试的几个指标

数值稳定性指标。可定义 CFL 数作为定量指标描述模型的数值稳定性。常见的 CFL 数有两种，以一维模型为例，分别为 $CFL1=u\Delta t/\Delta x$、$CFL2=(u+\sqrt{gh})\Delta t/\Delta x$。在未做说明时，本书中 CFL 数默认指 CFL1，CFL2 多用于 Mike 等商业软件。对于平面二维模型，计算 CFL 数时需考虑水平两个坐标方向的影响：

$$\mathrm{CFL1}=\mathrm{Max}\left(\frac{|u|\Delta t}{\Delta x},\frac{|v|\Delta t}{\Delta y}\right),\quad \mathrm{CFL2}=\left(\sqrt{u^2+v^2}+\sqrt{gh}\right)\Delta t\Big/\sqrt{\Delta x^2+\Delta y^2}$$

式中，u、v 分别为目标点在两个坐标方向的流速；Δx、Δy 为与之对应的网格尺度。为描述水动力计算场景的整体 CFL 水平，时常还定义 $R_{\mathrm{CFL1>1}}$ 为满足 CFL1>1 特征的网格元素的数量占该类网格元素的总数量的百分比，$R_{\mathrm{CFL2>10}}$ 含义依此类推。

对于某一特定地表水流系统，将实测最大流速标识为 $U_{\max}$（平原河湖一般小于 4.0 m/s）。将流速超过 $U_{\max}$ 的网格元素称为“large-u 元素”，并使用它的数量作为定量指标来判断模型计算是否稳定。当模型计算开始较频繁制造 large-u 元素时，标志着在计算区域内已出现非物理振荡、模型计算正处于失稳边缘。

计算精度和守恒性指标。在开展物质输运模型测试时，可在所有入流开边界处设置相同的、恒定的物质浓度 C_0，以便于分析。在此条件下，在所模拟的非恒流物质输运的任意时刻，断面物质输运率($Q_{cs}C_{cs}$)在理论上应等于 $Q_{cs}C_0$。若令 C_0=1.0 kg/m^3，此时断面的 $Q_{cs}C_{cs}$ 在数值上应等于 Q_{cs}。因此，就可以定义一个关于断面 $Q_{cs}C_{cs}$ 的平均绝对相对误差(E_{QC})和一个关于断面物质通量的相对误差(E_S)：

$$E_{QC}=\frac{1}{N_y}\sum_{l=1}^{N_y}\left(\frac{Q_{cs}C_{cs}-Q_{cs}}{Q_{cs}}\right)_l,\quad E_S=\left[\sum_{l=1}^{N_y}(Q_{cs}C_{cs})_l-\sum_{l=1}^{N_y}(Q_{cs})_l\right]\Big/\sum_{l=1}^{N_y}(Q_{cs})_l$$

式中，N_y 为在时段内 $Q_{cs}C_{cs}$、Q_{cs} 的采样数量。对于一个 365 天非恒定过程的模拟，若每天采样一次(采样间隔 T=86400 s)，则 N_y=365。对于二/三维模型，可在计算区域内布置若干断面(每个断面由一组左右连接的网格边组成)作为监测断面，基于网格边的信息(部分需要通过插值获取)开展求和计算来得到断面的 Q_{cs} 和 C_{cs}。

并行与加速性能指标。河流数学模型一个时步计算，通常包括或可被分解为若干个循环(Loop)计算，这些 Loop 分别遍历计算区域内的每个单元、边或节点。可使用 OpenMP 技术执行可并行的 Loop，来实现并行计算。为了能够定量描述一个并行化的模型比一个串行的模型速度快多少，定义模型计算耗时的加速比 $S_p=T_1/T_{nc}$，式中，T_1、T_{nc} 分别表示串行、并行(使用 n_c 个核心)的计算耗时。

附录 5　用于求解线性方程组的 JCG 代码（OpenMP 并行版本）

```
void JCG_OpenMP (int ne, int mxitn, double rtol, int *inz, int *nnz,
                 double *snz, double *x, double *b, double *z,
                 double *r, double *p, double *sp)
                 // z, r, p, sp 为临时变量
{
    int    itn, i, j, iscreen = 1;
    double  rdotr, rdotz, old_rdotr, beta, alpha, rtol2, rdotr0;
    itn = 0;                                  //迭代步数计数器
    rdotr = 0.0;                              //初始残差
    #pragma omp parallel for reduction(+:rdotr) private(j)
    for(i = 0; i<ne; i++){
        sp[i] = snz[i*M_5+0]*x[i];           //初始 A*x, 主对角元素, 即
                                               MatVec-product
        for(j = 0; j<nnz[i]; j++)   {
            sp[i] + = snz[i*M_5+(j+1)]*x[ inz[i*M_4+j] ];
                                              //初始 A*x, 非主对角元素
        }
        r[i] = b[i]-sp[i];   rdotr + = r[i]*r[i];
                             //初始残差 b-A*x; 初始残差 Σ(b-A*x);
    }
    rtol2 = rtol*rtol;         //Convergence based on square of 2norm
    rdotr0 = rdotr;

    do{
        if(rdotr< = rtol2*rdotr0 || itn> = mxitn)break;  itn++;
        //----------------------------------- Jacobian 预处理
        rdotz = 0.0;
        #pragma omp parallel for reduction(+:rdotz)
        for(i = 0; i<ne; i++){ z[i] = r[i]/snz[i*M_5+0];
        rdotz+ = r[i]*z[i]; }
        //----------------------------------- CG 迭代
        if(itn = = 1){
            #pragma omp parallel for
```

```
                for(i = 0; i<ne; i++)p[i] = z[i];
            }
            else {
                beta = rdotz/old_rdotr;
                #pragma omp parallel for
                for(i = 0; i<ne; i++)p[i] = z[i]+beta*p[i];
            }
            #pragma omp parallel for private(j)
            for(i = 0; i<ne; i++){
                sp[i] = snz[i*M_5+0]*p[i];   for(j = 0;j<nnz[i];
                        j++)sp[i] + = snz[i*M_5+(j+1)]*p[ inz[i*M_4+j] ];
            }
            alpha = 0.0;
            #pragma omp parallel for reduction(+:alpha)
            for(i = 0; i<ne; i++)alpha + = p[i]*sp[i];
            alpha = rdotz/alpha;
            #pragma omp parallel for
            for(i = 0; i<ne; i++){  x[i] + = alpha*p[i];
            r[i] - = alpha*sp[i]; }
            old_rdotr = rdotz;
            rdotr = 0.0;
            #pragma omp parallel for reduction(+:rdotr)
            for(i = 0;i<ne;i++)rdotr + = r[i]*r[i];
                        //此处计算 rdotr 仅用于判断收敛法则
        }while(true);   //do
    }
```

模型并行化说明：①OpenMP 的并行实现十分简单，只需在循环前添加一条注释语句即可，上述代码为 ILP 并行方式，在 JCG 迭代内部为循环语句添加并行注释语句。②并行测试中，使用加速比(S_p)描述并行模型相对于串行模型的提速的倍数，定义 $S_p = T_1/T_{nc}$，其中 T_1 为使用 1 个工作核心($n_c = 1$)的串行模型的计算耗时，T_{nc} 为使用 n_c 个工作核心的并行模型的计算耗时。③共享内存计算机的硬件资源(尤其是 CPU 缓存)是被所有工作核心分享的，一个 exe 在启用的核心数量不同时，单核所能分得的硬件资源并不相等。为了尽量保证单核在不同 n_c 工况下使用同等的硬件资源，在并行效率测试中，采用如下的半数工作核心准则。例如，对于一个 16 核计算机，当单个 exe 启用核心的数量小于 8 时($n_c = 1, 2, 4$)，增加同时运行的 exe 的数量，使所有 exe 启用核心的数量之和达到 8(是计算机所拥有核心总量的一半)，从而使得各个 exe 能够近似等分硬件资源。

附录6　二维对流方程的 Jacobian 矩阵及变换

对于一维浅水流动，可借助通量 F 的 Jacobian 矩阵改写对流方程，即

$$\partial U/\partial t+\partial F/\partial x=\partial U/\partial t+J\partial U/\partial x=0$$

式中，F 为关于守恒变量的通量；$J=\partial F/\partial U$ 为关于通量 F 的 Jacobian 矩阵。

对于平面上的二维浅水流动，对流方程具有如下的变换形式：

$$\frac{\partial U}{\partial t}+\frac{\partial F}{\partial x}+\frac{\partial G}{\partial y}=\frac{\partial U}{\partial t}+\frac{\partial F}{\partial U}\frac{\partial U}{\partial x}+\frac{\partial G}{\partial U}\frac{\partial U}{\partial y}=\frac{\partial U}{\partial t}+\nabla\cdot\overline{E}=0$$

式中，$U=[U_1, U_2, U_3]^{\mathrm{T}}=[h, hu, hv]^{\mathrm{T}}$，是守恒变量向量；$F=[F_1, F_2, F_3]^{\mathrm{T}}=[hu, hu^2+0.5gh^2, huv]^{\mathrm{T}}$，为坐标轴 x 方向上的通量；$G=[G_1, G_2, G_3]^{\mathrm{T}}=[hv, huv, hv^2+0.5gh^2]^{\mathrm{T}}$，为坐标轴 y 方向上的通量。令 $\overline{E}=[F, G]^{\mathrm{T}}$，单元界面法向通量可表示为 $\vec{E}\cdot\vec{n}=Fn_x+Gn_y$，它的 Jacobian 矩阵如下

$$J_{\mathrm{n}}=\partial(\vec{E}\cdot\vec{n})/\partial U=\frac{\partial F}{\partial U}n_x+\frac{\partial G}{\partial U}n_y$$

在推导 J_{n} 的具体形式时，将通量 F 重写为 $F_1=U_2$、$F_2=U_2^2/U_1+0.5gU_1^2$、$F_3=U_2U_3/U_1$；将 G 重写为 $G_1=U_3$、$G_2=U_2U_3/U_1$、$G_3=U_3^2/U_1+0.5gU_1^2$，执行如下求导：

$$\frac{\partial F}{\partial U}=\begin{Bmatrix}\partial F_1/\partial U_1 & \partial F_1/\partial U_2 & \partial F_1/\partial U_3\\ \partial F_2/\partial U_1 & \partial F_2/\partial U_2 & \partial F_2/\partial U_3\\ \partial F_3/\partial U_1 & \partial F_3/\partial U_2 & \partial F_3/\partial U_3\end{Bmatrix}=\begin{Bmatrix}0 & 1 & 0\\ gh-u^2 & 2u & 0\\ -uv & v & u\end{Bmatrix}$$

$$\frac{\partial G}{\partial U}=\begin{Bmatrix}\partial G_1/\partial U_1 & \partial G_1/\partial U_2 & \partial G_1/\partial U_3\\ \partial G_2/\partial U_1 & \partial G_2/\partial U_2 & \partial G_2/\partial U_3\\ \partial G_3/\partial U_1 & \partial G_3/\partial U_2 & \partial G_3/\partial U_3\end{Bmatrix}=\begin{Bmatrix}0 & 0 & 1\\ -uv & v & u\\ gh-v^2 & 0 & 2v\end{Bmatrix}$$

进而，得到平面上二维单元界面(边)的法向通量的 Jacobian 矩阵的具体形式：

$$J_{\mathrm{n}}=\begin{Bmatrix}0 & n_x & n_y\\ \left(gh-u^2\right)n_x-uvn_y & 2un_x+vn_y & un_y\\ -uvn_x+\left(gh-v^2\right)n_y & vn_x & un_x+2vn_y\end{Bmatrix}$$

J_{n} 具有 3 个实数右特征值及与之对应的右特征向量：

$$\begin{cases}\lambda_1=un_x+vn_y+c\\ \lambda_2=un_x+vn_y\\ \lambda_3=un_x+vn_y-c\end{cases},\quad \boldsymbol{e}_1=\begin{bmatrix}1\\ u+cn_x\\ v+cn_y\end{bmatrix},\quad \boldsymbol{e}_2=\begin{bmatrix}0\\ -cn_y\\ cn_x\end{bmatrix},\quad \boldsymbol{e}_3=\begin{bmatrix}1\\ u-cn_x\\ v-cn_y\end{bmatrix}$$